JN153371

実用水理学ハンドブック

岡本芳美

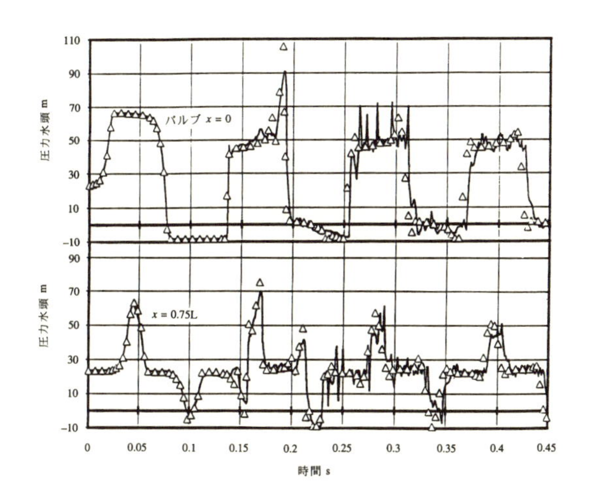

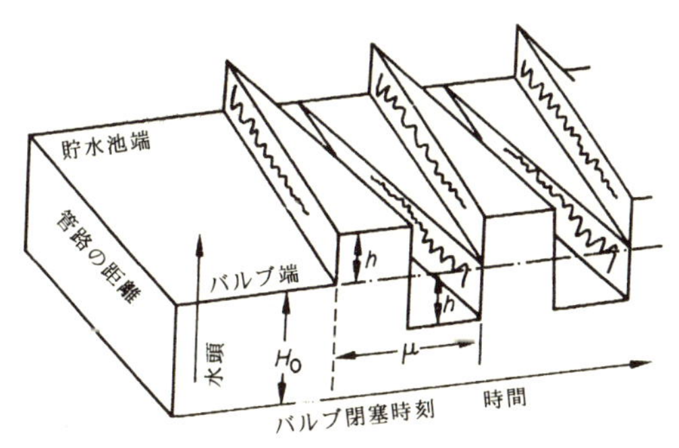

築地書館

まえがき

著者が『実用水理学ハンドブック』の執筆の際に目標としたのは、水理学に係わる仕事にこれから携わろうとしておられる方々が管水路と開水路水理に関して持っていて頂きたい実用知識の範囲を示すことでした。また、実務についているが、まだこの目標に到達していない方々の勉強の場をこの本の上で提供したい、と言う思いでした。

水理学は、土木工学においては、一般に難解な分野とされておりますが、この本をお読み頂けますれば、必ずしもそうで無いということをお分かりいただけるでしょう。

本書は、2 編より成り、引用や索引も別々に作られております。すなわち、例えば、第 1 編で取り上げられた事柄が第 2 編でさらに詳しく説明されているというようなことは、ありません。

水理学で扱う水路の流れは、時間的に変化しない流れ、すなわち定（常）流と逆に変化する、すなわち不定（常）流に大きく分けられます。第 2 編の開水路の水理では、不定流の流れは、扱っておりません。その理由は、実務において開水路の不定流の流れを計算しなければならなくなるのは、大河川における大水のピーク時のような特別な場面に限られており、本書の執筆目的の外の問題であると、考えたためであります。なお、河川で起こる大水の流れの始まりから終わりまでは、水理学上でなく水文学的に計算することが出来ます。それについては、拙著『河川管理のための流出計算法』（2014 年築地書館刊）で扱われております。ご覧下さい。

本書の第 1 編の第 1 章は、管水路の流れと題し、流れが時間的に変化しない管水路の定流の流れを扱っています。

第 2 章においては、管水路における過渡的現象と題し、管水路の不定流の流れを扱っています。読者の皆さんは、“過渡的現象”と言う言葉をこの本で初めて目にされるかもしれません。英語では“Transit Flow”と呼ばれます。管水路においては、ある期間そこを流す水の量を一定に保ち、時間的に変化させない、と言うことを原則としています。すなわち、ある期間ある一定の量の水を流し、次の期間は次の一定の量の水を流すのです。そうすると、ある期間から次の期間のつなぎの期間が生じ、その期間で流れの量をある一定の量から次の一定の量に変化させるわけです。この時の変化のさせ方如何で定流を流している時には考えられないような現象が起こります。すなわち、この章は、この時の問題を取り扱っています。

第 3 章は、管水路の流量の測定の問題を扱っています。管水路の流れは、基本的に第 4 章の最後で扱われるバルブで流量が制御されている流れです。流れを制御するためには、流れの量を測らなければなりません。その方法がこの章で述べられています。

最後の第 4 章では、水車、ポンプ、バルブの水理の問題が扱われています。一般に日本の水理学の本の中でこれ等の機器の水理を扱うことは、あまりありません。特にバルブ(弁)に関しては、ほとんど有りません。しかし、実用水理学の世界では、大変重要な問題なのです。

第 2 編の第 1 章では、開水路の流れにおいては、定流の下でどのような水面形が発生し得るか、そしてそれを考えるために必要な色々の基本的な事柄を状況に応じて述べています。そして、第 2 章以降では、開水路で発生する定流の水面形の具体的な形、すなわち数値を与えるための方法を述べています。すなわち、第 2 章では、長い区間に渡って水路断面が一定で変化しない場合に起こる等流と呼ばれる流れの計算方法について述べています。

第 3 章においては、堰・ダム越流頂・ゲート等の構造物のごく近辺で起こる大きく変化する流れ、すなわち急変する不等流の水面形の計算の仕方を述べています。

第 4 章では、水路の断面が緩やかに変化する、すなわち暫変する区間で起こる暫変不等流と呼ばれる流れの水面計の計算の仕方を述べています。

最後の第 5 章では、低い水面から高い水面に突然飛び上がる跳水と呼ばれる水面形の計算の仕方を述べています。

巻末は、引用、参考図書、付録、索引という構成になっています。

この本を書くに当たって、入手出来た内外多くの水理学関係書を参考にさせていただきました。それらを、参考図書として、発行年代順に掲げています。

文による表現につきましては、多くの、個々の引用は省略させていただいております。特別の記述につきましては、全面引用させていただいております。

また、多くの図表や計算例を引用させて頂いております。しかし、その表示の仕方は、本文で行わず、巻末でまとめて扱っております。子引き孫引きの結果、原典不明のもの、また不確かなものも相当数あります。

本書においては、出て来る数式の殆ど全てに対して、その使用の仕方を説明する計算例を示しています。この計算例は、読者の理解を格段に深める、と思います。

本書では、新しく出て来た言葉を「カギ括弧」で囲み、最巻末の索引に載せ、併せてその全てに対し英語による表現を付しております。国外での仕事の際、お役に立ちましょう。

なお、引用と索引は、第1編と第2編、付録と別々に作られております。

参考、引用させていただいている図書・文献を作られた方々に対して深い敬意と多大な感謝の意を、紙上ではありますが、表させていただきます。

最後に、本書の第2編は、1991年鹿島出版会より出版され、1999年に再版されました拙著『開水路の水理学解説』の内容を基礎にして執筆されております。それを行うに当って同意を頂いた同会のご厚意に感謝の意を表させて頂きます。

この実用ハンドブックが読者にとっていささかなりとも役立つものであれば、大変幸せです。

平成28年4月

土木学会フェロー会員

元新潟大学教授

工学博士　岡本芳美（をかもと・よしはる）

目　　　次

第2編　開水路の水理

巻末

第１編　管水路の水理

第1章　管水路の流れ

1.1 管水路の流れの基礎

1.1.1 動水勾配線

図 1-1のような状況がある。左側の池は、水面の高さ、すなわち「水位」が一定に保たれている。右側の池も同様である。いま、左右の池は太さが一様の形が丸い管でつながれている。

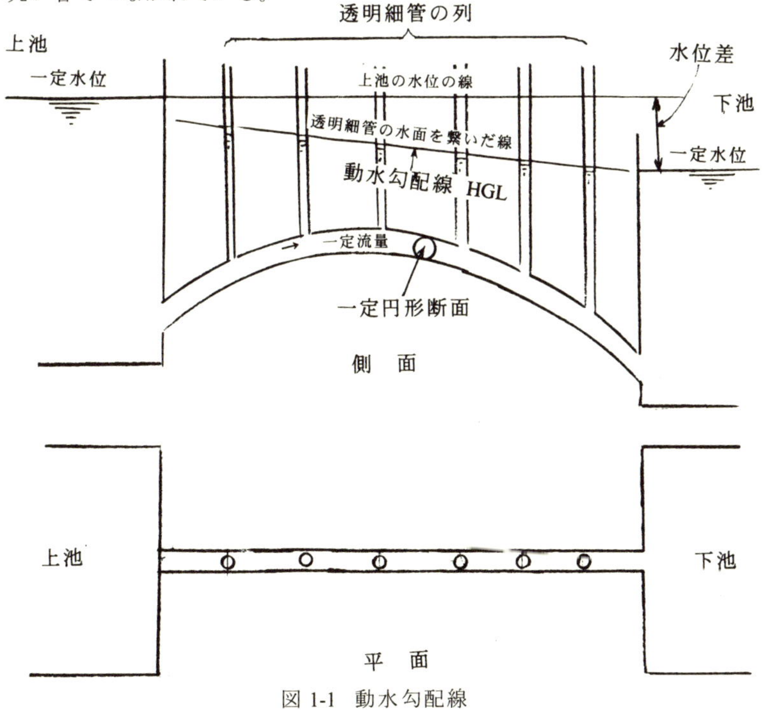

図 1-1　動水勾配線

いま、池の水位は、左側の方が右側より高くなっている、すなわち「水位差」がある。この場合、左側の池から右側の池に向けて管の中を水が流れる。このような水の流れを、管の中で起きる流れ、すなわち「管水路流」、または「管流」と呼ぶ。そして、この水を流している管のことを「管水路」、または「管路」と呼ぶ。

管路の内壁には通常相当な圧力、すなわち「水圧」がかかるので、管路と言えばその断面形は「円形」である、と考えるのが常識である。

この管流は、左側と右側の池の「水位差」、(「落差」とも言う) が一定であるから、時間的に変化しない。すなわち、この場合、管水路の中を単位時間内に流れる水の量、すなわち「流量」は一定である。このような流れを「定常流」、略して「定流」と呼ぶ。今後、特にことわらない限り、管流は「定流状態」であるものとする。

この左右の池を結び、水を流している管水路の途中に、上端が右側の池の水位より高くなるように、透明な (以後省略) 細管を垂直に取り付ける。そうすると、この中をある高さまで水が上る。ただし、定流状態では、左側の池の水面より絶対に高くならない。

このことは、管水路に細管を取り付けた地点では、その中心の高さから細管の中を水が上がった高さまでに相当する水の圧力、すなわち水圧が管水路のその地点で存在している、ことを示している。管水路は、いま述べたように水圧がかかっているので、「圧力水路」ともよばれる。また、この細管は、水の圧力を測っているので、一種の水圧を測る器械、すなわち「水圧計」である。水圧計は、「ピエゾ・メータ」とも呼ばれる。

この左右の池を結ぶ管水路に、ある間隔で前と同様の細管を連続的に取り付けると、より左側の方の細管の水面の高さは、その右側よりも必ず高くなる。そして、これ等の細管で生ずる水面を線でつなぐと一直線になる。ただし、管水路の太さが場所によって変わり、一定でなければ、この線は一直線でなくなる。

この線は、細管、すなわち水圧計が取り付けられてなければ引けない線であるから実在しない仮想の線であり、第 2 編で述べる「開水路」で生じる「水面」に相当して、「動水勾配線」、略称「HGL」と呼ばれる。この線は、管水路の中で生じている管の長さ方向の水圧の変化を表わしている。

1.1.2　エネルギー勾配線

図 1-2 の左側の池の静止した水は、きままに定めた高さを計る基準となる水平な面、すなわち「基準面」から静止した水面までの距離、すなわち高さによって生じるエネルギー、すなわち「高さの」エネルギーを持っている。右側の池の場合も同様である。

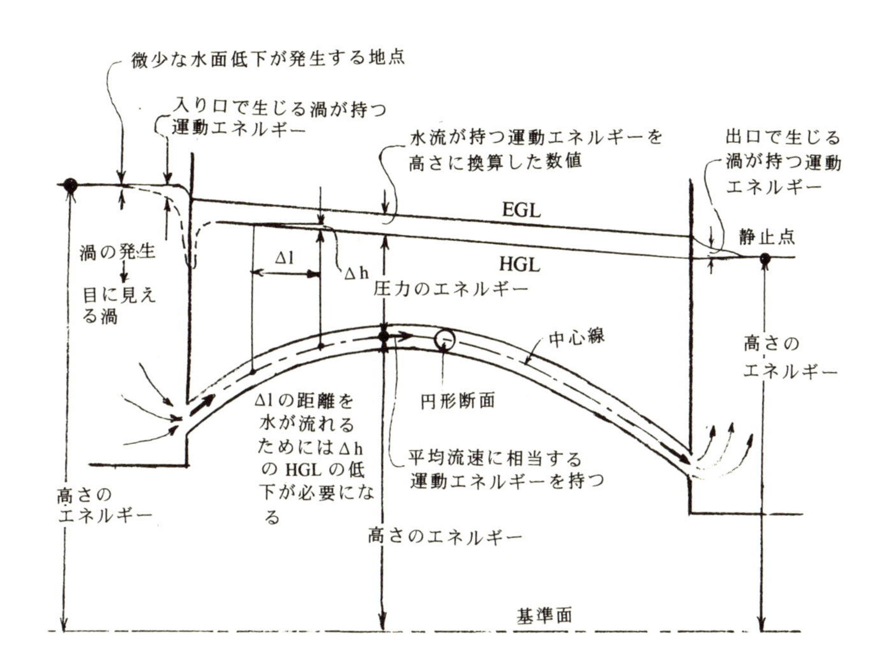

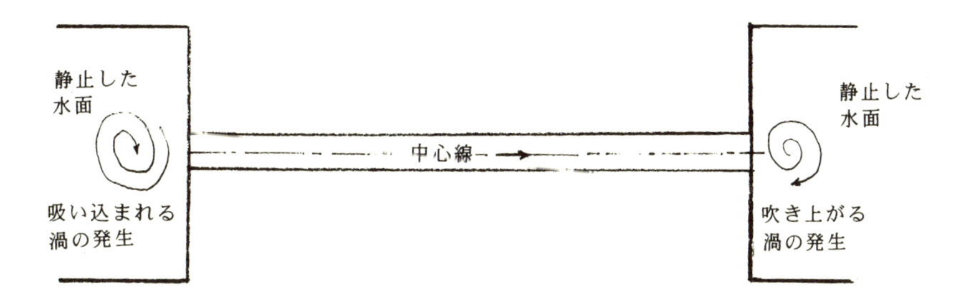

図 1-2　エネルギー勾配線

池の中の静止している水が動き出して管水路の入り口付近まで来るのに、ある量のエネルギーが必要で、これは左側の池の静止している水が持つ高さのエネルギーを少し水を動かすエネルギー、すなわち「運動の」エネルギーに転換することで得られる。その結果、左側の池の管水路との境目の地点付近では、微小な水面の低下が発生する。

管水路の入り口の地点付近に集まって来た水が管水路の中に流れ込むためには、ある一定の「流速」を獲得しなければならない。この流速は、管水路入り口地点付近で既に少し低下している水面からさらに相当量の高さの水面を急激に低下させることで得られる。その結果、管水路の入り口地点に、乱れを伴った、目に見える水面の窪み、すなわち「渦」ができる。

すなわち、管水路入り口付近の水は、基準面から渦をなす水面までの垂直距離に相当する高さのエネルギーとその部分の水が動いていることで持っている運動のエネルギーから構成される「総」エネルギーを持っている。

池の水が管水路の中に入ると、ある「平均流速」をもって流れ、この平均流速は、管の太さが一様であるならば、管水路内どこの地点でも同じで、変化しない。そして、管水路の流れはこの平均流速に相当する運動のエネルギーを持っている。

前項では、管水路の流れは、その中心から動水勾配線までの垂直距離に相当する圧力を持っていることを述べた。すなわち、管水路の流れは、基準面から管の中心までの垂直距離に相当する「高さのエネルギー」、「圧力のエネルギー」と「運動のエネルギー」によって構成される「総エネルギー」を持っていることになる。

管水路の中に入って来た水は、そこを右側の池に向けある一定速度で流れて行くが、この時、流れは、その速度に応じたある「抵抗」を受ける。そして、この抵抗に打ち勝たないと流れは止まってしまう。そのために必要なエネルギーは、圧力のエネルギーから供給される。すなわち、右側の水槽に向かって流れて行くにしたがって、圧力のエネルギーが消費され、それにしたがって流れが持つエネルギーの総量は減少して行く。

管水路の流れが丁度出口にかかった所では、流れの高さのエネルギーと圧力のエネルギーの合計量は、右側の水槽の「静水」が持つ総エネルギー（高さのエネルギーだけ）と同じにならない。すなわち、この地点では、管水路の流れは、右側の池の静水に対して運動のエネルギー分だけ余分なエネルギーを持っている。

管水路から右側の水槽に流れ出た水は、周囲の静水よりも運動のエネルギー分だけ余計にエネルギーを持っているから、右側の池の中に乱れ、すなわち渦を生じさせて、この余分なエネルギーを消費、すなわち精算してしまう。

以上のように、管水路の各地点の総エネルギーを求め、プロットして、滑らかに線で結んだものを「エネルギー線」、または「エネルギー勾配線」、略称「EGL」と呼ぶ。図 1-2（3 頁）では、左右の池に関して、管水路の中心線の延長線上でエネルギー勾配線が引かれている。

管水路の入り口地点付近直前までは、「エネルギーの消費」は、起こらない、と考えても良い。すなわち、エネルギー勾配線は、「静水面線」と一致する。管水路の入り口地点付になると、水が管水路に入ろうとして、おしあいへしあいして渦を生じ、その結果運動のエネルギーを消費し、短い距離でエネルギー勾配線が低下する。

管水路の中に入ると、エネルギー勾配線は一様に低下して行って、これは右側の池への出口まで続く。

右側の池に流れ込んだ動いている水は静水に対して余分な運動のエネルギーを持っているから、これを渦をつくることで消す。したがって、エネルギー勾配線は、管水路の出口から相当距離の所で、右側の池の静水面の線につながる。

すなわち、水が左側の池から管水路を通って右側の池に流れることによって、左側の池と右側の池の水位差分のエネルギーを消費する。

1.1.3　エネルギー方程式

水理学においては、エネルギーの量を表すのに、基準面からの高さを用いる。単位は、m。すなわち、いま水がある種類のある量のエネルギーを持っているとすると、このエネルギーの量が水がある高さから基準面まで落下した時に生ずるエネルギーに等しいとして、その高さを用いて表す、という方法を行うのである。そして、この時のこの高さを「水頭」という言葉で呼ぶ。

前項 1.1.2 においては、高さのエネルギー、運動のエネルギー、圧力のエネルギーという３つのエネルギーの種類に関する表現が用いられている。これらの表現は、あまり専門的でない。水理学ではこれらに対して「位置の水頭」、「速度（の）水頭」、「圧力（の）水頭」という言葉を用いている。そして、総エネルギー、すなわち位置の水頭、速度水頭、圧力水頭の和を「総水頭」と呼ぶ。また、基準面から動水勾配線までの垂直距離を「ピエゾ水頭」とも呼ぶ。

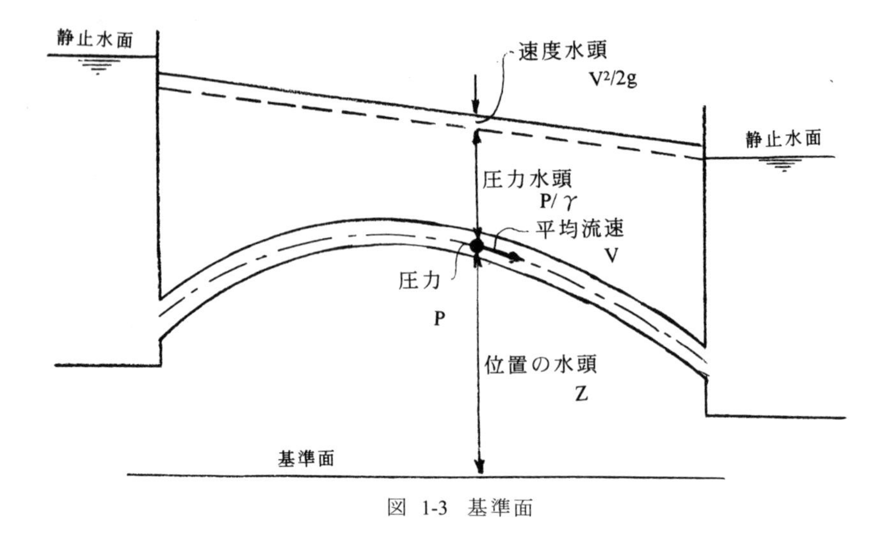

図 1-3 基準面

図 1-3 では、位置の水頭は {Z}、速度水頭は{V^2 /2g}、圧力水頭は{P/γ=P/ρ g}という数式を用いて表現されている。ここで、Z は基準面からの垂直距離(m)、{V}は管水路の中で起こっている流れの速度の平均値、すなわち平均流速（m/s)、{g}は「重力の加速度」（標準の g の値＝9.80665 m/s^2、本書では g＝9.81/m/s^2 を用いる)、{P}は水圧（Pa＝N/m^2）、{γ}(ガンマ)は水の単位体積重量（約 10000 N/m^3）、{ρ}（ロー)は水の密度（約 1000 kg/m^3）である。

位置の水頭 Z については説明を要しない。速度の水頭が $V^2/2g$ という式で表わされるのは、Torricelli によって導かれた式 $v=\sqrt{2gh}$ から来ている。すなわち、物体が h m 落下すると落下速度 v が $\sqrt{2gh}$ m/s になるからである。圧力水頭が式 P/γ で表わされるのは、水面から h m の深さで生じる水圧は P＝hγ であるからである。

位置の水頭、速度水頭、圧力水頭の単位は、共に m である。

［計算例 1-1］

管水路の基準面上 12 m の断面で、3.4 m/s の平均流速と 3.45 kPa の水圧が生じている。a)速度水頭、b)圧力水頭、c)ピエゾ水頭、d)総水頭を求める。ただし、水

温は 20 ℃とする。

a)速度水頭(Hv)

$v = \sqrt{2gh}$ より $h = v^2/2g$ が得られる。重力の加速度 $g = 9.81\ m/s^2$ とする。

$Hv = \frac{V^2}{2g} = \frac{3.4^2}{2 \times 9.81} = \underline{0.589\ m}$ （以後計算例の答えには、下波線を付ける）

b)圧力水頭(Hp)

$p = \rho gh = \gamma h$ より $h = p/\rho g = p/\gamma$ が得られる。水温が 20 ℃ であるから $\rho = 998.20$ kg/m^3 。よって、単位体積重量 $\gamma = \rho g = 998.20 \times 9.81 = 9792.34 \fallingdotseq 10000\ N/m^3$ 。

$Hp = \frac{p}{\gamma} = \frac{3.45 \times 1000}{10000} = \underline{0.345\ m}$

c)ピエゾ水頭(Hpi)

位置の水頭を Hz とすると

$Hpi = Hz + Hp = 12 + 0.345 = \underline{12.345\ m}$

d)総水頭(H)

$H = Hz + Hv + Hp = 12 + 0.589 + 0.345 = \underline{12.934\ m}$

図 1-4（8 頁）においては、左側の池の管水路の入り口より相当離れた静水部分の水面上のある点を点 1 とする。左側の池の静水部分の末端（管水路の入り口に向け水面が下がり始める点）で管水路の入り口中心と同じ高さの点を点 2 とする。点 3 は管水路の中に入った管水路の始まりの点、点 4 は途中の任意の点、点 5 は終りの点とする。いずれも、管水路の中心上とする。点 6 は、右側の池において、管水路の出口より相当離れた静水部分の水面のある点とする。そして、点 1 の水圧は P_1、流速は V_1 というように、各水理量に地点を表わす下添字をつけることとする。

点 1 の水が持つ総エネルギー、すなわち総水頭は、水は静止していて、水圧がないから位置の水頭 z_1 だけである。点 2 の総水頭は、水は静止しているが、水圧があるから $z_2 + P_2/\gamma$ となる。点 3 は管水路の中で、水圧と流速があるから総水頭は、$z_3 + P_3/\gamma + V_3{}^2/2g$ である。点 4 で代表される管水路内全ての点の総水頭は、$z_4 + P_4/\gamma + V_4{}^2/2g$ で表わされる。したがって、点 5 の総水頭は、$z_5 + P_5/\gamma + V_5{}^2/2g$ である。点 6 の水が持つ総水頭は、点 1 同様、水は静止していて、水圧がないから

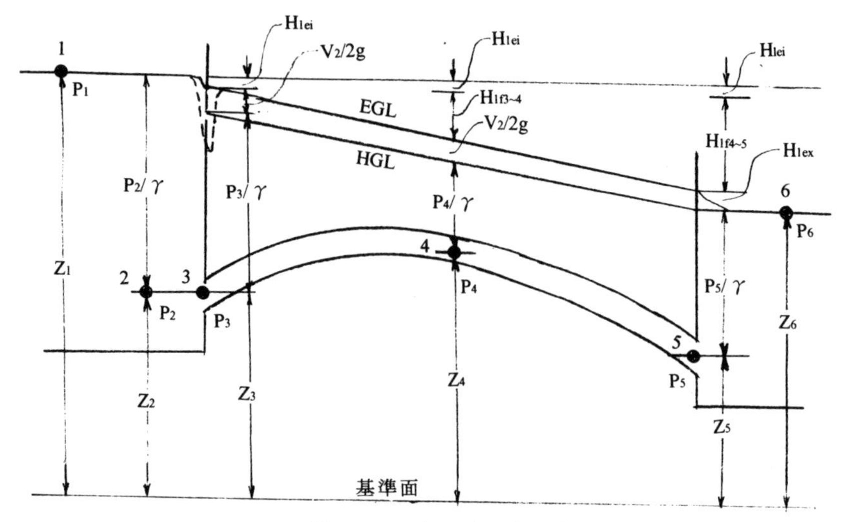

図 1-4 エネルギー方程式

位置の水頭 z_6 だけである。

いま、相隣り合う 2 点の総エネルギーの大小を比較して行くと、次に述べる一連の関係式が成立する。まず、点 1 と 2 に関して、この間ではエネルギーの消費、すなわち「損失」が起こっていないから

$$z_1 = z_2 + \frac{P_2}{\gamma} \tag{1-1}$$

点 2 と 3 に関して、この間では水が押し合いへし合いしながら管水路の中に入って行くことでエネルギーの損失が起こり、この量を H_{le}(loss of edy)$_i$(inlet)とすると

$$z_2 + \frac{P_2}{\gamma} = z_3 + \frac{P_3}{\gamma} + \frac{V_3{}^2}{2g} + H_{lei} \tag{1-2}$$

管水路の太さは同じであるから、3、4、5 の各点の平均流速は皆同じで $V = V_3 = V_4 = V_5$ 、よって速度水頭も皆同じ $V^2/2g$ となる。

点 3 と 4 に関して、この間で平均流速 V を維持するために必要なエネルギーは圧力水頭を消費することで得られ、その量を $H_{lf3\text{-}4}$ (loss of friction 3 to 4) とすると

$$z_3+\frac{P_3}{\gamma}+\frac{V_3{}^2}{2g} = z_4+\frac{P_4}{\gamma}+\frac{V_4{}^2}{2g}+H_{lf3\text{-}4} \tag{1-3}$$

点 4 と 5 に関して、この間で平均流速 V を維持するために必要なエネルギーは圧力水頭を消費することでまかなわれ、その量を $H_{lf4\text{-}5}$ とすると

$$z_4+\frac{P_4}{\gamma}+\frac{V_4{}^2}{2g} = z_5+\frac{P_5}{\gamma}+\frac{V_5{}^2}{2g}+H_{lf4\text{-}5} \tag{1-4}$$

点 5 と 6 に関して、管水路から流出した水によって右側の池で生ずる渦のエネルギーを H_{led} (loss of eddy) $_x$ (exit) とすると

$$z_5+\frac{P_5}{\gamma}+\frac{V_5{}^2}{2g} = z_6+H_{lex} \tag{1-5}$$

上式の左辺の第 1 項と第 2 項の和は右辺の第 1 項と等しいから

$$\frac{V_5{}^2}{2g} = H_{lex} \tag{1-6}$$

なる関係式が成立する。

以上の様な関係式を「エネルギー方程式」と呼ぶ。

ここでは速度水頭を $V^2/2g$ と言う式で表したが、厳密には速度水頭は、$\alpha V^2/2g$ と言う式で表さなければならない。{α}(アルファ)は、「エネルギー係数」、あるいは「エネルギー補正係数」と呼ばれる断面（後述）内の流速分布が一様でないことから考えなければならない補正係数である。流れの「Reynolds 数」の値が小さい層流の場合 $\alpha=2$ となる。Reynolds 数の値が大きい乱流の場合は、$\alpha=1.01\sim1.1$ の値で、しかも 1 に近い値を取るので、通常 $\alpha=1$ として速度水頭を計算する。Reynolds 数、層流、乱流については、1.1.5 項で述べる。

1.1.4　連続式

管水路のある地点で、その流れの方向、すなわち「管の立体的な中心線」に直角に交わる「仮想の平面」を考え、「水流」がそれを突き抜ける面を「断面」と呼ぶ。いま、管水路のある断面の「断面積」を{A}(m^2)、断面を「単位時間」(1s)に通過する水の体積(m^3)、すなわち流量を {Q}(m^3/s)とすると、この断面の平均流速 V(m/s)は、流量 Q を断面積 A で除して得られる。すなわち、

$$V=Q/A \tag{1-7}$$

図 1-1（1 頁）の左右 2 つの池をつないでいる管水路は、太さ、すなわち断面積が一定で変化がない。この管の太さを図 1-5 のように変化させる。

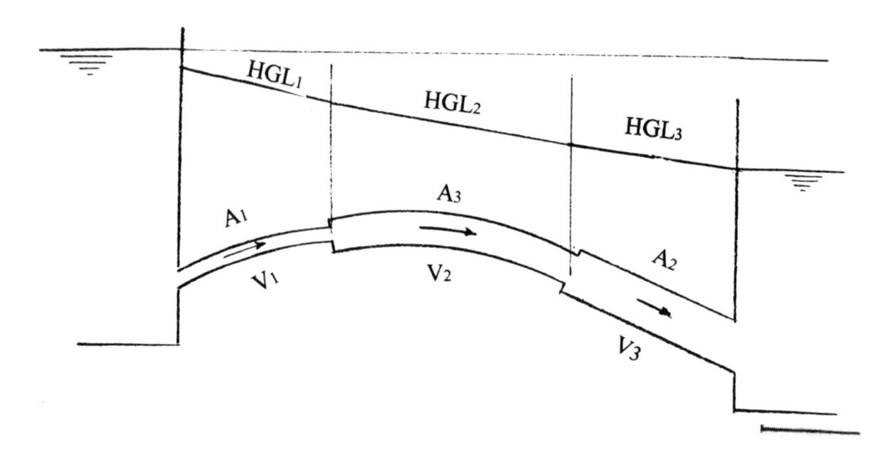

図 1-5 連続式

そうすると、次の関係式が成り立つ。

$$A_1 V_1 = A_2 V_2 = A_3 V_3 \cdot \cdot \cdot \cdot \cdot = Q \tag{1-8}$$

この関係式を管水路の「連続式」と呼ぶ。この場合、水は、圧力の下で体積が収縮しない、すなわち「非圧縮性」であると仮定されている。

もし、水の「圧縮性」を考えなければならない状況では、各断面における水の密度を ρ_i （i＝1・2・3・・・）（kg/ m³）として

$$\rho_1 A_1 V_1 = \rho_2 A_2 V_2 = \rho_3 A_3 V_3 \cdot \cdot \cdot \cdot \cdot = M \tag{1-9}$$

の関係式が成立する。ここで、{M} は、流量の質量(kg)を表わす。

［計算例 1-2］

流量 10 m³/s を流す管水路の管径が 1.5m から 1m に変化する。各太さにおける平均流速を計算する。

a）管径が 1.5 m の場合

$$A = \frac{\pi D^2}{4} = \frac{1.5^2}{4} \times 3.14 = 1.766 \text{ m}^2$$

$$V = \frac{Q}{A} = \frac{10}{1.766} = \underline{5.66 \text{ m/s}}$$

b）管径が 1 m の場合

$$A = \frac{\pi D^2}{4} = \frac{1^2}{4} \times 3.14 = 0.785 \text{ m}^2$$

$$V = \frac{Q}{A} = \frac{10}{0.785} = \underline{12.74 \text{ m/s}}$$

1.1.5　Reynolds 数

流れを無限に薄い流れの重なり合いと考えると、上にある層の流れは下の層の上を滑って行くように見える。この時、下の層が上の層を引き止めようとして働かせる力のことを「粘性力」と呼ぶ。流れは動いているから「慣性力」を持っている。慣性力と粘性力の比を「Reynolds 数」{R_e}（無次元数）と呼び、次の式で表わされる。

$$Re = \frac{U_0 L}{\nu} = \frac{\rho U_0 L}{\mu} \qquad (1\text{-}10)$$

ここで、{U_0}は流れの速度(m/s)で、管水路の場合平均流速 Vが用いられる。{L}は、流れの特性を表す長さ(m)、すなわち「特性長さ」で、管水路の場合管の直径 Dが用いられる。{ν}(ニュウ)は、水の「動粘性係数」と呼ばれるもので、水の粘性力の度合いを表す「粘性係数」{μ}(ミュウ)を水の密度 ρ で除して得られた数値である。なお、通常の水理計算において、水の粘性係数の値は、$\nu = 10^{-6}$ m^2/s としてよい。

管水路では、多くの「水理実験」から、流れは、Reynolds 数が 2000 以下のとき「層流」、4000 を超えると完全に「乱流」、2000 から 4000 では不安定になる。なお、層流は、水の粒子が一定の滑らかな経路、すなわち「流線」と呼ばれる線の上を流れて行く流れである。乱流は、水の粒子がスムーズでない、そして固定されていない不規則な経路をたどって動いているが、しかし全体として見れば水流のどこの部分でも流れが前に進む動きをしているものである。

［計算例 1-3］

計算例 1-2 の流れの Reynolds 数を計算する。ただし、水温は 15℃とする。また、流れの種類を判定する。

Reynolds 数　$Re = \frac{U_0 L}{\nu} = \frac{VD}{\nu}$

水の動粘性係数 ν は水温が 10 ℃の時 1.307×10^{-6} m^2/s、20 ℃の時 1.004×10^{-6} m^2/s。

よって、$\nu = (1.307+1.004)\times 0.5\times10^{-6} = 1.156\times10^{-6}$

a）管径が 1.5 m の場合

V = 5.66 m/s

$$Re = \frac{5.66\times1.5}{1.156\times10^{-6}} = 7.3\times10^{6} > 4000$$

流れは乱流

b）管径が 1 m の場合

V = 12.74 m/s

$$Re = \frac{12.74\times1}{1.156\times10^{-6}} = 11\times10^{7} > 4000$$

流れは乱流

1.1.6　流速分布

管水路の流速は、管の中心に対して対称の分布をしている。しかし、その分布の形状は、図 1-6 で示すように、流れが「層流状態」と「乱流状態」では、典型的に違っている。

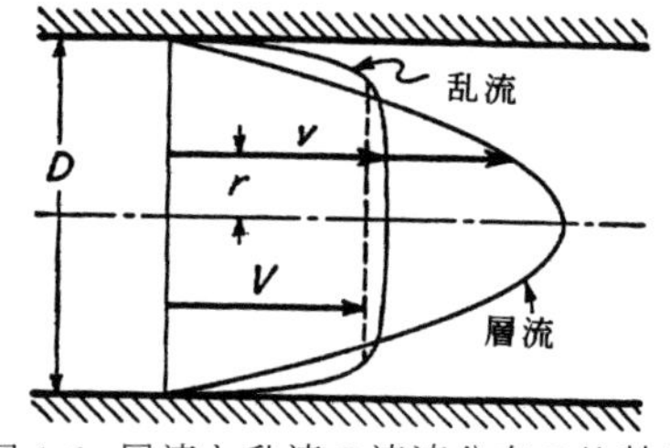

図 1-6　層流と乱流の流速分布の比較 [1)]

層流の場合、管壁で流速が零、管中心で最大値になる、「放物線分布」を示す。これに対して、乱流の場合、流速は管壁で零であるが、乱れによる強い混合のため流速が均等化され、管断面の大部分で層流の場合より「一様分布」に近くなり、「対数分布」と呼ばれるものになる。

実験結果によれば、平均流速と最大流速の比は、Reynolds 数によって変化し、表 1-1 の関係が知られている。工学で扱われる管水路流の Reynolds 数は大であるから、平均流速と最大流速の比は 0.8 と考えて良い。

表 1-1　平均流速と最大流速の比[2)]

Re	V/v_{max}
1700 以下	0.5
3000	0.71
30000	0.80
100000	0.81

1.1.7　エネルギーの摩擦抵抗による損失

管水路の流れは、圧力水頭と言う形のエネルギーを持っている。管水路の壁は、流れている水を押し止めようとする力を流れに対して連続的に加え、流れはその力に打ち勝って一定流速を維持するために圧力水頭の一部を連続的に使用（消費）する。すなわち、圧力水頭の連続的な「損失」が発生する。この圧力水頭の損失は、水流と管の壁の間の「摩擦」によって発生するから、「摩擦損失水頭」{H_{lf}}（m）と呼ばれる。ここで、"lf"は、"loss of friction"の略である。以後、同様な表現の仕方をする。

管の太さが一定区間で発生する摩擦損失水頭 H_{lf}(m)は、管水路の長さ{L}（m）と速度水頭 $V^2/2g$（m）に比例し、管の直径{D}（m）に反比例して、次の式で表される。

$$H_{lf} = f\frac{L}{D}\cdot\frac{V^2}{2g} \tag{1-11}$$

ここで、f は、比例乗数で、「摩擦損失係数」と呼ばれる。そして、この式は、「Darcy-Weisbach 式」と呼ばれる。

摩擦損失係数 f の値は、管の直径、管の壁の凹凸の度合い、すなわち「相対粗度」と Reynolds 数 Re の関数である。

［計算例 1-4］

直径 40 cm 、長さ 1000 m の管に流量 0.23 m^3/s が流れる。摩擦損失水頭を求める。ただし、摩擦損失係数 f は、0.028 とする。

$$V = \frac{Q}{A} = \frac{4Q}{\pi D^2} = \frac{4\times 0.23}{\pi\times 0.4^2} = 1.83\ \text{m/s}$$

$$H_f = f\times\frac{L}{D}\times\frac{V^2}{2g} = 0.028\times\frac{1000}{0.4}\times\frac{1.83^2}{2\times 9.81} = \underline{11.95\ \text{m}}$$

摩擦損失係数 fに係わる事柄は、項を改めて更に述べる。

1.1.8 エネルギーの摩擦抵抗以外による損失

水路が長い場合、摩擦抵抗による損失が全体のエネルギー損失の大部分を占め、その他の原因の損失、例えば管路の入り口で起こる損失等は、無視できるほどになる。このような種類のエネルギー損失を英語で“minor losses”（小さい方の、重要でないロス）と呼ぶ。日本語では、あまり良い表現が無いので、「マイナー・ロス」{H_{lm}}(m)とそのまま呼ばれることが多い。

マイナー・ロスの種類は、以下式(1-12)における平均流速Vの取り方に関する記述で対象とされている項目である。図 1-7 や表 1-2 において具体的な代表数値例が示されている。しかし、水路が短くなると、決してマイナーでなくなる。

マイナー・ロス H_{lm} は、速度水頭 $V^2/2g$ に比例する。そして、その比例乗数を「マイナー・ロス係数」{K_m}と呼ぶ。すなわち、次の基本式で表される。

$$H_{lm} = K_m \frac{V^2}{2g} \tag{1-12}$$

上式において、平均流速 V の取り方は、マイナー・ロスの種類に応じて以下のように行う。ただし、{　} 内は、係数の変数名。

- 管路の入り口で起こる損失{K_{le}}の場合、水が流れ込んだ管で起こる平均流速。
- 管の断面が急拡して起こる損失{K_{lse}}の場合、断面急拡前の平均流速。
- 管の断面が急縮して起こる損失{K_{lsc}}の場合、断面急縮後の平均流速。
- 管の断面が漸拡して起こる損失{K_{lge}}の場合、断面漸拡前後の平均流速差。
- 管の断面が漸縮して起こる損失{K_{lgc}}の場合、断面漸縮後の平均流速。管の漸縮によって生じる損失は極めて小さく、一般に無視される。
- 管の曲りによって起こる損失{K_{lb}}の場合、平均流速。
- 管路の出口で起こる損失{K_{lo}}の場合、水が流れ出る管で起こる平均流速。
- 制水弁によって起こる損失{K_{lv}}の場合、管で起こる平均流速。
- 管路の合流によって起こる損失{$K_{lo'}$}の場合、合流後の管で起こる平均流速。損失は、合流前管路の末端で起こる。
- 管路の分流によって起こる損失{$K_{le'}$}の場合、分流前の管で起こる平均流速。損失は、分流後の各管路の始まりで起こる。

管の入り口

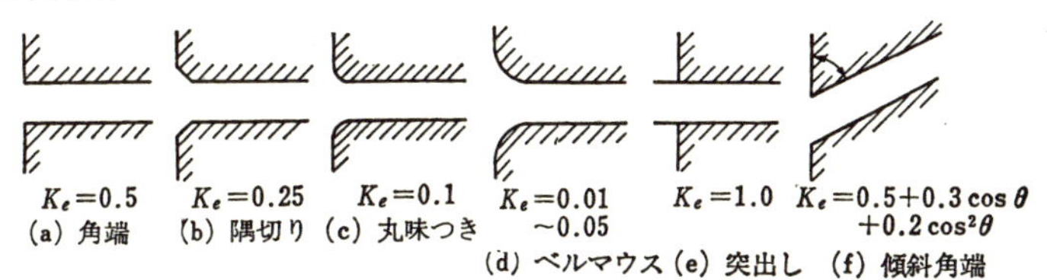

管の断面が急拡している

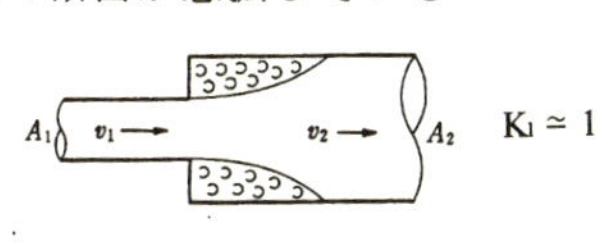

$K_l \simeq 1$

管から池への出口

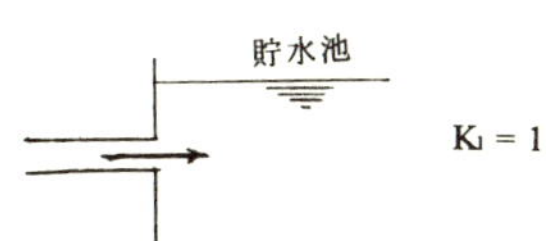

$K_l = 1$

管の断面が急縮している

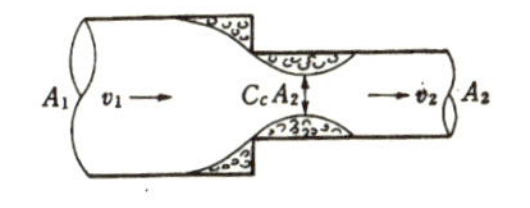

管の断面が漸縮している

漸縮による損失水頭は非常に小さく、無視されている

A_2/A_1	0.1	0.2	0.3	0.4	0.5	0.6	0.7	0.8	0.9
C_c	0.624	0.632	0.643	0.659	0.681	0.712	0.755	0.813	0.892
K_L	0.46	0.41	0.36	0.30	0.24	0.18	0.12	0.06	0.02

管の断面が漸拡している

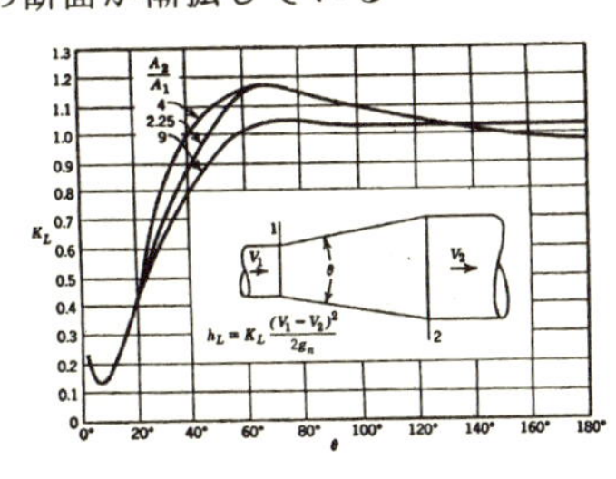

管の曲がり

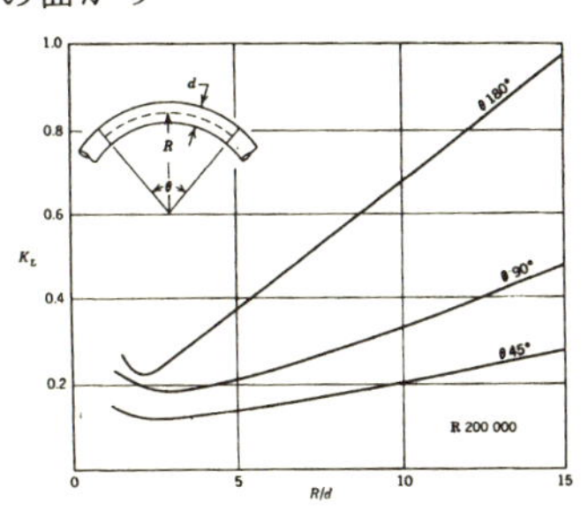

エルボとベンド

ベンドはエルボの先に直管がついたもの

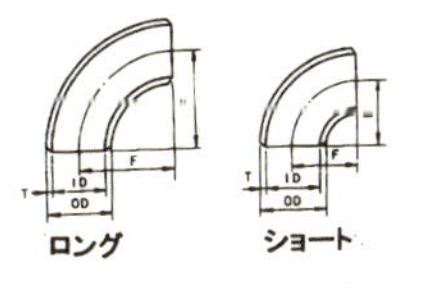

90° ロング・エルボ　K_l =0.6
90° ショート・エルボ　0.9

管の折れ曲がり

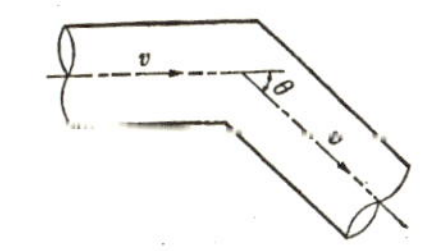

1 屈折につき

90°	K_l =1.1
60°	0.55
45°	0.4
30°	0.15

図 1-7　管路のマイナー・ロス損失係数の値[3)]

表 1-2　バタフライ・バルブの損失係数の値[4)]

θ°	k	θ°	k
0	≈ 0	40	10.8
5	0.24	45	18.7
10	0.52	50	32.6
15	0.90	55	58.8
20	1.54	60	118
25	2.51	65	256
30	3.91	70	750
35	6.22	90	∞

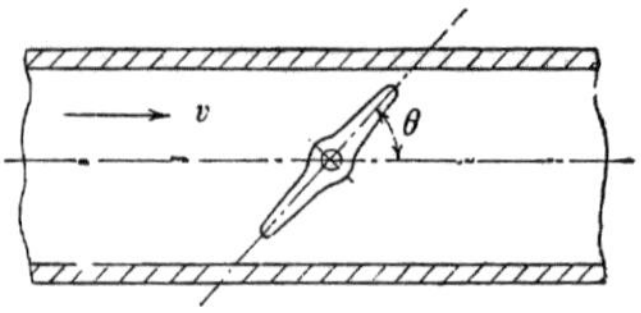

管路の分・合流による損失を求めるための損失係数は、分・合流の角度、管径比によって変わり、さらに厳密には流量配分比の関数になっているが、普通の計算ではそれ等の条件を考慮しないことが多い。

［計算例 1-5］

管路の入り口が a）角端、 b）面取端、c）丸み端、d）ベルマウス端をしている。流入後の流速を 3 m/s として、入り口損失水頭を求める。

a）角端

Ke = 0.5 とすると

$$He = Ke \times \frac{V^2}{2g} = 0.5 \times \frac{3^2}{2 \times 9.81} = \underline{0.229\ m}$$

b）面取端

Ke = 0.25 とすると

$$He = Ke \times \frac{V^2}{2g} = 0.25 \times \frac{3^2}{2 \times 9.81} = \underline{0.115\ m}$$

c）丸み端

Ke = 0.10 とすると

$$He = Ke \times \frac{V^2}{2g} = 0.10 \times \frac{3^2}{2 \times 9.81} = \underline{0.046\ m}$$

d）ベルマウス端

Ke = 0.03 とすると

$$He = Ke \times \frac{V^2}{2g} = 0.03 \times \frac{3^2}{2 \times 9.81} = \underline{0.014\ m}$$

1.1.9 摩擦損失係数の値

摩擦損失係数 f の値は、管の直径 D、管の相対粗度と流れの状態を表す指標値である Reynolds 数の関数であることがたくさんの実験からわかっている。この関係を、Stanton は図 1-8(a)のようにまとめ、「Stanton 図」と呼ばれる。

図 1-8(b)は Moody が作ったので「Moody 線図」と呼ばれる管水路の水理学で特に有名な線図である。

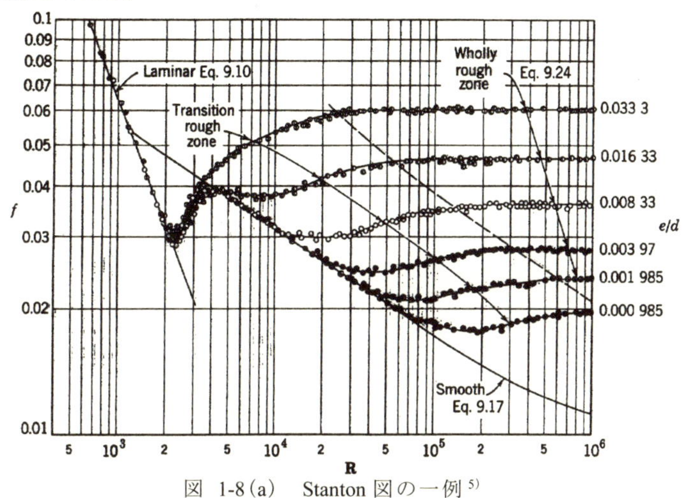

図 1-8(a)　Stanton 図の一例 5)

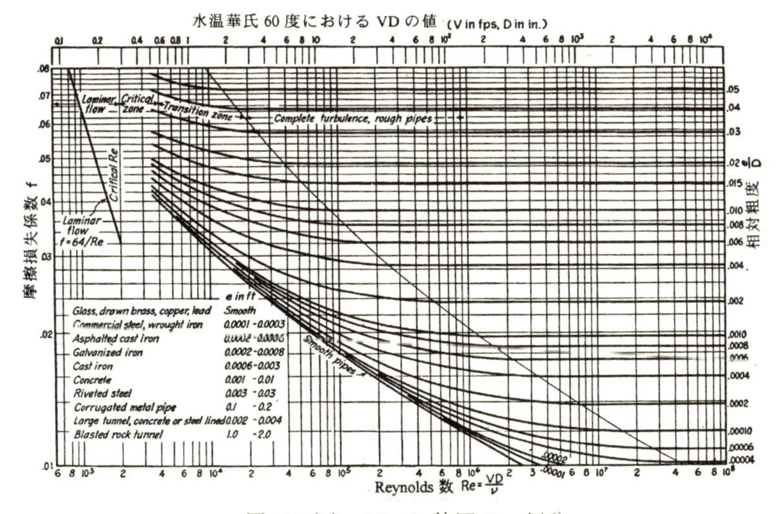

図 1-8(b)　Moody 線図の一例 6)

Moody 線図は、Stanton 図から出発した。両者の違いは、Stanton 図においては、関係線が「Wholly rough zone」から左に向けて沈み込んで行っているのに対し、Moody 線図においては、逆に関係線が上って行っていることである。この違いは、実験において、前者が管に均一な砂を貼り付けて次に述べる粗さを付けているのに対し、後者は工事で用いられている市販の管を用いていることから来ている。この現象の違いは、Colebrook と White によって見つけられ、発表された関係式が「Colebrook-White 式」と呼ばれている後述の式(1-14)である。

Moody 線図は、Colebrook-White 式等で行わなければならない煩雑な計算を図表を引くことで大変楽なものにした。

Moody 線図は、「層流領域」(Re < 2000)、「臨界領域」(2000 < Re < 4000)、「遷移領域」、「粗い管の領域」(Re > 4000)の 4 つの領域に分けられる。

層流領域においては、摩擦損失係数 f は、たった 1 つの値を持ち、次の式で表される。

$$f = \frac{64}{Re} \qquad (1\text{-}13)$$

臨界領域においては、流れは不安定なため、単一の値の摩擦損失係数 f は、存在しない。

遷移領域においては、摩擦損失係数 f の値は、相対粗度 e/D と Reynolds 数の関数である。この領域を区切っているのは、滑らかな管に対する下限線と破線で示される上限線である。

粗い管の領域では、摩擦損失係数 f は、相対粗度 e/D のみの関数である。

1.1.10 管の粗さ e の値

Colebrook-White 式で摩擦損失係数 f を計算するにしても、Moody 線図で引いて f の値を図的に求めるにしても、管の粗さ e の値を予め決めておかなければならない。そのため、多くの実測が行われ、その結果が発表されている。

表 1-3(a)は、Alberton 等により 1960 年刊行の『FLUID MECHANICS for ENGINEERS, PRENTICE-HALL』に掲げられている e の値の表である。

表 1-3(b)は、Brater 他により 1976 年に刊行された『Handbook of Hydraulics, sixth edition, McGAW-HILL』に掲げられた e の値の表である。

また、水理学書には必ず Moody 線図が掲げられており、その中に e の値の表がたいてい乗せられている。表 1-3(c)は、前述の FLUID MECHANICS for ENGINEERS に乗せられている Moody 線図に付記されている e の値の表である。

表 1-3(a)　各種管材料の粗度（e、単位 ft）[7]

ガラス・真鍮（黄銅）・銅・鉛	平滑
市販鋼材・鍛鉄	0.0001~0.0003
アスファルト塗布鋳鉄	0.0002~0.0006
電気メッキ鉄	0.0002~0.0008
鋳鉄	0.0006~0.003
たがをかけた木材	0.0004~0.002
コンクリート	0.001 ~0.01
リベットでつないだ鋼材	0.003 ~0.03
波形の金属管	0.1 ~0.2
コンクリート巻き立て、鋼板内張トンネル	0.002 ~0.004
破砕しただけの岩盤トンネル	1.0 ~2.0

表 1-3(b)　大径管の粗度（e、単位 ft）[8]

材質	状態	粗度(e) ft
コンクリート	著しく粗雑　打ち継ぎ目が平らでない	0.003~0.002
	粗雑　型枠の跡が残っている	0.002~0.0012
	磨かれている　打ち継ぎ目が平ら	0.0012~0.0006
	遠心力製造　新品　滑らか　鋼型枠使用	0.0005~0.0005
	平均的出来映え　打ち継ぎ目が平ら　新品　滑らか　鋼型枠使用	0.0006~0.0002
	最高の出来映え　打ち継ぎ目が平ら	0.0002~0.00005
突き合わせ溶接	凹凸が激しい	0.02~0.08
鋼材	普通の凹凸	0.008~0.0031
	良く磨かれたエナメルやタール被覆	0.0031~0.0012
	軽い赤さび	0.0012~0.0005
	熱熔解アスファルト浸漬	0.0005~0.0002
	新品滑らか管　エナメル遠心力塗布	0.0002~0.0003
腹巻き状	リベット間隔短し	0.035~0.012
リベット打ち管	普通のリベット間隔	0.012~0.0044
	錆びている	0.0044~0.0020
	新品　滑らか　エナメル遠心力塗布	0.02~0.0005
	アスファルトまたはタール厚く塗布	0.006~0.003
	熱熔解アスファルト浸漬　グラファイト塗布	0.003~0.001
リベット打ち	間隔短い	0.03~0.02
鋼管	普通の間隔	0,02~0.007
	相当滑ら　縦方向3列リベット打ち	0.007~0.0034
	〃　縦方向2列リベット打ち	0.005~0.002
	〃　縦方向1列リベット打ち	0.0034~0.001
たが締め木材管	長い管　継ぎ目粗い	0.08~0.001
	中古	0.001~0.0009
	新品　最高仕上げ	0.0004~0.0001
鋼材	エナメル塗布　直径 51 in	0.000016

表 1-3(b) 大径管の粗度（e、単位 ft）の続き

コールゲート管	波の高さ 1/2 in、波の間隔 2 2/3 in	0.15~0.18
岩	巻き立て無し	2.0

[註]不明な点あり

表 1-3(c) Moody 線図に付記された e の値の表の一例[9)]

ガラス管・引き抜き真鍮管・銅管・鉛管	滑らか
市販鋼材・錬鉄	0.0001~0.0003
アスファルト塗布の鋳鉄	0.0002~0.0006
電気メッキ鉄	0.0002~0.0008
鋳鉄	0.0006~0.0003
コンクリート	0.001 ~0.01
リベット打ち鋼材	0.003 ~0.03
コールゲート管	0.1 ~0.2
コンクリート、或いは鋼材で内張した大径トンネル	0.002 ~0.004
岩石トンネル	1.0 ~2.0

これ等の表から、計算の条件に応じた適切な e の値を求めることになる。

1.1.11 Colebrook-White 式

Colebrook-White 式は、次のような複雑な trial and error 計算が必要な形をしている。

$$\frac{1}{\sqrt{f}} = 1.14 - 2\log_{10}\left|\frac{e}{D} + \frac{9.35}{Re\sqrt{f}}\right| \qquad (1\text{-}14)$$

ここで、e は、管の壁の凹凸の大きさ、すなわち粗さで、「絶対粗度」と呼ばれ、管の内壁表面の粗さを測定して得られる。管の相対粗度は、この管の絶対粗度を管の直径で割った値{e/D}である。

式 (1-14)の適用可能範囲は、Re＞4000 であり、Moody 線図における遷移領域と完全な乱流領域をカバーしている。

［計算例 1-6］

相対粗度 $e/D=0.5\times10^{-3}$ の管において、流れの Reynolds 数が $Re=4\times10^{5}$ の場合の摩擦損失係数 f の値を Colebrook-White の式で求める。

式 (1-14)の左辺と右辺の値をそれぞれに計算し、次表を作る。

計算表

fの値の仮定	左辺の値	右辺の値	差
0.02	7.071	7.494	0.423
0.019	7.255	7.488	0.233
0.018	7.454	7.482	0.028
0.0179	7.474	7.482	0.008
0.0178	7.495	7.481	− 0.014
0.0177	7.515	7.481	− 0.034

差の符号が逆転する間に答えあり。$f \approx 0.018$

Colebrook-White の式の計算技術上の問題点は、既に述べたように trial sand error 計算が必要な関数であることである。現代においてはそれはさしたる問題ではないが、電子計算機が無かった時代は大変なことであった。そこで、以上の関係を、Moody は、1 つの線図に表したのであろう。

［計算例 1-7］

相対粗度 $e/D = 0.5 \times 10^{-3}$ の管において、流れの Reynolds 数が $Re = 4 \times 10^{-5}$ の場合の摩擦損失係数 f の値を図 1-8(a)の Moody 線図（17 頁）により求める。

摩擦損失係数 $f \approx 0.018$

1.1.12　Wood 式

Colebrook & White 式を用いた摩擦損失係数 f の値の計算は繁雑な trial and error の計算を必要とするので、Wood は、次の数式で Moody 線図の大部分を簡略化し、計算し易くした。

$$f = a + bRe^{-c} \qquad (1\text{-}15)$$

$$a = 0.094k^{0.225} + 0.53k \qquad (1\text{-}15')$$

$$b = 88k^{0.44} \qquad (1\text{-}15'')$$

$$c = 1.62k^{0.134} \qquad (1\text{-}15''')$$

$$k = e/D \qquad (1\text{-}15'''')$$

この式は、「Wood 式」と呼ばれ、適用範囲は、$Re > 10^4$ 、$0.00001 < k < 0.04$ である。

［計算例 1-8］

相対粗度 $e/D=0.5\times10^{-3}$ の管において、流れの Reynolds 数が $Re=4\times10^5$ の場合の摩擦損失係数 f の値を Wood 式で求める。

k	e/D	0.0005
a	$0.094k^{0.225}+0.53k$	0.0173
b	$88k^{0.44}$	3.1048
c	$1.62k^{0.134}$	0.5850
Re	4×10^5	400000
f	$a+bRe^{-c}$	0.019

この Wood 式の出現で、実用水理学の世界における摩擦損失係数 f の値の計算技術上の問題は、無くなったものと言える。

1.1.13 摩擦によるエネルギー損失を含む問題

摩擦によるエネルギー損失を含む問題は、一般に、次の 3 つの範疇に属する。いずれの場合においても、水温{T}(℃)の水の粘性係数の値は、既知であるものとする。付表 4-4（巻末 24 頁）参照。

ケース 1 ：管路の L、D、e、T、V の値が与えられていて、摩擦損失水頭 H_{lf} の値を求める。このケースは、一番単純で、次の 2 ステップで直接答えを求めることができる。

(a) レイノルズ数と相対粗度 e/D を計算し、Wood 式から摩擦損失係数 f の値を求める。

(b) Darcy-Weisbach 式を用いて、摩擦損失水頭 H_{lf} の値を求める。

ケース 2 ：管路の L、D、e、T、H_{lf} の値が与えられていて、平均流速のV値を求める。このケースは、管路の平均流速 V が未知であるから、摩擦損失係数 f の値を trial and error で求める必要がある。

(a) 適当な平均流速Vの値（例えば、1.5 ～ 4.5 m/s）を仮定し、Reynolds 数の値を計算する。

(b) 相対粗度 e/D を計算し、Wood 式から摩擦損失係数 f の値を求める。

(c) Dacy-Weisbach 式を用いて、既知の摩擦損失水頭 H_{lf} の値より、平均流速 V の値を求める。

(d)仮定した平均流速 V と計算された平均流速 V の値を比較して、その差が許容値以内であれば、計算を終了する。もし、許容値を超えたならば、平均流速 V の値を仮定しなおす。

ケース 3　：管路の L、e、Q、T、H_{lf}の値が与えられていて、管の直径 D の値を求める。このケースは、平均流速 V の値が未知であるから、trial and error の計算を行う必要がある。

(a)摩擦損失係数 f の値（例えば、0.01 ～ 0.02）を仮定し、Dacy-Weisbach 式を用いて管の直径 D の値を求める。

(b)相対粗度 e/D と Reynolds 数 Re の値を計算し、Wood 式から調整された摩擦損失係数 f の値を求める。

(c)調整された摩擦損失係数 f の値を用いて、Dacy-Weisbach 式より摩擦損失水頭 H_{lf}の値を計算する。計算値が利用可能値より大きくなるならば、管の直径は細すぎる、逆であるならば太すぎる、ことになる。値が等しくなるならば、計算はここで終了する。

(d)状況に応じて、摩擦損失係数 f の値を仮定しなおし、計算を繰り返す。

［計算例 1-9］

直径 30cm 、長さ 300 m の鋳鉄管が水温 15.6 ℃で毎秒 0.3m^3 の水量を流している。摩擦損失水頭を計算する。

この計算は、ケース 1 に該当する。

図 1-8(b)の Moody 線図（17 頁）の付表より、鋳鉄管の e = 0.0006~0.003 ft から e = 0.003 ft とする。

e = 0.003(ft)×12(in)×25.4(mm/in) = 0.9 mm = 0.0009(m)

e/D = 0.0009/0.3 = 0.003

$V = Q/A = Q/(0.25 \times D^2 \pi) = 0.3/(0.25 \times 0.3^2 \times 3.14) = 4.25$ (m/s)

水温 10 ℃における動粘性係数 $\nu = 1.307 \times 10^{-6}$ (m^2/s)、20 ℃において 1.004×10^{-6} (m^2/s)、よって 15.6 ℃における動粘性係数 $\nu = 1.137 \times 10^{-6}$ (m^2/s)

$Re = VD/\nu = (4.25 \times 0.3)/(1.137 \times 10^{-6}) = 1.12 \times 10^6$

Wood 式の計算

k	e/D	0.003
a	$0.094k^{0.225}+0.53k$	0.0270
b	$88.0k^{0.44}$	6.8299
c	$1.62k^{0.134}$	0.7438
Re	1.12×10^{6}	1120000
f	$a+bRe^{-c}$	0.027

相対粗度 $e/D = 1\times10^{-3}$、Reynolds 数 $Re = 1.12\times10^{6}$の条件で華氏 60 度（摂氏約 15.6 度）の水温で作られた Moody 線図を引くと、摩擦粗度係数 f = 0.026 の値を得た。当たり前のことであるが、Wood 式と Moody 線図では、ほぼ同じ結果が得られた。よって、摩擦損失水頭は

$$H_f = f\frac{L}{D}\times\frac{V^2}{2g} = 0.027\times\frac{300}{0.3}\times\frac{4.25^2}{2\times9.81} = \underline{24.86\ m}$$

［計算例 1-10］

直径 30 cm 、長さ 300 m の鋳鉄管が水温 15.6 ℃で、6 m の摩擦損失水頭を生じている。この時の流量を求める。

この計算は、ケース 2 に該当する。

計算例 1-9（23 頁）より管の相対粗度 e/D ＝0.003、水温 15.6 ℃における動粘性係数

$\nu = 1.137\times10^{-6}$ （m^2/s）

第 1 回試算

a) V = 2.5 m/s と仮定する。

$Re = VD/\nu = (2.5\times0.3)/(1.137\times10^{-6}) = 0.66\times10^{-6}$

b) Wood 式の計算

k	e/D	0.003
a	$0.094k^{0.225}+0.53k$	0.0270
b	$88.0k^{0.44}$	6.8299
c	$1.62k^{0.134}$	0.7438
Re	0.66×10^{6}	660000
f	$a+bRe^{-c}$	0.0273

c)

$$H_f = f\frac{D}{L}\times\frac{V^2}{2g} = 0.0273\times\frac{300}{0.3}\times\frac{V^2}{2\times9.81} = 6\ m$$

$1.3914\ V^2=6$ より $V = 2.08$ m/s

d) 仮定の V と計算の V が違っているから、仮定をしなおして、第 2 回目の試算を行う。

第 2 回試算

a) V = 2.00 m/s と仮定する。

$Re = VD/\nu = (2.00 \times 0.3)/(1.137 \times 10^{-6}) = 0.53 \times 10^6$

b) Wood 式より f = 0.0274

c)

$$H_f = f\frac{L}{D} \times \frac{V^2}{2g} = 0.0274 \times \frac{300}{0.3} \times \frac{V^2}{2 \times 9.81} = 6 \text{ m}$$

$1.3965V^2 = 6$ より $V = 2.07$ m/s

d) 仮定の V と計算の V が略一致したから、V ≈ 2 m/s とする。

e)

$$流量\ Q = V \times \frac{\pi D^2}{4} = 2 \times \frac{3.14 \times 0.3^2}{4} \approx \underline{0.141\ m^3/s}$$

［計算例 1-11］

長さ 300 m の鋳鉄管が水温 15.6 ℃で、毎秒 0.3 m³ の水量を流し、6m の摩擦損失水頭を生じている。管の直径を求める。

この計算は、ケース 3 に該当する。

第 1 回試算

a) 摩擦損失係数 f = 0.027 と仮定する。

$$V = \frac{4Q}{\pi D^2} = \frac{1}{D^2} \cdot \frac{4 \times 0.3}{3.14} = \frac{0.3822}{D^2}$$

$$H_f = f \cdot \frac{L}{D} \cdot \frac{V^2}{2g} = 0.027 \times \frac{300}{D} \times \frac{1}{2 \times 9.81} \times \left| \frac{0.3822}{D^2} \right|^2 = 6$$

$$\frac{1}{D^5} \times \frac{0.027 \times 300 \times 0.3822^2}{2 \times 9.81 \times 6} = 1$$

$D^5 = 0.010 \quad \therefore \quad D = 0.40$ m

b）

$$V = \frac{4Q}{\pi D^2} = \frac{4 \times 0.3}{0.4^2 \times 3.14} = 2.39 \text{ m/s}$$

図 1-8(b)の Moody 線図（17 頁）の付表より、鋳鉄管の e = 0.0006~0.003 ft から e = 0.003 ft とする。

e = 0.003 (ft) ×12 (in) ×25.4 (mm/in) = 0.9 mm = 0.0009m

管の相対粗度 e/D = 0.0009/0.4 = 0.00225、水温 15.6 ℃における動粘性係数 ν = 1.137 $\times 10^{-6}$（m^2/s）

Re = VD/ ν = (2.39 × 0.4) / (1.137 $\times 10^{-6}$) = 0.84 $\times 10^{-6}$

Wood 式による f の計算

k	e/D	0.00225
a	$0.094k^{0.225}+0.53k$	0.0250
b	$88.0k^{0.44}$	6.0179
c	$1.62k^{0.134}$	0.7157
Re	0.84×10^6	840000
f	$a+bRe^{-c}$	0.0253

c）

$$H_f = f \cdot \frac{L}{D} \cdot \frac{V^2}{2g} = 0.0253 \times \frac{300}{0.4} \times \frac{2.39^2}{2 \times 9.81} = 5.52 \text{ m}$$

d)計算摩擦損失が実際値よりも小さくなった。これは計算摩擦損失係数の値が適当でないことに起因する。よって、仮定をしなおす。

<u>第 2 回試算</u>

a)摩擦損失係数 f = 0.025 と仮定する。

$$V = \frac{4Q}{\pi D^2} = \frac{1}{D^2} \cdot \frac{4 \times 0.3}{3.14} = \frac{0.3822}{D^2}$$

$$H_f = f \cdot \frac{L}{D} \cdot \frac{V^2}{2g} = 0.025 \times \frac{300}{D} \times \frac{1}{2 \times 9.81} \times \left| \frac{0.0382}{D^2} \right|^2 = 6$$

$$\frac{1}{D^5} \times \frac{0.025 \times 300 \times 0.3822^2}{2 \times 9.81 \times 6} = 1$$

$D^5 = 0.0093 \quad \therefore \ D = 0.392$ m

$$V = \frac{4Q}{\pi D^2} = \frac{4 \times 0.3}{0.392^2 \times 3.14} = 2.49 \text{ m/s}$$

管の相対粗度 e/D = 0.0009/0.392 = 0.0023、水温 15.6 ℃における動粘性係数 ν = 1.137 $\times 10^{-6}$（m^2/s）

$Re = VD/\nu = (2.49 \times 0.392)/(1.137 \times 10^{-6}) = 0.86 \times 10^{-6}$

Wood 式による f の計算

k	e/D	0.0023
a	$0.094k^{0.225}+0.53k$	0.0252
b	$88.0k^{0.44}$	6.0764
c	$1.62k^{0.134}$	0.7178
Re	0.86×10^6	860000
f	$a+bRe^{-c}$	0.0255

c)

$$H_f = f \cdot \frac{L}{D} \cdot \frac{V^2}{2g} = 0.0255 \times \frac{300}{0.392} \times \frac{2.49^2}{2 \times 9.81} = 6.17\ \text{m}$$

d) 計算摩擦損失水頭と実際の摩擦損失水頭の値が略一致した。

長さ 300 m の鋳鉄管が水温 15.6 ℃で、毎秒 0.3 m^3 の水量を流し、6 m の摩擦損失水頭を生じている場合の管の直径は、略 40 cm。

以上の 3 ケースの内の第 2 と 3 ケースについては、trial and error の計算を実行しなければならない。

1.1.14 Manning 式

摩擦損失係数 f の値は、管の粗度と Reynolds 数から Moody 線図を用いて的確に、また式の適用範囲内であれば Wood 式を用いて簡単に求められる。しかし、そのためには、どうしても流れの Reynolds 数を与えなければならない。

摩擦損失係数 f の値は、粗い管で Reynolds 数の値が大きい場合、Reynolds 数に無関係で、管の材質によってのみ変わる。そこで、Reynolds 数を含まない「Manning 式」や「Hazen-William 式」のような経験式からその値がしばしば計算される。

そのために、日本の国では、式(1-16)の Manning 式が一般的に用いられている。

$$V = \frac{1}{n} R^{2/3} S^{1/2} \qquad (1\text{-}16)$$

この式は、開水路の平均流速を求めるために Manning によって作られた有名な式で、開水路のみならず管水路にも応用されているものである。なお、Hazen-William 式に関しては、本書では記述していない。

上式において、{R} (m)は径深、{S}（分の 1 、またはその実数）はエネルギー勾配線の勾配、{n}は「Manning の粗度係数」である。ここで、「径深」R は、管の断面積A(m³)を内周壁長、すなわち「潤辺」{P}(m)で除した値で、円管の場合 D/4 になる。

表 1-4(a) 管の材料別 Manningの粗度係数 n の値 [10)]

材料	n
ガラス	0.01~0.013
黄銅	0.01~0.013
合成樹脂	0.01~0.013
木材	0.01~0.013
鋳鉄	0.11~0.015
鋼鉄	0.010~0.014
コンクリート	0.011~0.025

表 1-4(b) Manningが1890年に発表した論文で示した管の粗度係数 n の値 [11)]

管 の 種 類	値の範囲		設計用値	
	from	to	from	to
新しい塗装されていない鋳鉄管	0.011	0.015	0.013	0.015
新しい塗装されている鋳鉄管	0.010	0.014	0.012	0.014
汚れている、または凹凸が激しい鋳鉄管	0.015	0.035		
リベットで組み立てられた鋼管	0.013	0.017	0.015	0.017
細い幅の鋼板を溶接して作られた管	0.010	0.013	0.012	0.013
電気メッキされた鉄管	0.012	0.017	0.015	0.017
黄銅やガラスの管	0.009	0.013		
木材の、たが締めの管	0.010	0.014		
小径			0.011	0.012
大径			0.012	0.013
コンクリート管	0.010	0.017		
ラフに接続されたコンクリート管			0.016	0.017
ラフな型枠で、固練りのコンクリート管			0.015	0.016
鋼型枠、柔練りのコンクリート管			0.012	0.014
表面が非常になめらかなコンクリート管			0.011	0.012
汚れている下水道管	0.010	0.017	0.013	0.015
普通の粘土の土管	0.011	0.017	0.012	0.014

いま、エネルギー勾配線の勾配は $S=H_{lf}/L$ であるから

$$S=\frac{V^2 n^2}{(D/4)^{4/3}}=\frac{H_{lf}}{L} \tag{1-17}$$

次に、Darcy-Weisbachの式から

$$\frac{H_{lf}}{L}=f\frac{1}{D}\times\frac{V^2}{2g}=S \tag{1-18}$$

であるから、摩擦損失係数fは、次の関係で与えられる。

$$f = \frac{12.7\ g\ n^2}{D^{1/3}} \qquad (1\text{-}19)$$

すなわち、管路の Manning の粗度係数の値 n を与えることによって、摩擦損失係数 f の値を、面倒な計算を行うことなく、一義的な計算で求めることができるようになる。

日本の国では、式(1-19)を用いて摩擦損失係数 f の値を求めることが普通になっている。

［計算例 1-12］

直径 30cm のアスファルト・ライニング鋼管がある。摩擦損失係数 f を Manning 式を用いて計算する。

表 1-4(a)によれば、鋼管の Manning の粗度係数の値は n = 0.010~0.0014 である。アスファルト・ライニング（内張り）されているので、n = 0.012 とする。

$$f = \frac{12.7\ g\ n^2}{D^{1/3}} = \frac{12.7 \times 9.81 \times 0.012^2}{0.3^{1/3}} = \underline{0.027}$$

1.1.15　総合計算

図 1-9 は、上下両水面の落差 H の両水槽間を直径 D の一定断面の管路が連絡したものである。

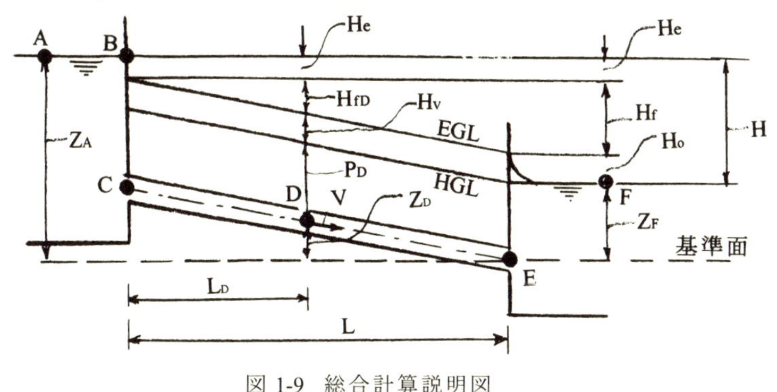

図 1-9　総合計算説明図

A、D、F 点におけるエネルギー E は、管路の末端の高さを基準面に取れば、

$$\text{A点}：E=Z_A \tag{1-20}$$

$$\text{D点}：E=Z_D+\frac{P_D}{\gamma}+\frac{V^2}{2g}+(\text{A～D間の損失水頭}) \tag{1-21}$$

$$=Z_D+\frac{P_D}{\gamma}+\left(1+K_{le}+f\frac{L_D}{D}\right)\times\frac{V^2}{2g} \tag{1-21'}$$

$$\text{ただし、速度水頭}:H_v=1\times\frac{V^2}{2g} \tag{1-22}$$

$$\text{流入損失水頭}:H_{le}=K_{le}\times\frac{V^2}{2g} \tag{1-23}$$

$$\text{摩擦損失水頭}:H_{lf}=f\frac{L_D}{D}\times\frac{V^2}{2g} \tag{1-24}$$

$$\text{F点}：E=Z_F+(\text{A～F間の損失水頭})$$

$$=Z_F+H_{le}+H_{lf}+H_{lo} \tag{1-25}$$

$$\text{ただし、摩擦損失水頭}：H_{lf}=f\frac{L}{D}\times\frac{V^2}{2g} \tag{1-26}$$

$$\text{流出損失水頭}：H_{lo}=1\times\frac{V^2}{2g} \tag{1-27}$$

(1-20) と (1-21') 式から任意の点 D の圧力 P_D が求められる。

$$P_D=\gamma\left[\left|Z_A-Z_D\right|-\left|1+K_{le}+f\frac{L_D}{D}\right|\times\frac{V^2}{2g}\right] \tag{1-28}$$

(1-20) と (1-25) 式から

$$Z_A-Z_F=H=H_{le}+H_{lf}+H_{lo}=\left|K_{le}+f\frac{L}{D}+1\right|\times\frac{V^2}{2g} \tag{1-29}$$

となる。この (1-28) 式と (1-29) 式を元として、管路の色々な計算ができるようになる。

すなわち、

$$\text{流速}：V=\left|\frac{2gh}{1+K_{le}+f\dfrac{L}{D}}\right|^{0.5} \tag{1-30}$$

$$\text{流量}：Q=\frac{\pi D^2}{4}\times V \tag{1-31}$$

$$\text{落差}：H=\frac{8}{\pi^2 g}\left|1+K_{le}+f\frac{L}{D}\right|\times\frac{Q^2}{D^4} \tag{1-32}$$

$$\text{管径}：D^5=\frac{8}{\pi^2 g}\left[\left|1+K_{le}\right|\times D+fL\right]\times\frac{Q^2}{H} \tag{1-33}$$

なお、管路に屈曲部があったり、断面変化があったり、バルブがあったりして損失水頭として考慮すべきものがあれば、それ等を取り入れ、同様な扱いをする。すなわち、その場合、例えば、「湾曲損失係数」$K_{lb\,(loss\ of\ bent)}$を考えなければならない場合は、式(1-28)の右辺の括弧内にK_{lb}を付け加えれば良い。また、管路の延長が長くて、直線であれば、摩擦損失以外の損失を無視して計算を行っても良い。

［計算例 1-13］

上下二水面の水位差が 10m であるとする。これを直径 200mm、長さ 1km の管でつないだ場合の流量を計算する。ただし、管の流入損失係数を $K_{le}=0.5$、摩擦損失係数を $f=0.03$ とする。

$$V = \left| \frac{2gh}{1+K_{le}+f\dfrac{L}{D}} \right|^{0.5} = \left| \frac{2\times 9.81\times 10}{1+0.5+0.03\times\dfrac{1000}{0.2}} \right|^{0.5} = 1.14\ \text{m/s}$$

$$Q = VA = \frac{\pi D^2}{4}V = \frac{3.14\ \times 0.2^2}{4}\times 1.14 = \underline{0.036\ \text{m}^3/\text{s}}$$

1.2　ポンプを持つ管水路

1.2.1　管水路におけるポンプの種類と設置の仕方

図 1-1（1 頁）の状況は、管水路で連結された 2 つの池の左側の水位が右側より高くなっている。したがって、水は、左側から右側の池に向かって自然に流れる。いま、これとは逆に、図 1-10（32 頁）のように、右側の池の水位が高くなった場合、当然前とは逆に、水の流れは右側から左側の池に向かう。水の流れの向きを前と同様に左側より右側に向けるためには、まず「制水弁」を左側の池の側に設け、次にその手前に適当な大きさの「ポンプ」、すなわち「揚水機」を設置する。制水弁を閉じておいて、ポンプを動かし、制水弁を開けば、水は、左側から右側の池に向かって流れるようになる。

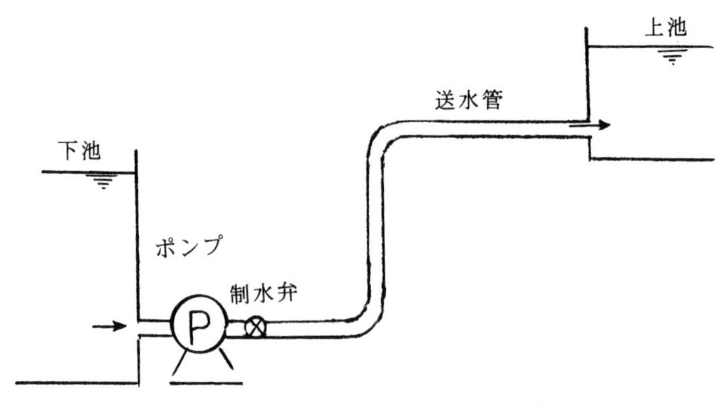

図 1-10 ポンプと制水弁の設置

ポンプの種類は様々であるが、管水路に用いられるポンプの種類は、「遠心力ポンプ」、「斜流ポンプ」、「プロペラ・ポンプ」と呼ばれる 3 種類だけに限られている。しかも、管水路でポンプと言えば、それは遠心力ポンプを指していることが多い。ポンプについては、第 4 章「水車、ポンプ、バルブの水理」で詳しく述べられる。また、制水弁に関しても同様である。

ポンプを用いて低い水面から高い水面に向け水を流すことを「揚水」と呼ぶ。揚水を行う場合、ポンプの設置の仕方に２通りある。その第１は、図 1-11(a)のように、ポンプを左側の池、すなわち低い方の水面より高い位置に据える場合である。第２は、図 1-11(b)のように、低い方の水面よりさらに相当低い位置に据える場合である。前者をポンプの吸い上げ、後者をポンプへの押し込みと言うような言葉で呼ぶ。また、低い水面からポンプまでの間を吸い込み側、ポンプより高い水面までの間を押し上げ側と言うような言葉で呼ぶ。

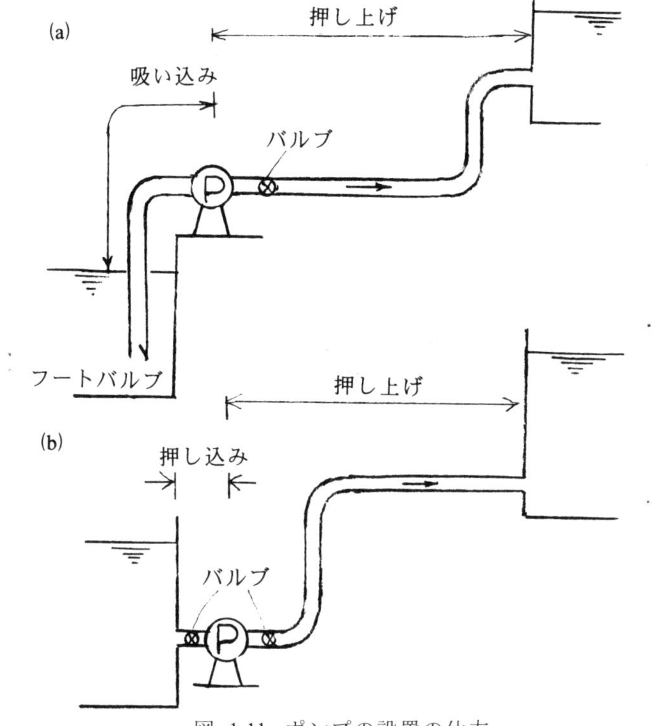

図 1-11　ポンプの設置の仕方

1.2.2　ポンプの揚程と原動機の出力

ポンプは、所定の水量、すなわち「揚水量」{Q}(m³/s)を低い水面から高い水面へ、両水面の水位差と両水面を連結する管水路で起こる総摩擦損失水頭と各種のマイナー・ロスの総量の合計量を克服して揚水しなければならない。これをポンプの「揚程」{Hp}(m)と呼び、次式で表わされる。

$$Hp = \Delta z + H_{lf} + H_{lm} \qquad (1\text{-}34)$$

ここで、{Δz}は高い水面と低い水面の水位差(m)、H_{lf}は総摩擦損失水頭(m)、H_{lm}は総マイナー・ロス(m)である。

いま、密度が ρ(kg)、体積が Q(m^3)の物体の持つ力（この場合、重量）は、ρgQ(N)[= 9.81 ×1000 ×Q(N)]である。これを H(m)動かす（持ち上げる）ために必要なエネルギーは、ρgQH(J)[= 9.81 ×1000 ×Q ×H(J)]である。このエネルギーを 1 秒間(1s)で使用するから、仕事率は、ρgQH(W = J/S)[= 9.81×1000 ×Q ×H (W)

$= 9.81 \times Q \times H$（kW）］である。すなわち、ポンプの原動機がポンプに出さなければならない力、すなわち出力{P}（kW）は、次式で表わされる。

$$P = 9.81QH \qquad (1\text{-}35)$$

［計算例 1-14］

下側にある貯水池から 50 m 高い上側の貯水池へ、長さ 2500 m、太さ 0.4 m の管路を用いて、0.14 m³/s の水量を送る場合のポンプの必要馬力を求める。ただし、摩擦損失係数 f = 0.028、マイナー・ロスを無視する。ポンプの効率は、100 %とする。

$$Hp = \Delta z + H_{lf} + H_{lm}$$

$$= \Delta z + H_{lf}$$

$$V = \frac{Q}{A} = \frac{4Q}{\pi D^2} = \frac{4 \times 0.14}{3.14 \times 0.4^2} = 1.11 \text{ m/s}$$

$$H_f = f \cdot \frac{D}{L} \cdot \frac{V^2}{2g} = 0.028 \times \frac{2500}{0.4} \times \frac{1.11^2}{2 \times 9.81} = 10.99 = 11\text{m}$$

$$Hp = 50 + 11 = 61 \text{ m}$$

$$P = 9.81 \times 0.14 \times 61 \times 1 = 83.8 \text{ kW}$$

1.2.3　ポンプの吸い込み側で起こる負圧

ポンプの設置の仕方には２通りあることは既に述べた。図 1-11（33 頁）。ポンプを低い水面より上の位置に据え付ける場合は、吸い込み側の管路の先端に「フート・バルブ」と呼ばれる制水弁を取り付ける。この弁は、ポンプが働いて水が流れている時は開き、ポンプが止まると自動的に閉じる仕組みになっている。

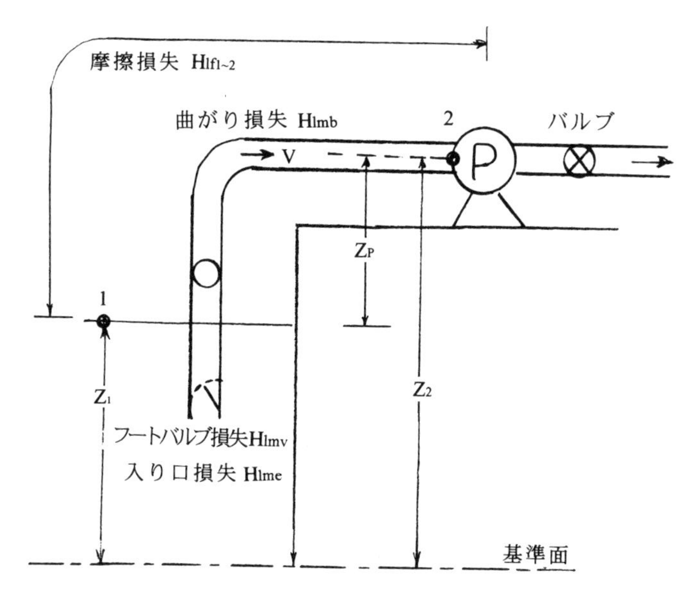

図 1-12　ポンプの吸い込み側で起こる負圧

図 1-12 において、低い方の池の静止水面を点１、ポンプの吸い込み側の末端を点２とする。点１の総エネルギー、すなわち総水頭は、位置の水頭 z_1、点２の総水頭は圧力水頭 P_2/γ と速度水頭 $V_2{}^2/2g$ と位置の水頭 z_2（$= z_1 + z_p$ 、z_p はポンプ水面からの高さ(m)）の総和である。点１と点２の間で摩擦損失水頭 $H_{lf1\text{-}2}$ の他に「入り口損失水頭」H_{lme}、「制水弁による損失水頭」H_{lmv}、「曲りによる損失水頭」H_{lmb} 等の各種マイナー・ロスが発生する。したがって、次のエネルギー方程式が成立する。

$$z_1 = P_2/\gamma + V_2{}^2/2g + z_1 + z_p + H_{lf1\text{-}2} + H_{lme} + H_{lmv} + H_{lmb} \qquad (1\text{-}36)$$

この式を整理すると

$$P_2/\gamma = -(z_p + V_2{}^2/2g + H_{lf1\text{-}2} + H_{lme} + H_{lmv} + H_{lmb}) \qquad (1\text{-}37)$$

この式の右辺の括弧内の各項の符号はいずれも正であり、左辺の分母も正であるから、P_2 の符号は負でなければならない。すなわち、点２では負の圧力、すなわち「負圧」が発生していることになる。そうでなければ、このエネルギー方程式は、成立しない。この負圧は、ポンプの「回転子」、すなわち「インペラー」（第４

章２節 166 頁参照）が回転することによって発生し、最大限「真空」である。したがって、$-(P_2/\gamma)$の取り得る値の最大値は、「U.S.標準大気」（付表 4-5〔巻末 24 頁〕参照）の下 10.332m である。この値を式(1-23)に代入すると

$$z_p = 10.332 - (V_2^2/2g + H_{lf1\text{-}2} + H_{lme} + H_{lmv} + H_{lmb}) \qquad (1\text{-}38)$$

(1-38)式を一般的に表現すると

$$z_p = 10.332 - (V_2^2/2g + H_{lf1} + H_{le} + H_{lv} + H_{lb}) \qquad (1\text{-}38')$$

となる。すなわち、式(1-38')で求められたz_pの値がポンプを水面から上に据え付けることができる最大高さである。個々のポンプについては、10.332 m と言う値は、ポンプの海抜標高で違って来る。

なお、U.S.標準大気は、空気の気温、気圧、密度の高度分布の値を幅広い高度に渡って定めたモデルである。

［計算例 1-15］

U.S.標準大気の下、海抜標高 0 m、1000 m、2000 m の下でのポンプの最高据え付け高さを求める。ただし、損失零とする。

a)海抜標高 0 m の場合

水温 $T = 15$ ℃、１気圧 $P = 1.0133 \times 10^5$ N/m²、単位体積重量 $\gamma = 9801$ N/m³

$$z_p = \frac{P}{\gamma} - (\text{各種の損失水頭}) = \frac{P}{\gamma} - 0 = \frac{1.0133 \times 10^5}{9801} - 0 = \underline{10.34\ \text{m}}$$

b)海抜標高 1000 m の場合

$T = 8.5$ ℃、$P = 0.8987 \times 10^5$ N/m²、$\gamma = 9808$ N/m³

$$z_p = \frac{P}{\gamma} - (\text{各種の損失水頭}) = \frac{P}{\gamma} - 0 = \frac{99876 \times 10^5}{9808} - 0 = \underline{9.16\ \text{m}}$$

c)海抜標高 2000 m の場合

$T = 2$ ℃、$P = 0.7950 \times 10^5$ N/m²、$\gamma = 9810$ N/m³

$$z_p = \frac{P}{\gamma} - (\text{各種の損失水頭}) = \frac{P}{\gamma} - 0 = \frac{0.7950 \times 10^5}{9810} - 0 = \underline{8.10\ \text{m}}$$

1.3 水車を持つ管水路

1.3.1 水車の種類と管水路における配置

「水車」は、大きく「衝動水車」と「反動水車」に分けられる。「Pelton 水車」

は衝動水車と呼ばれ、「Francis 水車」は反動水車の代表とされる。衝動水車と反動水車では、「羽根車」の構造の違いから、水車の管水路における配置の仕方が大きく異なっている。

図 1-13　反動水車(左側、点検中)と衝動水車(右側、縦軸式)の羽根車の違い[12)]

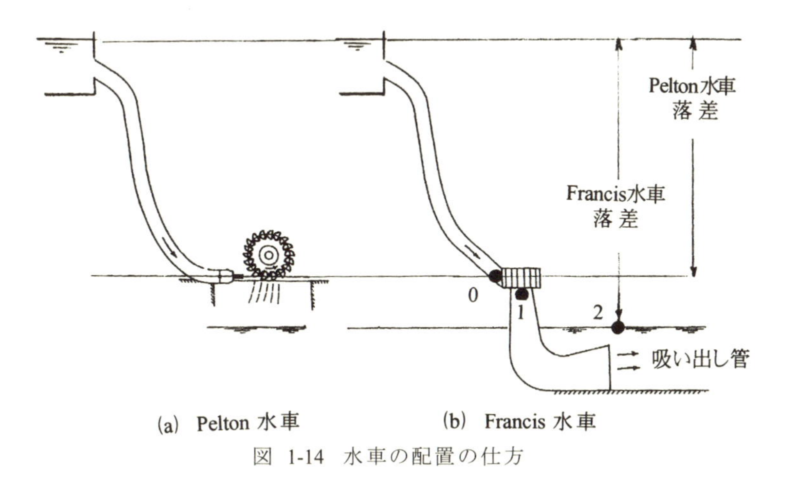

図 1-14　水車の配置の仕方

ポンプを持つ管水路の場合、低い方の水面と高い方の水面の水位差をポンプの揚程と呼んでいる。これに対して、水車を持つ管水路の場合、高い方の水面と低い方の水面の水位差を落差と呼ぶ。図 1-14 の配置(a)の場合、落差を全部使い切っていない。これに対して、(b)の場合、落差を全部使い切っているのが特徴である。

1.3.2 Pelton 水車を持つ管水路

Pelton 水車は、衝動水車とも呼ばれている。この水車は、回転軸を持つ円盤の周縁に多数の「バケット」が取り付けられていて、それに向けノズルから高速水流が吹き付けられ、水流の「衝動力」で円盤を回転させ、動力を取り出すものである。

バケットに衝突して円盤を回転させた後の水流は、低い方の水面に落下する。いま、バケットが水に漬かったら水車が回転しなくなるから、いかなる状況下でもバケットの下縁は、低い方の水面より相当高くなっている必要がある。

1.3.3 Francis 水車の吸い出し管

Francis 水車(反動水車)は、通常、低い方の水面より相当高い位置に設置される。その理論最大高さは、水車の海抜高度で決まり、10.332 mである。また、逆に、水車を低い方の水面よりさらに相当低い位置に設置しても良く、そういう場合も結構ある。

Francis 水車の水流の吐き出し口より低い方の水面までの比較的短い間を結ぶ管水路を「吸い出し管」、または「ドラフト・チューブ」と呼ぶ。水車が低い方の水面より高い位置に設置され、吸い出し管が設けられていなければ、この水車の落差は、Pelton 水車と同様に高い方の水面より水車の高さまでになる。すなわち、吸い出し管を設けることにより、吸い出し管の中を流水が落下することで水車の下面を引っ張りながら回し、落差を完全に使い切ることができるようになる。

図 1-14(b)(37 頁)において、水車の入り口を点 0、水車の出口を点 1、低い方の水面の静水の点を 2 とする。基準面からこれら各点までの距離を z_0・z_1・z_2 とする。いま、点 0 の圧力水頭は、水車を回転させるために点 1 までの間で全部使い果たされていることを前提にする。点 1 における総エネルギーは $z_1 + P_1/\gamma + V_1^2/2g$、点 2 における総エネルギーは z_2、この間におけるエネルギー損失は、摩擦損失の H_{1f} とマイナー・ロスの H_{1m} であるから、次のエネルギー方程式が成立する。

$$z_1 + P_1/\gamma + V_1^2/2g + H_{1f} + H_{1m} = z_2 \quad (1\text{-}39)$$

この式を P_1 について整理すると

$$P_1/\gamma = -(z_1 - z_2) - V_1^2/2g + (H_{1f} + H_{1m}) \quad (1\text{-}40)$$

上式の右辺において、第 1 項は括弧内は $z_1 > z_2$ であるから負の値、第 2 項は二乗項であるから同様負の値、第3項は正の値であるがごく小さな値であるから、点1の圧力水頭の値は必ず負の値になる。すなわち、水車の吸い出し管では、負圧が発生していることになる。

［計算例 1-16］

使用水量は 8 m³/s、吸い出し管の長さは 15 m、太さは 2 m、曲がりが1カ所ある図の Francis 水車の吸い出し管入り口で発生する負圧を計算する。ただし、管の Manning の粗度係数 n = 0.013 、曲がりの損失係数 K_{lb} = 0.15 とする。

Manning の粗度係数 n = 0.013

摩擦損失係数 $f = \dfrac{12.7\,g\,n^2}{D^{1/3}} = \dfrac{12.7 \times 9.81 \times 0.013^2}{2^{1/3}} = 0.0167$

吸い出し管流速 $V = \dfrac{4Q}{\pi\ D^2} = \dfrac{4 \times 8}{3.14 \times 2^2} = 2.55\ \text{m/s}$

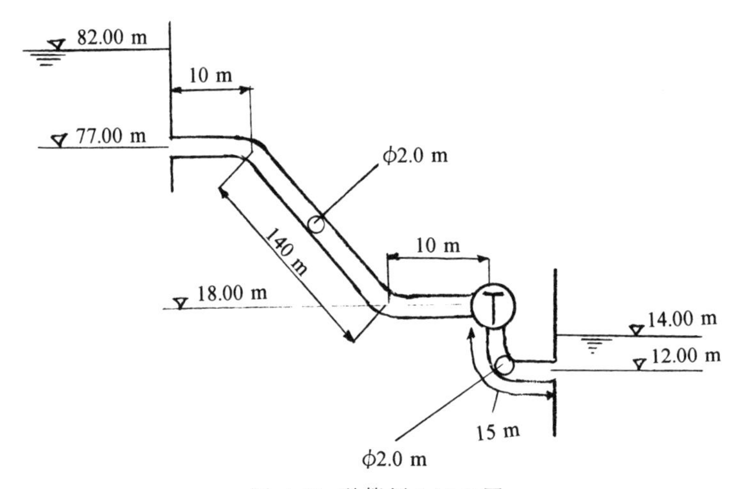

図 1-15　計算例 1-16 の図

$$\frac{V^2}{2g} = \frac{2.55^2}{2 \times 9.81} = 0.331\ \text{m}$$

$$H_f = f\frac{L}{D} \cdot \frac{V^2}{2g} = 0.0167 \times \frac{15}{2} \times 0.331 = 0.041\ \text{m}$$

$$H_b = K_{lb} \cdot \frac{V^2}{2g} = 0.15 \times 0.331 = 0.050 \text{ m}$$

吸い出し管で発生する負圧 $\frac{P_1}{\gamma} = -(z_1 - z_2) - \frac{V_1{}^2}{2g} + (H_{lf} + H_{lm})$

$$= -(18.00 - 14.00) - 0.331 + (0.041 + 0.050)$$

$$= -4.24 \text{ m}$$

水車の出口で発生し得る負圧は最大限真空である。したがって (P_1/γ) の取り得る値の最大値は 10.332 m であるから、この値を式(1-40)に代入すると

$$z_t = 10.332 - V_1{}^2/2g + (H_{lf} + H_{lm}) \qquad (1\text{-}41)$$

ここで、 z_t は、低い方の水面から水車までの高さである。

吸い出し管は、普通、根元から先に行くにしたがって段々太くされる。したがって、その平均的太さに対する平均流速をvとするならば、式(1-41')で求められた z_t の値が水車が水面から上に据え付けることができる理論最大高さである。

$$z_t = 10.332 - v^2/2g + (H_{lf} + H_{lm}) \qquad (1\text{-}41')$$

個々の水車については 10.332 と言う値は、水車の海抜高度で違ってくる。

(1-41')式は、理想値である。水中の泡を考慮すると、理想値の70 ～ 80 %の値が水車を水面から上に据え付けることができる最大高さである。すなわち、次の式を用いる。

$$z_t = \{10.332 - V^2/2g + (H_{lf} + H_{lm})\} \times 0.7\text{~}0.8 \qquad (1\text{-}41'')$$

［計算例 1-17］

海抜高度 0 m の U.S.標準大気の下での、計算例 1-16 の Francis 水車の据え付け最大高さを求める。

計算例 1-16 より、$V_1{}^2/2g = 0.331$ m、$H_f = 0.041$ m、$H_b = 0.05$ m。計算例 1-15 より、U.S.標準大気の下での負圧の最大値は−10.332 m、従って水車の最大据え付け高さ z_t は

$z_t = 10.332 - v^2/2g + (H_{lf} + H_{lm})$

$= 10.332 - 0.331 + 0.041 + 0.050$

$= 10.09$ m

計算では水車の最大据え付け高さは 10.10 m と求まったが、水中の空気の泡を考え

ると、その 7~8 割の値とする。よって、z_t = 10.09 ×0.7 ~ 0.8 = 7.06~8.07 m とする。

1.3.4　水車の有効落差と出力

図 1-14(a)（37 頁）の Pelton 水車の場合において、一定流量 Q(m³/s)の下で、高い方の水面から Pelton 水車までの間で起こる摩擦損失水頭を H_{lfP}(m)、同様マイナー・ロスを H_{lmP}、高い方の水面と水車のノズルの中心線の高さの差を H_{tP}(m) とすると、次式で計算した

$$H_{eP} = H_{tP} - (H_{lfP} + H_{lmP}) \tag{1-42}$$

H_{ep}(m)を Pelton 水車の「有効落差」と呼ぶ。

［計算例 1-18］

計算例 1-16（39 頁）の図の Francis 水車を Pelton 水車に換えた場合の有効落差を求める。ただし、使用水量を 8 m³/s、流入損失係数を K_{le} = 0.3 、曲がりの損失係数（2 カ所とも）K_{lb} = 0.15、Manning の粗度係数 n = 0.013 とする。

計算例 1-16 より 、f = 0.0167、$V^2/2g$ = 0.331 m。

$$H_{lfP} = f\frac{L}{D}\cdot\frac{V^2}{2g} = 0.0167 \times \frac{10+140+10}{2} \times 0.331 = 0.442 \text{ m}$$

$$H_{lmP} = (K_{le} + 1 + 0.15 \times 2)\times\frac{V^2}{2g} = (0.3 + 1 + 0.15 \times 2)\times 0.331 = 0.530 \text{ m}$$

$$H_{lfP} = 82.00 - 18.00 = 64.00 \text{ m}$$

$$H_{eP} = H_{tP} - (H_{lfP} + H_{lmP}) = 64.00 - (0.442 + 0.530)$$

$$= 63.03 \text{ m}$$

図 1-14 の(b)（37 頁）の Francis 水車の場合において、一定流量 Q(m³/s)の下で、高い方の水面と低い方の水面の水位差 H_t(m)、この間で起こる摩擦損失水頭を H_{lf}(m)、マイナー・ロスを H_{lm}(m)とすると

$$H_e = H_t - (H_{lf} + H_{lm}) \tag{1-43}$$

H_e(m)を Francis 水車（反動水車）の有効落差と呼ぶ。

［計算例 1-19］

計算例 1-16（39 頁）の図の Francis 水車の有効落差を求める。ただし、使用水量

を 8 m³/s、流入損失係数を K_{le}=0.3 、曲がりの損失係数(3 カ所とも) K_{lb}=0.15、Manning の粗度係数 n=0.013 とする。

計算例 1-16 より、f = 0.0167、$V^2/2g$ = 0.331 m。

$$H_{lf} = f\frac{L}{D}\cdot\frac{V^2}{2g} = 0.0167 \times\frac{10 + 140 + 10 + 15}{2} \times 0.331 = 0.484 \text{ m}$$

$$H_{lm} = (K_{le} + 1 + 0.15 \times 3) \times \frac{V^2}{2g} = (0.3 + 1 + 0.15 \times 3) \times 0.331 = 0.58 \text{ m}$$

H_{lf} = 82.00 − 14.00 = 68.00 m

$H_e = H_t - (H_{lf} + H_{lm}) = 68.00 - (0.448 + 0.580) = \underline{66.99 \text{ m}}$

以上から、Pelton 水車の出力{P_P}(kW)は

$$P_P = 9.81 \times Q\, H_{eP} \qquad (1\text{-}44)$$

Francis 水車(反動水車)の出力{P}(kW)は

$$P = 9.81 \times Q\, H_e \qquad (1\text{-}45)$$

となる。

[計算例 1-20]

計算例 1-16 (39 頁)の水車は Pelton 水車であるとして、この水車の出力を求める。ただし、水車の効率を 85 %とする。なお、計算例 1-18 において、Pelton 水車としての有効落差が計算されている。

計算例 1-18 より、この Pelton 水車の有効落差 H_{eP} = 63.03 m である。Q = 8 m³/s、水車効率 E_P = 85 %から、出力は $P_P = 9.81 \times Q \times H_{eP} \times E_P$ の式で計算される。よって

$P_P = 9.81 \times 8 \times 63.03 \times 0.85 = \underline{4205 \text{ kW}}$

[計算例 1-21]

計算例 1-16 (39 頁)の水車は Francis 水車であるとして、この水車の出力を求める。ただし、水車の効率を 85%とする。なお、計算例 1-19 (41 頁)において、計算例 1-16 の水車は Francis 水車としての有効落差が計算されている。

計算例 1-19（41 頁）より、この Francis 水車の有効落差 H_{eF} = 66.99 m である。Q = 8 m^3/s、水車効率 E_F = 85 %から、出力は $P_F = 9.81 \times Q \times H_{eF} \times E_F$ の式で計算される。よって

$P_F = 9.81 \times 8 \times 66.99 \times 0.85 = \underline{4469\ \mathrm{kW}}$

1.4　サイフォン

1.4.1　サイフォン作用

図 1-16 のように、高い方の水面と低い方の水面が逆U字形の管水路で連結されていて、かつその頂部が高い方の水面より高い場合、この逆U字形の管水路を「サイフォン」と呼ぶ。ただし、頂部の高い方の水面よりの高さは、その地点の大気圧の水柱高さより低くなければならない。すなわち、最大 10.332 m 以下でなければならない。

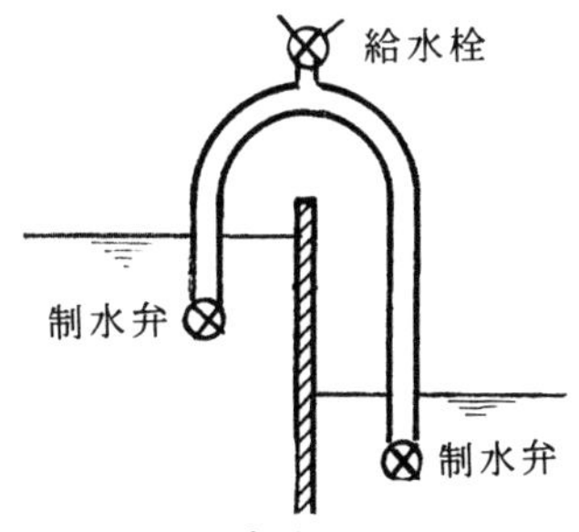

図 1-16　サイフォン

サイフォンは、通常の管水路と違って、水は自動的に流れない。サイフォンは、「逆U字管」の入り口と出口に制水弁、頂部に給水栓を備えている必要がある。サイフォンに水を流し始めることを「作動」すると言うような言葉で呼ぶ。サイフォンを作動させるためには、まず逆U字管の入り口と出口の制水弁を閉じ、次に給水栓から給水して管を水で満たした後給水栓を閉じ、最後に 2 つの制水弁を同時に開くと、高い方の水面から低い方の水面に向けて水が流れ始める。すなわち、サイフォンが作動する。

既に述べたように、サイフォンは自動的に作動しないから、この後で述べるサイフォン式余水吐を除いて、管水路のシステムの中にサイフォンを組み込むことは通常無い、と言える。

1.4.2　サイフォン作動の条件

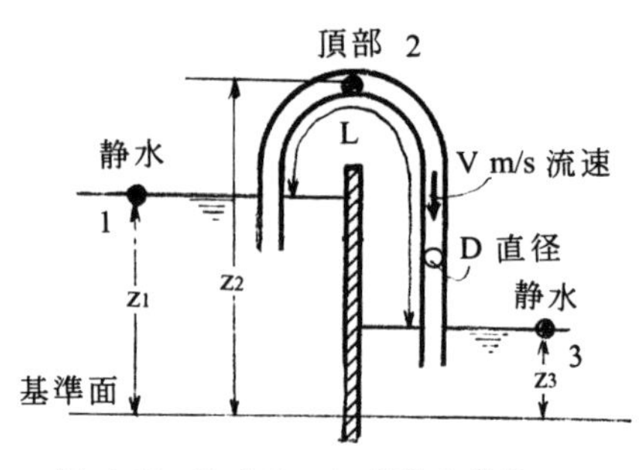

図 1-17　サイフォン作動の条件

いま、サイフォンは作動して、高い方の水面から低い方の水面に向け流速 V (m/s) で水を流しているものとする。高い方の静水の場所を点 1、サイフォン管の中心の最高点の場所を点 2、低い方の静水の場所を点 3 とする。サイフォン管で起こる摩擦損失水頭を H_{lf}、「入り口損失」{e}、「出口損失」{o}、「曲り損失」{b}、「制水弁損失」{v}と言ったマイナー・ロスの総量を H_{lm} とする。L は、サイフォン管の長さ。点 1 と点 3 の間で次のエネルギー方程式が成り立つ。

$$z_1 = z_3 + H_{lf} + H_{lm} \tag{1-46}$$

摩擦損失水頭とマイナー・ロスは、「総合損失係数」{K}と速度水頭 $V^2/2g$ で表すことができる。すなわち

$$z_1 = z_3 + K\frac{V^2}{2g} \tag{1-47}$$

ここで

$$K = f\frac{L}{D} + K_e + K_b + K_o + K_v \tag{1-48}$$

式(1-47)と(1-48)よりサイフォン管で発生する平均流速 V は、次の式で表される。

$$V = \sqrt{2g(z_1 - z_3)/K} \tag{1-49}$$

［計算例 1-22］

水面差 1 m の 2 水面を、直径 20 mm の補強されたホースを用いて最高 0.2 m の高さでつなぐ。図参照。

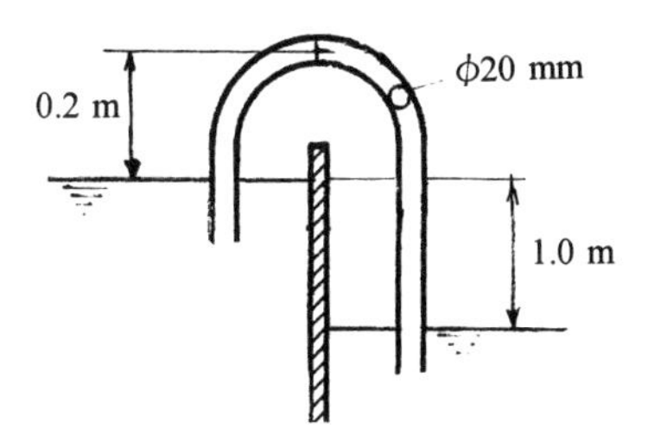

計算例 1-22 の図

サイフォンの流量を求める。なお、ホースの長さは、上流水面から最高点までが 0.5 m、最高点から下流水面までが 2 m とする。ホースの入り口損失係数 $K_e=1$ 、ホースの出口の損失係数 $K_o=0.5$ 、曲がりの損失係数 $K_b=0.3$ 、摩擦損失係数 $f=0.03$ とする。

総合損失係数

$$K=f\frac{L}{D}+K_e+K_o+K_b=0.03\times\frac{0.5+2}{0.02}+1+0.5+0.3=5.55$$

発生する速度

$$V=\left|\frac{2g(z_1-z_3)}{K}\right|^{0.5}=\left|\frac{2\times9.81\times1}{5.55}\right|^{0.5}=1.88\text{ m/s}$$

サイフォンの流量

$$Q=\frac{\pi D^2}{4}V=\frac{3.14\times0.02^2}{4}\times1.88=0.00059\text{ m}^3\text{/s}=\underline{0.59\ l\text{/s}}$$

次に、高い方の水面の静水の場所の点 1 とサイフォン管の中心の最高点の場所の点 2 の間で次のエネルギー方程式が成り立つ。

$$z_1=z_2+\frac{P_2}{\gamma}+\frac{V^2}{2g}+H_{lf}'+H_{lm}' \tag{1-50}$$

ここで、サイフォン管の入り口から最高点までの間で起こる摩擦損失を H_{lf}' 、同様入り口損失、曲り損失、制水弁による損失と言ったマイナー・ロスの総量を H_{lm}' とする。摩擦損失 H_{lf}' とマイナー・ロスの総量 H_{lm}' は、総合損失係数 K'と速度水頭 $V^2/2g$ の項で表すことができる。すなわち

$$z_1 = z_2 + \frac{P_2}{\gamma} + \frac{V^2}{2g}(1+K') \qquad (1\text{-}51)$$

ここで

$$K' = f\frac{L}{D} + K_e' + K_b' + K_v' \qquad (1\text{-}52)$$

式（1-50)から、サイフォン頂部の圧力水頭 P^2/γ は

$$\frac{P_2}{\gamma} = -(z_2 - z_1) - \frac{V^2}{2g}(1+K') \qquad (1\text{-}53)$$

この式において、右辺の第１項の括弧の中の符号は、正である。また、第２項のKの符号は正であるから、右辺全体の符号は、負である。左辺の分母の符号は正であるから、すなわちサイフォン頂部の圧力 P_2 の値は負、すなわち負圧が発生していることになる。これは、サイフォンであるから、当然のことである。

［計算例 1-23］

計算例 1-22 のサイフォン頂部の圧力を求める。

$K' = f\frac{L'}{D} + K_e' + K_b'$（$K_b'$は K_bの 1/2。L'は入り口より頂点までの距離）

$$= 0.03 \times \frac{0.5}{0.02} + 1 + 0.3 \times \frac{1}{2} = 1.9$$

計算例 1-22 より $z_2 - z_1 = 0.2$ m、V=1.88 m であるから

$$\frac{P_2}{\gamma} = -(z_2 - z_1) - \frac{V^2}{2g}(1+K') = -0.2 - \frac{1.88^2}{2\times 9.81}\times(1+1.9) = -0.72\ \text{m}$$

サイフォン頂部の圧力 P_2 の取り得る値の最小値は、マイナス１気圧、すなわち水頭で−10.332 m である。式(1-40)で求めた圧力水頭がマイナス１気圧より大であれば、理論上サイフォンは作動する。しかし、サイフォンのように負圧が発生する管水路では、圧力がマイナス 0.8 気圧位になると、水の中に溶け込んでいる空気が分離し、それが曲がりの頂部に溜まり、水が流れるのを妨げる。したがって、サイフォンの設計において、頂部における負圧の発生は、安全を見て、マイナス 0.7 気圧位以下にしなければならない。

1.4.3　サイフォン余水吐

出て行く水量より入って来る水量の方が多い水面の水位を予定の水位の範囲に保つための装置を「余水吐」（よすいばき）と呼ぶ。「サイフォン余水吐」は、その一種で、図 1-18(a)のような形をしている。その(b)は、新潟県小千谷市山本山の東日本旅客鉄道㈱信濃川山本発電所に設けられたものの概要である。サイフォン余水吐の最近の実際使用は珍しく、その詳細な報告が『信濃川水力発電再開発工事誌』で行われている。

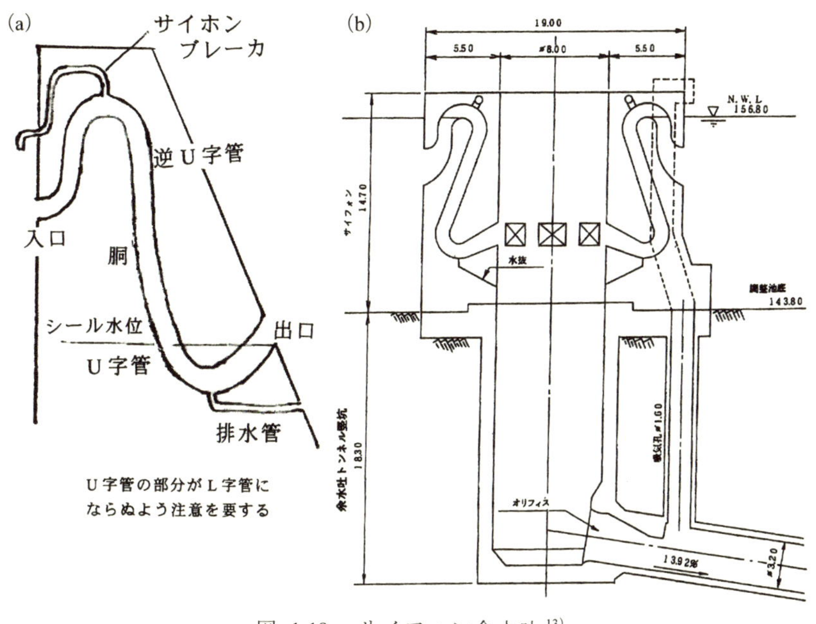

図 1-18　サイフォン余水吐[13)]

水面への流入量が水面からの流出量を上回ると、水面が上がり始める。水位がサイフォンの頂部、すなわち「クレスト」を超えると、サイフォンの管の中を水が流れ始める。サイフォンの管の部分は、「サイフォンの胴」と特別に呼ばれる。サイフォンの胴の末端はU字形から逆U字形に変化している。この部分に細い排水管が設けられていて、普段、すなわちサイフォンが作用していない時にはこの部分に水が溜まらないようにしている。クレストを水が流れ始めると、逆U字形の部分に水が溜まり始め、間もなく一杯になって、この部分を水が流れ始める。

この状態をサフォンが「シール」、すなわち「封印」されたと言う。すなわち、サイフォンの胴は、逆U字形の部分に溜まった水で二分される。

サイフォンのクレストの部分には、一種の「通気管」が設けられている。通気管の一端は、クレストの真上で口を開いている。通気管の他端は、水位を予定の水位の範囲に保たなければならない水面に口を開いている。通気管の水面側の口の高さは、サイフォンの入り口より高く、クレストより低く設定される。したがって、クレストを水が流れ始めた段階で、サイフォンの胴は完全にシールされるわけである。この状態でサイフォンの胴内を流れる水は、そこの空気を連行しながらサイフォンの出口より流れ出る。この結果、サイフォン胴内の気圧は、徐々に低下し、やがてサイフォンが作動する圧力に達する。

サイフォンが作動すると、水面にとって余分な水量、すなわち余水がサイフォンの出口より流れ出て行く。余水の量がサイフォンが流し出すことができる量、すなわちサイフォンの容量を超えている間は、水面は上昇する。逆になると、水面は低下し、やがて通気管の高さを通り過ぎる。この高さを通り過ぎて程なくすると、通気管の中に空気が入って行く。そうすると、通気管はサイフォンの頂部に片方の口を開いているから、クレストの圧力は一気に負圧から大気圧に戻り、サイフォンの作用は壊れる、すなわち「ブレーク」する。このため、水面からクレストに通じる通気管を「サイフォン・ブレーカ」と呼ぶ。

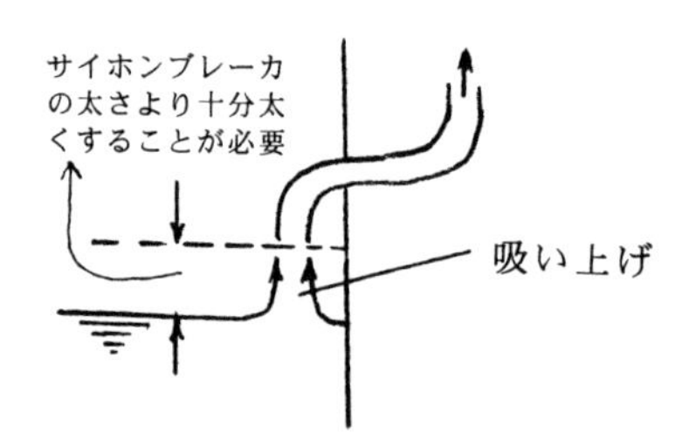

図 1-19 サイフォン・ブレーカ

なお、この際、図 1-19 のように、通気管の直径くらいの高さに水が吸い上げられる。したがって、サイフォン・ブレーカの設計では、この事柄に注意を要する。

1.5　自由放水している管水路とオリフィス

1.5.1　自由放水している管水路

管水路は、通常、一方の水面から他方の水面に向け水を流している。すなわち、管水路の入り口は水面下にあり、出口も水面下にあることが多い。しかし、図 1-20 の(a)のように、入り口は水面でも、出口は空中である状況もあり、これを「自由放水」している管水路というような呼び方をする。自由放水している管水路の長さが零になると、この状況を「オリフィス」と呼ぶ。図 1-20 の(b)。

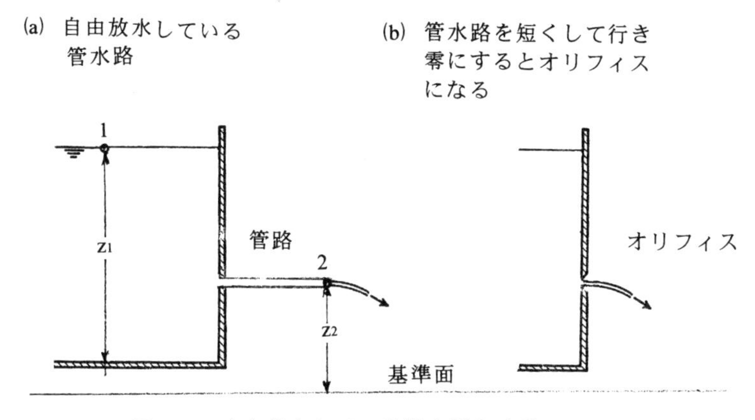

図 1-20　由自放水している管水路とオリフィス

管水路の自由放水端において、水流が持つエネルギーは、位置のエネルギーと運動のエネルギーだけで、圧力のエネルギーを持たない。図 1-20 の(a)において、水面の静水の点を１、放水端の点を２とする。点１と点２の間では、次のエネルギー方程式が成立する。ただし、管の太さは、一定であるとする。

$$z_1 = z_2 + \frac{V^2}{2g} + H_{lf} + H_{lm} \qquad (1\text{-}54)$$

ここで、H_{lf} と H_{lm} は、管水路で起こる摩擦損失とマイナー・ロスである。これ等の損失は、速度水頭 $V^2/2g$ の項で表すことができる。

$$H_{lf} = f\frac{L}{D}\cdot\frac{V^2}{2g} = K_f\frac{V^2}{2g} \qquad (1\text{-}55)$$

ただし、

$$K_f = f\frac{L}{D} \qquad (1\text{-}55')$$

$$H_{lm} = (K_e + K_b + K_v + \qquad) \frac{V^2}{2g} = K_m \frac{V^2}{2g} \tag{1-56}$$

ただし、

$$K_m = K_e + K_b + K_v + \tag{1-56'}$$

式（1-52）と（1-53）を式（1-54）に代入して、整理すれば

$$V = \sqrt{(2g(z_1 - z_2))/(1 + K_f + K_m)} \tag{1-57}$$

［計算例 1-24］

図の管水路の流速を求める。ただし、管の入り口の損失係数を $K_e = 0.5$、管の曲がりの損失係数を $K_b = 0.4$、管の Manning の粗度係数を $n = 0.013$ とする。

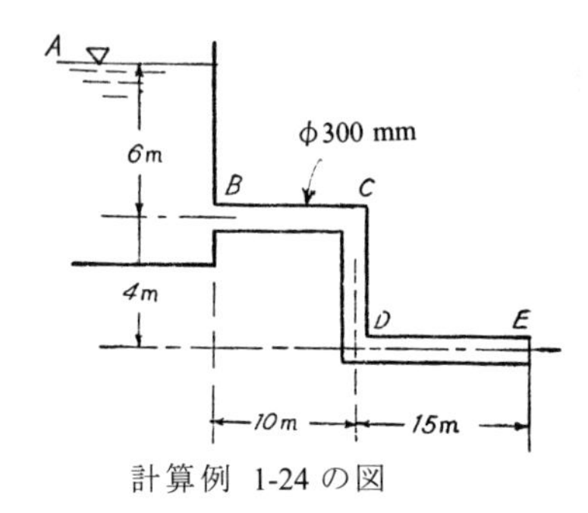

計算例 1-24 の図

$$f = \frac{12.7gn^2}{D^{1/3}} = \frac{12.7 \times 9.81 \times 0.013^2}{0.3^{1/3}} = 0.0315$$

$$K_f = f\frac{L}{D} = 0.0315 \times \frac{29}{0.3} = 3.045$$

$$K_m = K_e + 2K_b = 0.5 + 2 \times 0.4 = 1.3$$

発生する流速

$$V = \left|\frac{2g(z_1 - z_2)}{1 + K_f + K_m}\right|^{1/2} = \left|\frac{2 \times 9.81 \times 10}{1 + 3.045 + 1.3}\right|^{1/2} = \underline{6.06\ m/s}$$

1.5.2　オリフィス

オリフィスは、水槽の側面や底面に開けられた「小孔」である。図 1-21。小孔の縁が刃先のように鋭くなっている場合、「刃形オリフィス」、あるいは「鋭縁オリフィス」と呼ばれる。刃形オリフィスから水が「噴流」、すなわち

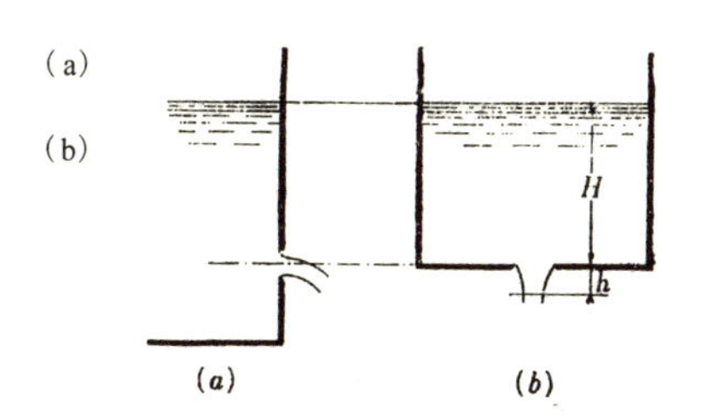

垂直なオリフィス

$Q = C\,a\sqrt{2gH}$

水平なオリフィス

$Q = C\,a\sqrt{2g(H+h)}$

h：最小断面部のオリフィス面下の距離
　同一オリフィス面積aに対して同一の流量係数Cが用いられる

図 1-21　オリフィス

「ジェット」になって吹き出る時、「vena contracta」、すなわち「縮流」が発生する。図 1-22(a)。

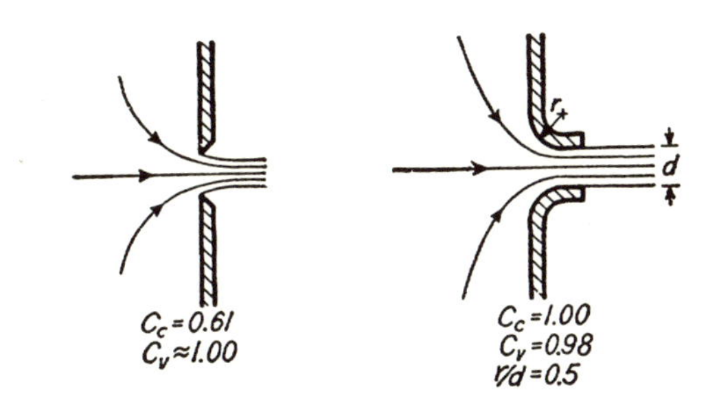

(a)刃形オリフィス　　　　　(b)ベルマウス形オリフィス

図 1-22　オリフィスの形[14)]

vena contracta においては、水粒子の経路（軌跡）、すなわち「流線」は皆平行になり、ジェットの中の圧力は、周囲の大気の圧力と同じになる。そして、「円形刃形オリフィス」の場合、穴の直径の約2分の1の距離で vena contracta が発生する。刃形オリフィスの断面積を a(m^2)、vena contracta の断面積を a_2(m^2)とすると、次の関係が成立する。

$$a_2 = C_c\,a \qquad (1\text{-}58)$$

ここで、{C_c}は、「縮流係数」と呼ばれる。表 1-5 参照（52頁）。

いま、オリフィスの縁の形を刃形でなくて縮流の形にすると、vena contracta は、発生しなくなる。すなわち、水流は、オリフィスを出た所から流線が平行な流れになる。これを「ベルマウス形オリフィス」と呼ぶ。図 1-22 の(b)。

図 1-23 において、基準面をオリフィスの中心線に取り、この中心線上の水槽内の任意の点を 1、vena contracta の点を 2 とする。

表 1-5 縮流係数 C_c の値[14')]

H (ft)	D (in)				
	0.25	0.5	1.00	2.00	4.00
0.8	0.6468	0.6286	0.6093	0.6031	0.6010
2.0	0.6287	0.6153	0.6031	0.5998	0.5987
4.0	0.6206	0.6094	0.6000	0.5976	0.5968
10.0	0.6128	0.6042	0.5972	0.5955	0.5949
20.0	0.6090	0.6016	0.5959	0.5946	0.5942
40.0	0.6061	0.5997	0.5949	0.5938	0.5934
80.0	0.6041	0.5984	0.5942	0.5933	0.5928
120.0	0.6033	0.5978	0.5939	0.5931	0.5920

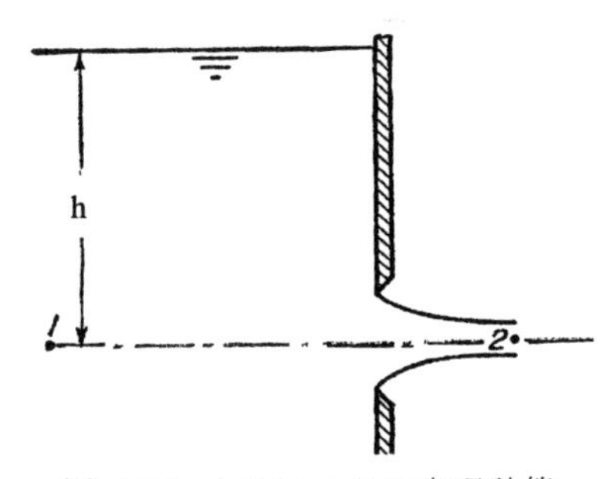

図 1-23 オリフィスの水理計算

そうすると、次のエネルギー方程式が成立する。

$$\frac{V_1{}^2}{2g} + \frac{P_1}{\gamma} = \frac{V_2{}^2}{2g} + \frac{P_2}{\gamma} = H_l \qquad (1\text{-}59)$$

ここで、 H_l は、水が点 1 から点 2 に向け流れる間に発生するエネルギー・ロスである。点 2 の圧力は周囲の大気の圧力と同じであるから、$P_2 = 0$ である。大きな水槽に関して、V_1 は無視できるから、$V_1 = 0$ である。$h = P_1 / \gamma$ であるから、式（1-59）は、次のようになる。

$$V_2 = \sqrt{2g(h - H_l)} \qquad (1\text{-}60)$$

式（1-60）において、エネルギー・ロス H_l を零と仮定して、代わりに「速度係数」｛C_v｝を導入すると

$$V_2 = C_v\sqrt{2gh} \qquad (1\text{-}61)$$

速度係数 C_v の値は、0.96～0.99になる。

オリフィスの流量Qは $Q = a_2 V_2$ であり、$a_2 = C_c\, a$ であるから

$$Q = C_c\, a\, C_v \sqrt{2gh} \tag{1-62}$$

縮流係数 C_c と速度係数 C_v の積を「流量係数」{C}(= $C_c \times C_v$)とすると、オリフィスの流量 Qは

$$Q = C\, a \sqrt{2gh} \tag{1-63}$$

となる。

オリフィスの流量係数 C は、Reynolds 数の関数であるが、図 1-24 参照、工学で扱う流れの場合は0.6位の値を取ると考えて良い。

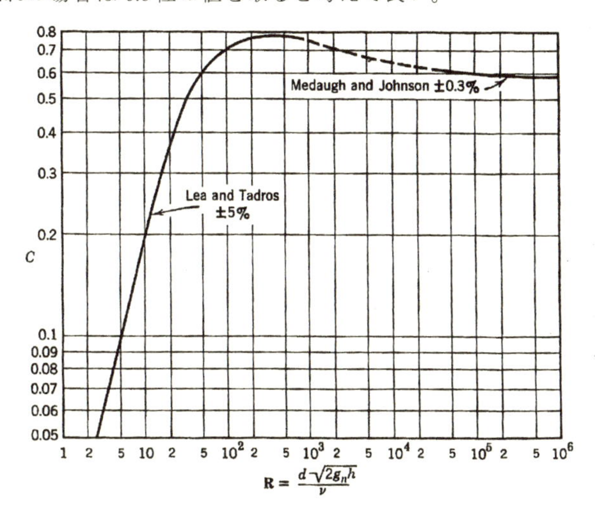

図 1-24　オリフィスの流量係数と Reynolds 数 R_e との関係 [15)]

なお、オリフィス全般に関して、絶版になっているが古書として容易に入手可能な物部長穂著『水理学』（岩波書店）において詳しく述べられている。

［計算例 1-25］

水面下 2 mの所にある直径 5 cm のオリフィスの流量を求める。

$$Q = Ca\sqrt{2gh} = C\frac{\pi D^2}{4}\sqrt{2gh} = 0.6\times\frac{3.14\times 0.05^2}{4}\times(2\times 9.81\times 2)^{1/2} = \underline{0.0074\ m^3/s} = \underline{7.4\ l/s}$$

1.5.3 潜りオリフィス

オリフィスのある壁をはさんで二水面があり、かつ低い方の水面より相当下に小孔がある場合、これを「潜り（もぐり）オリフィス」と呼ぶ。

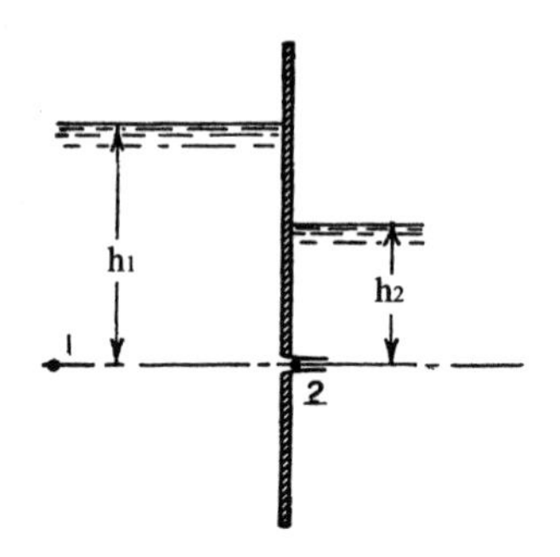

図 1-25 潜りオリフィスの水理計算

オリフィスの中心を通る線を基準面とすると、エネルギー方程式から次の式が成立する。

$$\frac{V_1^2}{2g}+\frac{P_1}{\gamma}=\frac{V_2^2}{2g}+\frac{P_2}{\gamma}+H_1 \tag{1-64}$$

ここで、$V_1{}^2/2g=0$、$P_1/\gamma=h_1$、$P_2/\gamma=h_2$であるから、よって、

$$V_2=\sqrt{2g(h_1-h_2-H_1)} \tag{1-65}$$

ここで、$\Delta h=h_1-h_2$ として、流量係数 C を導入すると、次式が成立する。

$$Q=Ca\sqrt{2g\ \Delta h} \tag{1-66}$$

潜りオリフィスの流量係数 C の値を決めるための実験は、C の値が水位差 Δh にそれほど大きく影響されていないことを示しており、表 1-6 の通りである。

表 1-6 鋭縁潜りオリフィスの水位差Δh と流量係数 C の関係

寸法と形	実験者 Δh(m)	0.09	0.15	0.30	0.60	1.20	1.80	3.00	5.50
円 D=1.5 cm	Smith		0.599	0.597	0.595	0.595			
3	〃	0.600	0.600	0.600	0.599	0.598			
角 1.5 cm	〃		0.609	0.607	0.605	0.604			
3	〃	0.607	0.605	0.604	0.603	0.604			
円 D=30 cm	Ellis				0.608	0.602	0.603	0.600	0.601
角 30	〃				0.601	0.601	0.603	0.605	0.606

［註］物部長穂『水理学』201 頁第 71 表より抜粋

オリフィスに対して、一般に“刃形”、または“鋭縁”を省略している。

［計算例 1-26］

計算例 1-25（53 頁）において、右側にも水面があり、左側水面より 1.5 m低いとして、オリフィスの流量を求める。

$\Delta h = h_1 - h_2 = 1.50\,m$

鋭縁潜りオリフィスの流量係数は、形と寸法、ならびに水位差にあまり関係なく、その値は、C=0.6 として良い。よって

$Q = C\,a\sqrt{2g\,\Delta h} = 0.6 \times \frac{3.14 \times 0.05^2}{4} \times (2 \times 9.81 \times 1.5)^{1/2} = 0.00639\ m^3/s = 6.39\ l/s$

1.5.4　大型矩形オリフィス

水槽の側面に開けた孔が小孔でなく「大孔」である場合、それを特に「大型オリフィス」と呼ぶ。これに対応して、普通のオリフィスを「小型オリフィス」と呼ぶ。図 1-26 参照。

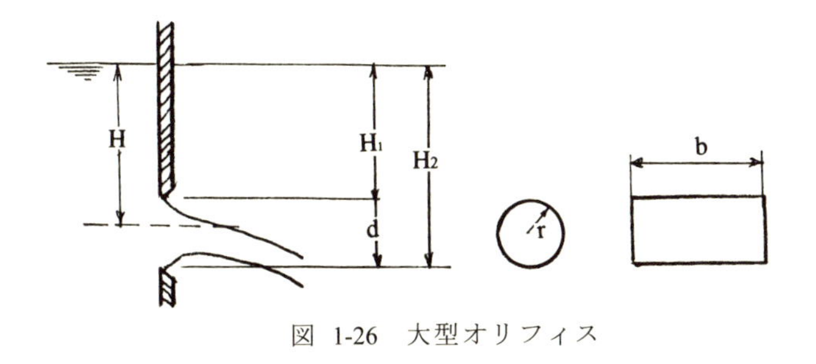

図 1-26　大型オリフィス

大型オリフィスにおいては、断面内の流速分布を考慮しなければならない。したがって、深さ方向の微小面積の流量の積分として、流量を求める必要がある。

実用面から言うと大型オリフィスの断面形は矩形である。すなわち、普通、大型オリフィスと言えばそれは、「大型矩形オリフィス」を指す。大型矩形オリフィスは、次式で流量を求める。

$$Q = C \cdot \frac{2}{3}\sqrt{2g} \cdot b\,(H_2^{\,1.5} - H_1^{\,1.5}) \qquad (1\text{-}67)$$

なお、大型オリフィスに関しては、流量係数 C のデータは、あまり見られない。普通、小型オリフィスのデータを参考にして、決めることになる。

［計算例 1-27］

水槽の垂直壁に幅 1 m、高さ 2 m の矩形の孔がある。孔の上縁は、水面下 2 m である。流量係数 C = 0.6 として、流量を求める。

$$Q = C \cdot \frac{2}{3}\sqrt{2g} \cdot b\left(H_2^{1.5} - H_1^{1.5}\right) = 0.6 \times \frac{2}{3} \times (2 \times 9.81)^{0.5} \times 1 \times \left(4^{1.5} - 2^{1.5}\right) = 9.16\ m^3/s$$

［計算例 1-28］

計算例 1-27 を小型オリフィスの式で計算し、大型オリフィスの式で計算した結果と比較する。

小型オリフィスの計算式は、$Q = Ca\sqrt{2gh}$ で表される。ここで、a はオリフィスの面積、h はオリフィスの中心の水深。この計算では、オリフィスは横 1m 縦 2 m の大型の矩形であるので、同等の面積の円形の大型オリフィスが水深 3 m の所にあるものとして、計算を行う。

$Q = Ca\sqrt{2gh} = 0.6 \times 1 \times 2 \times (2 \times 9.81 \times 3)^{1/2} = 9.21\ m^3/s > 9.16\ m^3/s$

小型オリフィスの計算式を用いた場合、少し大きな値が得られた。

1.5.5 大型矩形潜りオリフィス

「大型矩形潜りオリフィス」の計算式は、次の通り。図 1-26 参照。

$$Q = C \cdot b(H_2 - H_1)\sqrt{2gH} = C\sqrt{2g} \cdot b \cdot h\sqrt{H} = C\sqrt{2g} \cdot a\sqrt{H} \qquad (1\text{-}68)$$

1.5.6 大型矩形不完全潜りオリフィス

オリフィスの下流側の水面がオリフィスの上縁よりも高いものを「完全潜りオリフィス」と呼ぶ。これに対して、下流側の水面が上縁と下縁の中間にあるものを「不完全潜りオリフィス」と呼ぶ。ここで取り扱うオリフィスは、不完全潜りオリフィスであり、かつ大型矩形オリフィスである、とする。

「大型矩形不完全潜りオリフィス」を厳密に水理学的に取り扱うことは、困難である。図 1-27において、A～B間の流量Q_1については普通のオリフィス、B～C間の流量Q_2については潜りオリフィスの計算をする。そして、両者を合計して、

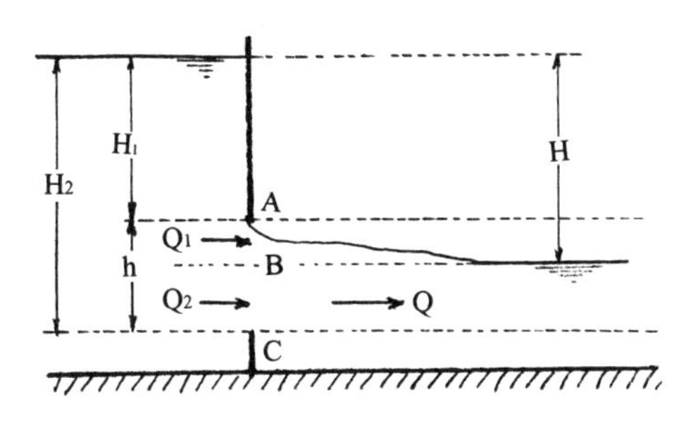

図 1-27　大型不完全オリフィス

大型不完全矩形潜りオリフィスの流量 Qとする。すなわち、

$$Q_1 = C_1 \frac{2}{3} \sqrt{2g} \cdot b\,(H^{1.5} - H_1^{\ 1.5}) \qquad (1\text{-}69)$$

$$Q_2 = C_2 \cdot b\,(H_2 - H_1) \sqrt{2gH} \qquad (1\text{-}70)$$

$$Q = Q_1 + Q_2 \qquad (1\text{-}71)$$

となる。ここで、C_1は普通のオリフィス、C_2は潜りオリフィス、としての流量係数である。

［計算例 1-29］

図 1-27において、H = 1.7m、H_1 = 1.5m、AC = 0.7m、奥行き b = 1.5mの場合の流量を求める。ただし、流量係数C_1とC_2は、共に0.6とする。

$$Q_1 = C_1 \frac{2}{3} \sqrt{2g} \cdot b\,(H^{1.5} - H_1^{1.5}) = 0.6 \times \frac{2}{3} \times (2 \times 9.81)^{0.5} \times 1.5 \times (1.7^{1.5} - 1.5^{1.5}) = 1.008\ \mathrm{m^3/s}$$

$$Q_2 = C_2 \cdot b\,(H_2 - H_1) \sqrt{2gH} = 0.6 \times 1.5 \times (2.2 - 1.5) \times (2 \times 9.81 \times 1.7)^{0.5} = 3.638\ \mathrm{m^3/s}$$

$$Q = Q_1 + Q_2 = 1.008 + 3.638 = \underline{4.646\ \mathrm{m^3/s}}$$

1.6 複雑な管水路

1.6.1 分岐管

図 1-28 のように、上の水面から途中で分岐する管、すなわち「分岐管」でⅠとⅡの下の水面に送水している。

この「管水路系（システム）」の分岐前の管の入口損失、曲り損失、摩擦損失

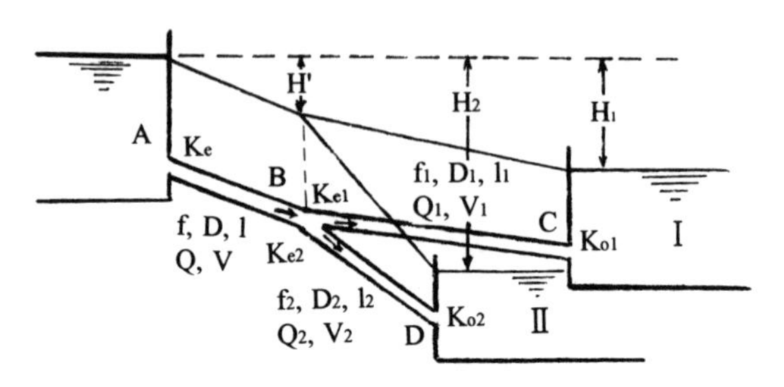

図 1-28 分岐管の水理

の各係数を K_e、K_b、f とする。分岐後の管ⅠとⅡのこれ等の各係数を K_{e1}、K_{b1}、f_1 と K_{e2}、K_{b2}、f_2 とする。

そうすると、上の水面と分流点、分流点とⅠとⅡの下の水面の間で次のエネルギー方程式と連続式が成立する。

$$H' = \left| K_e + K_b + f\frac{L}{D} \right| \frac{V^2}{2g} \tag{1-72}$$

$$H_1 - H' = \left| K_{e1} + K_{b1} + f_1\frac{L_1}{D_1} \right| \frac{V_1^2}{2g} \tag{1-73}$$

$$H_2 - H' = \left| K_{e2} + K_{b2} + f_2\frac{L_2}{D_2} \right| \frac{V_2^2}{2g} \tag{1-74}$$

$$Q = Q_1 + Q_2 \tag{1-75}$$

今、管路の各部分の長さが十分長くて、摩擦損失以外の損失は無視できるものとする。そうすると、上記一連の式は、次のように簡略化される。

$$H' = f\frac{L}{D}\cdot\frac{V^2}{2g} \tag{1-76}$$

$$H_1 - H' = f_1\frac{L_1}{D_1}\cdot\frac{V_1^2}{2g} \tag{1-77}$$

$$H_2 - H' = f_1 \frac{L_1}{D_1} \cdot \frac{V_1{}^2}{2g} \tag{1-78}$$

$$Q = Q_1 + Q_2 \tag{1-79}$$

すなわち

$$H_1 = f \frac{L}{D} \cdot \frac{V_2}{2g} + f_1 \frac{L_1}{D_1} \cdot \frac{V_2}{2g} \tag{1-80}$$

$$H_2 = f \frac{L}{D} \cdot \frac{V_2}{2g} + f_1 \frac{L_1}{D_1} \cdot \frac{V_2}{2g} \tag{1-81}$$

$$Q = Q_1 + Q_2 \tag{1-82}$$

以上から、次式が導かれる。

$$H_1 = \frac{8}{g\pi^2} \left| f \frac{L}{D^5} Q^2 + f_1 \frac{L_1}{D_1{}^5} Q_1{}^2 \right| \tag{1-83}$$

$$H_2 = \frac{8}{g\pi^2} \left| f \frac{L}{D^5} Q^2 + f_1 \frac{L_2}{D_2{}^5} Q_2{}^2 \right| \tag{1-84}$$

$$Q = Q_1 + Q_2 \tag{1-85}$$

以上の三式が分流管路システムを計算するための簡略化された基礎式である。

［計算例 1-30］

図 1-28 において、L=100m、L_1 =100m、L_2 =150m、D=0.5m、D_1 =0.35m、D_2 =0.35m、Q=0.5m³/s 、Q_1 =0.3m³/s 、Q_2 =0.2m³/s として、H' 、H_1、H_2 を求める。ただし、管の Manning の粗度係数を n=0.013 とする。

摩擦損失以外の損失は無視する。

$$f = \frac{12.7gn^2}{D^{1/3}} = \frac{12.7 \times 9.81 \times 0.013^2}{0.5^{1/3}} = 0.0265$$

$$f_1 = f_2 = \frac{12.7 \times 9.81 \times 0.013^2}{0.35^{1/3}} = 0.0299$$

長さＬｍの部分の平均流速

$$V = \frac{4Q}{\pi D^2} = \frac{4 \times 0.5}{3.14 \times 0.5^2} = 2.55 \text{ m/s}$$

$$\frac{8}{g\pi^2} = \frac{8}{9.81 \times 3.14^2} = 0.0827$$

$$H' = f \frac{L}{D} \cdot \frac{V^2}{2g} = 0.0265 \times \frac{100}{0.5} \times \frac{2.55^2}{2 \times 9.81} = \underline{1.76 \text{ m}}$$

$$H_1 = \frac{8}{g\pi^2}\left| f\frac{L}{D^5}Q^2 + f_1\frac{L_1}{D_1^5}Q_1^2 \right| = 0.0827\left| 0.0265\frac{100}{0.5^5}0.5^2 + 0.0299\frac{100}{0.35^5}0.3^2 \right| = \underline{5.990\ m}$$

$$H_2 = \frac{8}{g\pi^2}\left| f\frac{L}{D^5}Q^2 + f_1\frac{L_2}{D_2^5}Q_2^2 \right| = 0.0827\left| 0.0265\frac{100}{0.5^5}0.5^2 + 0.0299\frac{150}{0.35^5}0.2^2 \right| = \underline{4.578\ m}$$

[計算例 1-31]

図 1-28（58 頁）において、L=100m、L_1=100m、L_2=150m、D=0.5m、D_1=0.35m、D_2=0.35m、 H_1=6m、H_2=5m として、Q、Q_1、Q_2 を求める。ただし、管の Manning の粗度係数を n=0.013 とする。

摩擦損失以外の損失は無視する。

計算例 1-30 より f = 0.0265、$f_1 = f_2 = 0.0299$ 、また $8/g\pi^2 = 0.0827$ である。

$$H_1 = \frac{8}{g\pi^2}\{f\times(L/D^5)\times Q^2 + f_1\times(L_1/D_1^5)\times Q_1^2\}$$

$$6 = 0.0827\times\{0.0265\times(100/0.5^5)\times Q^2 + 0.0299\times(100/0.35^5)\times Q_1^2\}$$

$$= 0.0827\times(84.8Q^2 + 569.3Q_1^2) = 7.01Q^2 + 47.08Q_1^2$$

$$Q_1^2 = 0.1274 - 0.1489Q^2$$

$$H_2 = \frac{8}{g\pi^2}\{f\times(L/D^5)\times Q^2 + f_2\times(L_2/D_2^5)\times Q_2^2\}$$

$$5 = 0.0827\times\{0.0265\times(100/0.5^5)\times Q^2 + 0.0299\times(150/0.35^5)\times Q_2^2\}$$

$$= 0.0827\times(84.8Q^2 + 853.9Q_2^2) = 7.01Q^2 + 70.62Q_2^2$$

$$Q_2^2 = 0.0708 - 0.0993Q^2$$

$Q = Q_1 + Q_2$ より

$$Q^2 = Q_1^2 + Q_2^2 + 2Q_1Q_2$$

$$= (0.1274 - 0.1489Q^2) + (0.0708 - 0.0993Q^2) + 2\times\sqrt{0.1274 - 0.1489Q^2}\times\sqrt{0.0708 - 0.0993Q^2}$$

$$1.2482Q^2 - 0.1982 = 2\times\sqrt{0.1274 - 0.1489Q^2}\times\sqrt{0.0708 - 0.0993Q^2}$$

両辺を二乗すると

$$1.5580Q^4 - 0.4948Q^2 + 0.0393 = 4\times(0.1274 - 0.1489Q^2)\times(0.0708 - 0.0993Q^2)$$

$$= 0.0361 - 0.0928Q^2 + 0.0591Q^4$$

$$1.4989Q^4 - 0.4020Q^2 + 0.0032 = 0$$

$Q^4 = q^2$ とすると $q^2 = 0.260$ or $q^2 \fallingdotseq 0$

$Q = q = \underset{\sim\sim\sim}{0.510\ m^3/s}$

$Q_1 = \sqrt{0.1274 - 0.1489Q^2} = \sqrt{0.1274 - 0.1489 \times 0.510^2} = \underset{\sim\sim\sim}{0.298\ m^3/s}$

$Q_2 = \sqrt{0.0708 - 0.0993Q^2} = \sqrt{0.0708 - 0.0993 \times 0.510^2} = \underset{\sim\sim\sim}{0.212\ m^3/s}$

1.6.2　合流管

図 1-29 のように、上にあるⅠとⅡの水面から各出て途中で合流する管、すなわち「合流管」で下にある水面に送水している。

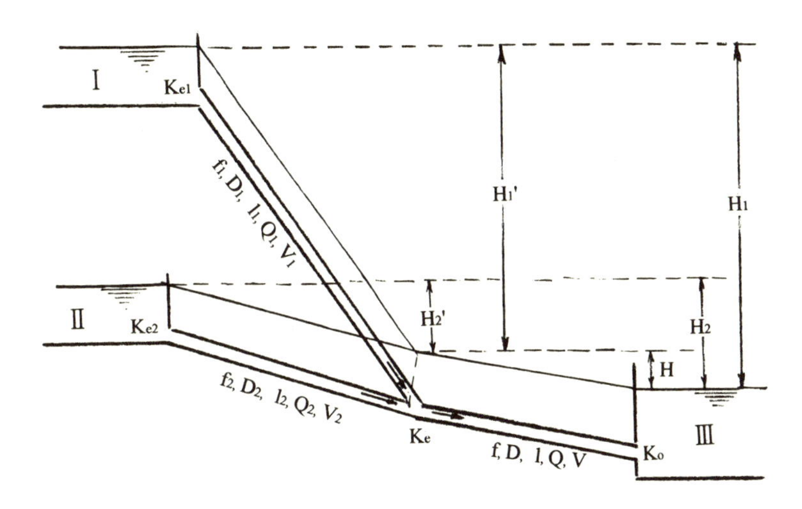

図 1-29　合流管の水理

この管水路システムの合流前のⅠとⅡの管の入口損失、曲り損失、摩擦損失の各係数を K_{e1}、K_{b1}、f_1 と K_{e2}、K_{b2}、f_2 とする。合流後の管の各係数を K_e 、K_b 、f とする。

そうすると、上のⅠとⅡの水面と合流点、合流点と下の水面の間で次のエネルギー方程式と連続式が成立する。

$$H_1' = \left\{ K_{e1} + K_{b1} + (f_1 L_1 / D_1) \right\} \frac{V_1^{\,2}}{2g} \tag{1-86}$$

$$H_2' = \left\{ K_{e2} + K_{b2} + (f_2 L_2 / D_2) \right\} \frac{V_2^{\,2}}{2g} \tag{1-87}$$

$$H' = \left\{ K_e + K_b + K_0 + (f\,L/\,D) \right\} \frac{V^2}{2g} \qquad (1\text{-}88)$$

$$Q_1 + Q_2 = Q \qquad (1\text{-}89)$$

今、管路の各部分の長さが十分長くて、摩擦損失以外の損失は無視できるものとする。そうすると、上記一連の式は、次のように簡略化される。

$$H_1' = f_1 \frac{L_1}{D_1} \cdot \frac{V_1^2}{2g} \qquad (1\text{-}90)$$

$$H_2' = f_1 \frac{L_2}{D_2} \cdot \frac{V_2^2}{2g} \qquad (1\text{-}91)$$

$$H' = f \frac{L}{D} \cdot \frac{V^2}{2g} \qquad (1\text{-}92)$$

$$Q_1 + Q_2 = Q \qquad (1\text{-}93)$$

次に、$H_1 = H_1' + H$、$H_2 = H_2' + H$ であるから、次式が導かれる。

$$H_1 = f \frac{L}{D} \cdot \frac{V^2}{2g} + f_1 \frac{L_1}{D_1} \cdot \frac{V^2}{2g} \qquad (1\text{-}94)$$

$$H_2 = f \frac{L}{D} \cdot \frac{V^2}{2g} + f_2 \frac{L_2}{D_2} \cdot \frac{V^2}{2g} \qquad (1\text{-}95)$$

$$Q = Q_1 + Q_2 \qquad (1\text{-}96)$$

以上から、次式が導かれる。

$$H_1 = \frac{8}{g\pi^2} \left(f \frac{L}{D^5} Q^2 + f_1 \frac{L_1}{D_1^5} Q_1^2 \right) \qquad (1\text{-}97)$$

$$H_2 = \frac{8}{g\pi^2} \left(f \frac{L}{D^5} Q^2 + f_2 \frac{L_2}{D_2^5} Q_2^2 \right) \qquad (1\text{-}98)$$

$$Q = Q_1 + Q_2 \qquad (1\text{-}99)$$

この三式が合流管路システムを計算するための簡略化された基礎式である。これ等の式は、分岐管システムの場合の式と全く同じ形である。

［計算例 1-32］

図 1-29 において、$L_1 = 500$m、$L_2 = 300$m、$L = 800$m、$D_1 = 0.15$ m、$D_2 = 0.1$m、$D = 0.25$m、$H_1 = 25$m、$H_2 = 30$m として、各管の流量を求める。ただし、管の Manning の粗度係数をそれぞれ $n = 0.011$ とする。

摩擦損失以外の損失は無視する。

$$f_1=\frac{12.7gn^2}{D_1^{1/3}}=\frac{12.7\times 9.81\times 0.011^2}{0.15^{1/3}}=0.0284$$

$$f_2=\frac{12.7gn^2}{D_2^{1/3}}=\frac{12.7\times 9.81\times 0.011^2}{0.1^{1/3}}=0.0325$$

$$f=\frac{12.7gn^2}{D^{1/3}}=\frac{12.7\times 9.81\times 0.011^2}{0.25^{1/3}}=0.0239$$

$$H_1=\frac{8}{g\pi^2}\{f\times(L/D^5)\times Q^2+f_1\times(L_1/D_1{}^5)\times Q_1{}^2\}$$

$25=0.0827\times\{0.0239\times(800/0.25^5)\times Q^2+0.0284\times(500/0.15^5)\times Q_1{}^2\}$

$\quad=0.0827\times(19579Q^2+186996Q_1{}^2)$

$\quad=1619Q^2+15465Q_1{}^2$

$Q_1{}^2=0.0016-0.1047Q^2$

$$H_2=\frac{8}{g\pi^2}\{f\times(L/D^5)\times Q^2+f_2\times(L_2/D_2{}^5)\times Q_2{}^2\}$$

$30=0.0827\times\{0.0239\times(800/0.25^5)\times Q^2+0.0325\times(300/0.1^5)\times Q_2{}^2\}$

$\quad=0.0827\times(19579Q^2+975000Q_2{}^2)$

$\quad=1619Q^2+80633Q_2{}^2$

$Q_2{}^2=0.000372-0.02008Q^2$

$Q=Q_1+Q_2$ より

$Q^2=Q_1{}^2+Q_2{}^2+2Q_1Q_2$

$\quad=0.0016-0.1047Q^2+0.000372-0.02008Q^2+2\times\sqrt{0.0016-0.1047Q^2}\times\sqrt{0.000372-0.02008Q^2}$

$1.12478Q^2-0.001972=2\times\sqrt{0.0016-0.1047Q^2}\times\sqrt{0.000372-0.02008Q^2}$

$0.5624Q^2-0.0010=\sqrt{0.0016-0.1047Q^2}\times\sqrt{0.000372-0.02008Q^2}$

両辺を二乗すると

$0.3163Q^4-0.0011Q^2=(0.1047Q^2-0.0016)\times(0.02008Q^2-0.000372)$

$\quad=0.1047\times0.02008Q^4-0.000372\times0.1047Q^2-0.0016\times0.02008Q^2+0.0016\times0.000372$

$\quad=0.0021Q^4-0.00007Q^2$

$0.3141806Q^4-0.001037Q^2+0.0000004$

$Q^4=q^2$ とすると $Q^2=q$

$q^2 = 0.0028558$

$Q = q = \underline{0.053\ m^3/s}$

$Q_1 = \sqrt{0.0016 - 0.1047Q^2} = \sqrt{0.0016 - 0.1047 \times 0.053^2} = \underline{0.036\ m^3/s}$

$Q_2 = \sqrt{0.000372 - 0.02008Q^2} = \sqrt{0.000372 - 0.02008 \times 0.053^2} = \underline{0.018\ m^3/s}$

$Q = Q_1 + Q_2 = 0.036 + 0.018 = 0.054 \fallingdotseq \underline{0.053\ m^3/s}$

1.6.3　バイパス管路

図 1-30 のように、管水路の途中で２管以上に分岐し、これ等分岐した管がまた１つの管に合流する時、この管水路システムを「バイパス管路」と呼ぶ。

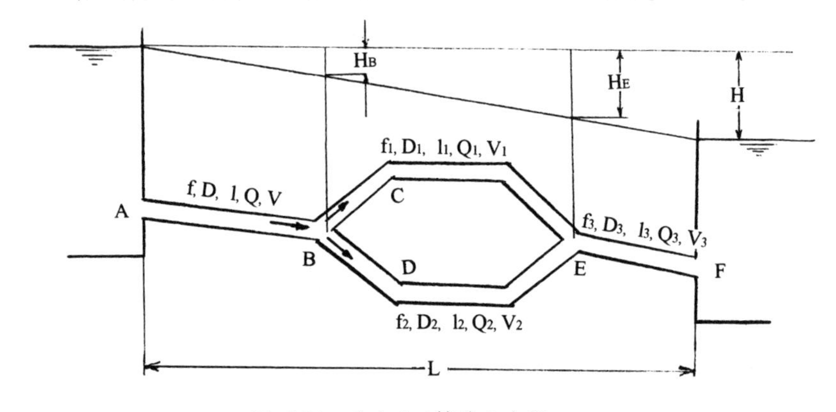

図 1-30　バイパス管路の水理

バイパス管路においては、B～E部分の管路 1 と 2 で発生する損失水頭は相等しくなる。管路は十分長いものとして、マイナー損失を無視して、摩擦損失のみを考える。

$$H_{AB} = f\frac{L}{D}\cdot\frac{V^2}{2g} \tag{1-100}$$

$$H_{AE} - H_{AB} = f_1\frac{L_1}{D_1}\cdot\frac{V_1{}^2}{2g} = f_2\frac{L_2}{D_2}\cdot\frac{V_1{}^2}{2g} \tag{1-101}$$

$$H - H_{AE} = f_3\frac{L_3}{D_3}\cdot\frac{V_3{}^2}{2g} \tag{1-102}$$

$$Q = Q_1 + Q_2 = Q_3 \tag{1-103}$$

式(1-103)の　$Q = Q_3$ から

$$VD^2 = V_3 D_3{}^2 \tag{1-104}$$

同様　$Q = Q_1 + Q_2$ から

$$VD^2 = V_1 D_1{}^2 + V_2 D_2{}^2 \tag{1-105}$$

ここで

$$\lambda^2 = f\frac{L}{D} \tag{1-106}$$

$$\lambda_1{}^2 = f_1\frac{L_1}{D_1} \tag{1-107}$$

$$\lambda_2{}^2 = f_2\frac{L_2}{D_2} \tag{1-108}$$

$$\lambda_3{}^2 = f_3\frac{L_3}{D_3} \tag{1-109}$$

とする。

式(1-107)と(1-108)を、(1-101)に代入すると $\lambda_1 V_1 = \lambda_2 V_2$ を得る。これより $V_2 = V_1 \lambda_1 / \lambda_2$ として、式(1-105)に代入する。同様、$V_1 = V_2 \lambda_2 / \lambda_1$ として、式(1-105)に代入する。そうすると、式（1-110）と(1-111)を得る。また、式(1-104)より式（1-112）を得る。

$$V_1 = \frac{\lambda_2 D^2}{\lambda_2 D_1{}^2 + \lambda_1 D_2{}^2} V \tag{1-110}$$

$$V_2 = \frac{\lambda_1 D^2}{\lambda_2 D_1{}^2 + \lambda_1 D_2{}^2} V \tag{1-111}$$

$$V_3 = \frac{D_2}{D_3{}^2} V \tag{1-112}$$

式(1-100)、(1-101)、(1-102)の各両辺を足し合わせ、かつ式(1-110)、(1-111)、(1-112)の関係を代入し、式(1-106)と(1-109)を用いて整理すると、次の式が得られる。

$$H = \frac{V^2}{2g}\left[\lambda^2 + \left|\frac{\lambda_1\lambda_2 D_1{}^2}{\lambda_2 D_1{}^2 + \lambda_1 D_2{}^2}\right|^2 + \lambda_3{}^2\left|\frac{D}{D_3}\right|^4\right] \tag{1-113}$$

$$V = \left[\frac{2gh}{\lambda^2 + \left|\dfrac{\lambda_1\lambda_2 D_1{}^2}{\lambda_2 D_1{}^2 + \lambda_1 D_2{}^2}\right|^2 + \lambda_3{}^2\left|\dfrac{D}{D_3}\right|^4}\right]^{1/2} \tag{1-113'}$$

以上から、式(1-110)と式(1-111)、(1-112)、(1-113)がバイパス管路の式である。

［計算例 1-33］

図 1-30（64 頁）において、H=20m、L=200m、L₁=L₂=100m、L₃=50m、D=D₃=1m、D₁=0.8m、D₂=0.6m、Mannig の粗度係数を n=0.013 として各管の流量を求める。

$$f = f_3 = \frac{12.7\ g\ n^2}{D^{1/3}} = \frac{12.7\times 9.81\times 0.013^2}{1^{1/3}} = 0.0211$$

$$f_1 = \frac{12.7\ g\ n^2}{D_1^{1/3}} = \frac{12.7\times 9.81\times 0.013^2}{0.8^{1/3}} = 0.0227$$

$$f_2 = \frac{12.7\ g\ n^2}{D_2^{1/3}} = \frac{12.7\times 9.81\times 0.013^2}{0.6^{1/3}} = 0.0250$$

$$\lambda^2 = f\frac{L}{D} = 0.0211\times\frac{200}{1} = 4.2200$$

$$\lambda_1^2 = f_1\frac{L_1}{D_1} = 0.0227\times\frac{100}{0.8} = 2.8375$$

$$\lambda_2^2 = f_2\frac{L_2}{D_2} = 0.0250\times\frac{100}{0.6} = 4.1667$$

$$\lambda_3^2 = f_3\frac{L_3}{D_3} = 0.0211\times\frac{50}{1} = 1.0550$$

$$H = \frac{V^2}{2g}\left[\lambda^2 + \left|\frac{\lambda_1\lambda_2 D_1^2}{\lambda_2 D_1^2 + \lambda_1 D_2^2}\right|^2 + \lambda_3^2\left|\frac{D}{D_3}\right|^4\right]$$

$$V = \left[\frac{2gh}{\lambda^2 + \left|\frac{\lambda_1\lambda_2 D_1^2}{\lambda_2 D_1^2 + \lambda_1 D_2^2}\right|^2 + \lambda_3^2\left|\frac{D}{D_3}\right|^4}\right]^{1/2}$$

ここで

$$\frac{\lambda_1\lambda_2 D_1^2}{\lambda_2 D_1^2 + \lambda_1 D_2^2} = \frac{2.8375^{0.5}\times 4.1667^{0.5}}{4.1667^{0.5}\times 0.8^2 + 2.8375^{0.5}\times 0.6^2} = 1.7976$$

$$V = \left|\frac{2\times 9.81\times 20}{4.2200 + 1.7976^2 + 1.0550\times(1/1)^4}\right|^{0.5} = 6.792\ \mathrm{m/s}$$

$$V_1 = \frac{\lambda_2 D^2}{\lambda_2 D_1^2 + \lambda_1 D_2^2}V = \frac{4.1667^{0.5}\times 1^2}{4.1667^{0.5}\times 0.8^2 + 2.8375^{0.5}\times 0.6^2}\times 6.792 = 7.248\ \mathrm{m/s}$$

$$V_2 = \frac{\lambda_1 D^2}{\lambda_2 D_1^2 + \lambda_1 D_2^2}V = \frac{2.8375^{0.5}\times 1^2}{4.1667^{0.5}\times 0.8^2 + 2.8375^{0.5}\times 0.6^2}\times 6.792 = 5.981\ \mathrm{m/s}$$

$$V_3 = \frac{D_2}{D_3^2}V = \frac{0.6}{1^2}\times 6.792 = 4.0752\ \mathrm{m/s}$$

$$Q = \frac{\pi D^2}{4} V = \frac{3.14 \times 1^2}{4} \times 6.792 = \underset{\sim\sim\sim\sim\sim}{5.332\ m^3/s}$$

$$Q_1 = \frac{\pi D_1^2}{4} V_1 = \frac{3.14 \times 0.8^2}{4} \times 7.248 = \underset{\sim\sim\sim\sim\sim}{3.641\ m^3/s}$$

$$Q_2 = \frac{\pi D_2^2}{4} V_2 = \frac{3.14 \times 0.6^2}{4} \times 5.981 = \underset{\sim\sim\sim\sim\sim}{1.690\ m^3/s}$$

$$Q_3 = Q = \underset{\sim\sim\sim\sim\sim}{5.332\ m^3/s}$$

1.6.4　管網

上水道の配水管は、網状に作られている。図 1-31。

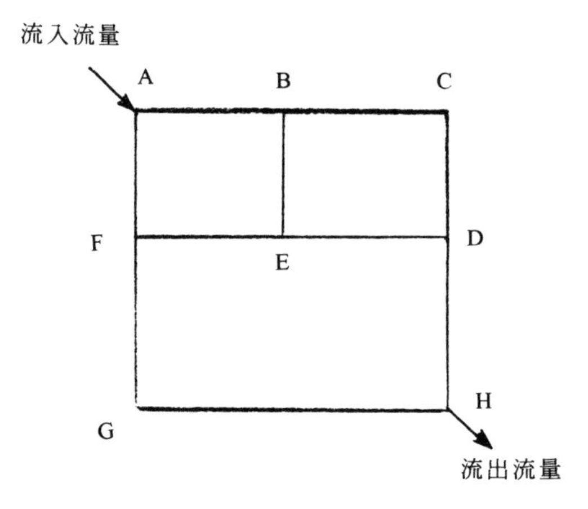

図 1-31　管網計算

このような管路系を「管網」と呼ぶ。そして、その中を流れる水量の計算を「管網計算」と呼ぶ。管網計算には色々の方法がある。その中で最も有名で、かつ代表的なのが「Hardy Cross の方法」である。なお、Hardy は名、Cross が姓である。

Hardy Cross の方法は、以下のようにして行われる。

1) 管網（図 1-31）において、ABEF、BCDE、FEDHG のような各部分が管網を構成している。すなわち、これ等は管網の構成要素であり、「閉回路系」と特に呼ばれる。

2) 閉回路系の各管で、まず流量と流向を適当に仮定する。この場合、管網の各管の「結合点」A、B、C、・・・では、結合点への流入流量と結合点からの流出流量の和は等しくなければならない。すなわち、連続条件式が成立しなければならない。

他方、流向に関して、右回りを正とした場合、A→BやB→Eなどの向きの流れは、正の符号を持つ。また、F→EやE→Dなどの向きの流れは、負の符号を持つ、ものとする。

3) 閉回路系を構成する各管の損失水頭を計算する。なお、管網計算では、各種のマイナー・ロスを無視し、損失は摩擦のみで起こるものとする。すなわち、次の関係が成立する。

$$H_l = H_f \tag{1-114}$$

$$= f\frac{L}{D}\cdot\frac{V^2}{2g} \tag{1-114'}$$

$$= f\frac{L}{D}\cdot\frac{1}{2g}\left|\frac{4Q}{\pi D^2}\right|^2 \tag{1-114''}$$

$$= f\frac{L}{D}\cdot\frac{1}{2g}\cdot\frac{16}{\pi^2 D^4}Q^2 \tag{1-114'''}$$

$$= kQ^2 \tag{1-114''''}$$

ここで、

$$k = f\cdot\frac{L}{D}\cdot\frac{1}{2g}\cdot\frac{16}{\pi^2 D^4} \tag{1-115}$$

$$= 0.0827\, f\frac{L}{D^5} \tag{1-115'}$$

各閉回路系毎の損失水頭の和、すなわち$\Sigma H_l = \Sigma kQ^2$を計算すると、流量の仮定（その量と流れる方向）が正しければΣH_lは零になる。しかし、通常、最初の仮定は正しくないから、零にはならない。

4) このため以下の補正計算を行い、これを$\Sigma H_l = 0$になるまで繰り返す。いま、補正する流量をΔQ($\Delta Q << Q$)、またこれによって生じる損失水頭をΔH_lとすると

$$H_l + \Delta H_l = k(Q + \Delta Q)^2 \tag{1-116}$$

$$= k(Q^2 + 2Q\Delta Q + \Delta Q^2) \tag{1-116'}$$

ΔQ^2はその値が小さくなるので、これを無視すると、

$$H_l + \Delta H_l = kQ^2 + 2kQ\Delta Q \tag{1-116''}$$

すなわち、式(1-116")より、

$$\Delta H_l = 2kQ\,\Delta Q \tag{1-117}$$

5)以上の関係を各閉回路系に適用すると、式(1-117)を用いて

$$\Sigma(H_l + \Delta H_l) = \Sigma H_l + \Sigma\Delta H_l \tag{1-118}$$

$$= \Sigma H_l + 2\Sigma kQ\,\Delta Q = 0 \tag{1-118'}$$

もし、Δ Qが各閉回路系を構成する各管路について同一とすれば

$$\Delta Q = -\frac{\Sigma H_l}{2\Sigma kQ} \tag{1-119}$$

すなわち、式(1-119)が補正量を与える。

したがって、仮定流量Qに補正量ΔQを加えたものが新しい流量Qである。以下、同様の手順を繰り返し、所用の精度が得られるまで、すなわち補正が不要になるまで計算を繰り返す。

［計算例 1-34］

図の管網の計算をする。ただし、Manningの粗度係数を n＝0.013 とする。

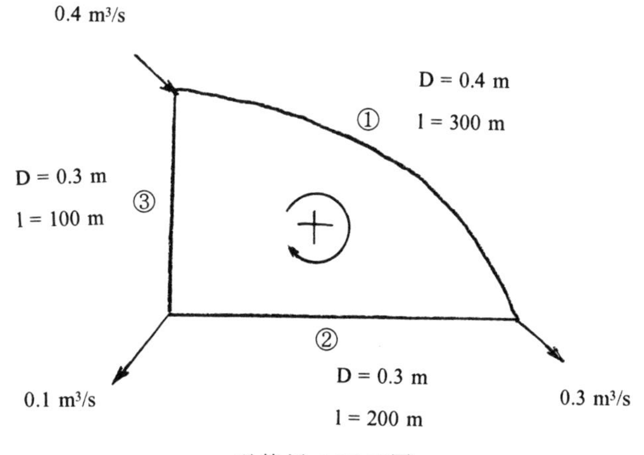

計算例 1-34の図

例えば、①の部分の直径をD_1、その摩擦損失係数を f_1 と言うように表す。

まず、各部分の摩擦損失係数 fの値を計算する。

$$f_1 = \frac{12.7gn^2}{D_1^{\ 1/3}} = \frac{12.7\times 9.81\times 0.013^2}{0.4^{1/3}} = 0.0286$$

$$f_2 = \frac{12.7gn^2}{D_2^{1/3}} = \frac{12.7 \times 9.81 \times 0.013^2}{0.3^{1/3}} = 0.0315$$

$$f_3 = \frac{12.7gn^2}{D_3^{1/3}} = \frac{12.7 \times 9.81 \times 0.013^2}{0.3^{1/3}} = 0.0315$$

次に、各部分の k の値を計算する。

$$k_1 = 0.0827\ f_1\ \frac{L_1}{D_1^5} = 0.0827 \times 0.0286 \times \frac{300}{0.4^5} = 69.3$$

$$k_2 = 0.0827\ f_2\ \frac{L_2}{D_2^5} = 0.0827 \times 0.0315 \times \frac{200}{0.3^5} = 214.4$$

$$k_3 = 0.0827\ f_3\ \frac{L_3}{D_3^5} = 0.0827 \times 0.0315 \times \frac{100}{0.3^5} = 107.2$$

流れの正の方向を時計回りとし、以下の手順で試行計算を行う。

1) 仮定流量 Q'を次図のように決める。

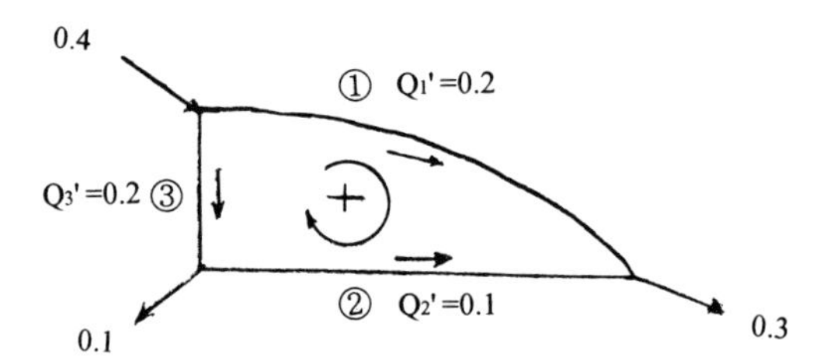

仮定流量 Q' を第一次近似値として、式（1-116"）により次の表計算を行う。

$$H_{l1}' = +k_1\ Q_1'^2 = +69.3 \times 0.2^2 = +2.77 \qquad k_1Q_1' = 13.9$$

$$H_{l2}' = -k_2\ Q_2'^2 = -214.4 \times 0.1^2 = -2.14 \qquad k_2Q_2' = 21.4$$

$$H_{l3}' = -k_3\ Q_3'^2 = -107.2 \times 0.2^2 = -4.29 \qquad k_3Q_3' = 21.4$$

$$\Sigma H_l' = -3.66 \qquad \Sigma kQ' = 56.7$$

$$\therefore \quad \Delta Q' = -\frac{\Sigma H_l'}{2\Sigma kQ'} = -\frac{-3.66}{2 \times 56.7} = +0.032\ \ m^3/s$$

$\Delta Q' = +0.032\ m^3/s$ の値を Q' に加算して第二近似値を求める。

2) 第二近似値を次図のように決める。

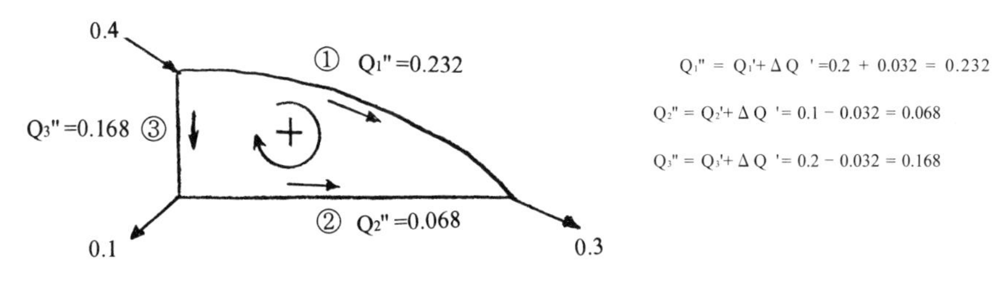

$Q_1'' = Q_1' + \Delta Q' = 0.2 + 0.032 = 0.232$

$Q_2'' = Q_2' + \Delta Q' = 0.1 - 0.032 = 0.068$

$Q_3'' = Q_3' + \Delta Q' = 0.2 - 0.032 = 0.168$

仮定流量 Q''を第二次近似値として、式（1-116''）により次の表計算を行う。

$H_{l1}'' = +k_1 Q_1''^2 = +69.3 \times 0.232^2 = +3.73$	$k_1 Q_1'' = 16.1$
$H_{l2}'' = -k_2 Q_2''^2 = -214.4 \times 0.068^2 = -0.99$	$k_2 Q_2'' = 14.6$
$H_{l3}'' = -k_3 Q_3''^2 = -107.2 \times 0.168^2 = -3.03$	$k_3 Q_3'' = 18.0$
$\Sigma H_l'' = -0.29$	$\Sigma kQ'' = 48.7$

$$\therefore \quad \Delta Q'' = -\frac{\Sigma H_l''}{2\,\Sigma kQ''} = -\frac{-0.29}{2 \times 48.7} = +0.003 \ \mathrm{m^3/s}$$

$\Delta Q'' = +0.003\ \mathrm{m^3/s}$ の値を Q'' に加算して第三近似値を求める。

3）第三近似値を次図のように決める。

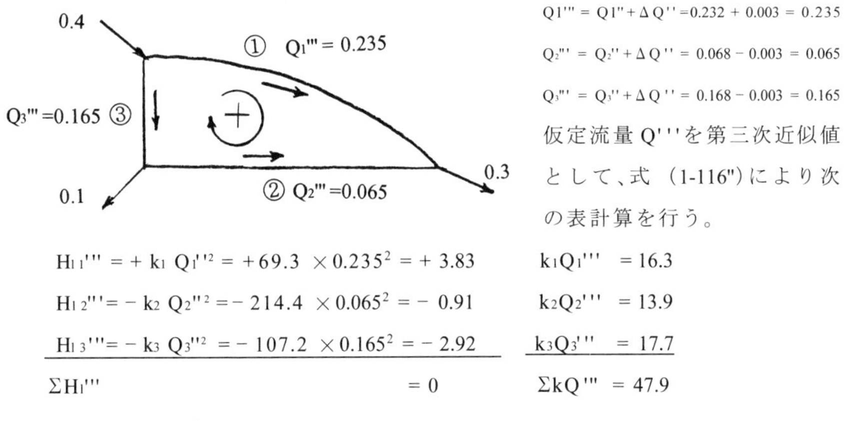

$Q_1''' = Q_1'' + \Delta Q'' = 0.232 + 0.003 = 0.235$

$Q_2''' = Q_2'' + \Delta Q'' = 0.068 - 0.003 = 0.065$

$Q_3''' = Q_3'' + \Delta Q'' = 0.168 - 0.003 = 0.165$

仮定流量 Q'''を第三次近似値として、式（1-116''）により次の表計算を行う。

$H_{l1}''' = +k_1 Q_1'''^2 = +69.3 \times 0.235^2 = +3.83$	$k_1 Q_1''' = 16.3$
$H_{l2}''' = -k_2 Q_2'''^2 = -214.4 \times 0.065^2 = -0.91$	$k_2 Q_2''' = 13.9$
$H_{l3}''' = -k_3 Q_3'''^2 = -107.2 \times 0.165^2 = -2.92$	$k_3 Q_3''' = 17.7$
$\Sigma H_l''' = 0$	$\Sigma kQ''' = 47.9$

$$\therefore \quad \Delta Q''' = -\frac{\Sigma H_l'''}{2\,\Sigma kQ'''} = -\frac{0}{2 \times 47.9} = 0 \ \mathrm{m^3/s}$$

$\Delta Q''' = 0\ \mathrm{m^3/s}$ なので、第三次近似値をもって答えとする。すなわち、

$Q_1 = 0.235\ \mathrm{m^3/s}$、$Q_2 = 0.065\ \mathrm{m^3/s}$、$Q_3 = 0.165\ \mathrm{m^3/s}$

［計算例 **1-35**］

閉回路系の数が２となる図の管網の計算をする。ただし、Manning の粗度係数を n = 0.013 とする。[16)]

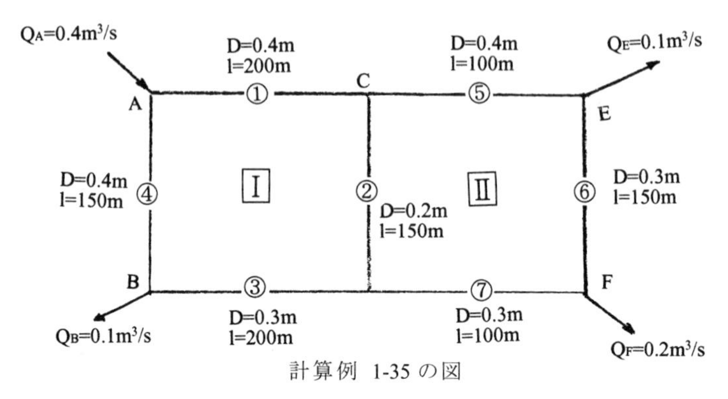

計算例 1-35 の図

部分①②③④が閉回路系Ⅰを、部分⑤⑥⑦②が閉回路系Ⅱを構成している。また、例えば、①の部分の直径を D_1 、その摩擦損失係数を f_1 と言うように表す。

各部分の摩擦損失係数を式 $f = 12.7gn^2D^{-1/3}$ で計算する。

$f_1 = 12.7 \times 9.81 \times 0.013^2 \times 0.4^{-1/3} = 0.0286$

$f_2 = 12.7 \times 9.81 \times 0.013^2 \times 0.2^{-1/3} = 0.0360$

$f_3 = 12.7 \times 9.81 \times 0.013^2 \times 0.3^{-1/3} = 0.0315$

$f_4 = 12.7 \times 9.81 \times 0.013^2 \times 0.4^{-1/3} = 0.0286$

$f_5 = 12.7 \times 9.81 \times 0.013^2 \times 0.4^{-1/3} = 0.0286$

$f_6 = 12.7 \times 9.81 \times 0.013^2 \times 0.3^{-1/3} = 0.0315$

$f_7 = 12.7 \times 9.81 \times 0.013^2 \times 0.3^{-1/3} = 0.0315$

各部分の k の値を式 $k = 0.0827\ fLD^{-5}$ で計算する。

$k_1 = 0.0827 \times 0.0286 \times 200 \times 0.4^{-5} = 46.2$

$k_2 = 0.0827 \times 0.0360 \times 150 \times 0.2^{-5} = 1395.6$

$k_3 = 0.0827 \times 0.0315 \times 200 \times 0.3^{-5} = 214.4$

$k_4 = 0.0827 \times 0.0286 \times 150 \times 0.4^{-5} = 34.6$

$k_5 = 0.0827 \times 0.0286 \times 100 \times 0.4^{-5} = 23.1$

$k_6 = 0.0827 \times 0.0315 \times 150 \times 0.3^{-5} = 160.8$

$k_7 = 0.0827 \times 0.0315 \times 100 \times 0.3^{-5} = 107.2$

流れの正の方向を時計回りとし、以下の手順で試行計算を行う。

仮定流量 Q'を次図のように決める。

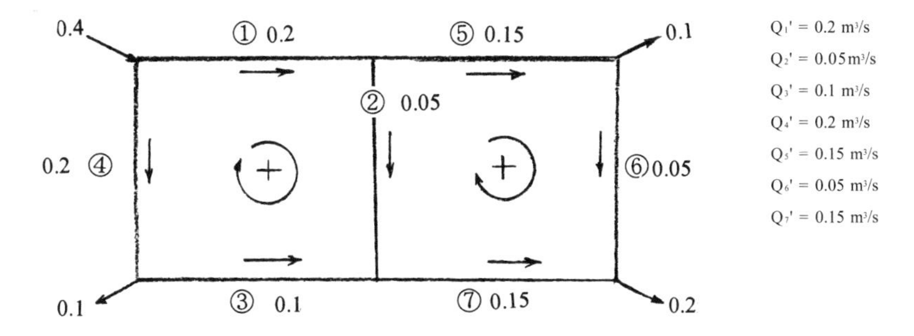

閉回路系[I]について、仮定流量 Q' を第一次近似値として、式（1-116"）（68 頁）により次の表計算を行う。

$H_{l1}' = +k_1 Q_1'^2 = +46.2 \times 0.2^2 = +1.848$　　$k_1Q_1' = 9.24$

$H_{l2}' = +k_2 Q_2'^2 = +1395.6 \times 0.05^2 = +3.489$　　$k_2Q_2' = 69.78$

$H_{l3}' = -k_3 Q_3'^2 = -214.4 \times 0.1^2 = -2.144$　　$k_3Q_3' = 21.44$

$H_{l4}' = -k_3 Q_3'^2 = -34.6 \times 0.2^2 = -1.384$　　$k_4Q_4' = 6.92$

$\Sigma H_l' = +1.809$　　$\Sigma kQ' = 107.38$

$$\therefore \quad \Delta Q_I' = -\frac{\Sigma H_l'}{2\,\Sigma kQ'} = -\frac{+1.809}{2 \times 107.38} = -0.0084 \text{ m}^3/\text{s}$$

閉回路系[II]について、仮定流量 Q' を第一次近似値として、式（1-116"）により次の表計算を行う。

$H_{l5}' = +k_3 Q_3'^2 = +23.1 \times 0.15^2 = +0.520$　　$k_3Q_3' = 3.47$

$H_{l6}' = +k_3 Q_3'^2 = +160.8 \times 0.05^2 = +0.402$　　$k_3Q_3' = 8.04$

$H_{l7}' = -k_1 Q_1'^2 = -107.2 \times 0.15^2 = -2.412$　　$k_1Q_1' = 16.08$

$H_{l2}' = -k_2 Q_2'^2 = -1395.6 \times 0.05^2 = -3.489$　　$k_2Q_2' = 69.78$

$\Sigma H_l' = -4.979$　　$\Sigma kQ' = 97.37$

$$\therefore \quad \Delta Q_{II}' = -\frac{\Sigma H_l'}{2\,\Sigma kQ'} = -\frac{-4.979}{2 \times 97.37} = +0.0256 \text{ m}^3/\text{s}$$

閉回路系[I]について $\Delta Q' = -0.0084$ m³/s、閉回路系[II]について $\Delta Q' = +0.0256$ m³/s の値を Q' に加算して第二近似値 Q''を求める。

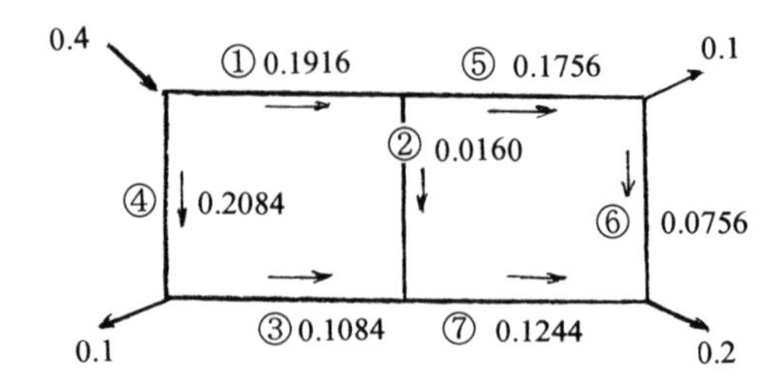

$Q_{I1}'' = Q_{I1}' + \Delta Q_I' = +0.2 - 0.0084 = +0.1916\ m^3/s$

$Q_{III2}'' = Q_{III2}' + \Delta Q_I' - \Delta Q_{II}' =$

$+0.05 - 0.0084 - 0.0256 = +0.0160\ m^3/s$

$Q_{I3}'' = Q_{I3}' + \Delta Q_I' = -0.1 - 0.0084 = -0.1084\ m^3/s$

$Q_{I4}'' = Q_{I4}' + \Delta Q_I' = -0.2 - 0.0084 = -0.2084\ m^3/s$

$Q_{II5}'' = Q_{II5}' + \Delta Q_{II}' = +0.15 + 0.0256 = +0.1756\ m^3/s$

$Q_{II6}'' = Q_{II6}' + \Delta Q_{II}' = +0.05 + 0.0256 = +0.0756\ m^3/s$

$Q_{II7}'' = Q_{II7}' + \Delta Q_{II}' = -0.15 + 0.0256 = -0.1244\ m^3/s$

この計算例のように共通する部分がある場合は、前方にある閉回路系で補正を受けた分から次の閉回路系で行われなければならない補正量を差し引く。
このように計算を進めて行って、第 5 近似値(V)まで計算して行って、次の結果が得られた。

$Q_{V1} = 0.2112\ m^3/s$、$Q_{V2} = 0.0248\ m^3/s$、$Q_{V3} = 0.0888\ m^3/s$、$Q_{V4} = 0.1888\ m^3/s$、
$Q_{V5} = 0.1864\ m^3/s$、$Q_{V6} = 0.0864\ m^3/s$、$Q_{V7} = 0.1136\ m^3/s$

1.7　管にかかる水流の力

1.7.1　管水路流の運動方程式

Newton の運動第 2 法則、すなわち運動量保存の法則は、大きさが零で質量が m と言う仮想の物体、すなわち質点に対しては、質量×加速度＝外力（F = ma）と言う形で表される。しかし、空気や水のような流体に適用する際は、それの形を考えなければならない。そして、その形を「コントロール・ボリューム」と呼ぶ。また、それの外界との境目を「コントロール・サフェース」と呼ぶ。

管水路の流れの場合、図 1-32 に示すように、コントロール・サフェースは、上流面と下流面、それに管壁に接する面になる。そして、このコントロール・サフェースに囲まれた部分がコントロール・ボリュームである。

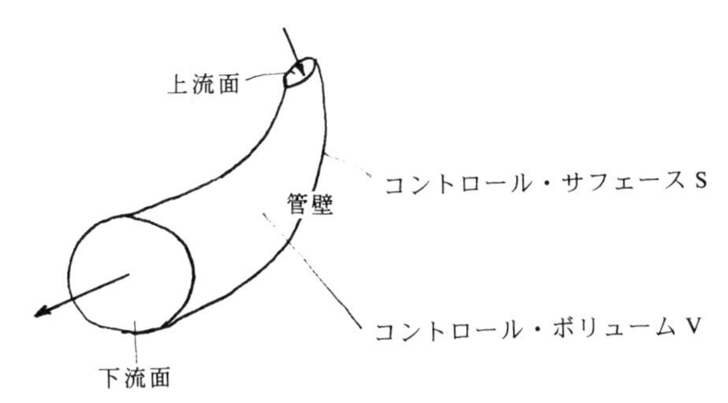

図 1-32　コントロール・ボリュームとコントロール・サフェース[17)]

このコントロール・ボリュームに運動量保存の法則を適用すると、図 1-33 の表現になる。

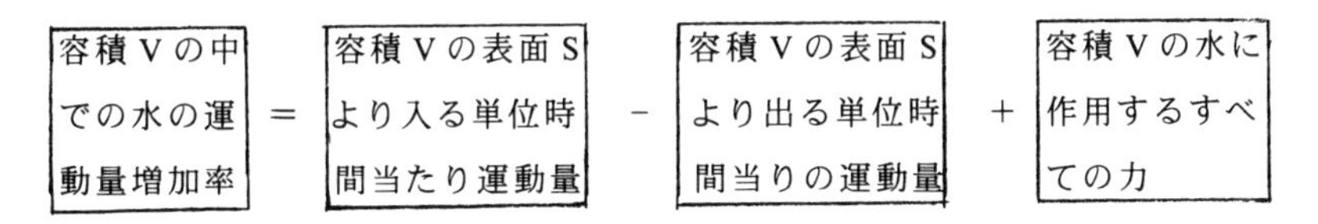

図 1-33　運動量保存法則のコントロール・ボリューム法による表現

管路の断面を通る単位時間当たりの運動量は、断面積を A、平均流速を v（コントロール・ボリューム V と区別するためここでは特に小文字を用いる）とすると、$\beta\rho$vAv の形で表される。

ここで、β を「運動量係数」、または「運動量補正係数」と呼ぶ。流れが乱流の場合、流速分布式として対数分布式を用いると、$\beta=1.04$ となるが、実際の計算では $\beta=1.0$ とすることが多く、本書でもそうしている。すなわち、$\beta\rho$ **v**Av = ρ **v**Av と言う形になる。

{**v**}は、管路の流れの長さを表す特性長さで、平均流速 v(m/s)より決まる値を用いる。よって、ρ **v**A は、次元が$[ML^{-3}][L][L^2]$となって、すなわち質量$[M]$となる。

よって、以下に便宜的に式 pv^2A で表されている運動量の次元は、$[MLT^{-1}]$であらねばならぬのに、ただ単純に pv^2A の次元を計算すると$[MLT^{-2}]$と言うことになる。

いま、流れを定流とすると、容積Vの中での水の運動量の増減は無いから、図1-33（75頁）の左辺は零になる。

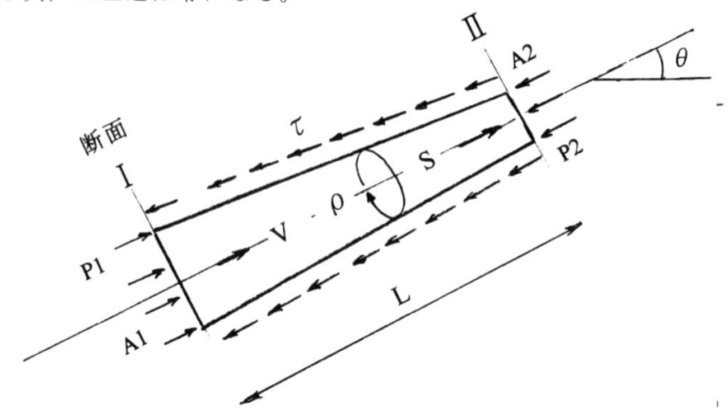

図 1-34 コントロール・ボリューム法の管水路への適用[18]

この図式を管水路に適用すると

$$(\rho v_1{}^2 A_1 - \rho v_2{}^2 A_2) + (P_1 A_1 - P_2 A_2) + \rho gV\sin\theta - S\tau L = 0 \qquad (1\text{-}120)$$

運動量差　　水圧差　　自重　　抵抗力

ここで、V はコントロール・ボリュームの容積、θ は管路軸の水平面に対する傾斜角、τ は管路に沿う単位面積当たりの抵抗力、S は管の内周長（潤辺）、L は管路長さである。

1.7.2 管壁にかかる流水の力

図 1-35に示すように、直径 D の管を水平に置き、流量 Q を流した時の、距離 L 離れた断面Ⅰ、Ⅱの圧力水頭差を測定したところ Δh であったとする。この時の断面Ⅰ、Ⅱの間の壁面にかかる単位面積当たりの流水の力 τ_0 は、運動量方程式を用いて次のように求められる。

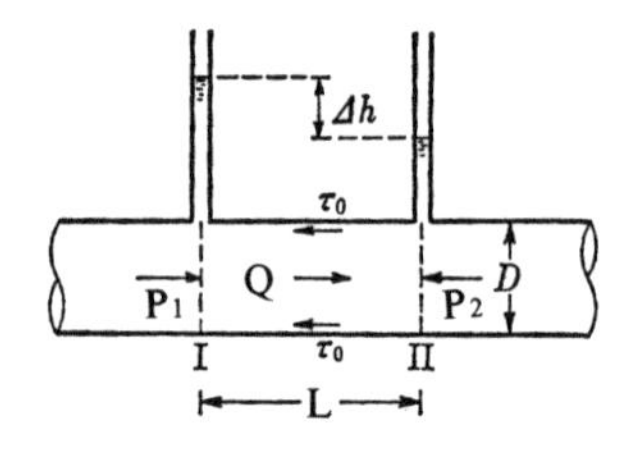

図 1-35 管壁にかかる流水の力の水理

コントロール・ボリュームを断面ⅠとⅡ、そしてその間の管壁に囲まれた部分に取る。断面Ⅰ、Ⅱの流速分布が同じであるとすると、コントロール・ボリューム内に断面Ⅰから流入する運動量と断面Ⅱから流出する運動量は等しくなるので、コントロール・ボリューム内の運動量の変化、すなわち式(1-120)の左辺第1項は零になる。また、この管は水平に置かれているから、式(1-120)の左辺第3項は零になる。以上から、この場合の運動量方程式は、次のように表される。

$$P_1\frac{\pi D^2}{4} - P_2\frac{\pi D^2}{4} - \pi D L \tau_0 = 0 \tag{1-121}$$

よって

$$\tau_0 = \frac{D(P_1 - P_2)}{4L} \tag{1-122}$$

ここで

$$\frac{P_1}{\rho g} - \frac{P_2}{\rho g} = \Delta h \tag{1-123}$$

であるから、管壁にかかる単位面積当たりの流水の力は、次式で表される。

$$\tau_0 = \frac{\rho g \Delta h D}{4L} \tag{1-124}$$

［計算例 1-36］

直径 0.5m の管の距離 1m 離れた 2 断面間の水頭差は、0.05m であった。この間で生じる流水の力を求める。水の密度 ρ = 1000 kg/m³ とする。

$$\tau_0 = \frac{\rho g \Delta h D}{4L} = \frac{1000 \times 9.81 \times 0.05 \times 0.5}{4 \times 1} = 61.3 \mathrm{N/m^2}$$

流水の力 $F = \tau_0 \pi (D/2)^2 L = 61.3 \times 3.14 \times (0.5/2)^2 \times 1 = \underline{12.0\mathrm{N}}$

1.7.3　管の曲りによって生じる流水の力

図 1-36（78頁）に示すように、水平に設置された管路の途中に面積が A_1 から A_2 に変化する曲管が挿入されている。流量 Q が流れる時の曲管部にかかる力を求める。ただし、曲管部において発生するエネルギー損失は無視する。

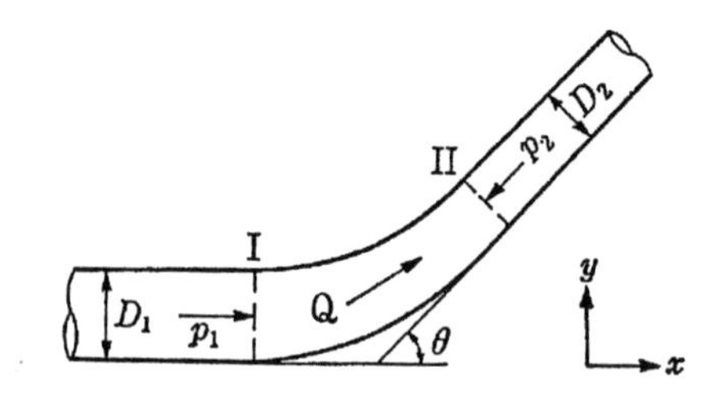

図 1-36　管の曲りによって生じる流水の力の水理[19)]

コントロールボリュームを曲管部の始まりと終りを断面 I と II に取り、座標軸を x-y と設定する。流れから曲管部が受ける x 及び y 方向の力を F_x 、F_y とし、x 及び y 方向別に運動量方程式を立てると、次の原式が得られる。

x 方向は

$$p_1 v_1^2 A_1 - p_2 v_2^2 A_2 \cos\theta + p_1 A_1 - p_2 A_2 \cos\theta + F_x = 0 \tag{1-125}$$

z 方向は

$$0 - p_2 v_2^2 A_2 \sin\theta + 0 - p_2 A_2 \sin\theta + F_y = 0 \tag{1-126}$$

いま、断面 1 と 2 の間にエネルギー方程式を適用すると

$$\frac{v_1^2}{2g} + \frac{p_1}{\rho g} + 0 = \frac{v_2^2}{2g} + \frac{p_2}{\rho g} + 0 \tag{1-127}$$

より

$$p_2 = p_1 + \frac{\rho}{2}\left[\left|\frac{4Q}{\pi D_1^2}\right|^2 - \left|\frac{4Q}{D_2^2}\right|^2\right] \tag{1-128}$$

また、連続の式より

$$Q = v_1 A_1 = v_1 \frac{\pi D_1^2}{4} = v_2 A_2 = v_2 \frac{\pi D_2^2}{4} \tag{1-129}$$

これらの式(1-128)と(1-129)を原式の(1-125)と(1-126)に代入するすると

$$F_x = \frac{4\rho Q^2}{\pi D_1^2} - \frac{4\rho Q^2}{\pi D_2^2}\cos\theta + p_1 \frac{\pi D_1^2}{4} - \left[p_1 + \frac{\rho}{2}\left|\left|\frac{4Q}{\pi D_1^2}\right|^2 - \left|\frac{4Q}{\pi D_2^2}\right|^2\right|\right]\frac{\pi D_2^2}{4}\cos\theta \tag{1-130}$$

$$F_y = \frac{4\rho Q^2}{\pi D_2^2}\sin\theta - \left[p_1 + \frac{\rho}{2}\left|\left|\frac{4Q}{\pi D_1^2}\right|^2 - \left|\frac{4Q}{\pi D_2^2}\right|^2\right|\right]\frac{\pi D_2^2}{4}\sin\theta \tag{1-131}$$

以上から曲管の入り口の圧力が与えられれば、曲管にかかる圧力が求められる。

［計算例 1-37］

図に示す角 $\theta=60^\circ$ の曲がりを持つ短い縮小管によって、直径 50cm の管を直径 25cm の管につなぐ。太い管の圧力が 70kPa の下、$0.5m^3/s$ の水量が流れる。縮小管にかかる力を求める。ただし、管の中心線は水平面にある、ものとする。

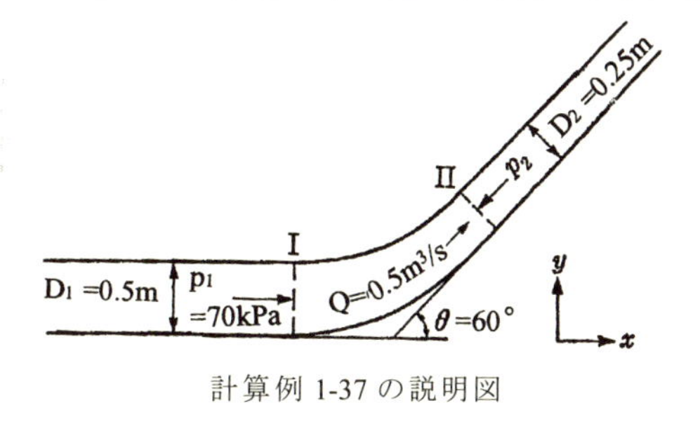

計算例 1-37 の説明図

水の密度 $\rho=1000$ kg/m^3 とする。式(1-130)と(1-131)を各二つに分けて計算する。

［F_x の計算］

$$\frac{4\rho Q^2}{\pi D_1{}^2}-\frac{4\rho Q^2}{\pi D_2{}^2}\cos\theta+p_1\frac{\pi D_1{}^2}{4} \qquad \leftarrow \text{第 1 項}$$

$$\left[p_1+\frac{\rho}{2}\left\{\left(\frac{4Q}{\pi D_1{}^2}\right)^2-\left(\frac{4Q}{\pi D_2{}^2}\right)^2\right\}\right]\frac{\pi D_2{}^2}{4}\cos\theta \qquad \leftarrow \text{第 2 項}$$

第 1 項

$$\frac{4\times1000\times0.5^2}{3.14\times0.5^2}-\frac{4\times1000\times0.5^2}{3.14\times0.25^2}\times\cos60^\circ+70\times1000\times\frac{3.14\times0.5^2}{4}=12464$$

第 2 項

$$\left[70\times1000+\frac{1000}{2}\left\{\left(\frac{4\times0.5}{3.14\times0.5^2}\right)^2-\left(\frac{4\times0.5}{3.14\times0.25^2}\right)^2\right\}\right]\times\frac{3.14\times0.25^2}{4}\times\cos60^\circ=523$$

F_x = 第 1 項 + 第 2 項= 12464 − 523 = 11941 = 11.941 kN

［F_y の計算］

$$\frac{4\rho Q^2}{\pi D_2{}^2}\sin\theta \qquad \leftarrow \text{第 1 項}$$

$$\left[p_1+\frac{\rho}{2}\left\{\left(\frac{4Q}{\pi D_1{}^2}\right)^2-\left(\frac{4Q}{\pi D_2{}^2}\right)^2\right\}\right]\frac{\pi D_2{}^2}{4}\sin\theta \qquad \leftarrow \text{第 2 項}$$

第 1 項

$$\frac{4\times 1000\times 0.5^2}{3.14\ \times 0.25^{\,2}}\times \sin 60^\circ = 4413$$

第 2 項

$$\left[70\times 1000+\frac{1000}{2}\left\{\left(\frac{4\ \times 0.5}{3.14\ \times 0.5^2}\right)^2-\left(\frac{4\ \times 0.5}{3.14\ \times 0.25^2}\right)^2\right\}\right]\times\frac{3.14\times 0.25^2}{4}\times\ \sin 60^\circ = 906$$

F_y= 第 1 項 + 第 2 項 = 4413 − 906 = 3507 = 3.507 kN

したがって、縮小管に加わる力は

$F = \sqrt{F_x{}^2+F_y{}^2}\ = \sqrt{11941^2 + 3507^2} = 12445\ = \underline{12.445\ \text{kN}}$

1.7.4 管の急縮による流水の力

図 1-37 に示すように、水平に置かれた、断面が急縮する管路にかかる流水の力 F を求める。

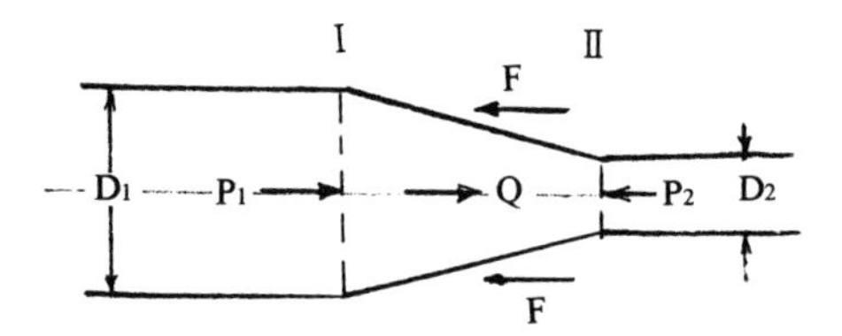

図 1-37 管の急縮による水流の力の水理

断面 I と II、そしてその間の管壁に囲まれた部分をコントロール・ボリュームとすると、運動量方程式は

$$\rho v_1{}^2 A_1 - \rho v_2{}^2 A_2 + P_1 A_1 - P_2 A_2 - F = 0 \qquad (1\text{-}132)$$

上式から流水の力 F は

$$F = \rho v_1{}^2 A_1 - \rho v_2{}^2 A_2 + P_1 A_1 - P_2 A_2 \qquad (1\text{-}133)$$

また、断面 I の水頭を h、断面 I と II の水頭差を Δh とすると

$$P_1 = \rho g(h + \Delta h) \qquad (1\text{-}134)$$

$$P_2 = \rho gh \qquad (1\text{-}135)$$

であるから、力 F は、次式の形によっても表される。

$$F = \rho v_1{}^2 A_1 - \rho v_2{}^2 A_2 + \rho g\{(h + \Delta h)A_1 - hA_2\} \qquad (1\text{-}136)$$

ここで、連続の式より

$$Q = v_1 A_1 = v_2 A_2 = \frac{\pi D_1{}^2}{4} v_1 = \frac{\pi D_2{}^2}{4} v_2 \qquad (1\text{-}137)$$

よって

$$v_1 = \frac{4Q}{\pi D_1{}^2} \qquad (1\text{-}138)$$

$$v_2 = \frac{4Q}{\pi D_2{}^2} \qquad (1\text{-}139)$$

次に、断面ⅠとⅡの間で発生するエネルギー損失を無視して、エネルギー方程式を立てると

$$\frac{v_1{}^2}{2g} + \frac{P_1}{\rho g} + 0 = \frac{v_2{}^2}{2g} + \frac{P_2}{\rho g} + 0 \qquad (1\text{-}140)$$

これより

$$P_2 = P_1 + \frac{\rho}{2}\left[\left| \frac{4Q}{\pi D_1{}^2} \right|^2 - \left| \frac{4Q}{\pi D_2{}^2} \right|^2 \right] \qquad (1\text{-}141)$$

以上から、式（1-138)と（1-139)、並びに式(1-141)を用いて計算した各値を式(1-133)に代入すれば、管の急縮によって生じる流水の力が求められる。

［計算例 **1-38**］

図の管の急縮によって生じる流水の力を求める。

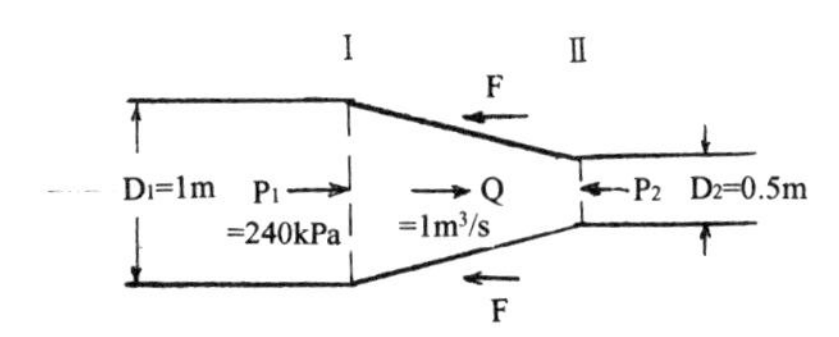

計算例 1-38の図

水の密度 ρ = 1000 kg/m³とする。

$$v_1 = \frac{4Q}{\pi D_1{}^2} = \frac{4 \times 1}{3.14 \times 1^2} = 1.274\text{m/s}$$

$$v_2 = \frac{4Q}{\pi D_2{}^2} = \frac{4 \times 1}{3.14 \times 0.5^2} = 5.096\ \text{m/s}$$

$$P_2 = P_1 + \frac{\rho}{2}\left[\left(\frac{4Q}{\pi D_1^2}\right)^2 - \left(\frac{4Q}{\pi D_2^2}\right)^2\right]$$

$$= 240 \times 1000 + \frac{1000}{2}\left[\left(\frac{4 \times 1}{3.14 \times 1^2}\right)^2 - \left(\frac{4 \times 1}{3.14 \times 0.5^2}\right)^2\right]$$

$$= 240000 \quad - 12171$$

$$= 227829 \text{ Pa}$$

$A_1 = 3.14 \times (1.0/2)^2 = 0.785 \text{ m}^2$

$A_2 = 3.14 \times (0.5/2)^2 = 0.196 \text{ m}^2$

急縮によって生じる力は

$$F = \rho v_1^2 A_1 - \rho v_2^2 A_2 + P_1 A_1 - P_2 A_2$$

$$= 1000 \times 1.274^2 \times 0.785 - 1000 \times 5.096^2 \times 0.196 + 240000 \times 0.785 - 227829 \times 0.196$$

$$= 133929 \text{ Pa} = \underline{140 \text{ kN}}$$

1.8　管水路のキャビテーション

1.8.1　キャビテーション

管水路の水理において「キャビテーション」と呼ばれる現象が起こる。この現象は、開水路においても起こるが、非常に限られた、特殊な状況でしか発生しないので、開水路の水理においては主たる問題として取り上げられていない。しかし、管水路の水理、もっと具体的に言って管水路の設計においては、キャビテーションの発生を常に念頭に置いて当たらなければならない。

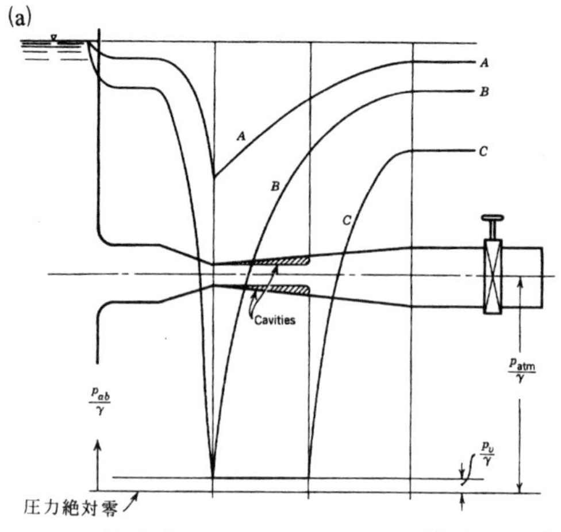

図 1-38　管水路のキャビテーション[20]（その 1）

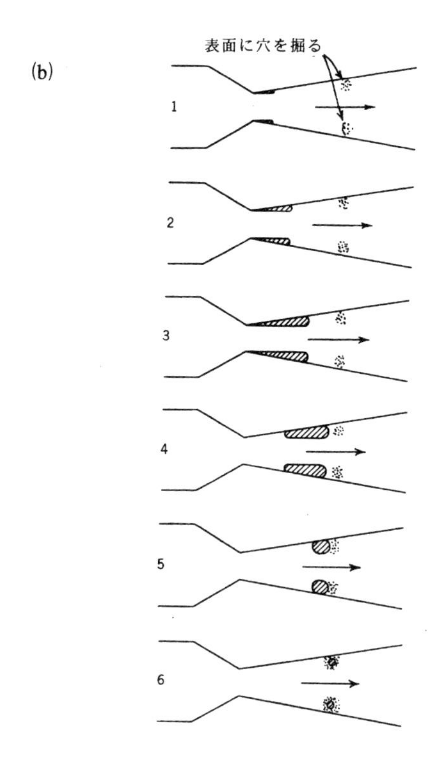

図 1-38 管水路のキャビテーション[20]（その2）

図 1-38 は、キャビテーションの発生を説明するために用いられる図の中で代表的と言えるものである。

いま、図 1-38 の(a)において、左側の池から管水路が出ている。この管路は、一定の断面の区間から太さが漸縮して行って、最小断面、すなわち「喉部」が現れ、次に逆に漸拡に転じ、また元の太さの断面一様の区間が来て、そこに流量調節用のバルブが取り付けられている構造になっている。この管路を流れる水は、摩擦のない水、すなわち「理論流体」であるとする。

バルブを開いて流量 Q_A を流すと、図 1-38 の(a)において、A 線で表される動水勾配線(H.G.L.)が発生する。この管路では摩擦損失が発生しないから、エネルギー線(E.G.L.)は、池の水面と同じ高さである。動水勾配線は、管路が一様断面の所ではエネルギー線より $V_A^2/2g$ に相当する高さ一様に低くなっている。漸縮部に入ると、流速が増すため、その分だけ動水勾配線が低下して行く。咽部では、動水勾配線が最低になる。ここから管は漸拡するため、動水勾配線が上昇して行って、管路が一様断面の所に入ると平らになり、摩擦損失が無いから元の高さに戻る。

バルブを開いて流量を段々増やして行くと、喉部の圧力は段々下がって行く。すなわち、漸拡部と漸縮部の動水勾配線は共に下がって行って、咽部の圧力が水の蒸気圧と同じである B 線が現れる。この段階がキャビテーションの発生の発端であり、この時の流量を Q_B とする。

流量を増やすため更にバルブを開いても、流量は Q_B 以上に増えない。これは、漸拡部の圧力が水の蒸発によって水の蒸気圧以下に低下せず、一定値 P_v を保つためである。このため、流量が Q_B を超えた Q_C の流れの動水勾配線は、C 線のようになる。すなわち、圧力が水の蒸気圧と同じ区間がバルブを開いて行くにつれて先に伸びて行く。

これは、水が蒸発してできた水蒸気で満たされた空隙が咽部に発生し、図 1-38 (b)（83 頁）の 1~3 のように段々と伸びて行くためである。この水蒸気で満たされた空隙を「空洞」と呼ぶ。この空洞は、中は空気でなく、水蒸気が詰まっている。しかも、純然たる空洞でなく、渦巻く水粒と水蒸気の混じったものである。肉眼で見ると一定形を保っているように見えるが、咽部から空洞ができて、そこから下流に向け流されて離れて行き、またできると言う高い周期性の現象である。

このようにしてできた空洞が咽部から離れて下流に向け流れて行くと、図 1-38 (b)の 4 ～ 6 のように高圧の領域に入る。そうすると、突然空洞周辺の水が空洞の中に突入して来て、空洞は、押し潰され、消えてしまう。これによって、空洞があった地点では、突入して来た水がぶつかり合って、局部的で、非常に瞬間的な高圧が発生する。この時発生する圧力は、100,000 psi（約 7,000 kgf/cm^2）にも達すると言われている。もし空洞が潰れる地点が水路壁と接近していれば、水路壁は小さなハンマで叩いたと同じ打撃を受ける。すなわち、水路壁は、弾性限界以上の力を受け、材料の疲労が起こり、また化学的腐食が増進し、水路壁材料の結果的な破壊にまで至る。

すなわち、管路中の圧力が局部的に水蒸気圧以下に低下し、水蒸気で満たされた気泡の空洞ができ、それが高圧の所まで流されて行って、押し潰され、そこに向け突進して来た水が局所的、瞬間的に圧力を増加させて、水路を形成する境界材料まで局所的に破壊する現象を一般に「キャビテーション」と呼ぶ。

以上で述べたキャビテーションの現象は、水蒸気の空洞の発生に起因するので、厳密に言うと、「水蒸気キャビテーション」と呼ばれなければならない。

キャビテーションのもう一つの現象として、「空気キャビテーション」と呼ばれるものがある。これは、水の中に相当量の空気の泡、すなわち「自由空気」が混じっていて、しかも水蒸気空洞の発生の過程がゆっくりの時に起こる。すなわち、水蒸気の空洞の中に水から分かれた空気が混じりこんで行くものである。空気キャビテーションにおいては、自由空気の存在のため、空洞の成長とその潰れは、水蒸気キャビテーションよりゆっくりで、かつ激しくない。水の中に空気を吹き込んで空気の泡を大量に発生させる、すなわち「曝気」することによって水蒸気キャビテーションを抑圧できるので、その方法として空気キャビテーションが取り上げられている。

1.8.2　キャビテーションがもたらす現象

（1）種類

キャビテーションがもたらす現象は、当然管水路系にとって悪いことばかりであって、1)騒音、2)振動、3)圧力変動、4)侵食損傷、5)流下能力の低下、の5つに分類できる。

（2）騒音

背景に殆ど音がしない重力で流れる管水路システムの中のバルブで起こるキャビテーションの騒音は、次のようなものである。キャビテーションの初期の段階では、間欠的な“パチパチ”と言う音に聞こえる。この音は、流れによって引き起こされる乱流の音より一寸高い程度である。キャビテーションの程度が高くなるにつれて、音の強さと起こる間隔が増加し、管路の操作で起こる音より容易に上のレベルに聞こえる。

管路がキャビテーションの中間のレベルで操作されている時、“管の中を砂利が流れる時に生じる音”に似た音が出る。

キャビテーションのレベルが重度と呼ばれる段階に近づくと、音は連続的に“吠える”ような音になる。時には、小さな、連続的な爆発音に似た音がする。このレベルでは、バルブの近くで会話するのが不可能になる。騒音レベルは 100 dB を超え、そのような高い音を聞き続けると難聴になる。

（3）振動と圧力変動

空洞が潰れることによって引き起こされる衝撃は、圧力変動を生み出し、管路を振動させる。キャビテーションが進むにつれて、振動の大きさは、数倍に増える。しっかりと固定された大きなバルブでさえ、管とのつなぎ目が緩み得る。すなわち、重度のキャビテーションでは、ボルトを緩め、結合部の疲労を生じ、固定を緩め、あるいは壊して、構造的破壊につながり得る。

（4）侵食損傷

空洞が管路材料の表面付近で潰れた時には、「侵食損傷」が起こる。この侵食損傷がキャビテーションで起こる問題と一般にされている。多くのバルブ、管、ポンプ、タービンがキャビテーションによって引き起こされる過度の侵食のために修理されたり交換されたりしている。

（5）流下能力の低下

キャビテーションが進んだ段階では、大きな「水蒸気空洞」が管水路システムの動水力学的特性を変化させ、その効率を低下させる。具体的には、ポンプは揚水程を下げ、タービンは出力が低下し、バルブはもはや流量調節ができなくなる。

1.8.3 キャビテーション発生の3要件

キャビテーションが起こるためには、3 つの基本的な要件が必要である。第 1 は、管路の中に水の蒸発のための基礎を提供する「核」が存在しなければならない。第 2 は、水の中のどこかで水蒸気圧まで圧力が低下しなければならない。第 3 は、水蒸気空洞を取り巻く圧力が空洞を潰せるように水蒸気圧力より高くなければならない。2 番目と 3 番目の要件については既に述べられていることである。

空気の泡を完全に抜いた水を熱した場合、水は沸騰しない。同様、管水路系に完全に空気が抜かれた水を流したとすると、すなわち空気の泡を全然含まない水を流したとすると、圧力が水蒸気圧より低下しても空洞は発生しない。キャビテーションが発生するためには水の中に空気の泡、すなわち核の存在が必要になる。しかし、管路系を流れる水から水の中の空気の泡を抜くのは実際には不可能なことであるから、キャビテーション発生は、3 要件でなくて 2 要件と実際上言うべきであろう。

1.8.4　空洞数

キャビテーションが発生した時の流れの状態を表す無次元の指標値を「空洞数」と呼ぶ。空洞数は、キャビテーションを起こす装置毎に異なる数式の形を取るのが特徴である。

バルブのような装置に対しては、次の２つの形の数式が用いられる。

$$\sigma = \frac{P_d + P_b - P_{va}}{\Delta P} = \frac{P_d - P_{vg}}{\Delta P} \tag{1-142}$$

$$k_c = \frac{\Delta P}{P_u - P_{vg}} \tag{1-143}$$

ここで、P_d は、キャビテーションを起こす装置の相当下流で測られた圧力に基づいて求められた圧力である。具体的には、装置より約管の直径の10倍の距離下流の断面で測った圧力にこの間で起こる摩擦損失相当分の圧力を加えて、その値が求められる。ΔP は純圧力低下量、P_u は装置直上流の圧力、P_{va} は絶対水蒸気圧、P_b は気圧計圧力、$P_{vg} = P_{va} - P_b$ である。

式(1-142)と(1-143)のどちらを使用するかは、任意である。両者の関係は、次式で表される。

$$k_c = \frac{1}{\sigma + 1} \tag{1-144}$$

空洞数は、以上に述べた以外に状況に応じて色々な形の数式が使用されている。キャビテーションについての具体的な事柄は、第 4 章の「水車、ポンプ、バルブの水理」（149 頁以降）で取り上げられる。

1.9　Trapped air と Air pocket

管水路システムが完成して初めて水を流す時は、そして管水路システムの流れを止めてそこから水を流し出して空にした後再び水を流す時は、管の凸部の頂上付近とかバルブと言うような機器付近に空気が残って、あるいは捕らえられて空気の塊ができることがある。このような空気を「trapped air」、それの大きな塊を「air pocket」と呼ぶ。

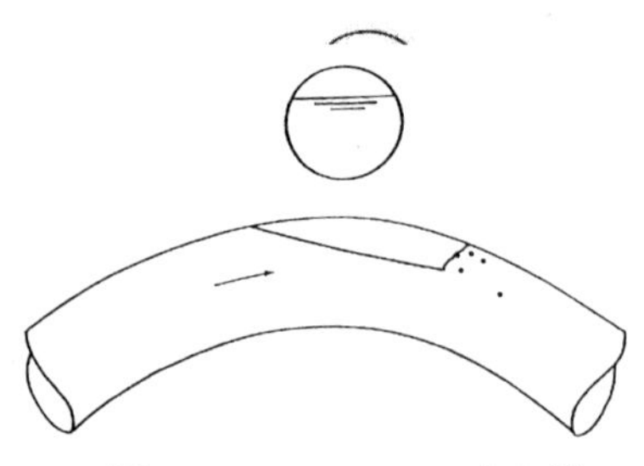

図 1-39　air pocket の発生[21)]

一旦 air pocket が管水路システムの中にできると、例えばバルブを開いて流量を増やそうとしても、なかなか流量が増えなくて、そして突然増えて、静的に見ると考えられない高い圧力が発生したりして、事故の元になる。

そこで、管水路システムに水を注入する時は、ゆっくりと慎重に行わなければならない。また、いくらそうしても air pocket はできてしまうのを避けられないので、管水路システムの凸部の頂部に、溜まる空気を排除するための「空気放出バルブ」を設置する。空気放出バルブについては、第 4 章の「水車、ポンプ、バルブの水理」（149 頁）において述べられる。

第2章　管水路における過渡的現象

2.1　管水路の不定流

2.1.1　過渡的流れ

「過渡的流れ」は、管水路の流れがある定流状態から次の定流状態に移り変わる間で発生する不定流の流れに対して特に与えられた言葉である。すなわち、過渡的流れは、管水路の不定流そのものである。

過渡的流れは、例えばバルブで流れが制御された管水路系のバルブの開度が変えられた時、あるいはポンプで流れが作られている管水路系のポンプの回転速度が変えられた時、すなわち管路の流速が変わり、その変化が激しいと管水路系の中に過大、あるいは過小な圧力が発生する、と言うような形で問題になる。そして、その結果、定流状態では十分に安全なはずの管水路系の管を破裂させたり、あるいは潰したり、バルブやポンプを破壊すると言う形で目に見えて来る現象である。

過渡的流れの現象が比較的ゆっくりと起こる場合、これを特に「動揺」と呼ぶ。

管水路系における流速の変化、その結果として生じる水圧の変化が急激に起こる時には、定流状態では問題にしなくて良かった水の圧縮性と管の材質の弾性が問題になって来る。

「水撃作用」、または「water hammer」と言う言葉が過渡的流れの現象と同義語で使われていることが多い。

図 2-1（90 頁）は、管水路の流れで起きる過渡的流れの現象を機関車が牽引している貨物列車の停止時に起きる現象で漫画的に説明したものである。この列車

の連結器は、機関車が牽引する時は太い鎖を用い、逆に押す場合は押し棒を用いるようになっている。ただし、このような車両連結器を用いた列車編成は、ヨーロッパでは当たり前のことであるが、日本の国では見られない。

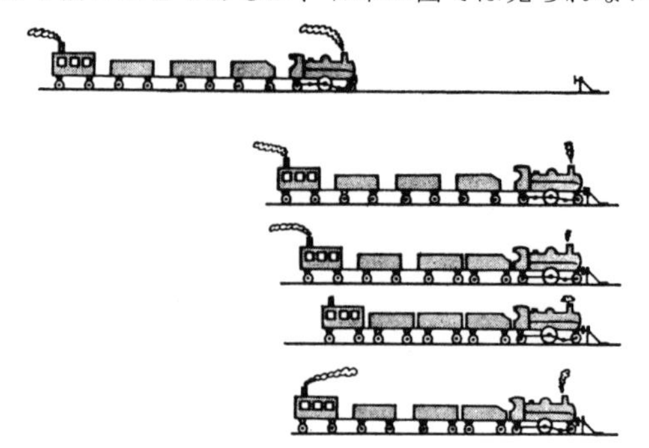

図 2-1 列車の急停止[22)]

2.1.2 過渡的流れの発生原因

過渡的流れ、あるいは動揺する流れの発生には夥しい原因がある。それ等の内の主要なものを上げれば次の通りである。

1 バルブの開度の変化
2 ポンプの始動、停止
3 チェック・バルブ、空気放出バルブ、圧力軽減バルブの作動
4 管の破裂
5 管水路系を運転し始める時の不適当な注水
6 管水路系に溜まった空気
7 水車の負荷の変動

過渡的流れ、あるいは動揺する流れが起こると、管路中の圧力は、定常状態において生じる圧力より大なり小なり増加、または減少する。管水路系は、この圧力の変化に対応できるように設計されなければならない。すなわち、管水路系の設計においては、そこでどのような過渡的流れが発生するか予想されていなければならない。また、発生が考えられる過渡的流れに直接対応することができない場合、例えば圧力が大きくなり過ぎて管の材質がそれに耐えられないような場合

などは、過渡的流れをある範囲内に収める方策を設計の中に取り込まなければならない。

2.1.3　過渡的流れを制御する方法

過渡的流れの発生に伴って起こる管内圧力の増加・減少を抑える手段として、次のようなものが考えられる。

1　流量制御バルブの開閉時間を長くする。
2　管水路系に注水するため、堆積土砂を洗い流す、すなわち「フラッシュ」するため、溜まった空気を追い出す特別な施設を設ける。
3　管水路系の耐圧力を増加する。
4　管水路系で発生する流速を一定限度以下に抑える。
5　圧力軽減バルブ、サージ・タンク、空気タンク等の圧力軽減施設を用いる。

2.2　過渡的現象の基礎方程式

流速の急変、すなわち$\Delta V = V_2 - V_1$による水圧の上昇量ΔHを予測するための計算式は、流れの変化が起きている管水路の区間をコントロール・ボリュームとして定め、そこに不定流の運動量方程式を適用することで誘導できる。

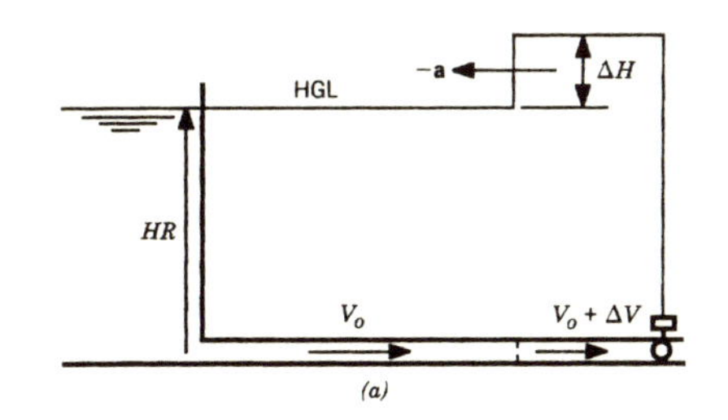

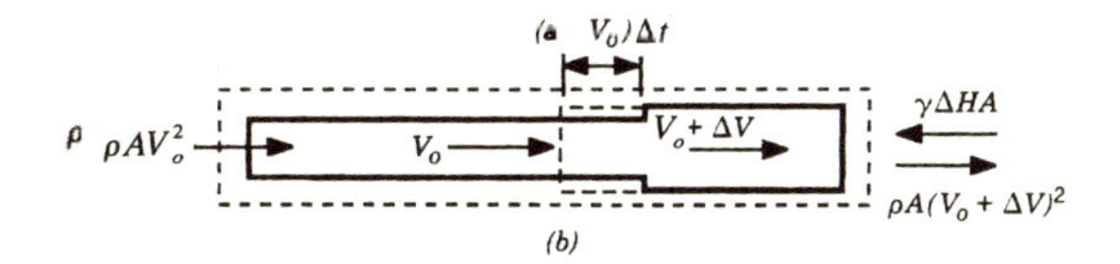

図 2-2　バルブ閉鎖に伴う現象のコントロール・ボリュームによる表現[23)]

図 2-2（91 頁）の(a)に示されているような、貯水池から始まりバルブで終わる、直線で水平な摩擦損失が起こらない管水路を想定する。摩擦の発生を無視しているから、動水勾配線は水平で、貯水池の水頭 HR がバルブまで続いている。水平な管路とそこでの摩擦の無視は、この現象に対する理解を助けるためである。

バルブを部分的に、かつ瞬間的に閉じて、ΔVの流速の減少を引き起こす状況を考える。流速の減少は、バルブから上流の圧力水頭の増加をもたらす。この圧力の増加は規模ΔHという「圧力波」を産み出し、それは、管路を図 2-2(a)の中で表されている a と言う水中音速の速度で管路を上流に向け伝わって行く。

図 2-2(b)は、圧力波が通過して行く管水路の一区間のコントロール・ボリュームに不定流の運動方程式を適用している状況を示している。管水路の膨張と水の密度の増加は、他の変化量と比較して少なく、そのため無視されている。水流のコントロール・ボリュームに作用する正の方向の正味の力は、$-\gamma\ \Delta HA$である。コントロール・ボリュームを通過する正味の運動量の流れは、$\rho A(V_0+\ \Delta V)^2-\rho AV_0{}^2$であり、$V_0{}^2$項を無視することにより、$2\rho AV_0\ \Delta V$になる。

絶対速度$a-V_0$で 移動している圧力波は、時間Δtの間、距離$(a-V_0)\Delta t$を移動する。その間の管水路の運動量は、速度の減少のため、減少して行き、影響を受ける流動体の大きさは、$\rho A(a-V_0)\Delta t$である。コントロール・ボリューム内の運動量の時間変化率は、ΔVとΔt秒中にその 速度が変化する流体の塊の積$\rho A(a-V_0)\Delta t\ \Delta V/\Delta t$、すなわち$\rho A(a-V_0)\ \Delta V$である。

これ等を運動量方程式、図 1-33(75 頁)、に代入すると、次の関係が得られる。

$$-\gamma\ \Delta HA=2\rho AV_0\ \Delta V+\rho A(a-V_0)\ \Delta V \qquad (2\text{-}1)$$

すなわち

$$\Delta H=-\frac{a\ \Delta V}{g}\left(1+\frac{V_0}{a}\right) \qquad (2\text{-}2)$$

ここで、圧力波の「伝播速度」は管水路内で通常発生する流速（最大で10m/s程度）の約 100 倍であるから、V_0/a項は、無視できる。よって、式 (2-2)は、次のようになる。

$$\Delta H=-\frac{a\ \Delta V}{g} \qquad a>>V \qquad (2\text{-}3)$$

すなわち、管内流速が瞬間的にΔV 変化した時の圧力変化量は、式 (2-3)によって求められる。

いま、この瞬間的流速変化が段階的に起こるものとし、最初の流速変化による圧力波が池に到達して、次に戻って来る前に次の瞬間的流速変化が起こるものとするならば、次のようになる。

$$\Sigma \Delta H = -\frac{\Sigma a \ \Delta V}{g} \qquad a \gg V \tag{2-4}$$

すなわち、管内流速 V が瞬間的に零になったとすると、式（2-4)は、次のようになる。

$$\Delta H = -\frac{a V}{g} \qquad a \gg V \tag{2-5}$$

［計算例 2-1］

管の中を平均流速 V=2 m/s で水が流れている。バルブが部分的に閉められ、流速が瞬間的に V=1.5 m/s に下げられた。管内圧力の増加量を求める。ただし、圧力波の伝播速度 a =1000 m/s とする。

$$\Delta H = -\frac{a V}{g} = -\frac{1000 \times (1.5 - 2.0)}{9.81} = \frac{1000 \times 0.5}{9.81} = \underline{51.0 \text{ m}}$$

以上の計算例からわかるように、圧力波の伝播速度 a は約 1000 m/s、重力の加速度 g は 9.81 m/s^2 であるから、瞬間的にバルブを全閉した場合、メートル単位の流速の約 100 倍の単位メートルの圧力上昇が起こることになる。ただし、通例、バルブを瞬間的に全閉することは、物理的に不可能である。

2.3　摩擦を無視した場合の圧力波の伝播

図 2-3（95 頁）において、図 2-2（91 頁）の(a)と同じ状況を考えて見よう。左側にある池から長さ L の水平な管路が出ていて、管路の右側の末端には瞬間的に全閉することができるバルブが取り付けられている。池の水面から管路の中心までの深さは、H_0 である。この管路では、摩擦が起こらないものとする。また、管路の入り口では、流入損失が発生しないものとする。したがって、いま、バルブのある一定開度の下で管路内流速 V_0 の定流状態が発生しているとすると、管路内の圧力はどこでも同じで、その値は H_0 である。この定常状態での流れの方向を、距離と流速 V の正の方向とする。時刻を t とし、バルブは、t = 0 で瞬間的に閉じ

られるものとする。

バルブが瞬間的に閉じられることによって生じる一連の現象は、次の4段階に分けられる。

1. $0 < t \leqq L/a$（図 2-3 の(a)と(b)）

バルブが瞬間的に閉じられるやいなや($t = 0$)、バルブ地点の流速は、零になる。そして、バルブ地点では、$\Delta H = +(a/g)V_0$ の圧力上昇が起こる。この圧力上昇のため、管は膨張して太くなり、水は圧縮されて密度が大きくなる。図 2-3 においては、定流状態における管の太さを破線で表している。そして、この圧力の変化、すなわち「圧力波の全面」が池に向かって進行して行く。この圧力の増加の変化の進行を「正の圧力波」と呼んで、すなわち正の圧力波が池に向かって伝播して行く。圧力波の背後（バルブ側）では、流速は零であり、すべての運動エネルギーは弾性エネルギーに転換されている。L を管の長さとすると、圧力波が池に到達した時の時刻は、$t = L/a$ で表される。すなわち、時刻 $t = L/a$ では、管は、全長にわたって膨張し、流速は零になり、圧力は $H_0 + \Delta H$ になっている。

2. $L/a < t \leqq 2L/a$（図 2-3 の(c)と(d)）

圧力波が池に到達した時、管路端の管路側断面では圧力は $H_0 + \Delta H$、池側の断面では池の水位は一定なので圧力は H_0 になる。また、この時、管路内流速はどこでも零になっている。このため、管路上流端では、不安定な状態が発生している。すなわち、この圧力差のため、水が管路から速度 $-V_0$ で池に向かって流れ込み始める。この結果、管路端では流速が零から $-V_0$ に瞬間的に変わり、管が収縮して定流状態における元の太さに戻る。そして、この流速が $-V_0$ で、管が収縮する範囲が管路の中をバルブに向かって進んで行き、ここでは圧力は $H_0 + \Delta H$ から H_0 に低下する。この圧力の減少の変化の進行を「負の圧力波」と呼んで、すなわち負の圧力波がバルブに向かって伝播し始める。負の圧力波の背後（池側）では、圧力は H_0 であり、流速は $-V_0$ である。時刻 $t = 2L/a$ では、管は、全長にわたって元の太さに戻り、流速は零になり、圧力は H_0 になっている。

3. $2L/a < t \leqq 3L/a$（図 2-3 の(e)と(f)）

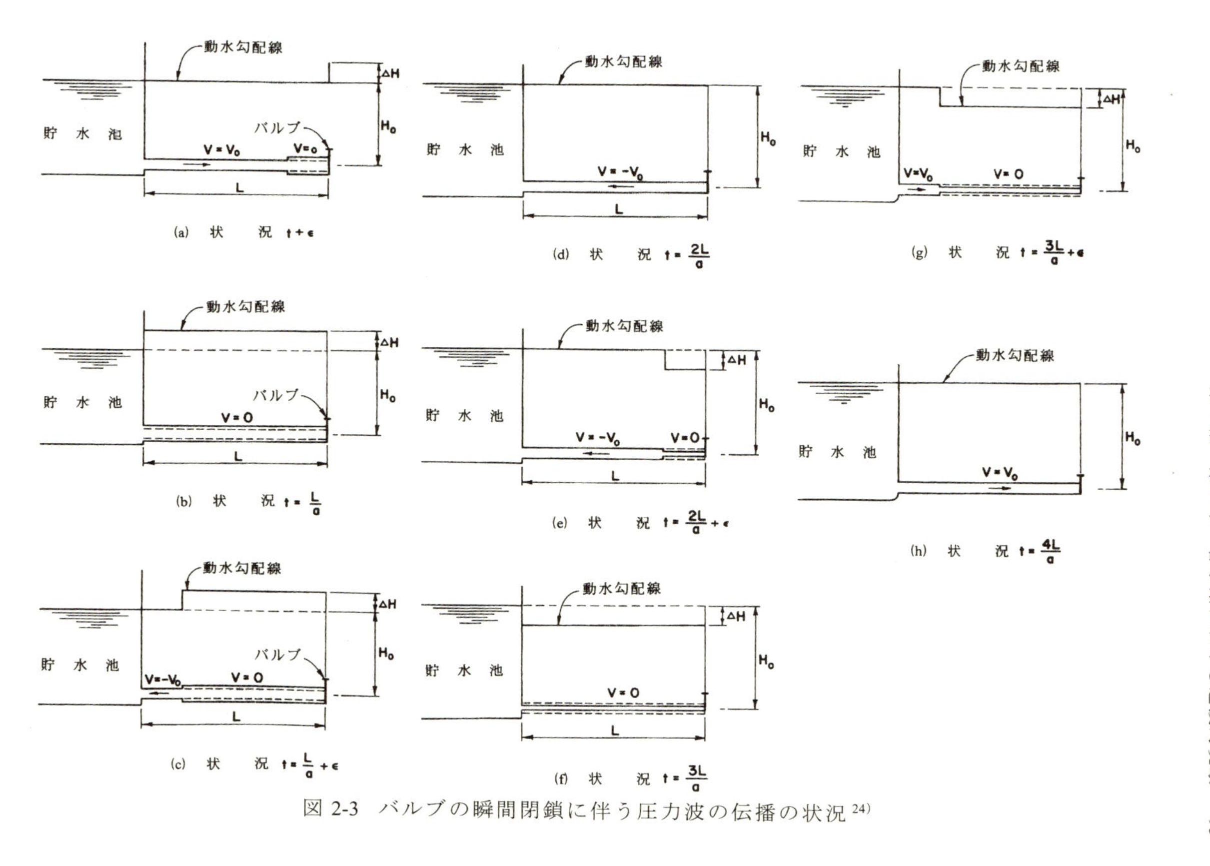

図 2-3　バルブの瞬間閉鎖に伴う圧力波の伝播の状況[24]

負の圧力波がバルブに到達した時、バルブは完全に閉じられているので、$-V_0$の流速を維持できず、流速は瞬間的に$-V_0$から零に変わる。このため、圧力は$H_0-\Delta H$に低下し、管は定流状態における太さより収縮して、負の圧力波が池に向かって進行して行く。圧力波の背後（バルブ側）では、圧力は$H_0-\Delta H$、流速は零である。時刻$t=3L/a$では、管は、全長にわたって収縮し、流速は零になり、圧力は$H_0-\Delta H$になっている。

4. $3L/a < t \leqq 4L/a$（図 2-3 の(g)と(h)）

負の圧力波が池に到達した時、管路端の管路側断面では圧力は$H_0-\Delta H$、池側の断面では池の水位は一定なので圧力はH_0になる。また、この時、管路内流速はどこでも零になっている。このため、管路上流端では、不安定な状態が再び発生している。すなわち、この圧力差のため、水が池から速度V_0で管路に向かって流れ込み始め、管は定流状態における太さに膨脹する。この結果、管路端では流速が零からV_0に瞬間的に変わり、流速V_0の範囲が管路の中をバルブに向って流れ込み始め、管は定流状態における太さに膨脹する。この結果、管路端に向かって進んで行き、ここでは圧力は$H_0-\Delta H$からH_0に増加する。すなわち正の圧力波がバルブに向かって伝播し始める。正の圧力波の背後（池側）では、圧力はH_0であり、流速はV_0である。時刻$t=4L/a$では、管路は、全長さにわたって定流状態における元の太さに戻り、流速はV_0になり、圧力はH_0になっている。

このようにして、1.の最初の状態に戻る。すなわち、以上に述べた過程が周期4L/aで繰り返される。ただし、摩擦が無いと仮定した場合である。

バルブ地点と管路中間地点の圧力の時間変化は図 2-4と図2-5のようになる。

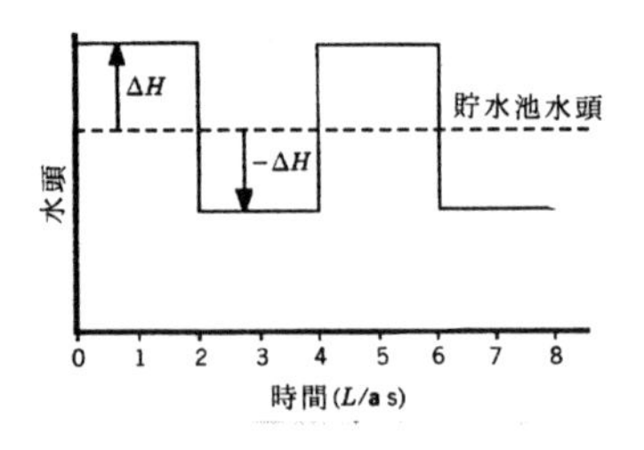

図 2-4 バルブ地点における圧力の変化[25)]

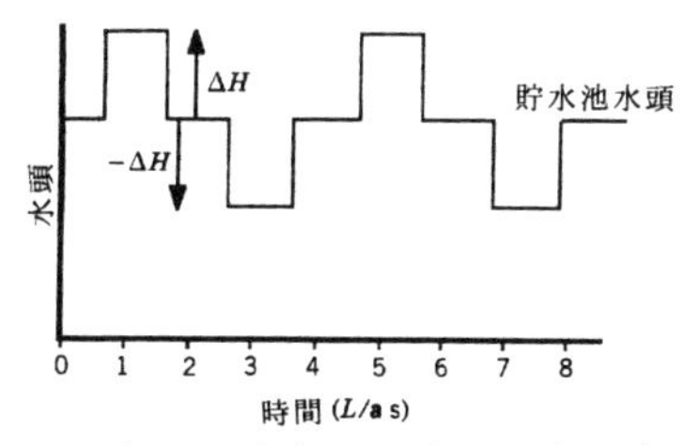

図 2-5　2 分の 1 地点における圧力の変化[26)]

摩擦がない場合、管路の 1/2 地点では、4L/a の周期で矩形波が繰り返される。しかし、摩擦がある実際の流れでは、矩形波形は急速にsin 波形に変わって、時間の経過と共に減衰して行く。図 2-6。

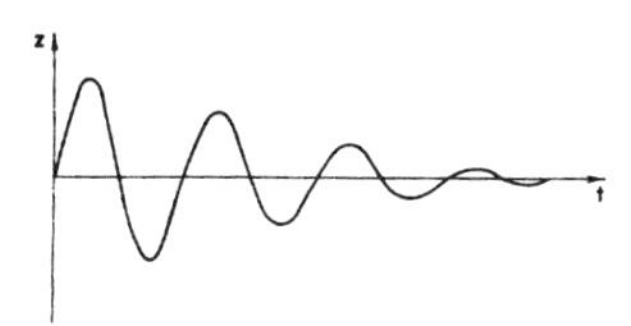

図 2-6 圧力波の減衰の状況[27)]

この減衰は、水流の摩擦によるエネルギー損失、管の膨脹によるエネルギー損失、そして水の圧縮によるエネルギー損失によって生じる。

[計算例 2-2]

図 2-3 の管路の始まりの地点における圧力の時間変化を描く。

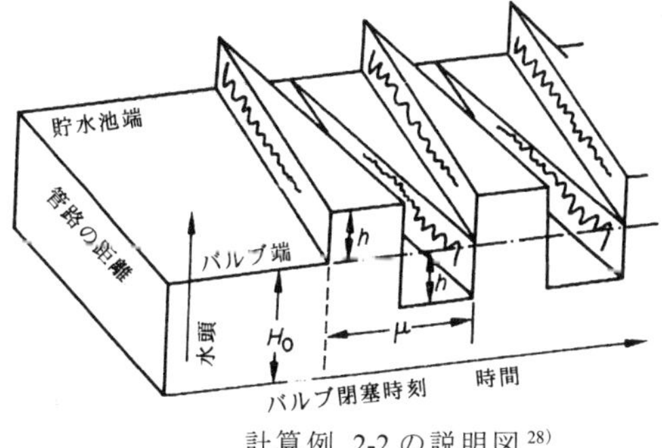

計算例 2-2 の説明図[28)]

2.4　バルブの瞬時閉塞、急閉塞、緩閉塞

摩擦がないと仮定した図 2-2 の(a)(91 頁)の管路において、例えば時間間隔 0.25L/a で 4 段階でバルブを全閉するものとする。すなわち、1 段階で $0.25V_0$ 瞬時流速を低下させるものとする。

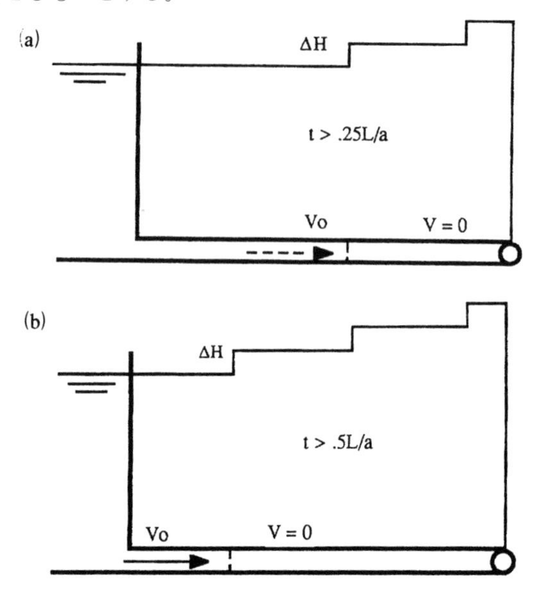

図 2-7　段階的なバルブ閉鎖に伴う圧力波の変化の状況[29)]

図 2-7 の(a)は t ＞ 0.25L/a の時の、同様(b)は t ＞ 0.5L/a の時の圧力波の進行状況を示す。t＝0 においては、バルブが瞬時閉塞されて流速が $0.75V_0$ に低下し、圧力が $\Delta H = -a(0.75 - 1)V_0/g$ 上昇する。t = 0.25L/a においては、同様バルブが瞬時閉塞されて流速が $0.5V_0$ に低下し、圧力が $\Delta H = -a(0.5 - 0.75)V_0/g$ 上昇して、すでに発生しているΔH の圧力上昇に上乗せされる。すなわち、バルブ地点の圧力は、2ΔH になる。このようにして、t＝L/a においてバルブは全閉されるから同様既に発生している圧力 3ΔH に上乗せされて、バルブ地点の圧力は、$4\Delta H = -aV_0/g$ になる。すなわち、バルブを瞬時全閉しても瞬時段階的に全閉しても管路における圧力上昇の発生は、基本的に変わりがない。また、瞬時で段階的でなく連続的に全閉しても、閉めるのに丁度 L/a 時間掛けるならば、結果的に同じことになる。

いま、バルブを何段階かに分けて閉めようと、連続的に閉めようと、t＝0 で発生した圧力波が伝播して行って池に達し、そこからバルブ地点に戻って来るのに要する時間 2L/a より短いか、少なくとも同じ時間を掛けてバルブを閉めれば、バルブを瞬時閉塞した時に起こる圧力上昇がバルブ地点で発生することになる。このバルブ地点で、バルブを瞬時閉塞してもゆっくり閉塞しても同じ圧力上昇が起こるバルブの閉塞時間 2L/a を「有効バルブ閉塞時間」と呼ぶ。

バルブを有効バルブ閉塞時間 2L/a より長い時間を掛けて閉塞すると、2L/a 時間でバルブを閉塞できる割合、すなわちバルブの閉塞による流速の減少の割合は、瞬時に閉塞する時の 100 ％より相当小さくなる。バルブの開度と流量の関係が直線関係であるとし、バルブの閉塞時間が 4L/a であるとすると、バルブ閉塞開始より 2L/a 時間後のバルブ開度は 50 ％、すなわち流速は $0.5V_0$ になり、この場合の圧力上昇は瞬時閉塞の時の 50 ％、すなわち半分になる。

以上から、バルブを瞬間的に閉塞することを「瞬時閉塞」、2L/a 時間より短い時間で閉塞することを「急閉塞」、2L/a 時間より長い時間を掛けて閉塞することを「緩閉塞」と呼ぶ。バルブを瞬間的に閉塞することは実際上不可能であるから、バルブの閉塞の仕方は、急閉塞と緩閉塞の２種類しか無いことになる。

バルブを瞬時閉塞、急閉塞で全閉する時の圧力上昇 ΔH は

$$\Delta H = \frac{aV}{g} \qquad (2\text{-}6)$$

緩閉塞で全閉する時の圧力上昇 ΔH は、バルブの緩閉塞時間を T（>2L/a）とすると

$$\Delta H = \left|\frac{aV}{g}\right| \times \left|\frac{\frac{2L}{a}}{T}\right| = \left|\frac{aV}{g}\right| \times \left|\frac{2L}{aT}\right| \qquad (2\text{-}7)$$

ここで、 V は管内流速、a は圧力波の伝播速度、L は管路の長さ、g は重力の加速度である。

［計算例 2-3］

貯水池からバルブまでの距離が 3000 m ある。有効バルブ閉塞時間（T_e）を求める。ただし、a = 900 m/s とする。

$$T_e = \frac{2L}{a} = \frac{2 \times 3000\,(\mathrm{m})}{900\,(\mathrm{m/s})} = \underline{6.7\ \mathrm{s}}$$

2.5 摩擦を考慮した場合の圧力波の伝播

これまでの過渡的現象を起こしている管水路系の理論解析では、摩擦が無いものと仮定されて来た。しかし、実際の問題を考えるに当たっては、摩擦を考えないわけに行かなくなる。図 2-8 の状況の管水路系において、摩擦の存在のため、池の総水頭は管内流速 V_0 を起こさせるため消費されて、動水勾配線 HGL が発生しているものとする。

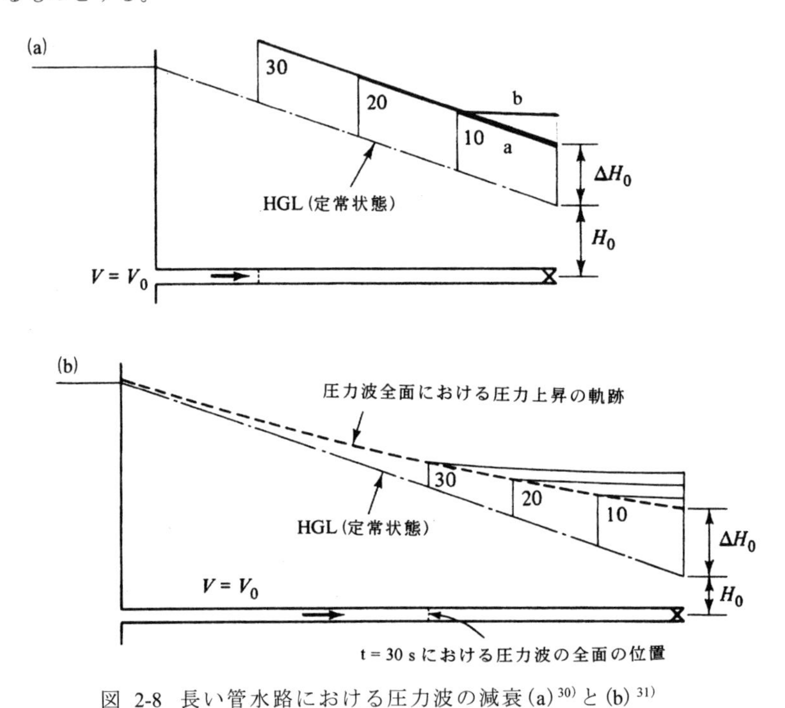

図 2-8 長い管水路における圧力波の減衰 (a)[30] と (b)[31]

いま、t = 0 でバルブを瞬間的に全閉したとすると、$\Delta H_0 = aV_0/g$ の圧力が発生し、圧力波が池に向かって進行して行く。この ΔH_0 は、池の総水頭より相当小さいものとする。これまでの考え方で行くと、圧力波は、図 2-8 の (a) の動水勾配線に平行な a 線の形で進行して行くことになる。そうすると、これは次のような不合理を生み出す。すなわち、圧力波の前方の流速はバルブの方向に向け V_0 であるから、この区間の動水勾配線は、傾斜していてもおかしくない。しかし、圧力波の背後の流速は零であるから、圧力波の背後からバルブまでの間の動水勾配線は水平でなければならない。そうでないと、バルブを全閉した後でも、相変わらず水はバルブに向かって速度V_0で流れて行くことになる。しかし、図 2-8 の(a)の a 線では、圧力波の動水勾配線は、元の動水勾配線に平行で、傾斜している。すなわち、この場合、圧力波の動水勾配線は、図 2-8 の(a)の b 線で示すように水平でなければならない。

平らな動水勾配線が発生するためには、バルブ地点の圧力は、ΔH_0より増加しなければならず、それは圧力波の前面からバルブまでの管路に、より多くの水を詰め込まなければならないことになる。これを、英語では、「line packing」と呼ぶ。これは、圧力波の後面では流速は零にはならず、ある流速の流れがバルブに向け起こっていなければならないことを意味する。そして、また、このことは、図 2-8 の(b)において、時刻 $t = t_1$ における圧力波前面における圧力上昇をΔH_1とすると、$\Delta H_1 < \Delta H_0$とし、かつ $t = t_1$の時の傾斜した圧力波の動水勾配線をもたらすようになる。

バルブ地点では、圧力波後面の動水勾配線の傾斜を緩くするための line packing の流れが起こり、流速が零になるから、連続的に圧力が上昇する。圧力波は池に到達するまで前進し続けるから、圧力波前面における流速の減少は、バルブ地点のV_0から line packing 相当分段々小さくなる。したがって、圧力波前面における圧力上昇量は、圧力波が池に近づくにつれ小さくなる。これは、図 2-8 の(b)の時刻 $t = t_1$、$t = t_2$、$t = t_3$ に対応する動水勾配線で表されている。この現象を圧力波の「減衰」と呼ぶ。また、ΔH_0 のことを英語では「potential surge」と呼び、管路の長さによっては、line packing によるバルブ地点の圧力上昇の数倍の増加量が起こり得る。

2.6　圧力波の伝播速度

2.6.1　圧力波の伝播速度の基礎式

過渡的現象で起こる圧力波の圧力増加量ΔHは、圧力波の「伝播速度」a に比例する。すなわち、管内流速の変化をΔVとすると、式(2-8)で与えられる。

$$\Delta H = -\frac{a\,\Delta V}{g} \tag{2-8}$$

そして、圧力波の伝播速度は、水の密度、水の体積弾性係数、管の弾性係数、管の直径、管の壁厚さ、等の諸因子によって決まり、次のようにして段階的に理論値として求めることができる。

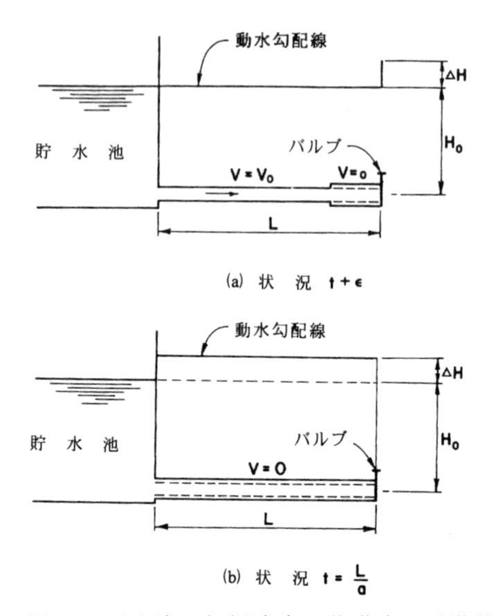

図 2-9 圧力波の伝播速度の基礎式の誘導[32)]

図 2-9 の(b)参照。バルブが瞬時全閉鎖された後の時刻 $t = L/a$ において、管路内流速は零である。管路は全長にわたって太さが膨脹し、管路はその固定の仕方の如何では長くなり、水は圧縮されている。管路の中に流れ込んだ水の総質量は、$\rho AV_0 L/a$ である。ただし、管路の伸びに起因する質量の増は、他の要因よりその影響が小さいものとして、ここでは無視する。なお、V_0 は、バルブを瞬時全閉鎖した時の流速である。管の膨脹に起因する質量増は、管の断面積 A の増を ΔA とすると、$\rho L\Delta A$ である。また、密度増 $\Delta\rho$ に伴う質量増は、$LA\Delta\rho$ である。

以上の値を連続式に代入すると次式の関係を得る。

$$\frac{\rho AV_0 L}{a} = \rho L\Delta A + LA\Delta\rho \qquad (2\text{-}9)$$

式 (2-9)の両辺を ρAL で除し、次に式 (2-8)から $\Delta H = -a\Delta V/g = aV_0/g$ を得て、これを左辺に代入すると、次式が得られる。

$$\frac{g\Delta H}{a^2} = \frac{\Delta A}{A} + \frac{\Delta\rho}{\rho} \tag{2-10}$$

この式を a^2 の項で解くと、次式が得られる。

$$a^2 = \frac{g\,\Delta H}{\Delta A/A + \Delta\rho/\rho} \tag{2-11}$$

ここで、水の体積弾性係数Kは、次式で与えられる。

$$K = \frac{\Delta P}{\Delta\rho/\rho} \tag{2-12}$$

また、圧力増 ΔP は、$\rho g\,\Delta H$ で与えられる。

式(2-11)の上辺 $g\,\Delta H$ は $\Delta P/\rho$、さらに下辺については式(2-12)より得られる $\Delta\rho/\rho = \Delta P/K$ の関係を代入し、その上で上辺と下辺に $K/\Delta P$ を乗じて整理すると式(2-13)が得られる。

$$a^2 = \frac{K/\rho}{1+K\,\Delta A/A\,\Delta P} \tag{2-13}$$

すなわち、ここまでの段階で圧力波の伝播速度を求める式に水の密度と体積弾性係数が導入された。そこで、次に、管の弾性係数、管の直径、管の壁厚さを式に導入する。

圧力波の発生に伴って、管の太さは大きくなり、その長さが伸びることは、既に述べた。ここでは、管は、半径方向に膨脹するだけで、長さ方向に伸びないものと仮定する。すなわち、管の面積の増 ΔA は、円周方向の応力変形だけの関数とする。引張応力度と応力変形は、Young 率 Eで関係付けられ、すなわち次式の通りである。

応力変形 ＝ 引張応力度/E　(2-14)

壁の厚さの薄い管、すなわち薄肉管で発生する円周方向の引張応力度は、管の直径と管内圧力で決まる。いま、管内圧力増を ΔP、管の壁厚さを e、管の直径を d、円周方向の引っ張り応力の増を ΔT とする。

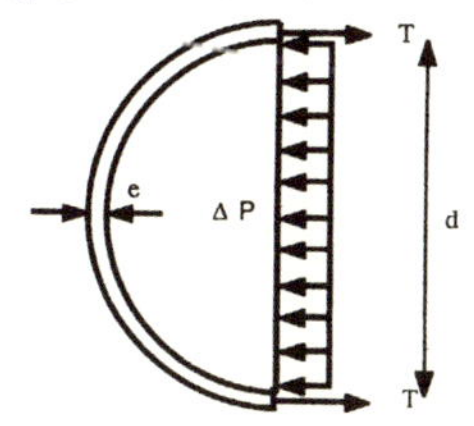

図 2-10　管断面のフリー・ボディ・ダイアグラム[33)]

そうすると、力の釣り合いから $2\Delta T - d\Delta P = 0$、また $\Delta T = e \times$ 円周方向の引張応力度の増、であるから

$$\text{円周方向の引張応力度の増} = \frac{d\Delta P}{2eE} \tag{2-15}$$

式（2-14）の関係から

$$\text{円周方向の応力変形の増} = \frac{d\Delta P}{2eE} \tag{2-16}$$

これから、管の直径の増 Δd と管径 d の比 $\Delta d/d$ は、次の式で表される。

$$\frac{\Delta d}{d} = \frac{d\Delta P}{2eE} \tag{2-17}$$

また、管の面積の増 ΔA は、Δd^2 項を無視すると、次の関係が得られる。

$$\Delta A = \frac{\pi}{4}\{(d+\Delta d)^2 - d^2\} = \frac{\pi}{4} d^2 2\left|\frac{\Delta d}{d}\right| = A2\left|\frac{\Delta d}{d}\right| \tag{2-18}$$

式（2-18）に式（2-17）を代入して ΔA を求め、これを式（2-13）に代入すると、次式が得られる。

$$a = \frac{\sqrt{K/\rho}}{\sqrt{1 + Kd/Ee}} \tag{2-19}$$

すなわち、管路が長さ方向に伸びないと仮定した場合の圧力波の伝播速度は、式（2-19）によって計算される。もし、管路が完全に剛体、すなわち E = 無限大とするならば、Kd/Ee は零になるから

$$a = \sqrt{K/\rho} \tag{2-20}$$

になる。

［計算例 2-4］

管路が完全な剛体の場合の圧力波の伝播速度を求める。ただし、水温を20 ℃とする。

水の体積弾性係数 K と密度 ρ は、水温 20 ℃で、$K = 2.17 \times 10^9$ 、$\rho = 998.20$ (kg/m³) であるから、

$$a = \sqrt{K/\rho} = \sqrt{(2.17 \times 10^9)/998.20} = \underline{1474.4\ \text{m/s}}$$

2.6.2　管の長さ方向の拘束の影響

前項で求めた圧力波の伝播速度の基礎式(2-15)は、管は長さ方向には伸びないことを前提に導かれている。しかし、管は、管路の支え方によって、圧力波の発生と共に長さ方向に伸びたり、伸びなかったりする。そして、圧力波の伝播速度は、管が伸びる分だけ遅くなる。しかし、その影響は、通常 10 %以下であるとされている。

管の長さ方向の拘束の影響を考慮した圧力波の伝播速度の式は、次のように表される。

$$a = \frac{\sqrt{K/\rho}}{\sqrt{1+C\,(Kd/Ee)}} \tag{2-21}$$

すなわち、式 (2-19)の分母の第2項に係数Cを乗じている。

管路の拘束の状態は、次の3つケースに基本的に分類される。

ケース1　管路は、上流端においてのみ固定されている。

ケース2　管路は、上･下流端で固定されている。

ケース3　管路は、「伸縮つぎ手」で区切られる各区間に分けられている。そして、各区間は、固定されている。

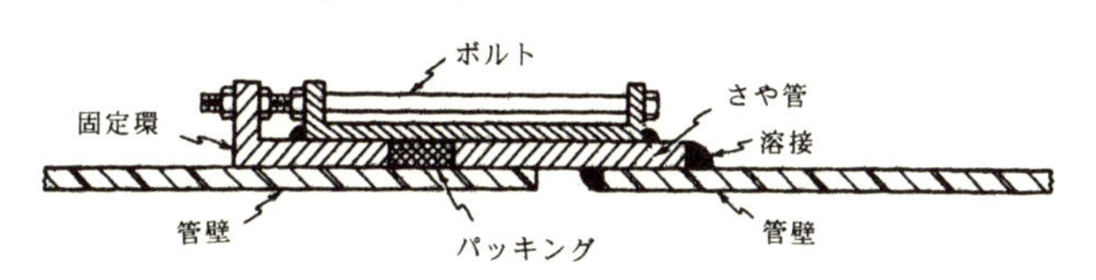

図 2-11　鋼管に用いられる代表的な伸縮つぎ手[34)]

なお、伸縮つぎ手とは、温度変化に伴う管の縦方向の伸縮を可能にする装置である。ボルトを締めて圧縮されて膨らんだパッキングで継ぎ手からの水漏れを防ぐ。

以上に述べた管路の長さ方向の拘束に関する3ケースに対応する係数Cは、μ を「Poisson 比」として、次の式 (2-22)による値を取る。

$$\begin{aligned} C &= 1 - 0.5\,\mu && \text{ケース 1} \\ C &= 1 - \mu^2 && \text{ケース 2} \\ C &= 1 && \text{ケース 3} \end{aligned} \tag{2-22}$$

また、管の材料の弾性係数 E が無限大の値、すなわち管内圧力がどんなに上がっても膨脹したり、伸びたり、曲がったりしない場合には、圧力波の伝播速度の式は、式（2-20）（104 頁）で表される。すなわち、この場合、圧力波の伝播速度は、水の物理的性質だけで決まり、この値が圧力波の伝播速度の上限値になる。

［計算例 2-5］

管の直径d＝610㎜、厚さe＝71㎜の無筋コンクリート管が20℃の水を流している。拘束の各ケースの圧力波の伝播速度を求める。

コンクリートの弾性係数 E = 27.6 GPa、Poisson 比 $\mu = 0.3$ である。水の温度が 20 ℃の時の密度 $\rho = 998.2\ \mathrm{kg/m^3}$ 、体積弾性係数 K = 2.2GPa であるから、

$a = (K/\rho)^{1/2} = [(2.2\times10^9)/998.2]^{1/2} = 1485\ \mathrm{m/s}$

$Kd/Ee = (2.2\times10^9\times0.61)/(27.6\times10^9\times0.071) = 0.68$

よって、上記二つの値と下記ケース毎の C の値を式(2-21)に代入する。

a)ケース 1 の場合

$C = 1 - 0.5\mu = 1 - 0.5\times0.3 = 0.85$

$$a = \frac{1485}{\sqrt{1+0.68\times0.85}} = \underline{1182\ \mathrm{m/s}}$$

b)ケース 2 の場合

$C = 1 - \mu^2 = 1 - 0.3^2 = 0.91$

$$a = \frac{1485}{\sqrt{1+0.68\times0.91}} = \underline{1167\ \mathrm{m/s}}$$

c)ケース 3 の場合

$C = 1$

$$a = \frac{1485}{\sqrt{1+0.68\times1}} = \underline{1146\ \mathrm{m/s}}$$

2.6.3 圧力波の伝播速度に対する空気の影響

式（2-12）（103 頁）の水の体積弾性係数 K は、次のように書き直せる。

$$K = \frac{\Delta P}{v/\Delta v} \qquad (2\text{-}23)$$

ここで、vとΔvは、体積と圧力変化ΔPによって生じるその変化である。

いま、水の体積 v 中に少量の空気の泡がある場合、圧力増加ΔP は、空気の泡が無い場合より大きな体積変化Δv をもたらす。これは、空気の泡のため、水がより圧縮されるためである。この結果は、体積弾性係数 k の値の減少で、結果的に圧力波の伝播速度を小さくし、圧力波の圧力増加量を減少させる。

空気の影響を考慮した圧力波の伝播速度は、次式で表される。

$$a = \frac{\sqrt{K/\rho}}{\sqrt{1 + Kd/Ee + MR_g KT/P^2}} \qquad (2\text{-}24)$$

ここで、M は空気の泡を含んだ水の単位体積中の空気の質量、P は絶対圧力、T は絶対温度、Rg はガス定数、K は水の体積弾性係数である。

図 2-12 には、式（2-24)で計算した圧力波の伝播速度が空気量と絶対圧力との関係でプロットされている。

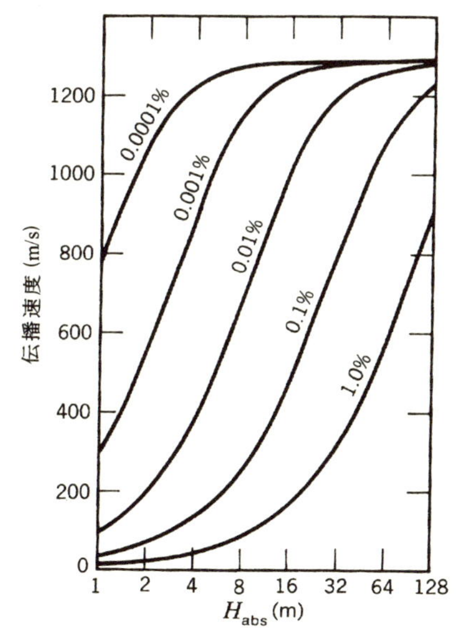

図 2-12　空気が混じった水における圧力波の伝播速度（KD/Ee–0.263）[35)]

いま、圧力波の伝播速度は、絶対圧力を $H_{abs} = 8$ m に固定した場合、空気量が実質的に零と言える 0.0001 %の時の時の 1260m/s から、空気量が 1 %の時の80m/s まで、非常に幅広く変化している。また、空気量を 0.1 %に固定した場合、絶対圧力が1mの時の圧力波の伝播速度は30m/s、絶対圧力が128mの時の1200m/sまで、同様変化している。

2.7 Column seperation

左側にある一定水位を保っているタンクから、長さ36m、直径19.05mmの銅の管が、右側に向け、末端で1m高くなるように、すなわち逆勾配で出ている。管の末端には、4分の1回転で急速に全閉できる球形バルブ（図4-23〔176頁〕参照）が取り付けられている。平均流速0.332 m/sで定常状態の水流を起こし、測定した摩擦損失係数は0.0315、バルブ直上流の圧力水頭は23.41 mであった。また、この時の水蒸気圧は、−9.82 mであった。そして、別に測った圧力波の伝播速度は、1280 m/sであった。

以上のような実験装置を用いて、バルブ全開の定常流れを起こしておいて、バルブを急全閉して過渡的流れを発生させ、管の各点で圧力を測定する実験が行われた。バルブ直上流(x = 0)と上流端から9mの地点の圧力の変化の状況を図す。ここで、実線は実験値、三角形の印は理論計算値である。

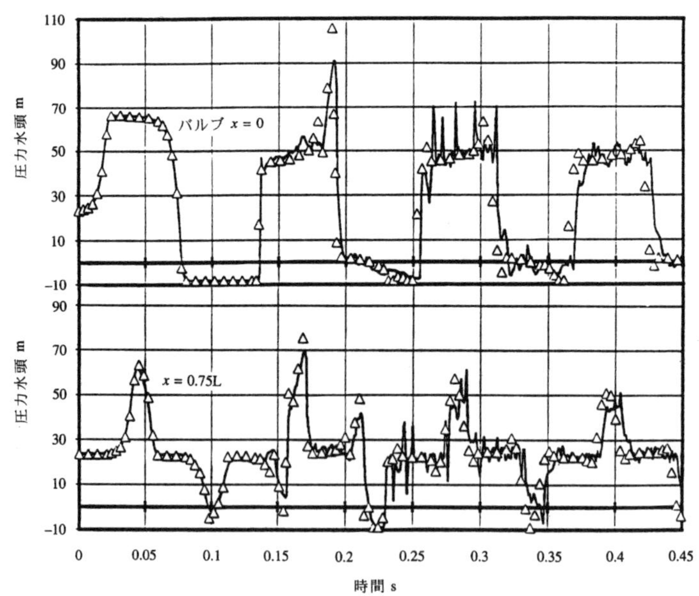

図 2-13 管水路において発生する負の圧力の最大値は、水蒸気圧になる[36)]

バルブ直上流の圧力変化の第一波の正の圧力波を理論計算して見ると、66.7（= 0.332×1280/9.81 + 23.41）m と言う値になる。理論値と実験値は、良く一致している。これに対して、負の圧力波は、−19.9（= −0.332 ×1280/9.81+23.41）m と言う値になり、理論値と実験値は、全然違っている。

これは、管の中の圧力が水の蒸気圧（この場合−9.82 m）以下に下がると、水が急激に蒸発して、空洞をつくり、水蒸気圧以下に圧力が低下しないためである。また、正の圧力波の第二波において、理論値をはるかに上回る高い圧力が発生するのは、このようにしてできた空洞が潰れて発生する圧力が上乗せされるためである。

このように、管水路の過渡的現象の中で水圧が水蒸気圧以下になり、水から水蒸気が発生して、管の一部を占めることを「column seperation」、もっと詳しくは「liquid or vapor column seperation」、一般的には「vaporization」と呼ぶ。適当な日本語が無いので、ここでは英語のまま column seperation と呼ぶ。

以上のことから、管水路において発生する負の圧力の最大値は、水蒸気圧である。

2.8　サージ・タンク

2.8.1　サージ・タンクの働き

管水路において、バルブを一部閉じて流速を下げ、あるいは全部閉じて流れを止めると、バルブを閉じることに要する時間に応じて、次のような過渡的圧力が最大限発生する。これは、今まで閉じられていたバルブを開ける時も全く同じである。ただし、ΔV の符号が負(−)から正(+)に変わる。

1　バルブを瞬時に閉・開した場合　→　瞬時閉塞、瞬時開放

$$\Delta H = -a\frac{\Delta V}{g} \tag{2-25}$$

2　バルブを 2L/a より短い時間で閉・開した場合　→　急閉塞、急開放

$$\Delta H = -a\frac{\Delta V}{g} \tag{2-26}$$

3　バルブを 2L/a より長い時間でゆっくり閉・開した場合　→　緩閉塞、緩開放

$$\Delta H = -a \frac{\Delta V}{g} C \tag{2-27}$$

$$C = \frac{T_s}{T_g} \tag{2-28}$$

ここで、a は圧力波の伝播速度、ΔV はバルブを閉開した前と後の管内流速差、g は重力の加速度である。係数 C は、バルブを緩閉塞・緩開放するに要した時間 T_g (> 2L/a)と急閉塞・急開放するに要した時間 T_s(=2L/a)の比 ($C = T_s / T_g$)である。すなわち、無限大の時間をかけてバルブをゆっくりと閉めたり、開けたりしない限り、管水路において過渡的圧力の発生は免れない。

いま、長さ 10km の管路で、3m/s の流速が発生しているものとする。また、圧力波の伝播速度を 1000m/s とすると、バルブの急閉塞時間 T_s は

$$T_s = 2\frac{L}{a} = 2 \times \frac{10000}{1000} = 20\,s$$

バルブを急閉塞した時に発生する過渡的圧力は

$$\Delta H = -a\frac{\Delta V}{g} = -1000 \times \frac{(0-3)}{9.8} = 306\,m$$

いま、過渡的圧力をこの値の10％に抑えようとすれば、バルブの緩閉塞時間を 20s の 10 倍、すなわち 200s の時間にしなければならない。すなわち、次の通りである。

$$\Delta H = -a\frac{\Delta V}{g} C = -1000 \times \frac{(0-3)}{9.8} \times \frac{20}{200} = 30.6\,m$$

(a) バルブの急閉塞

通常の場合、バルブはゆっくり閉められる、すなわち緩閉塞される。しかし、たとえば次のような状況を考えて見よう。図 2-14(a)参照。

いま、貯水池の水深 100m の所から勾配 1/100 の管路が出て、長さ 9500m の所で勾配が 1/1 の急傾斜の管路につながる。管路の末端には発電用の水車が設けられ、その直前には、流量制御用のバルブがある。この管路で発生する最大流速は、3m/s とする。なお、管路の太さは、一様とする。この管路は、バルブを全開状態から全閉するのに、また逆に全閉状態から全開するのを、通常 200s で行うように設計されているとする。こうすれば、過渡的圧力の発生は、最大限 ±30m に抑えられる。全静水圧は約 550m であるから、過渡的圧力がこれに付加されても問題は無い。しかし、水車が回している発電機は、送電系統で事故が発生したよう

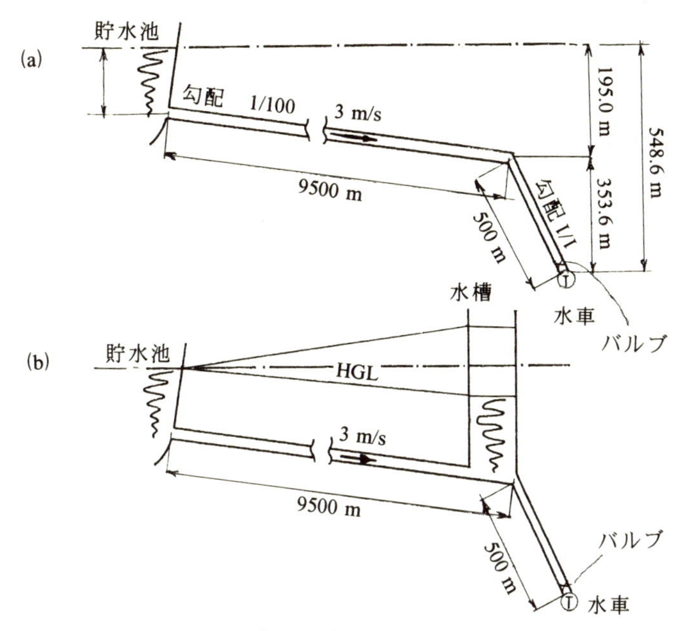

図 2-14　「サージ・タンク」の設置

な場合、瞬間的に止められなければならない。この場合 300m を超える過渡的圧力が発生する。すなわち、管路のバルブ地点では、この場合約 850m の圧力が発生することになる。このような高圧力の発生に対して管水路系が耐えられるように設計することは可能である。しかし、これが殆ど瞬時に、そして全体に発生するのであるから、管水路系にとって好ましいことでは決して無い。

そこで、図 2-14(b)に示すように、水路の勾配の変化点の所に、高さが貯水池の静水面より相当上になる、太い水槽を設ける。そして、緩勾配の管路をこの水槽（タンク）に直接つなぎ、このタンクから急勾配の水路を出すようにする。

このようにしておいて、バルブを瞬間的に全閉すると、急勾配の部分においては、圧力波が発生して、たちまち水槽に到達して、バルブの所へ反射して来る。この時、圧力波は、決して緩勾配水路の中には入らない。圧力波がバルブとタンクの間を往復するのに要する時間、すなわちバルブの急閉塞時間 TS は

$$TS = \frac{2L}{a} = \frac{2 \times 500}{1000} = 1s$$

この時に発生する過渡的圧力は、約 300m である。

この急閉塞時間TSの10倍の時間、すなわち10sをかけてバルブを全閉すれば、バルブからタンクまでの間で発生する過渡的圧力は、次の関係により、約30mになる。

$$\Delta H = -a\frac{\Delta V}{g}C = -1000 \times \frac{(0-3)}{9.8} \times \frac{1}{10} = 30.6\mathrm{m}$$

すなわち、バルブになるべく近い所に太いタンクを設けることによって、もしタンクがなければ過渡的圧力の発生を目標とした値以内に抑えるためには200sの閉塞時間を要したのに、タンクがあることで10sに短縮することができるようになる。また、バルブを瞬時閉塞しても、その影響をバルブとタンクの極短い区間に限定することができるようになる。

他方、残り9500mの緩勾配の水路の水は、タンクが無い時は急勾配の500mの部分に続けて流れ込んでいたのが、タンクの中に流れ込んで溜まり始め、タンクの水面は上昇し始める。タンクの水面の高さ、すなわちタンクの水位は、流れ込んで来る水でどんどん上昇し、たちまち貯水池の水位と同じになる。しかし、タンクの水位は、その上昇が止まらず、流れの慣性力のため更に上昇し続け、貯水池の水位より相当高くなった所で、上昇が止む。

タンクの水位の上昇が停止した時点で、それまでとは逆に、タンクの水位は貯水池の水位より相当高くなっている。このため、タンクから貯水池に向かう流れが発生し、タンクの水位が低下し始める。そして、やがてタンクの水位が貯水池の水位と同じになる。しかし、管路の流れは慣性力を持っているから、水位が同じになっても流れは止まらず、水位は更に低下して行って、最低水位が発生する。すなわち、バルブを急閉塞した始めと同じような状況に戻る。

このようにして、貯水池とタンクの間では水面の動揺が発生し、段々と治まって行く。貯水池とタンク、そして両者を結ぶ緩勾配管路は、一種のU字管と見なせる。いま、タンクの太さがあまり細いと、このU字管で起こる水面の動揺は、なかなか治まらない。

(b)バルブの急開放

次に、今まで停止していた水車を回転させようとする時、バルブを時間をかけてゆっくり開いて回転数を徐々に上げて行けば、何等問題は、生じない。しかし、相当短時間で、できれば瞬時に全負荷回転に持って行かねばならないことが、まま起こる。

図 2-14(a)（111 頁）において、全負荷回転するために水車に 3m/s で水を供給しなければならないとする。この場合、管路のすべての部分で3m/s の流れが発生しなければならない。しかし、今まで閉じられていたバルブが開かれたばかりの時は、バルブのごく近くの水は水車に向け動いているが、それ以外の部分では水が今まで通り止まったままでいる状況が発生する。図 2-1(90 頁)の機関車に引かれる貨車が、機関車が動き始めても、後ろの方ではまだ動かないで止まっているのと全く同じである。このバルブのごく付近の水の動きは、管が収縮することと水の密度が減少することで瞬間的に生じる。この結果生じる過渡的圧力は、負の圧力で、バルブが瞬時開放、または急開放(20s)された時の圧力で、次の値になる。

$$\Delta H = -a\ \frac{\Delta V}{g} = -1000 \times \frac{(3-0)}{9.81} = -306\,m$$

すなわち、負の圧力波が生じ、貯水池に向かって伝播して行く。

いま、このような大きな過渡的圧力の発生を避けて、それを10％の－30m に抑えようとすると、20s 毎の流速の増加率を 0.3m/s にし、200s の時間をかけてバルブを緩開放しなければならない。すなわち

$$\Delta H = -a\frac{\Delta V}{g}C = -1000\times\frac{(3-0)}{9.81}\times\frac{20}{200} = -30.6\,m$$

しかし、これでは水車を短時間で全負荷回転に持って行くことはできない。そこで、次に図 2-14(b)の状況の下で考えよう。

バルブを開放して発生する圧力波がタンクに到達してバルブまで戻って来るのに要する時間、すなわち急開放時間は 1s である。だから、この 10 倍の 10s でバルブの全開時間を設計しておけば、発生する過渡的圧力は、－30m になる。すなわち、タンクを途中の適当な場所に設けることによってバルブの開放時間を200s から 10s に短縮できることになる。もし、過渡的圧力の発生の目標値を－60m に上げるならば、5s でバルブを全開できるようになり、より短時間での全負荷回転が可能になる。

管路の途中にタンクがあるこの場合、水車の回転開始当初に水車に供給される水は、管が収縮することと水の密度が減少することで賄われる。そして、程なくすると、すなわち圧力波がタンクとバルブの間を往復し終えた後では、タンクに溜まっている水によって賄われるようになる。この結果、タンク内水位が低下し始めて、貯水池とタンクの間に水位差が発生し、貯水池からタンクに向けて流速

のゆっくりとした増加率の水流が発生し、やがて所定の流速の流れが水路全般にわたって生じることなる。

したがって、タンクの直径があまり細いと、タンクの水位が下がり過ぎる事態が発生する。この場合、タンクと貯水池、そして両者を結ぶ管路はU字管と似た状況になり、タンクの水面の動揺が発生するようになる。この事態は、管水路系にとって好ましくないことである。

2.8.2　サージ・タンクの種類

図 2-14(b)（111 頁）では、水路の勾配の変化点の所に、高さが貯水池の静水面より相当上になる、太い水槽を設けた。このように、発電水力の圧力水路や長い管水路の中間に設けられる、上が開いた「タンク」、すなわち「水槽」、または縦坑を「サージ・タンク」、日本語で「調圧水槽」と呼ぶ。サージ・タンクは、「サージ・シャフト」、あるいは「サージ・チャンバー」とも呼ばれる。

サージ・タンクは、単純、オリフィス、差働、一方向または片道、封鎖または行き止まり、多室の各型に分類される。図 2-15 参照。

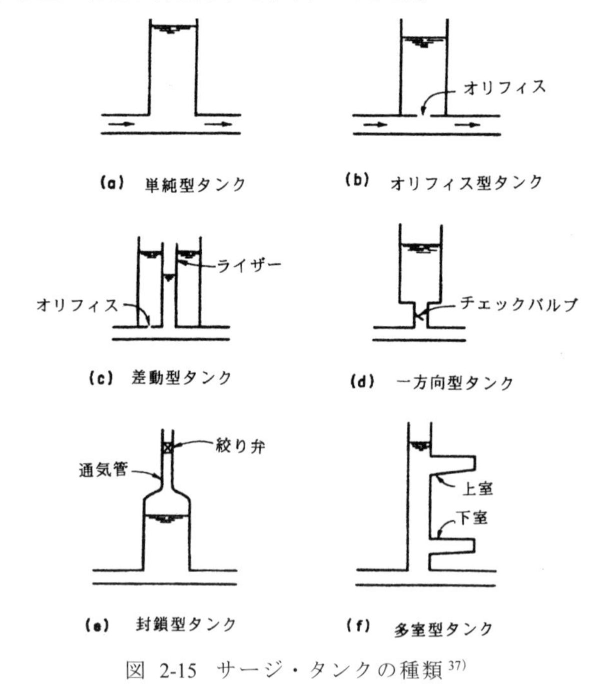

図 2-15　サージ・タンクの種類[37]

「単純型サージ・タンク」（図の(a)）は、管路の中間にタンク、または縦坑を設けただけのものである。

「オリフィス型サージ・タンク」（図の(b)）は、単純型では水槽と管路が一体になっているのに対し、これ等を分離し、オリフィスを用いて連絡したものである。

「差働型サージ・タンク」（図の(c)）は、「ライザー」と呼ばれる縦管が管路から分かれ、上部に設けられた水槽の中に差し込まれた形式である。ライザーの上端は、水槽の縁の高さより相当低くされている。また、ライザーには「ポート」と呼ばれる穴が開けられている。

「一方向型サージ・タンク」（図の(d)）は、「片道型」とも呼ばれ、管路の圧力水頭がサージ・タンクの水位より低下した時のみ、水がサージ・タンクから管路に流れ込むようになっている。このため、管路とサージ・タンクの接合点には「制水弁」、すなわちチェック・バルブ（第 4 章参照）が設けられている。

「封鎖型サージ・タンク」（図の(e)）は、「行き止まり型」とも呼ばれ、タンクに天井がつけられているか、または、さらにそれにバルブ付きの通気管が設けられている。

「多室型サージ・タンク」（図の(f)）は、単純型サージ・タンクの上部、中部、下部が拡げられ、部屋（「上室」、「中室」、「下室」）になっているものである。ただし、上室と下室しか無い場合もある。

2.8.3　サージ・タンクで起こる水位の動揺の計算のための基礎方程式

図 2-16 に示す任意の形のサージ・タンクで起こる水位の動揺は、運動方程式

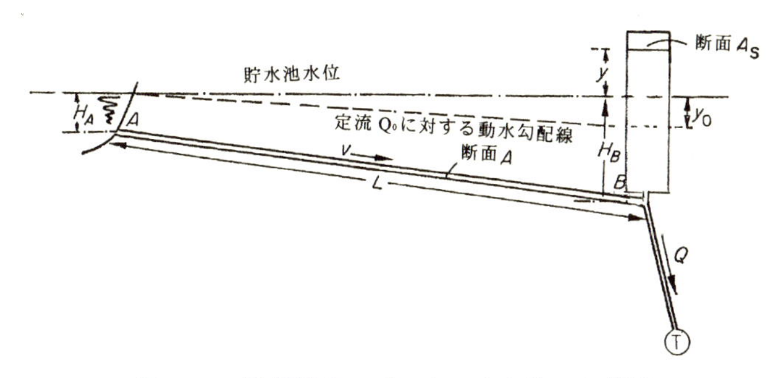

図 2-16　単純型サージ・タンクを持った管路

と連続式に加えてサージ・タンクの中の水面の上向きの速度を与える式と言う三つの基礎方程式を連立して解くことで求められる。

(a)運動方程式

図 2-16（115 頁）は、単純型サージ・タンクを示す。Newton の運動第 2 法則が管路の AB 部分に適用される。動揺がバルブの閉塞によって発生したのか、または開放によって発生したのかにかかわらず、動揺の起こっている間の任意の時刻 t において、動揺による運動量の時間変化は、働く力に等しくなる。すなわち

$$\rho LA\frac{dv}{dt} = \text{（管路 AB のA 端にかかる力）+（管路 AB の重量の管路軸}\rightarrow$$
$$\rightarrow\text{方向の分力）−（管路ABのB端にかかる力）+（管路ABで起こる損失）}\quad(2\text{-}29)$$

ここで、ρ は水の密度、L は管路 AB 部の長さ、A は太さ一様の管路の断面積である。

管路 AB の A 端にかかる力は、管路の入り口から池の水面までの垂直距離 HA と入り口で起こる損失水頭で決まる。すなわち、流れが池から水車に向かう時は、管路の流れの符号は正(+)で、この時の A 端にかかる力は静水状態より減少し、HA から入り口で起こる流入損失水頭分だけ差し引かれる。流れが水車から池に向かう時は、管路の流れの符号は負(−)で、この時の A 端にかかる力は静水状態より増加し、HA に入り口で起こる流出損失水頭分が加えられる。

管路 AB の B 端にかかる力は、サージ・タンクの入り口から池の水面までの垂直距離 HB、サージ・タンクの水位 y、水路とサージ・タンクの入り口の間で起こる損失水頭で決まる。

よって、式(2-29)は、次のように書き直せる。

$$\rho LA\frac{dv}{dt} = \rho gA\{\text{(HA ±池の入り口損失) +(HB − HA)−}\rightarrow$$
$$\rightarrow\text{(HB + y −サージ・タンク入り口損失) ±（管路における損失)}\quad(2\text{-}30)$$

既に述べたように、流れが池から水車に向かう時は、管路の流れの符号は正(+)である。また、サージ・タンクでは、上向きの流れの時、流れの符号は正(+)である。損失水頭の符号は、$h_P = F_P v|v|$、$h_T = F_T u|u|$と言う形の表現の仕方をすると、まちがえることが無い。

ここで、 h_F を管路の池からサージ・タンクの間で起こる総損失水頭であると

すると、損失水頭 h_F は、次の要素から構成される。

イ　入り口損失
ロ　摩擦損失
ハ　バルブ等によって生じる「2次損失」

ロとハは、共に管路内で生じる損失水頭である。これらは、管路の損失にかかわる係数 F_P と管内流速 v の項で一括して表現することができる。すなわち

$$h_P = F_P\, v|v| \tag{2-31}$$

h_T を管路とサージ・タンクの接続点の絞りで起こる損失水頭とすると、「絞り損失水頭」 h_T は、次の要素から構成される。

a　サージ・タンクの底部のオリフィス板のような「絞り装置」によって発生する損失水頭
b　Tの字形の分岐による損失水頭
c　水がサージ・タンクに入って行く時に生じる水流の拡がりによって生じる損失水頭

これらは、絞りによる損失にかかわる係数 F_T とサージ・タンクの水面の上昇速度 u の項で一括して表現することができる。すなわち

$$h_T = F_T\, u|u| \tag{2-32}$$

なお、絞り損失水頭 h_T は、サージ・タンクの水面の上昇と下降時で異なる値になる。

式(2-31)と(2-32)を式(2-30)に代入し、HA と HB を消去し、ρgLA で両辺を割ると、最初の基礎方程式である次式の運動方程式が得られる。

$$\frac{L}{g}\cdot\frac{dv}{dt} + y + F_P\, v|v| + F_T\, u|u| = 0 \tag{2-33}$$

(b) 連続式

第2の基礎方程式は、点 B で連続の条件が満たされなければならない、と言うことから求められる。すなわち、管路から点 B に向け流速 v で流れて来る流量は、サージ・タンクに向かって速度 u で面積が A_S の水面を持ち上げる流量と圧力鉄管

に向かう流量Qの合計量と等しくなければならない。よって、次式が成立する。

$$vA = u\,A_s + Q \tag{2-34}$$

(c) サージ・タンクの水面の上昇速度

第3の基礎方程式は、池の水位を基準面として測るサージ・タンクの水面の高さyで表した水面の上昇速度uの式である。

$$u = \frac{dy}{dt} \tag{2-35}$$

(d) 連立方程式化

以上3つの基礎方程式を連立することで、2次の常微分方程式が得られる。これは、特別の場合のみ一般解が得られる。次項参照。通常は、4次の「Runge-Kutta法」を用いて、数値解として答えが得られる。

2.8.4 単純なサージ・タンクの計算

これから述べるのは、微分方程式を解いて答えが一般解として、すなわち答えが直接的に得られる1例である。

バルブは瞬時全閉塞、摩擦は無いものとし、タンクの太さは一様で、絞り装置が無いとすると、式(2-33)～(2-35)の基礎方程式において、Q、F_P、F_Tは全部零で、A_sは定数になる。よって、3つの基礎方程式は、次のようになる。

$$\frac{L}{g}\cdot\frac{dv}{dt} + y = 0 \tag{2-36}$$

$$vA = u\,A_s \tag{2-37}$$

$$u = \frac{dy}{dt} \tag{2-38}$$

式(2-37)に式(2-38)を代入すると

$$v = \frac{A_s}{A}\cdot\frac{dy}{dt} \tag{2-39}$$

式(2-39)を時間tで微分すると

$$\frac{dv}{dt} = \frac{A_s}{A}\cdot\frac{d^2y}{dt^2} \tag{2-40}$$

式(2-40)を式(2-36)に代入すると

$$\frac{L}{g}\cdot\frac{A_s}{A}\cdot\frac{d^2y}{dt^2} + y = 0 \tag{2-41}$$

式(2-41)は2階の常微分方程式で、これの一般解は次の通りである。

$$y = C_1 \cos\left(\frac{gA}{L\,As}\,t\right)^{1/2} + C_2 \sin\left(\frac{gA}{L\,As}\,t\right)^{1/2} \qquad (2\text{-}42)$$

ここで、 C_1 と C_2 は、定数である。

$t=0$ において摩擦損失が無いので、$y=0$ でなければならないから、 $C_1=0$ である。よって式(2-42)は、次のようになる。

$$y = C_2 \sin\left(\frac{gA}{L\,As}\,t\right)^{1/2} \qquad (2\text{-}43)$$

式(2-43)を時間 t で微分すると

$$\frac{dy}{dt} = C_2\left(\frac{gA}{LAs}\right)^{1/2}\cos\left(\frac{gA}{LAs}\,t\right)^{1/2} \qquad (2\text{-}44)$$

よって、$t=0$ における微分値は、次のようになる。

$$\left(\frac{dy}{dt}\right)_{t=0} = C_2\left(\frac{gA}{LAs}\right)^{1/2} \qquad (2\text{-}45)$$

他方、式(2-38)の $t=0$ における値は、この時の流量を Q_0 とすると、次のようになる。

$$\left(\frac{dy}{dt}\right)_{t=0} = \frac{Q_0}{As} \qquad (2\text{-}46)$$

式(2-45)と(2-46)は等しいから、すなわち、定数 C_2 は、次の値となる。

$$C_2 = Q_0\left(\frac{L}{gA\,As}\right)^{1/2} \qquad (2\text{-}47)$$

以上から、バルブを瞬時全閉塞した時の、摩擦を無視した場合の、太さ一様の単純サージ・タンクの動揺する水位 y は、次式で与えられる。

$$y = Q_0\left(\frac{L}{gA\,As}\right)^{1/2}\sin\left(\frac{gA}{LAs}\,t\right)^{1/2} \qquad (2\text{-}48)$$

流速 v は

$$v = V_0 \cos\left(\frac{gA}{LAs}\,t\right)^{1/2} \qquad (2\text{-}49)$$

となる。ここで、V_0 は、$t=0$ における v の値。

また、この動揺の振幅 Y と周期 T は、次の通りである。

$$Y = Q_0\left(\frac{L}{gA\,As}\right)^{1/2} \qquad (2\text{-}50)$$

$$T = 2\pi\left(\frac{L\,As}{gA}\right)^{1/2} \qquad (2\text{-}51)$$

この状態におけるサージ・タンクの水面の動揺の状況を図 2-17 に示す。この場合、摩擦を無視しているから、水面の動揺は、永久に続き、減衰しない。

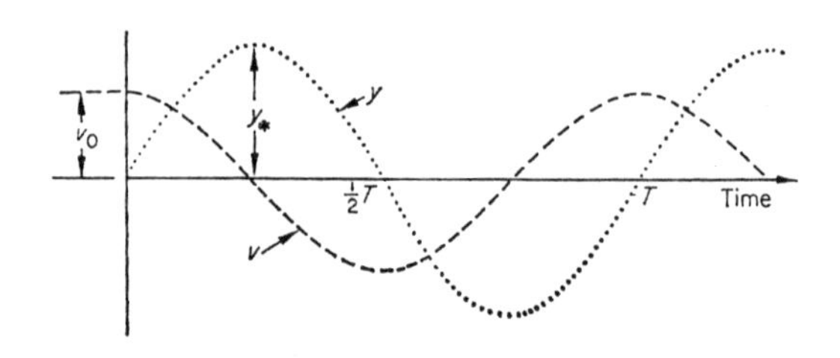

図 2-17 摩擦を無視した場合の水面の動揺[38)]

［計算例 2-6］

貯水池から直径 10m の単純サージタンクにつながる長さ 2000m、直径 2.5m の管路が伸びている。流量 30m³/s の定常状態でバルブを瞬時全閉塞した時の摩擦を無視した場合のサージタンクの水位の動揺の振幅とその周期を求める。

$$Y = Q_0\left|\frac{L}{gA\ As}\right|^{1/2} = 30\times\left|\frac{2000}{9.81\times(3.14\times2.5^2/4)\times(3.14\times10^2/4)}\right|^{1/2} = \underline{21.83\ m}$$

$$T = 2\pi\left|\frac{L\ As}{gA}\right|^{1/2} = 2\times3.14\left|\frac{2000\times(3.14\times10^2/4)}{9.81\times(3.14\times2.5^2/4)}\right|^{1/2} = \underline{359\ s}$$

2.8.5 対数法によるサージ・タンクの計算

前項では摩擦を無視している。しかし、摩擦の無い水路は無いから、この仮定は実際的ではない。しかし、計算が非常に簡単であるから、サージ・タンクの大きさの最大限界値を容易に与えることができると言う利点がある。そして、それによって存在価値が十分に認められている。

これから述べる「対数法」は、Cole と Mosonyi によって開発された、摩擦を考慮した方法で、タンクの水面の動揺の減衰して行く極値のみを与える。

対数法では、図 2-15(a)（114 頁）の絞り装置の無い単純型タンクに対しては、次の基礎式を用いる。

$$\frac{y_1 - y_0}{\beta} = \ln\frac{\beta}{\beta - y_1} \tag{2-52}$$

ここで、 y_0 はバルブが瞬時閉塞される前のタンクの水位（符号は、負)、y_1 はバルブが瞬時閉塞された後に起こる水位の動揺の最初のピーク水位（符号は、正）である。β は、「制動係数」と呼ばれ、次式で与えられる。

$$\beta = \frac{LA}{2F_P\,gA_S} = \frac{1}{2}\cdot\frac{L_r}{F_P\,A_r} \tag{2-53}$$

ここで、 $A_r = A_S/A$、 $L_r = L/g$ である。

単純型タンク以外の絞り装置を持つタンクに対しては、次の基礎式を用いる。

$$\frac{y_1 - y_0}{\beta} = \ln\frac{\beta - hT_0}{\beta - y_1} \tag{2-54}$$

ここで、 hT_0 は、バルブの瞬間的全閉と共に管路の流れ（$Q = Av_0$）がサージ・タンクに向かった時の、すなわち時刻 $t=0$ で絞り装置によって起こる損失水頭である。この場合の制動係数 β は、次式で与えられる。

$$\beta = \frac{LA}{2\{F_P + F_T\,(A/A_S)^2\}g\,A_S} = \frac{1}{2F_S}\cdot\frac{L_r}{A_r} \tag{2-55}$$

ここで、 $F_S = F_P + F_T/A_r^2$ である。

摩擦を考慮した場合のタンクの水面の動揺は、図 2-18 に示すように起こる。

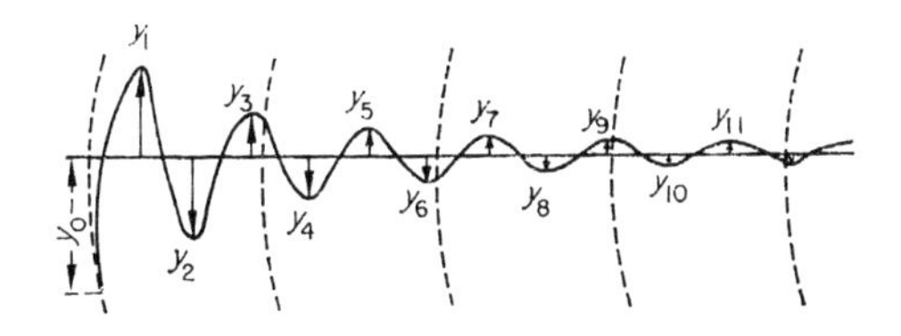

図 2-18　摩擦を考慮した場合の水面の動揺 [39)]

対数法では、バルブが瞬時閉塞される前のタンクの水位 y_0 を与え、バルブが瞬時閉塞された後、最初に起こる動揺のピーク水位 y_1 は、式（2-52）、または式（2-54）で計算される。以後のタンクの水位の動揺のピーク水位 y_i（$i = 2 \cdot 3 \cdots$）は、次式を用いて計算される。

$$\frac{|y_n| + |y_{n-1}|}{\beta} = \ln\frac{\beta + |y_{n-1}|}{\beta - |y_n|} \tag{2-56}$$

ここで、 y_i の符号は、半サイクル毎に変わる。

式（2-52）、（2-54）、（2-56）は、いずれも trial and error で解かれる。

［計算例 2-7］

貯水池から直径 **10m** の単純サージタンクにつながる長さ **2000m**、直径 **2.5m** の管路が伸びている。流量が **30m³/s** の定常状態でタンクの水位は、貯水池水面より **18.22m** 下である。バルブを瞬時全閉塞した時のサージタンクの最初から２つの上昇と最初の下降の振幅を求める。[40)]

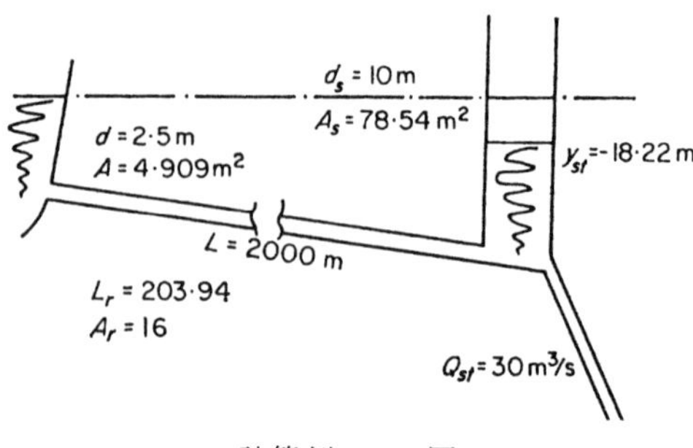

計算例 **2-7** の図

$d = 2.5$ m　$A = 4.909$ m^2　$d_s = 10$ m　$A_s = 78.54$ m^2　$Ar = A_s/A = 16$　$L = 2000$ m

$L_r = L/g = 2000/9.81 = 203.9$　$y_0 = -18.22$ m　$v_0 = Q_0/A = 30.0/4.909 = 6.11$ m/s

$$Fp = \frac{-y_0}{v_0{}^2} = \frac{-(-18.22)}{6.11^2} = 0.4881$$

$$\beta = \frac{1}{2} \cdot \frac{L_r}{FpAr} = \frac{203.9}{2 \times 0.4881 \times 16} = 13.054 \text{ m}$$

① y_1 の計算

式 ： $\dfrac{y_1 - y_0}{\beta} = \ln \dfrac{\beta}{\beta - y_1}$ の左辺(LHS)の分子の y_1 と右辺(RHS)の分母の y_1 は未知数、それ等以外は既知数であるから trial and error で y_1 の値を求める。

$y_1 = 12.0$ m から始めて、11.75 m の時

$$\text{LHS} = \frac{y_1 - y_0}{\beta} = \frac{11.75 - (-18.22)}{13.054} = \frac{29.97}{13.054} = 2.296 = 2.30$$

$$\text{RHS} = \ln \frac{\beta}{\beta - y_1} = \ln \frac{13.054}{13.054 - 11.75} = \ln \frac{13.054}{1.304} = \ln 10.011 = 2.304 = 2.30$$

左辺と右辺の値が殆ど一致したので、$y_1 = 11.75$ m と決める。

y_1 の値が決まったので、以降 y_n の値を決めるために次式を元式として用いる。

$$\frac{|y_n| + |y_{n-1}|}{\beta} = \ln \frac{\beta + |y_{n-1}|}{\beta - |y_n|}$$

② y_2 の計算

$y_{n-1} = y_1 = 11.75$ とすると元式は $\dfrac{y_2 + 11.75}{13.054} = \ln \dfrac{24.80}{13.054 - y_2}$ となる。

$y_2 = 7.28$ とすると、上式 LHS は　$\dfrac{7.28 + 11.75}{13.054} = \dfrac{19.03}{13.054} = 1.458$

上式 RHS は　$\ln \dfrac{24.80}{13.054 - 7.28} = \ln \dfrac{24.80}{5.774} = \ln 4.295 = 1.457$

左辺と右辺の値が略一致したので、$y_2 = 7.28$ m と決める。ただし、y_2 は負の値。

③ y_3 の計算

$y_{n-1} = y_3 = 5.30$ とすると元式は $\dfrac{y_3 + 5.30}{13.054} = \ln \dfrac{12.58}{13.054 - y_3}$ となる。

$y_3 = 5.30$ とすると、上式 LHS は $\dfrac{5.30 + 7.28}{13.054} = \dfrac{12.58}{13.054} = 0.964$

上式 RHS は　$\ln \dfrac{20.334}{13.054 - 5.30} = \ln \dfrac{20.334}{7.754} = \ln 2.622 = 0.964$

左辺と右辺の値が一致したので、$y_3 = 5.30$ m と決める。

2.8.6　差分法によるサージ・タンクの計算

サージ・タンクで起こる水位の動揺は、次の 3 つの基礎方程式を連立して解くことにより求められる。

$$\frac{L}{g} \cdot \frac{dv}{dt} + y + F_P v|v| + F_T u|u| = 0 \qquad (2\text{-}57)$$

$$vA = u A_S + Q \qquad (2\text{-}58)$$

$$u = \frac{dy}{dt} \qquad (2\text{-}59)$$

しかし、代数的に答えが得られるのは、非常に限られた単純な条件下だけである。任意の形のサージ・タンクに対しては、これら 3 つの基礎方程式を差分式にして、連立して解くことにより、すなわち「差分法」で、step-by-step により、数値解として答えが得られる。

(a) 基礎となる差分式

いま時刻 $t = t_1$ と $t = t_2$ の間の時間が非常に短いものとする。そして、この時間間隔を Δt と表し、英語では “step” と呼ぶ。

この時間間隔 Δt の終り $(t = t_2)$ と始まり $(t = t_1)$ の間の v、u、Q、そして y の変

化量をそれぞれΔv(= $v_2 - v_1$ 、以下同様)、Δ v、Δ u、Δ Q、Δ yとする。また、この時間間隔Δtの間の v、u、Q、そして yの平均値をそれぞれ$\bar{v}$(= $(v_1 + v_2)/2$、以下同様)、$\bar{u}$、$\bar{Q}$、$\bar{y}$とする。

基礎方程式が持つパラメータ、すなわち F_P、F_T に関しては、時間間隔Δtの間の平均値として与える。

タンクの断面積 A_S が水位によって変化する場合、その変化が連続的、かつ一様であるならば、平均値を用いる。段階的に変化する場合は、各段階毎の平均値を用いる。

基礎方程式において、各時間間隔Δ t、すなわち各 step における平均値を用いることによって、微分方程式が解けたとした場合に得られる数式を用いた答えと違った値が得られる。すなわち、誤差が生じる。この誤差は、時間間隔Δtを短くすればするほど小さくなる。

以上から、上記 3 つの式を差分式にする、すなわち差分化すると、次のように表される。

$$L_r \frac{\Delta v}{\Delta t} + y + F_P\, v|v| + F_T\, u|u| = 0 \qquad (2\text{-}60)$$

$$\bar{v} = \frac{\bar{u}\ \bar{A}_S + \bar{Q}}{A} \qquad (2\text{-}61)$$

$$\bar{u} = \frac{\Delta y}{\Delta t} \qquad (2\text{-}62)$$

式(2-61)と(2-62)を一体化すると、次式が得られる。ただし、$\bar{A}_r = \bar{A}_S / A$ とする。

$$\bar{v} = \frac{\Delta y}{\Delta t}\ \bar{A}_r + \frac{Q}{A} \qquad (2\text{-}63)$$

すなわち、式(2-60)と(2-63)が基礎となる2つの差分式になる。

(b)単純算数法

「単純算数法」は、文字どおり単純な算数法であることからその名前が来ている。基礎となる式(2-60)と(2-63)の 2 つの差分式は、右辺に v、u、Q、y の時間間隔Δt中の平均値である$\bar{v}$、$\bar{u}$、$\bar{Q}$、$\bar{y}$項を有している。Δt時間の始まりに{1}、終りに{2}の下添字をつける。いま、v、u、Q、y がそれぞれΔt時間中で直線変化しているとすると、次の通りである。

$$\bar{v} = \frac{v_1 + v_2}{2} \qquad (2\text{-}64)$$

$$\bar{u} = \frac{u_1 + u_2}{2} \tag{2-65}$$

$$\bar{Q} = \frac{Q_1 + Q_2}{2} \tag{2-66}$$

$$\bar{y} = \frac{y_1 + y_2}{2} \tag{2-67}$$

このΔt時間が非常に短い時間であるとすると、式(2-64)から(2-67)は、次のように書き改められる。

$$\bar{v} = v_1 \tag{2-68}$$

$$\bar{u} = u_1 \tag{2-69}$$

$$\bar{Q} = Q_1 \tag{2-70}$$

$$\bar{y} = y_1 \tag{2-71}$$

また、

$$F_P = F_{P1} \tag{2-72}$$

$$F_T = F_{T1} \tag{2-73}$$

式(2-68)から(2-73)を式(2-60)と(2-63)に代入して、次の２つの差分式が得られる。

$$\Delta v = -(y_1 + F_P v_1 |v_1| + F_T u_1 |u_1|) \frac{\Delta t}{L_r} \tag{2-74}$$

$$\Delta y = \frac{v_1 - Q}{A_S} \Delta t \tag{2-75}$$

すなわち、式(2-74)と(2-75)を連立して解くのが単純算数法である。その方法の具体的な説明は、計算例 2-8で行うこととする。

［計算例 2-8］

計算例 2-7（122 頁）の図のサージタンクにおいて水車のバルブを瞬時全閉塞した場合の最初の動揺の振幅を求める。[41)]

$d = 2.5$ m　$A = 4.909$ m^2　$d_s = 10$ m　$A_s = 78.54$ m^2　$Ar = A_s/A = 16$　$L = 2000$ m

$L_r = L/g = 2000/9.81 = 203.9$　$y_0 = -18.22$ m　$v_0 = Q_0/A = 30.0/4.909 = 6.11$ m/s

$$Fp = \frac{-y_0}{v_0^2} = \frac{-(-18.22)}{6.11^2} = 0.4881$$

$$\Delta v = -(y_1 + F_P v_1 |v_1| + F_T u_1 |u_1|) \frac{\Delta t}{L_r} \tag{2-74}$$

$$\Delta y = \frac{v_1 - Q}{As} \Delta t \qquad (2\text{-}75)$$

単純タンクなので､式(2-74)の右辺括弧内の第 2 項は消去でき、式 (2-74')に代わる。

$$\Delta v = -(y_1 + 0.4881v^2)\frac{10}{203.9} = -(y_1 + 0.4881v^2) \times 0.04904 \qquad (2\text{-}74')$$

バルブの瞬時閉塞なので、単純タンクから水車への流量は零になり、式(2-75)は式 (2-75')に代わる。

$$\Delta y = \frac{10}{16} v = 0.625v \qquad (2\text{-}75')$$

$\Delta t = 10$ s

以上の条件で以下の表計算を行った。

計算表

Column	1 t	2 Δt	3 v	4 Δy $0·625v$	5 y	6 $F_{PV}^2 =$ $0·4878v^2$	7 $y + F_{PV}^2$	8 Δv $= 0·04905 \times$ column (7)	
Line	seconds	seconds	m/s	m	m	m	m	m/s	Line
1	0·0		$v_0 =$ 6·111		$y_0 =$ −18·22	18·22	0·00		1
2		10·0		3·82				−0·000	2
3	10·0		6·111		−14·40	18·22	3·82		3
4		10·0		3·82				−0·187	4
5	20·0		5·924		−10·58	17·12	6·54		5
6		10·0		3·70				−0·321	6
7	30·0		5·603		−6·88	15·32	8·44		7
8		10·0		3·50				−0·414	8
9	40·0		5·189		−3·38	13·14	9·76		9
10		10·0		3·25				−0·479	10
11	50·0		4·711		−0·13	10·83	10·69		11
12		10·0		2·94				−0·524	12
13	60·0		4·187		+3·81	8·55	11·36		13
14		10·0		2·62				−0·557	14
15	70·0		3·630		5·43	6·43	11·86		15
	*		*		*	*	*		
		*		*				*	
23	110·0		1·208		12·28	0·71	12·99		23
24		10·0		0·75				−0·637	24
25	120·0		0·571		13·03	0·16	13·19		25
26		10·0		0·36				−0·647	26
27		8·8		0·32				−0·571	27
28	128·8		0·000		13·35				28

この計算例は英国の文献からの引用なので、数字の小数点が中点(なかてん) {・} で表されている。なお、小数点の標記の仕方は、世界的に見ると、“点” を用いる場合と

“カンマ”で表す場合の二通りがある。点で表す場合、英国は中点（なかてん）を、米国や日本は下点（したてん）を用いている。ドイツやフランスは、カンマを用いている。

この計算で、Δt =10 s として計算した結果 13 step で y_1 =13.35 m と言う値が得られた。Δt =5 s として計算すると 27 step で y_1 = 12.52 m となった。Δt =0.05 s として計算すると 2692 step で y_1 = 11.76 m となった。

対数法による計算例 2-7 では、y_1 = 11.75 m と言うほぼ同じ値が得られている。Δt の値を更に小さくしていけば、全く同じ値が得られる。

単純法によれば、計算時間間隔Δt を小さくすればするほど計算精度が上がる。

サージタンクの計算法について詳しく知りたい場合、“Analisis of Surge”（John Pickford, Macmillan, 1969）を参照されると良い。

2.9　エアー・チャンバー

「エアー・チャンバー」は、上部に空気、下部に水が入っている、ビンを逆さにしたような容器で、オリフィスを通じて管水路から立ち上がっている。図 2-19。

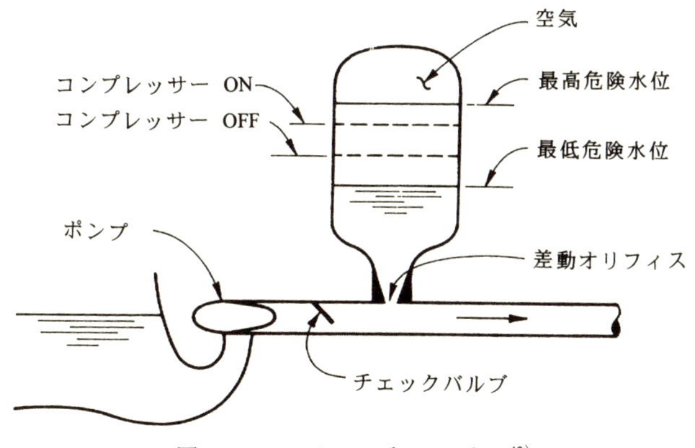

図 2-19　エアー・チャンバー[42)]

エアー・チャンバーは、ポンプの直後に配置される。通常、ポンプとエアー・チャンバーの中間には、チェック・バルブが設けられる。

平常時のポンプの運転の開始と停止は、次のようにして行われる。ポンプの運転開始時は、流量制御バルブが通常閉じられている。また、管路は、水が一杯に詰まっている。モーターを動かし、ポンプの羽根車を回転させ、本当に徐々にバルブを開く。そうすると、管路に水が流れ始め、やがて一定流量に達する。ポンプの停止時は、これとは逆に、まず制御バルブを本当に徐々に閉じて行って、完全に閉じる。そうしたならば、モーターを停止する。このようなポンプの操作を行えば、過度の過渡的な現象は、管路では起こらない。

しかし、ポンプの運転開始と停止において、今述べた手順が踏めない場合がある。代表的な例として、停電などでポンプが突然停止するような場合である。このような場合、過渡的現象が起こり、これに対処しなければならない。

ポンプでなくて水車系の場合、水車の前にサージ・タンクが置かれ、過渡的現象の影響を少なくしている。ポンプ系の場合、水車系の場合と同じように、ポンプの後に、サージ・タンクを配置しても良い。この場合一方向型サージ・タンクが用いられる。しかし、多くの場合、サージ・タンクの代わりにポンプの直後にエアー・チャンバーが設けられる。

ポンプが突然停止すると、管路の圧力は低下して、水がエアー・チャンバーから管路に供給される。やがて、管路の水がポンプに向け逆流し始めると、チェック・バルブ、すなわち「逆流防止弁」が瞬間的に閉じて、水はエアー・チャンバーの中に流れ込んで行く。この水のエアー・チャンバーからの流出とエアー・チャンバーへの流入のため、エアー・チャンバーの空気は膨脹したり、収縮したりして、圧力が急上昇、急低下する。この圧力の変化は、管路の中の水の流速のゆっくりとした変動の中で、吸収されて行く。

エアー・チャンバーは、サージ・タンクと比較して、次のような利点があると言われている。

1 エアー・チャンバーの体積は、同等の働きをするサージ・タンクより小さくなる。
2 エアー・チャンバーは、ポンプのすぐ近くに置ける。これに対し、サージ・タンクは背が高くなるため、置く場所が地形に左右される。
3 冬期間における凍結を防ぐための保温がサージ・タンクに比べ容易である。
4 背を低くすることができ、風や地震に対して抵抗力が大きくなる。

以上の利点に対して、欠点は、エアー・チャンバーの中の空気の量を一定範囲内に保つため、コンプレッサー、すなわち空気圧縮機その他の補助機器が必要で、かつ常時管理が必要になることである。

エアー・チャンバーと管路との連絡口、すなわちオリフィスは、通常、図 2-19（127 頁）のように、チャンバーの水は管路に出やすく、逆に管路の水はチャンバーに入りにくく作られる。この構造を「差動オリフィス」と呼ぶ。

差動オリフィスで起こる水頭損失は、同じ量の流入・流出量に対して 2.5:1 になるよう設計される。すなわち、出る時の損失が 1 なら、入る時の損失は 2.5 になるように通常設計される。

2.10　バルブ

過渡的現象に対応する施設として、まず第 1 に浮かんで来るのがサージ・タンクである。そして、次がエアー・チャンバーである。しかし、これから述べる各種のバルブも過渡的現象の制御に有効である。

過渡的現象制御に用いられるバルブの種類は、次の通りである。

a　安全バルブ
b　圧力軽減バルブ
c　圧力調節バルブ
d　空気呼び込みバルブ
e　逆流防止バルブ

各種バルブの機能は、次の通りである。

「安全バルブ」は、「過圧防止バルブ」とも呼ばれる。スプリング、または重しで閉じられた弁が、管路の圧力が一定値を超えると開いて、水を管路から逃がし、圧力を低下させるものである。バルブは、突然全開して、圧力が一定値以下に下がると、突然全閉する。

「圧力軽減バルブ」は、「動揺制御バルブ」とも呼ばれる。圧力軽減バルブの動作は、安全バルブと似ている。しかし、次の点で、違っている。すなわち、管路の圧力が一定値を超えると、超えた量に応じてバルブが開かれ、バイパスに水が流される。この場合、バルブが開く時と閉じる時では、バルブの動き方が違う。すなわち「履歴現象」を伴う。

「圧力調節バルブ」は、流量調節バルブの開度に連動してその開閉量が自動的に調節できるようになっているバルブである。

「空気呼び込みバルブ」は、管路の圧力が大気圧以下になった時、管内に空気を呼び込む装置である。これによって、大気圧と管内圧力の差が軽減され、管路が潰れるのを防止する。一旦空気がバルブを通して呼び込まれた後の管路に水を詰める時は、十二分な注意を払うことが必要である。「エアー・ポケット」、すなわち「空気溜まり」は、徐々に管路から取り除かれなければならない。

逆流防止バルブは、チェック・バルブとも呼ばれる。逆流防止バルブは、ポンプ系での逆流防止と、管路から一方向サージ・タンクへの流入防止のために用いられる。逆流防止バルブは、ポンプの直下流、一方向サージ・タンクの管路とタンクの接続点に設けられる。逆流防止バルブは、「フラップ・バルブ」とよく似た単順な構造である。手荒く閉まるのを防ぐため、「ダッシュ・ポット」（流体とピストンをシリンダ内に封入し、ピストンの運動速度に比例した抵抗を得るように設計された器具）やスプリングが用いられることがある。

第3章　管水路の流量の測定

3.1　管水路の流量の測定の基本原理と総量法

定流状態の管水路の流量を測定する方法の基本は、一定時間内に管水路から吐き出された流れを集めて、直接その体積を求めて、またはその重量を測って間接的に体積を求めて、時間で除して流量とすることである。この方法は、「総量法」と呼ばれている。総量法は、管水路の流量の測定の「基本原理」である。

しかし、総量法の実施の場は、極端な言い方をするならば、実験室に限られている。管水路系の任意の場所で総量法を実施することは、不可能と言って良い。そこで、以下に述べる様々な方法が状況に応じて採用される。

3.2　差圧流量計

3.2.1　原理

図 3-1に示すように、水平な管路の、太さが一様な部分に「くびれ」を設ける。そして、くびれの始まりと終りの所に水圧計を取り付ける。くびれの終りの断面は始まりの断面より流速が早くなるから、くびれの終りで測った水圧は、始まり

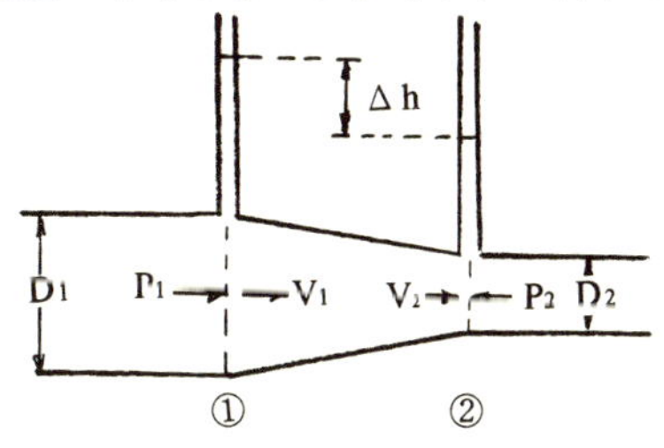

図 3-1　管路のくびれによる顕著な差圧の発生

の断面で測った水圧より低くなる。いま、管路のある区間の始まりと終りの断面の水圧の差を「差圧」と呼ぶ。「差圧流量計」、または「差圧メータ」は、くびれを設けることによって発生する顕著な差圧を利用して流量を測定するので、その名がある。

差圧メータは、ベンチュリー・メータで代表され、その他にノズル・メータ、オリフィス・メータがある。また、差圧メータではあるが、差圧の取り方が基本的に違うエルボ・メータがある。

この差圧を測る水圧計は、「差圧マノメータ」か「圧力トランジューサ」が用いられる。圧力トランジューサーは、電気的に圧力を測定する装置である。ここでは、差圧マノメーのみ扱う。

3.2.2 差圧マノメータ

微小な差圧を測定するため U 字管に水銀を入れた装置を差圧マノメータと呼ぶ。「水銀マノメータ」とその応用の差圧マノメータの原理を図 3-2 で示す。

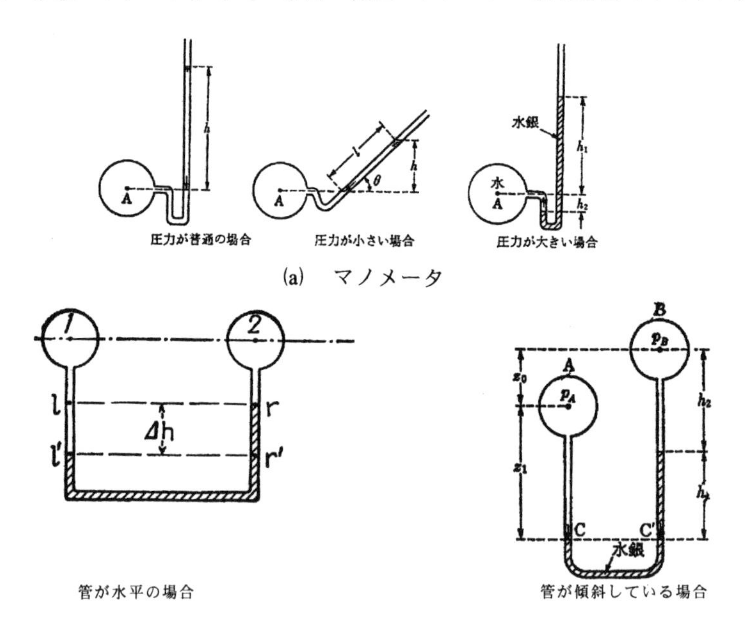

図 3-2 マノメータと差圧マノメータ[43)44)]

いま、図の(a)において、管路の A 点の圧力 p は、ρ_mとρ_wを水銀と水の密度とすると、水銀マノメータで計られた場合、

$$p = \rho_m g(h_1+h_2) - \rho_w g h_2 \quad (3\text{-}1)$$

図の(b)において、管路は水平に置かれていて、1 点と2 点の圧力差、すなわち差圧を計る。最初、管路の水流が零であれば、U字管の水銀の両端の高さは、同じになる。次に、水流が起こって、動水勾配が発生すると、下流側の水銀面は上流側より２断面間の圧力差相当分だけ上がる。 P_1 と P_2 を断面１と２の圧力、Δh $(=H_m)$を水銀面の高さの差、ρ_w と ρ_m を水と水銀の密度、γ_w と γ_m を同様単位体積重量、{l}・{r}・{l'}・{r'} を U 字管における位置を示す添え字とすると、次の関係が成立する。

$$P_l' = P_r' \quad (3\text{-}2)$$

$$P_l - P_r = P_1 - P_2 \quad (3\text{-}2')$$

$$P_l' = \gamma_w \Delta h + P_l$$

$$P_r' = \gamma_m \Delta h + P_r$$

式 (3-2)より $\gamma_w \Delta h + P_l = \gamma_m \Delta h + P_r$

$$P_l - P_r = \Delta h(\gamma_m - \gamma_w)$$

式 (3-2')より $P_1 - P_2 = P_l - P_r$

$$= \Delta h(\gamma_m - \gamma_w)$$

$$= g\,\Delta h(\rho_m - \rho_w) \quad (3\text{-}3)$$

図の(b)において、管路は傾いて置かれていると、1 点と2 点の差圧は、

$$P_1 - P_2 = g\,\Delta h(\rho_m - \rho_w) + \rho_w g z_0 \quad (3\text{-}3')$$

すなわち、式(3-3)と(3-3')が差圧マノメータにおける差圧算定式となる。

［計算例 3-1］

差圧メータにおいて、1cm の水銀面の高さの差が発生した。圧力差を求める。ただし、水と水銀の温度は、20 ℃とする。

20 ℃における水(w)と水銀(m)の密度は

$\rho_w = 998.20$ kg/m^3

$\rho_m = 13545.9$ kg/m^3

$H_m = 0.01$m

$P_1 - P_2 = gH_m(\rho_m - \rho_w) = 0.01(13545.9 - 998.20) \times 9.81 = 1231 N/m^2 = \underline{1231\ Pa}$

3.2.3 Venturi メータ

Venturi メータは、図 3-3 に示す形をしている。Venturi メータは、同じ太さの水平な管路の中間に水平に設けられる。

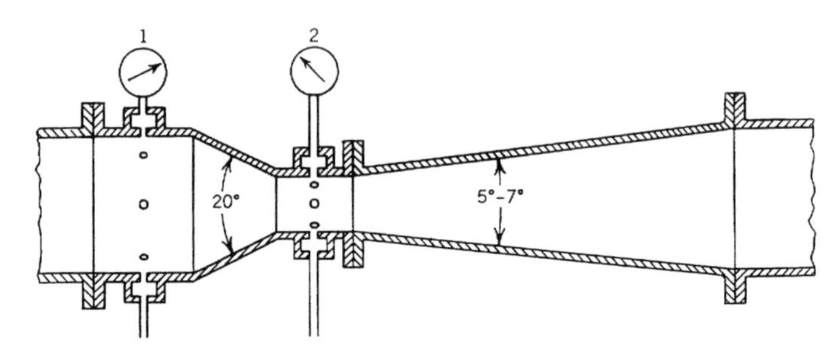

図 3-3 Venturi メータ[45)]

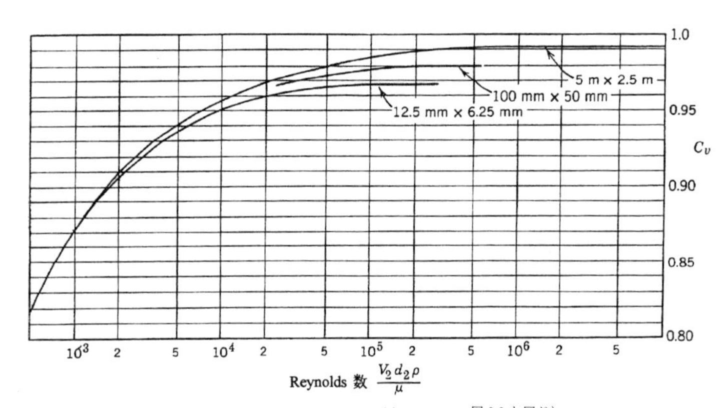

図 3-4 Venturi メータの補正係数[図3-3と同じ)]

Venturi メータは４つの部分から構成される。最初の部分は、「基礎部」と呼ばれ、管路と同じ太さである。次に、中心角が約 20 度の「円錐形部分」が来る。その後に、「喉部」と呼ばれる、基礎部より相当細くて、太さが一様の短い管が来る。そして、最後に、中心角が５～７度で拡がり、管路につながる「逆円錐形部分」が来る。基礎部と喉部に、くびれの始まりと終りの差圧を測るための差圧マノメータか圧力トランジューサが設けられる。

いま、基準面を管路中心に取ると、断面1と2で次のエネルギー方程式が成り立つ。ここで、ρ_w は水の密度。

$$\frac{P_1}{\rho_w g}+\frac{V_1{}^2}{2g}+0=\frac{P_2}{\rho_w g}+\frac{V_2{}^2}{2g}+0+H_l \qquad (3\text{-}4)$$

また、連続式より

$$Q=A_1V_1=A_2V_2 \qquad (3\text{-}5)$$

ここで、H_l はくびれで発生する損失水頭で、これを零と見做して式(3-4)と(3-5)を連立して解くと、次式が導かれる。

$$Q=\frac{A_2}{\sqrt{1-(A_2/A_1)^2}}\left|\frac{2}{\rho_w}(P_1-P_2)\right|^{1/2} \qquad (3\text{-}6)$$

ここで、差圧マノメータで計った圧力差は式(3-2)より $P_1-P_2=g\Delta h(\rho_m-\rho_w)$ であるから式(3-6)は、次式になる。

$$Q=\frac{A_2}{\sqrt{1-(A_2/A_1)^2}}\left|\frac{2g}{\rho_w}\Delta h(\rho_m-\rho_w)\right|^{1/2} \qquad (3\text{-}7)$$

この式はくびれでエネルギー損失が発生しないことを前提にして導いたものであるから、計算流量は、実際の流量より多くなる。そのため、補正係数 C_v を原式(3-7)に乗じて、Venturi メータの流量式とすることが行われる。

$$Q=\frac{C_vA_2}{\sqrt{1-(A_2/A_1)^2}}\left|\frac{2g}{\rho_w}\Delta h(\rho_m-\rho_w)\right|^{1/2} \qquad (3\text{-}8)$$

すなわち、あらかじめ補正係数 C_v の値を求めておけば、管がくびれる前とくびれ部の水圧を測ることによって容易に管路の流量が求められる。

Venturi メータの「補正係数」$\{C_v\}$ の値は、図 3-4 に示すように、Reynolds 数の増加と共に大きくなって行き、Reinolds 数が 10^5 を超えると、ほぼ一定値になる。

なお、差圧マノメータでなく圧力トランジューサを圧力測定に用いる場合は、式(3-6)を計算式として用いる。

［計算例 3-2］

図の Venturi メータにおいて、差圧マノメータの水銀柱の高さの差が 5 ㎝となった。流量を求める。ただし、Venturi メータは、理想的なものとする。水温は、20 ℃。

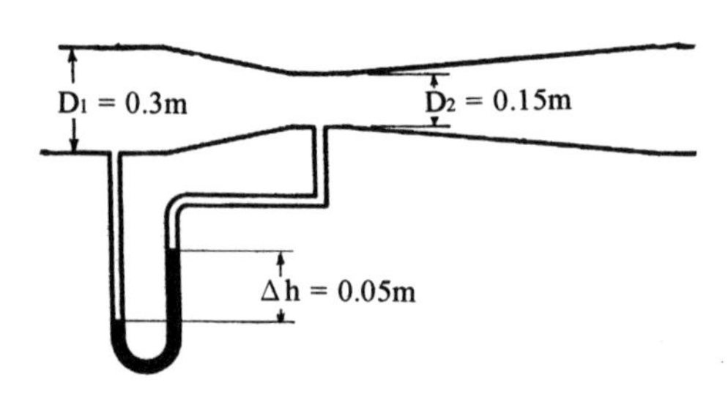

計算例 3-2 の図

Venturi メータは、理想的なものとしているから、$C_v = 1$

$A_1 = \pi D_1^2/4 = 3.14 \times 0.3^2/4 = 0.0707\ \mathrm{m^2}$

$A_2 = \pi D_2^2/4 = 3.14 \times 0.15^2/4 = 0.0177\ \mathrm{m^2}$

$A_2/A_1 = 0.2504$

20 ℃における水(w)と水銀(m)の密度は

$\rho_w = 998.20\ \mathrm{kg/m^3}$

$\rho_m = 13545.9\ \mathrm{kg/m^3}$

$\Delta h = 0.05\mathrm{m}$

$$Q = \frac{C_v A_2}{\sqrt{1-(A_2/A_1)^2}} \left| \frac{2g}{\rho_w} \Delta h (\rho_m - \rho_w) \right|^{1/2}$$

$$= \frac{1 \times 0.0177}{\sqrt{1-(0.0177/0.0707)^2}} \left| \frac{2 \times 9.81}{998.20} \times 0.05 \times (13545.9 - 998.20) \right|^{1/2} = \underline{0.0064\ \mathrm{m^3/s}}$$

3.2.4 ノズル・メータ

「ノズル・メータ」は、管路の流れの中に噴流（ジェット）を発生させるため「ノズル」を挟みこんだもので、図 3-5 に示す形をしている。

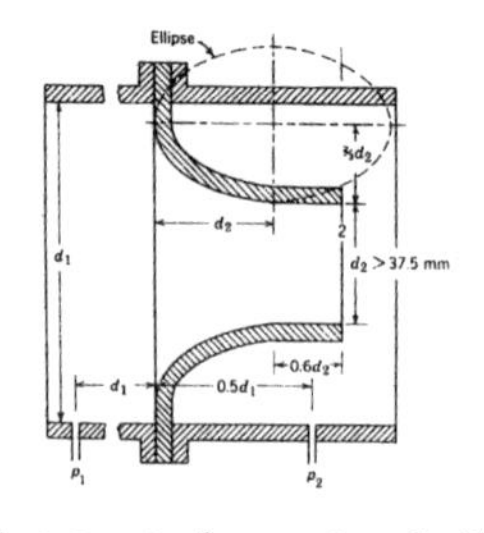

図 3-5 ノズル・メータ 46)

ノズルの断面形状は、楕円の4分の1が用いられる。このようなノズルを管路の中間に設けることは、Venturi メータにおいて、基礎部の後に円錐部分、喉部、逆円錐形部分が設けられることに相当する。すなわち、ノズル・メータは、その長さを短くした Venturi メータそのものである。そのため、流量の計算式は、Venturi メータのそれと全く同じものを用いる。

差圧の測定地点は、始まりは Venturi メータと同じであるが、終りはノズルの裏側になる。

ノズル・メータの補正係数 C_v の値は、図 3-6 に示すように、Reynolds 数の増加と共に大きくなって行く。しかし、Venturi メータと違って、Reynolds 数が10^6を相当超えないと一定値に近付かない。

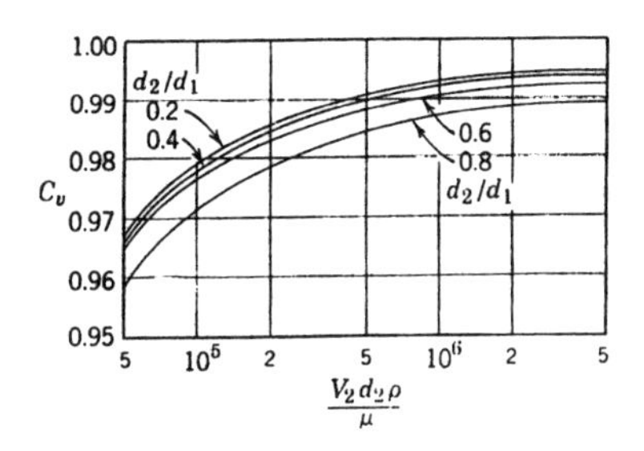

図 3-6　ノズル・メータの補正係数[47)]

3.2.5 オリフィス・メータ

「オリフィス・メータ」は、図 3-7 参照、管路の中間にオリフィスを挟みこんだもので、図 3-7 に示す形をしている。このオリフィスにより管路の流れの中にベナコントラクタを発生させる。

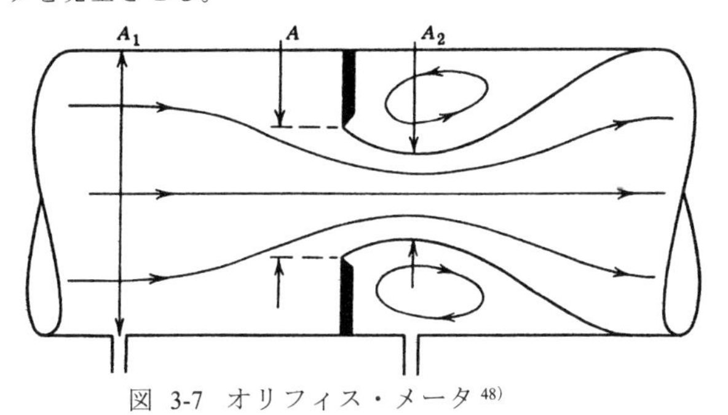

図 3-7　オリフィス・メータ[48)]

オリフィスの形として、円形刃形が用いられる。オリフィス・メータは、管路の中間に管路の直径Dに対してオリフィスの直径dの穴を開け、穴の縁を刃形に加工した板を1枚挟みこんだだけのものであるから、簡単に管路の流量を測定できる利点がある。

オリフィス・メータの基本式は、次の通りである。

$$Q = \frac{C_v C_c A}{\sqrt{1-(A/A_1)^2}} \left[2g \left(\frac{P_1}{\rho g} - \frac{P_2}{\rho g} \right) \right]^{1/2} \tag{3-9}$$

ここで、Aはオリフィスの断面積、C_cは「縮流係数」である。すなわち、$C_c A$は、ベナコントラクタの断面積になる。

式(3-9)は、一般に次のように表される。

$$Q = CA \left[2g \left(\frac{P_1}{\rho g} - \frac{P_2}{\rho g} \right) \right]^{1/2} \tag{3-10}$$

ここで、Cは「オリフィス係数」とよばれる。

$$C = \frac{C_v C_c}{\sqrt{1-(A/A_1)^2}} \tag{3-11}$$

オリフィス係数の値は、図3-8参照、流れのReynolds数とA/A_1の値によって変化する。Reynolds 数が 10^5 を超えるとその値はほぼ一定値になるが、他の差圧メータに比べ、相小さくなるのが特徴である。

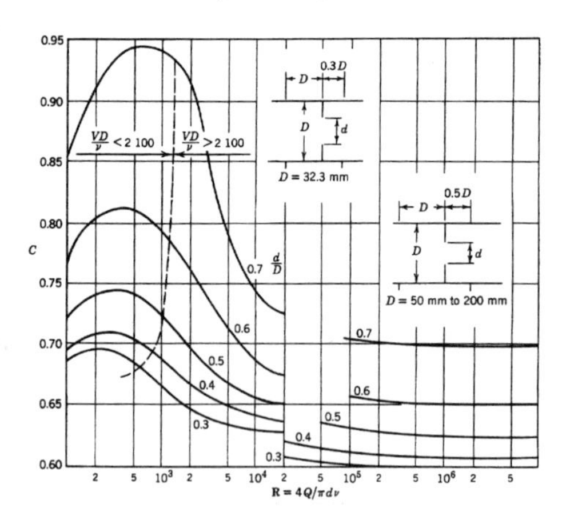

図 3-8 オリフィス・メータの補正係数[49)]

3.2.6　エルボ・メータ

ベンチュリー・メータ、ノズル・メータ、オリフィス・メータは、くびれによって顕著に生じる差圧を流量の測定に利用するものである。これに対して、「エルボ・メータ」は、管の曲り部の内側と外側で生じる動水勾配線の高さの差、すなわちピエゾ水頭差、すなわち差圧を利用するものである。

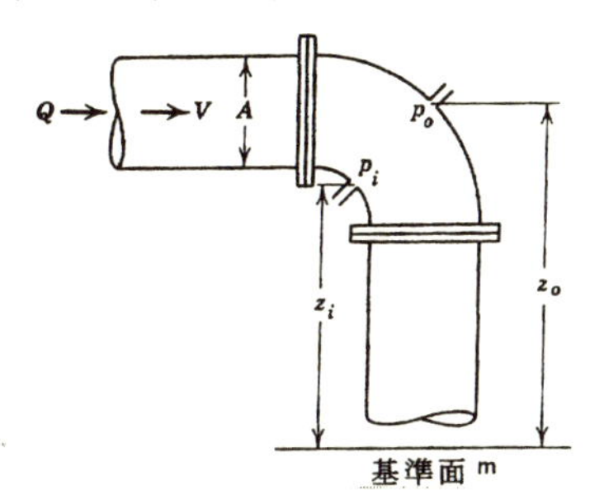

図 3-9　エルボ・メータ [50)]

図 3-9 において、90 度曲り管が垂直に置かれている。Lansford は、この 90度曲り管の内側と外側のピエゾ水頭の差は、管の平均流速の水頭に比例するとして、次式を提案した。

$$\left|\frac{P_o}{\rho g}+z_o\right|-\left|\frac{P_i}{\rho g}+z_i\right|=C_k\frac{V^2}{2g} \qquad (3\text{-}12)$$

ここで、 P_o と P_i は管の外側と内側の圧力、z_o と z_i は同様基準面からの高さ、V は管の平均流速、C_k は係数であり、1.8 から 3.2 の値を取る。

$$C=\sqrt{1/C_k} \qquad (3\text{-}13)$$

とすると

$$Q=CA\left[2g\left|\frac{1}{\rho g}(P_o-P_i)+(z_o\,\frac{-}{\rho g}\,z_i)\right|\right]^{1/2} \qquad (3\text{-}14)$$

ここで、C の値は、0.56 ～ 0.88 になる。

3.2.7　Pitot 管と流速測定用 Pitot 管

Pitot は、1732 年に「Pitot の実験」と呼ばれる次の内容の有名な実験を行った。「Pitot 管」は、口の開いた細い管を流線の方向に向けて、図 3-10（140 頁）参照、設置したものである。いま、管の中心に設置された場合、水がエネルギー線の高

さ $(v^2/2g + p/\rho g + z)$ まで上昇する。すなわち、Pitot 管を用いれば、流線の総水頭を測定できる。Pitot メータは、この原理を利用したものである。

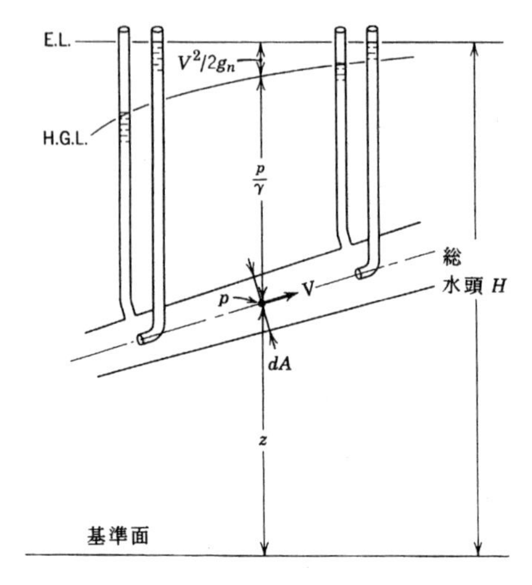

図 3-10 Pitot の実験[51)]

いま、“非圧縮性の完全流体の定常流で発生する１本の流線上では、運動エネルギー・位置のエネルギー・圧力エネルギーの総和は一定になる、すなわち全エネルギーが流線に沿って保存されると言う Bernoulli の定理”による「Bernoulli の式」を流線上の２点間に適用すると

$$\frac{P_1}{\rho g} + \frac{V_1{}^2}{2g} + Z_1 = \frac{P_2}{\rho g} + \frac{V_2{}^2}{2g} + Z_2 \tag{3-15}$$

この各辺に ρg を乗じると

$$P_1 + \frac{1}{2}\rho V_1{}^2 + \rho g Z_1 = P_2 + \frac{1}{2}\rho V_2{}^2 + \rho g Z_2 \tag{3-16}$$

この変形された Bernoulli の式の P、$\rho V^2/2$、ρgZ の各項を「static pressure」、「velocity pressure」、「potential pressure」と呼ぶ。そして、static pressure と velocity pressure の合計量、すなわち

$$P_s = P_0 + \frac{1}{2}\rho V_0{}^2 \tag{3-17}$$

を「stagnation pressure」(P_s)と呼ぶ。日本語では、この P_s を「Pitot の動水圧」、static pressure P_0 を「Pitot の静水圧」と呼んでいる。

なお、stagnation pressure は、「total pressure」とも呼ばれ、流水中に置かれ、流れに押し流されない Pitot 管と言う点、すなわち stagnation point にかかる total pressure の意と解すれば“stagnation”と言う言葉の意味が良く理解できる。

「Pitot 流速測定管」は、図 3-11 参照、流線の Pitot の動水圧を測る穴と、その点の Pitot の静水圧を測る穴を持ったものである。前者を動水圧を測定する管、後者を静水圧を測定する管と呼ぶ。これが通常 Pitot 管と呼ばれているものである。

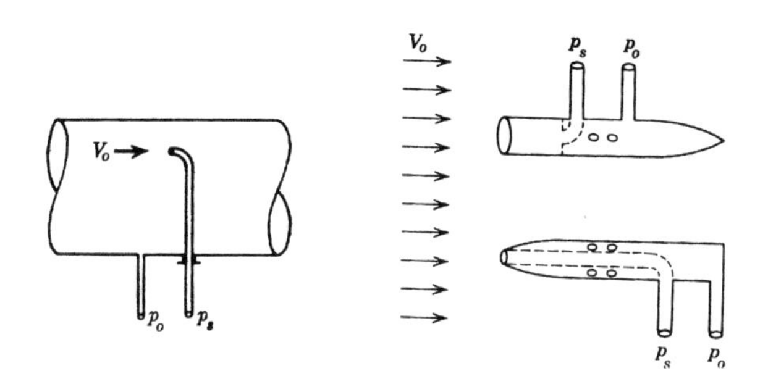

図 3-11　Pitot の流速測定管[52)]

流線上の流速は、式(3-17)より

$$V_0^2 = \frac{2(P_s - P_0)}{\rho} \tag{3-18}$$

よって、次式で与えられる。

$$V_0 = \left| \frac{2(P_s - P_0)}{\rho} \right|^{1/2} \tag{3-19}$$

$$= \left| \frac{2g(P_s - P_0)}{\gamma} \right|^{1/2} \tag{3-19'}$$

すなわち、Pitot 流速測定管の動水圧を測定する管と静水圧を測定する管を差圧計につなぎ、差圧を測定すれば、流線上の流速が測れる。

ここで問題になるのは、Pitot の動水圧は正確に測定できるが、Pitot の静水圧は実際よりも少なめに測られることである。このため、式(3-19)に補正係数 C_1 を乗じる。すなわち

$$V_0 = C_1 \left| \frac{2(P_s - P_0)}{\rho} \right|^{1/2} \tag{3-20}$$

$$= C_1 \left| \frac{2g(P_s - P_0)}{\gamma} \right|^{1/2} \tag{3-20'}$$

C_1 の値は、１より小さく、Pitot 流速測定管の構造により違ってくる。

［計算例 3-3］

水を流している水平に置かれた管の断面の中心に補正係数 C_1 = 98 %の Pitot 流速測定管が固定されている。差圧マノメータの水銀の読み値は、75 mm であった。流れの速度 V_0 を求める。ただし、気温と水温は、共に 20 ℃とする。

温度が 20 ℃の時の水の密度 ρ = 998.2 kg/m³ 、水銀の密度 ρ 13545.9 kg/m³ 、Δh = 75 mm

式 (3-2) より $P_s - P_0 = g\,\Delta h\,(\rho_m - \rho_w) = 9.81 \times 0.075 \times (13545.9 - 998.2) = 9232$ Pa

$$V_0 = C_1 \left| \frac{2(P_s - P_0)}{\rho} \right|^{1/2} = 0.98 \times \left| \frac{2 \times 9232}{998.2} \right|^{1/2} = \underline{4.21\ \text{m/s}}$$

3.3　塩水速度法

「塩水速度法」は、Allen と Taylor によって始められた、大口径の管路の流量の測定に適した方法である。

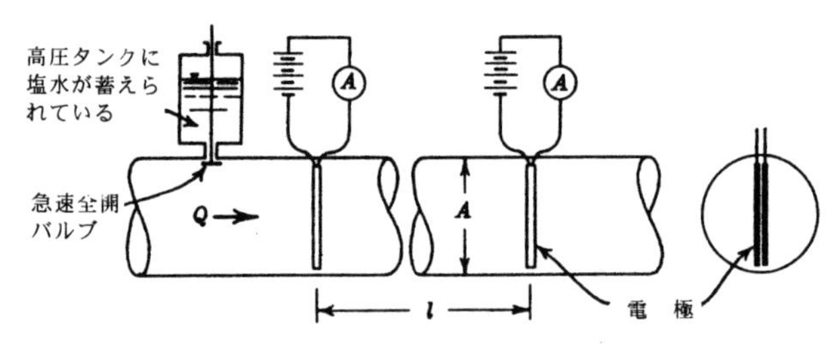

図 3-12　塩水速度法 [53)]

図 3-12 に示すように、塩水の塊を瞬間的に断面積 A の管路の中に圧入し、それが距離 L 離れた２電極間を通過する時間 T を測って、流れの平均流速 V(= L/T) とすると、流量 Q(= AV) が求まる。この方法は、非常に簡単で、かつ相当精度が高い方法である。

3.4　面積流量計

「面積流量計」は、浮子式とピストン式によって代表される。

「浮子式面積流量計」は、図 3-13 の(a)に示すように、透明な「テーパ管」と「浮子」によって構成されている。下から上に向け開いているテーパ管の中に浮子が入っていて、水は下から上に向かって流れるようになっている。水は、テーパ管の壁面と浮子の外縁の間にできる隙間で絞られて流れて行く。したがって、流速が変化すると隙間の上下の差圧が変わるので、これを一定値に保つように浮子が上下して隙間の面積を変える。この浮子の上下を、外部に取り付けた目盛板から読み取って、流量とする。

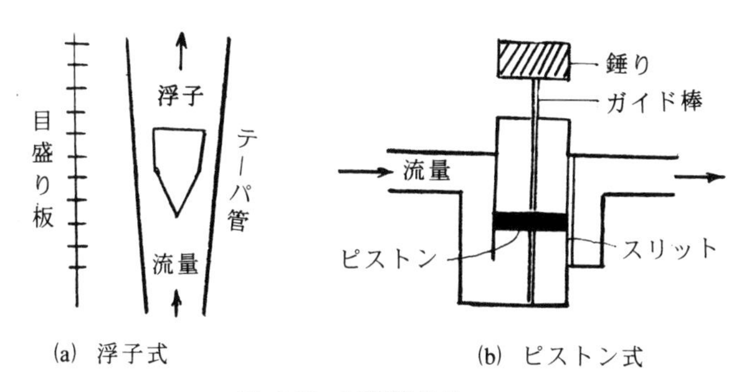

図 3-13　面積流量計

「ピストン式面積流量計」は、図 3-13 の(b)に示すように、流量が変化すると、例えば増加すると、流入口と流出口との間の差圧が増加し、ピストンが持ち上がって、側部に設けられた溝の面積を増加させる。この時のピストンの高さで流量を知る。

以上から、面積式流量計は、一種の差圧流量計である。

3.5　容積流量計

「容積流量計」は、言うなれば管路を途中で切って二つに分けて、前の部分から流れ出た水をバケツで受け、これを後の部分に運んで流し込み、その回数で流量を測る仕組みになっている。

容積流量計の種類には、オーバル、ルーツ、スパイラル等の歯車型とロータリー・ピストン型、ロータリー・ベーン型、円盤型等がある。

ここで図 3-14 の「オーバル歯車型流量計」について流量の測定原理を見る。AとBの歯車が **a** の配置状況にある時、A 歯車は回転軸に対し水圧がバランスし、回転力が生じない。しかし、B 歯車は、差圧により矢印の方向に回転力が生じる。A 歯車と B 歯車は歯車と噛み合っているので、B 歯車はA 歯車を駆動しながら、回転する。b の配置状況を通過して、90 度回転して **c** の配置状況に来た時には、今度は、A 歯車に回転力が生じ、相手の B 歯車を駆動しながら、回転を始める。このようにして、回転動作が連続して行われる。この結果、A歯車とB歯車交互に作る半円形の歯車室が水を下流に向け送る。

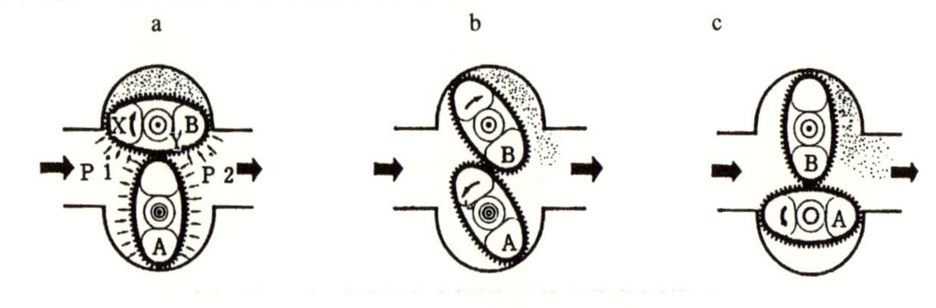

図 3-14 オーバル歯車型流量計の測定原理[54)]

すなわち、前述のバケツの役割を果たすのが、歯車形の場合、歯車室の壁と歯車の外縁の間にできる隙間である。

3.6 羽根車流量計

「羽根車流量計」は、管路の中に羽根車を入れ、流れで羽根車を回転させる。その回転速度から流れの瞬間値が得られ、その回転回数から流量の合計、すなわち積算流量が求められる。流量が適当な範囲内にあれば、羽根車を回転速度は、流量にほぼ比例する。

羽根車流量計は、一時期は「水道メータ」に利用されるだけであったが、最近は「タービン・メータ」の名前で広く用いられている。

3.7 電磁流量計

「電磁流量計」は、“磁界を横切って導体が流れる時、導体の両端に電圧が発

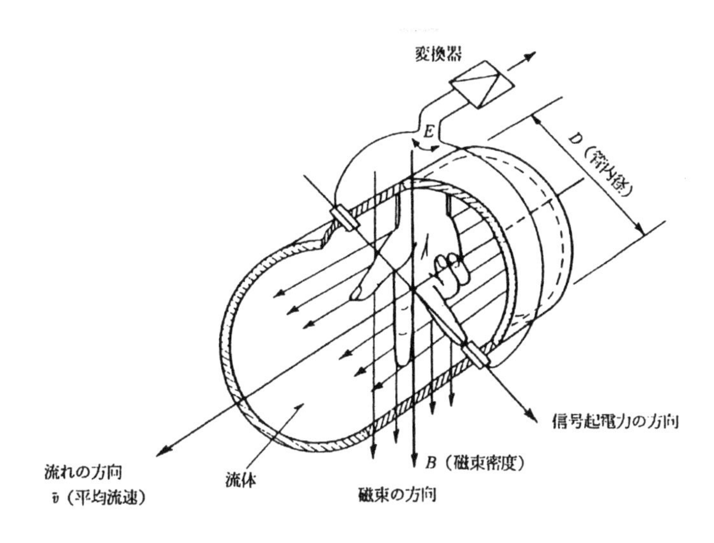

図 3-15 電磁流量計の原理[55)]

生する”と言う電磁誘導の法則、図 3-15 参照によって成り立っている。電磁流量計は、次のようにして流量測定を行う。

まず、管の中心線を通り、中心線に直角な方向線上の管の外側に、管壁と絶縁された電極を設ける。次に、管の流量測定部を、電極の方向と管の中心線が成す平面に直角になるように磁界を出す交流の電磁石で囲む。こうすると、磁束密度 B の中で平均流速 V の流れが起こると、発生する電圧 E は

$$E = kBDV \qquad (3\text{-}21)$$

$$= \frac{4kB}{\pi D} Q \qquad (3\text{-}21')$$

$$Q = \frac{\pi DE}{4kB} \qquad (3\text{-}21'')$$

ここで、D は管路の測定部の直径、k は定数である。

3.8 超音波流量計

3.8.1 伝播速度差法

「超音波流量計」は、その原理から伝播速度差法とドプラー法に大別される。

「Doppler 法」は流体中に浮遊物質や気泡等が相当量存在する場合のみ用いられる。そこで、ここでは一般的な伝搬速度差法だけを取り上げる。

「伝播速度差法」は、流れている流体に超音波を伝播させると、その伝播速度は流れの影響を受けて変化することを基本原理としている。すなわち、流れと同じ方向に超音波が送られた時“静止している流体中の伝播速度＋流体の速度”で超音波が伝播する、流れに逆らって超音波が送られた時は“静止している流体中の伝播速度－流体の速度”で超音波が伝播することを利用している。

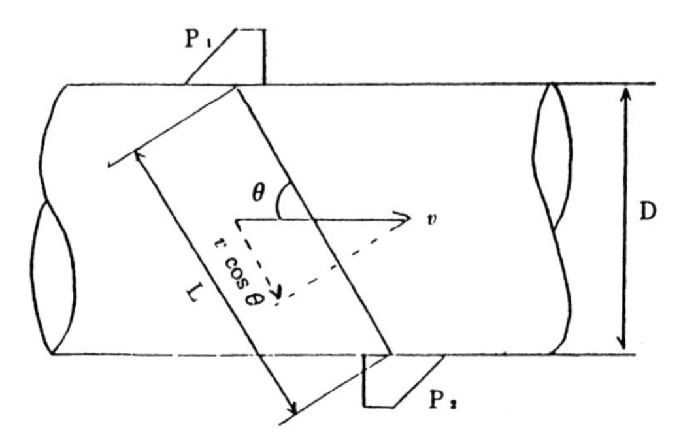

図 3-16 伝播速度差法の原理[56)]

図 3-16 参照。いま、管路の流速は、断面内一様、V であるとする。また、超音波の速度を C とする。管路の中心軸に対し θ の角度で超音波のパルスを P_1 から P_2 に向け伝播させると、その伝播速度は $C + V\cos\theta$ であるから、 P_1 から P_2 までの距離 L を超音波が伝播する時間 T_{12} は

$$T_{12} = \frac{L}{C + V\cos\theta} \tag{3-22}$$

次に、超音波を P_2 から P_1 に向け伝播させると、その伝播速度は $C - V\cos\theta$ であるから、P_2 から P_1 超音波が伝播する時間 T_{21} は

$$T_{21} = \frac{L}{C - V\cos\theta} \tag{3-23}$$

よって、これ等伝播時間 T_{12} と T_{21} の差 ΔT は

$$\Delta T = T_{21} - T_{12} = \frac{2LV\cos\theta}{C^2 - V^2\cos^2\theta} \tag{3-24}$$

超音波の水中での速度C は1000m/s 以上、流速は数 m/sであるから、$C^2 >> V^2\cos^2\theta$ である。すなわち、$V_2\cos^2\theta = 0$ として良い。よって

$$\Delta T = \frac{2LV\cos\theta}{C^2} \qquad (3\text{-}25)$$

$$V = \frac{C^2 \Delta T}{2L\cos\theta} \qquad (3\text{-}26)$$

すなわち、伝播時間差ΔTよりP_1からP_2の間の測線上の流速Vがわかる。

3.8.2　流速から流量への変換

超音波流量計は、伝播速度差法を採用する場合、超音波の伝播経路上の平均流速を測定している。この平均流速は管内平均流速と違っているので、その差を補正しなければならない。

3.9　渦流量計

渦流量計は、管路中に物体、すなわち「渦発生体」を固定した場合、その背後にできる渦を利用して流量を測定するものである。利用される渦は、「Karman（カルマン）渦」である。

渦発生体は、断面が三角形か台形をしている棒状体で、水平に置かれた管を上下に横断して、底面を上流側に向け、垂直に固定される。管に流れが起こると、渦発生体の両端から交互に渦､すなわちKarman渦が発生し、下流に向け流れて行く。この渦は一定の周期を持っている。

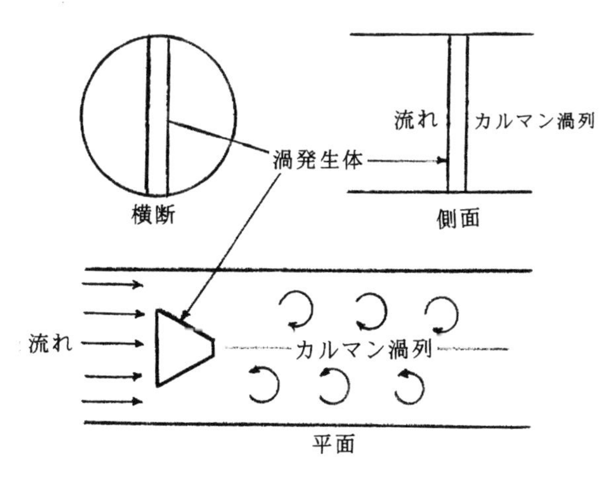

図 3-17　渦流量計

渦の発生周波数をf、渦発生体の流れに対する幅をd、流速をvとすると

$$f = S_t \frac{v}{d} \tag{3-27}$$

と言う関係が生じる。ここで、S_t は、「Strouhul 数」と呼ばれる無次元の数で、渦発生体の形状・寸法によって決定される。

管の直径をD、流量Qとすると、$v = Q/\{(\pi D^2/4) - dD\}$ となるから

$$Q = \frac{fd\{(\pi D^2/4) - dD\}}{St} \tag{3-28}$$

したがって、Strouhul 数を予め把握しておけば、Karman 渦の振動数 f を計測することによって流量を測定できることになる。

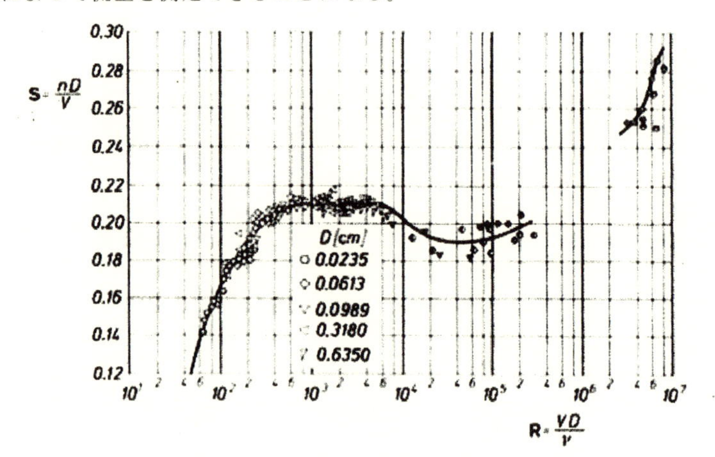

図 3-18　円柱の Strouhul 数の特性[57)]

渦流量計は、流量計の中で最も新しい形のものである。

第4章　水車、ポンプ、バルブの水理

4.1　水車

4.1.1　水車の種類

近代の水車は、「衝動水車」と「反動水車」に大別して呼ばれている。しかし、これら“衝動”と“反動”という言葉は、名前として用いられるだけのものであって、両者の働きに水理学的に顕著な差がある訳では無い。しかし、そのように呼ぶことが固定化されてしまっている。

衝動水車は、一般に Pelton 水車と呼ばれている。

反動水車は、Francis 水車とプロペラ水車に、一応二大別できる。

プロペラ水車は、さらに固定翼型と可変翼型に細分類できる。プロペラ水車の可変翼型は、Kaplan 水車と呼ばれる。プロペラ水車と発電機を一体化して小さな潜水艦のようにして、太い管の中に固定した形のものをチューブ水車と呼ぶ。

Francis 水車とプロペラ水車の中間の形に、斜流水車と呼ばれるものがある。斜流型でかつ可変翼型になっている水車もある。

衝動水車と反動水車の根本的な違いは、衝動水車は、「取水位」、すなわち「ヘッド・ウオーター」から水車までの間が管水路で、残り水車から「放水位」、すなわち「テイル・ウオーター」までの間は開水路になっており、ヘッド・ウオーターからテイル・ウオーター、すなわち発電が終わった後の水面までの全落差が水車の回転に利用されない。これに対して、反動水車は、ヘッド・ウオーターからテイル・ウオーターまでの全行程が管水路の中を流れ、全落差が利用できるようになっている、ことである。

衝動水車においては、全有効水頭が管路断面を縮小して作られる「ノズル」を通じて運動エネルギーに変換され、圧力の無い高速度の水流が発生している。これが「回転子」、すなわち「ランナー」の「バケット」を高速で押すようになっている。これに対して、反動水車は、有効水頭のほんの一部だけが運動エネルギーに転換され、低速で高圧力の水流が回転子の翼を押し回すようになっている。両者の違いは、高速で押すか、ゆっくり押すかの違いと言っても良いであろう。

すなわち、衝撃水車と反動水車と言う分類は、水車の形態的な違いだけを表している。以上の水車の分類をまとめると、次のようになる。

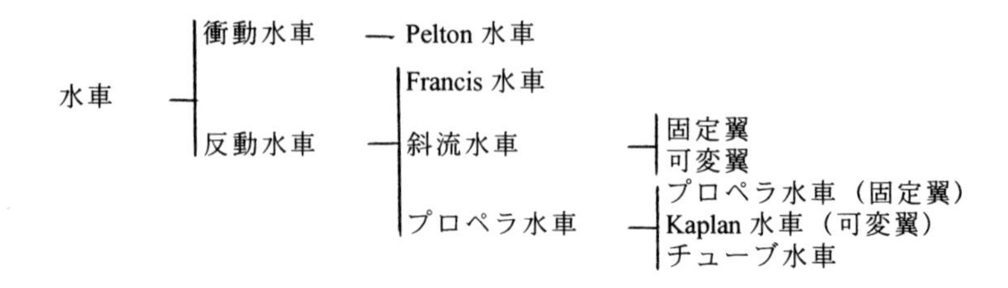

4.1.2　水車の構造

（1）Pelton 水車

Pelton 水車の呼び名は、発明者の名前から来ている。「Perton 水車」は、車輪の周辺に、図 4-1 において示すように、二つ並びのバケットが多数取り付けられている。バケットと車輪は、一体化して鋳造されるか、車輪にバケットがボルトで固定されている。

「ニードル・ノズル」と呼ばれる管路の断面を狭めた筒先から吹き出たジェットは、二つ重ねのバケットの峰の部分に吹き付けられる。ここで二つの部分に分けられて、曲面をしたバケットの内壁に沿って動いて、ジェットの方向と逆に流れの向きを変えて行って、バケットの縁から、次にあるバケットの背中に当たらない角度で空中に飛び出して行く。このため、飛び出した水流が飛散しないように周囲は囲い、すなわち「ハウジング」で覆われる。

小さな Pelton 水車では、ジェットを吹き出すノズルの数は、一つであるが、大きくなると複数になり、最多は 6 である。

水車の回転速度は、ノズルから吹き出すジェットの流量を変えて、常に一定に保たれる。

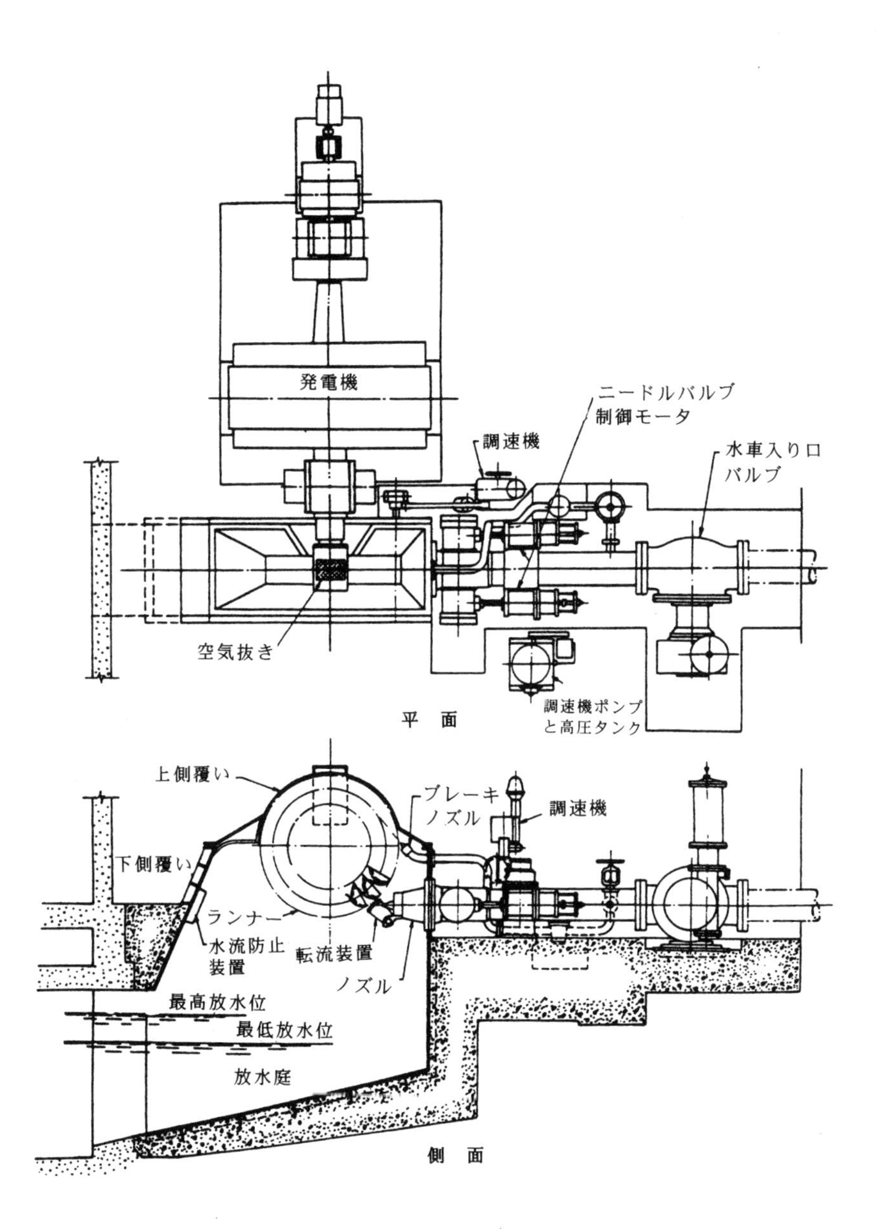

図 4-1　Pelton 水車[58)]

Pelton 水車は、一般に高落差の所で用いられる。落差の世界記録は、スイス国 Bieudron 発電所の 1869 m である。使用水量は $25m^3/s$、これによる出力は 423000 kw である。このような高落差の下で用いられる Pelton 水車は、ランナーを停止する時、ノズルの先に転流装置、すなわち「デフレクター」を入れて、ジェットの向きをバケットからそらすと共に、ブレーキ用のノズルからジェットをランナーの回転と逆方向にバケットに吹き付けて制動しながら、ノズルをゆっくり閉じてジェットの噴射を止め、最後に水車に供給する管水路の止水弁を止める。あるいは、デフレクターの代わりに、「バイパス管路」を設けて、ノズルに行く水を直接空中に放流する方法が取られる。このため、反動水車を用いた発電施設では、多くの場合、水車を急停止するためにサージ・タンクを用いるが、Pelton 水車の発電施設では、サージ・タンクは、無い。

Pelton 水車の回転軸は、普通、水平に置かれる。これに対して、反動水車では、通常、回転軸は、縦に置かれる。前者を「横軸式」、後者を「縦軸式」と呼ぶ。Pelton 水車は、普通、横軸式であるが、縦軸式の物もある。

効率良く Pelton 水車を回転させるためには、バケットの幅はジェットの直径の３～４倍、車輪の直径はジェット直径の 15 ～ 20 倍にすると良いことがわかっている。バケットの水を放出する角度は、バケットから飛び出た水流が後ろのバケットの背中を叩かないように、通常約 165 度にされる。バケットの切り欠きは、バケットの中心にジェットを吹き込むためのものである。

Pelton 水車の最大効率は、理論的にはランナーの外周速度 u がジェットの速度 v の半分 ($u = 0.5v$) の時に最大になるはずである。しかし、半分以下の $u = 0.43$ ～ $0.48v$ 位の値になる。

水路末端にあるニードル・ノズルによって水頭損失が起こる。したがって、水車に対する有効水頭を算出する場合、この分を控除しなければならなくなる。しかし、ニードル・バルブは水車と一体の物と考えて、この控除は、行わず、水車の効率の中で処理してしまう。

（2） Francis 水車

Francis 水車の呼び名は、開発者の名前から来ている。

「Francis 水車」のランナーは、通常、「渦巻き形のケーシング」で取り囲まれている。このケーシングの断面形は、通常円形で、かつ鋼鉄製である。しかし、水車の落差が 30m 以下と小さくなると、「発電所建屋」を構成する鉄筋コンクリ

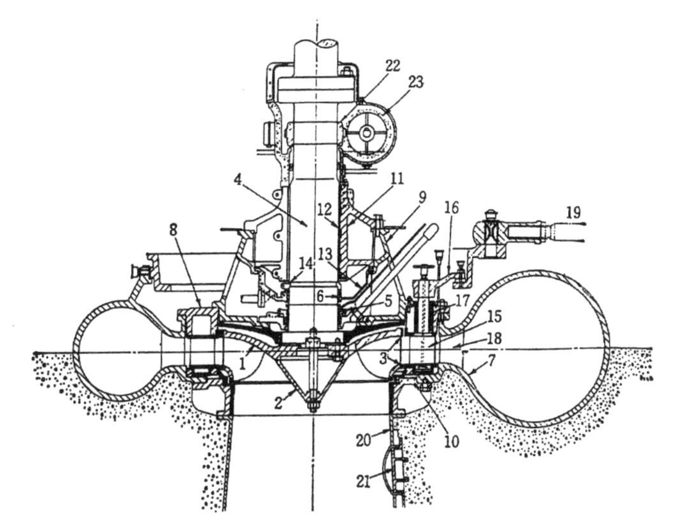

Francis 水車全容

うず形ケーシング

（a）高速度ランナ　（b）中速度ランナ　（c）低速度ランナ

図 4-2　Francis 水車[59)]

ート構造の一部となる四角形断面が用いられる。さらに低落差の小出力の場合には、ケーシングを用いず、水路につながる池の中に水車がただ置かれる。

このケーシングとランナーの間には、「案内羽根ゲート」が設けられる。案内羽根ゲートは、水流を案内する、多数の連動する羽根より成る。水車が使用する水量を増やす時は、羽根の間隔を拡げる。逆に減らす時は、狭める。そして、間隔を零にして、つまり完全に閉じて、ランナーへの流量を零にすることができる構造になっている。すなわち、水車の直前に置かれる一種の制水弁である。案内羽根は、最大流量時にランナーの翼に最大の衝撃力を与えるように角度が調整されている。

ケーシングから案内羽根で案内されてランナーに入って来た水流は、ランナーの翼を押し回しながら、ランナーを通過する。ランナーの次には、ケーシングからランナーの翼に向け直角に流れ込んで来て、翼の接線方向にランナーから流れ出て行く水流を水車の軸方向に向きを変える立体曲面がある。

この立体曲面で水車は終り、この後に「吸い出し管」、すなわち「ドラフト・チューブ」が来る。ドラフト・チューブは、水車と水車の使用水を放出する放流水面を結んで、水車の高さと放水面の間の落差を完全に使い切るための装置である。ドラフト・チューブは、入り口から出口に向けて徐々に断面積が拡げられている。

Francis 水車においては、ケーシングに水が入ってからランナーの後に来る立体曲面を通過するまでの間で起こる各種の損失水頭は、水車の効率の問題として処理する。水車の効率 e は、「水理学的効率」をe_h、「機械的効率」をe_m、水車に力を与えないで水車を通過してしまう流量があるからそれを「体積的効率」と呼んで、e_vとすると

$$e = e_h \cdot e_m \cdot e_v \tag{4-1}$$

の式で与えられる。

Francis 水車では、案内羽根ゲートの羽根が「負荷」、すなわち発電機に対する電力需要に応じて開いたり、閉じたりして負荷に対応している。送電線における事故等で負荷が突然零になると案内羽根ゲートは急速に閉じられなければならないが、この時間は、急閉塞時間より相当長くなければならない。すなわち、緩閉塞しなければならない。通常、案内羽根ゲートは油圧で操作されるから、油圧ポンプの吐出容量でこの時間が決められる。

Francis 水車は、つながれている発電機をモータに転換して、発電時とは逆方向に回転させるとポンプになる、すなわち可逆性がある。水車を改造して可逆性を持たせた水車を「ポンプ型水車」と呼ぶ。この場合、「Francis 型ポンプ水車」と言うような呼び方がされ、「揚水発電」で用いられる。

(3) プロペラ水車

「プロペラ水車」は、ランナーが船のスクリュウに似ている。図 4-3（b）（156 頁）参照また、Francis 水車と比べて、ランナーの翼の数が数枚と、極端に少ない。この翼が水車軸に対して固定されているものを固定翼のプロペラ水車、翼の水流に対する角度が自在に変えられて、水車軸に固定されていないものを特に「Kaplan 水車」と呼ぶ。Kaplan 水車の呼び名は、発明者の名前から来ている。

プロペラ水車は、Francis 水車同様、ケーシングと案内羽根ゲートを備えている。プロペラ水車は比較的低落差に対して用いられるので、プロペラ水車のケーシングは、発電所建屋を構成する鉄筋コンクリート構造の一部となる四角形断面が用いられる。図 4-3 の (a)。

ケーシングから案内羽根ゲートを通って来た水は、水車軸に沿う流れを形成する立体曲面で流れの方向が変えられる。そして、水車軸と平行に流れて、ランナーを押し回しながら水車を通過して、ドラフト・チューブに入る。すなわち、プロペラ水車では、水は、外周から流れ込んで来て、水車軸方向に向きを変えて、軸に沿う流れになって、ランナーに向かって行くようになっている。

(4) チューブ水車

「チューブ水車」は、特に低落差を活用するために考案された水車形式である。プロペラ水車は、縦軸型の水車である。これを横軸型に変えたのがチューブ水車である。このようにするためには水車と管路、すなわち「チューブ」を一体化しなければならず、それからチューブ水車の名前が出て来たのであろう。

チューブ水車は、水車の動力を発電機に伝える方式で、２種類に分けられる。その第１は、図 4-4（157 頁）の (a)に示すように、“へ”の字状に伏せた管路の入り口に水車を置いて、斜めの長いプロペラ・シャフトで水車の回転を発電機に伝えるものである。第２は、図 4-4(b)に示すように、水車と発電機を一体化した潜水艦のような物を太い管水路の中に吊したものである。チューブ水車と言うと、一般にこの形式を考える人が多い。 なお、チューブ水車は、「バルブ水車」（bulb turbin）と表記されている場合もある。

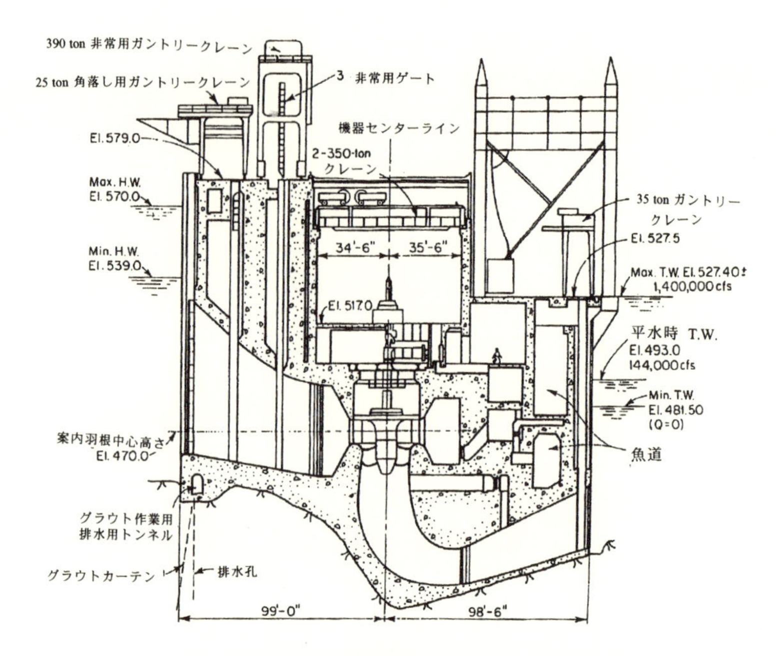

(a) 全容

(b) 可変型プロペラ水車(Kaplan 水車) のランナー

図 4-3 プロペラ水車発電所[60)]

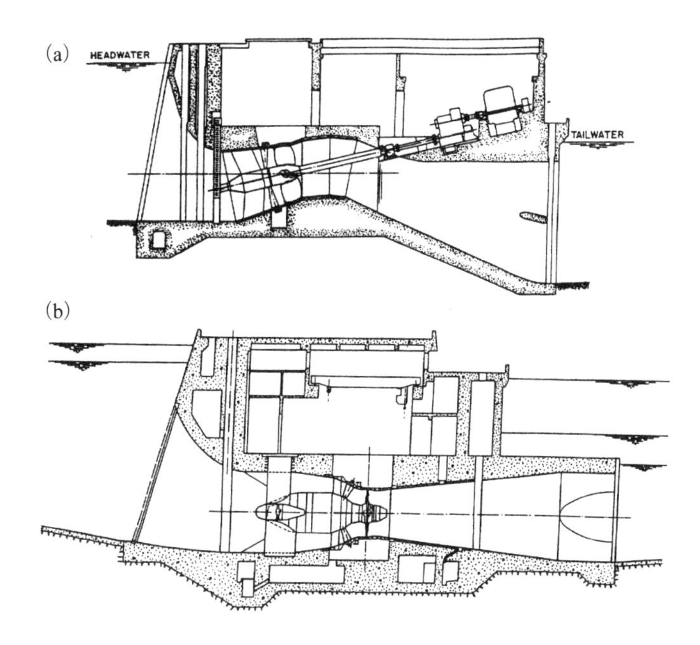

図 4-4　チューブ水車[61)]

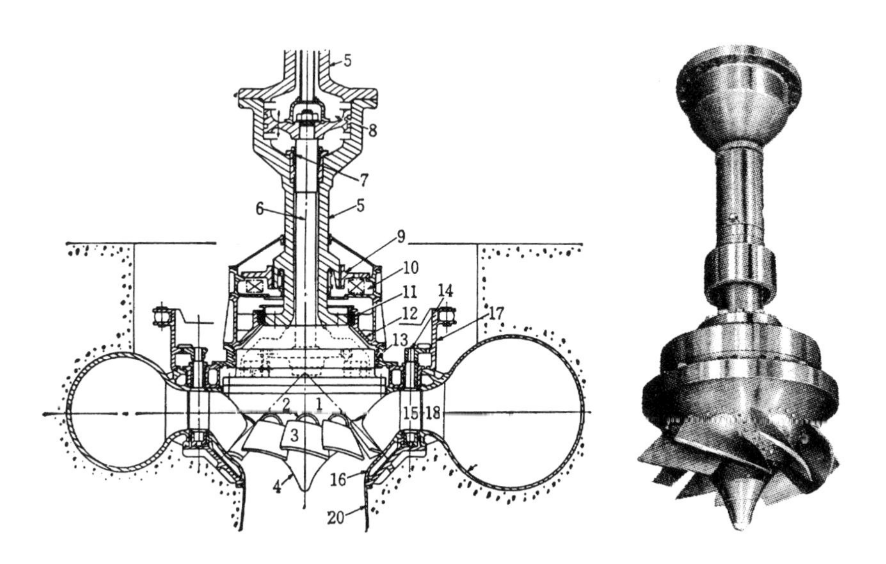

図 4-5　斜流水車[62)]

(5) 斜流水車

「斜流水車」は、開発者の名前を取って、「Deriaz 水車」とも呼ばれている。

Francis 水車においては、水は、水車軸に向け直角に流れ込んで行く。これと正反対にプロペラ水車では、水流は、最初は水車軸と直角で、その後平行に向きを変える。斜流水車においては、図 4-5(157 頁)に示すように、水車軸に向け斜めに水が流れ込んで行く。このことから斜流水車と言う呼び名が出て来た。斜流水車は、Francis 水車とプロペラ水車の中間的な性質を有している。しかし、構造そのものは、プロペラ水車に近いものと言える。

また斜流水車は Francis 水車同様に可逆性があり、「斜流型ポンプ水車」と言うような呼び方がされ、揚水発電で用いられる。

4.1.3 水車の必要回転速度

水車の回転軸と発電機の回転軸は、直結される。水車が求められる回転速度、すなわち「必要回転速度」を N_t、発電された交流電気の周波数を f、発電機の磁極数を N_g とすると、次の関係になる。

$$N_t = 120\frac{f}{N_g} \tag{4-2}$$

すなわち、水車の必要回転速度は、発電される電気の周波数と発電機の磁極数で決まる。電気の周波数は、常に一定値に保たれなければならない。磁極数は、固定である。このため、水車は、負荷に関係無く、常に一定の回転速度を保たなければならない。また、そうできる構造でなければならない。

Pelton 水車の場合の回転速度 N_p(r/m)は、水車の直径(バケットの中心間隔)を D(m)、外周速度を u(m/s)とすれば、次の通り。

$$N_p = 60\frac{u}{\pi D} \tag{4-3}$$

外周速度 u とジェットの速度 v との間には次の関係がある。

$$u = C'v \tag{4-4}$$

ここで、C' = 0.43 ～ 0.48。

有効落差を H とすると、ノズルが付いていない、一定の太さの管で発生する流速 V は次の式で求められる。

$$V = (0.95 \sim 0.99) \times \sqrt{2gH} \tag{4-5}$$

管で発生する流速は水車が要求する外周流速よりはるかに遅いので、管の終端にノズルを付けて、必要とする高速流 v を発生させる。

［計算例 4-1］

周波数 f = 50Hz、発電機の磁極数 $N_g = 10$ の場合の水車の必要回転速度 N_t（r/min）を求める。

$$N_t = 120\frac{f}{N_g} = 120\frac{50}{10} = \underline{600\ r/min}$$

4.1.4　水車の特定速度

水車の種類・形式に関係無く、水車に関しては次の関係が成立する。

- 水車の回転速度は、有効落差の２分の１乗に比例する。
- 水車の回転速度は、直径に反比例する。
- 水車の出力は、有効落差の２分の３乗に比例する。
- 水車の出力は、直径の２乗に比例する。

いま、ある水車の寸法をそのままにして、有効落差をHからhに変える。元の回転速度をN、出力をPとする。有効落差を変えたことによって生じた水車の回転速度を n、出力を p とする。

水車の回転速度は有効落差の２分の１乗に比例するから、回転速度比は

$$\frac{n}{N} = \frac{\sqrt{h}}{\sqrt{H}} = \left|\frac{h}{H}\right|^{1/2} \tag{4-6}$$

水車の出力は有効落差の２分の３乗に比例するから、出力比は

$$\frac{p}{P} = \frac{h^{3/2}}{H^{3/2}} = \left|\frac{h}{H}\right|^{3/2} \tag{4-7}$$

次に、この水車が H 対 h の比で縮小されたとする。元の水車の直径を D、縮小された水車の直径を d とする。また、元の水車と縮尺された水車の出力を P と p、同様回転数を N と n とする。水車の寸法をそのままにして有効落差をH から h に変えたことで出力比は既に式(4-7)で$(h/H)^{3/2}$になっているから、この水車が H 対 h の比で縮小されたことを加えた出力比は、水車の出力は直径の２乗に比例するこ

とから

$$\frac{p}{P}=\left(\frac{h}{H}\right)^{3/2}\times\left(\frac{d}{D}\right)^{2} \qquad (4\text{-}8)$$

水車の寸法をそのままにして有効落差をHからhに変えたことで回転比は既に式(4-6)で $(h/H)^{1/2}$ になっているから、この水車がH対hの比で縮小されたことを加えた回転比は、水車の回転速度は直径に反比例する。

$$\frac{n}{N}=\frac{D}{d}\left(\frac{h}{H}\right)^{1/2} \qquad (4\text{-}9)$$

式(4-8)を式(4-9)に代入すると

$$\frac{n}{N}=\left(\frac{h}{H}\right)^{1/2}\times\left(\frac{P}{p}\right)^{1/2}\times\left(\frac{h}{H}\right)^{3/4} \qquad (4\text{-}10)$$

いま、pとhを単位に取れば、この時の水車の回転速度はnである。これを改めて N_s と表現すれば

$$N_s=\frac{NP^{1/2}}{H^{5/4}} \qquad (4\text{-}11)$$

となる。すなわち、有効落差Hのもと毎分N回転してPと言う出力を出している水車をH分の1に縮尺した時、この縮尺された水車が単位の有効落差のもとで単位の出力を出すためには、N_s回転しなければならないと言うことに理論上なる。この回転数のことを元の水車について特別に定めた、すなわち「特定速度」と呼ぶ。なお、特定速度のことを「比速度」、あるいは「特有速度」と一般に呼んでいるが、英語では“specified or specific speed”なので、特定速度と呼ばれるべきである。“specific”と言う英語の言葉に日本語の“比”と言う意味は全然無い。

ここでは、以後“特定速度”と言う表現を用いる。ポンプについても同様である。

［計算例 4-2］

有効落差 160 m 、出力 22500 kW、回転速度 600 rpm の水車の特定速度を求める。

$$N_s=\frac{NP^{1/2}}{H^{5/4}}=\frac{600\times 22500^{1/2}}{160^{5/4}}=158.2$$

水車の特定速度の値は、有効落差Hと出力Pの単位の取り方によって違って来る。すなわち、有効落差の単位をフイート、出力の単位を馬力に取った場合の「英（国）単位」と、有効落差の単位をメートル、出力の単位をキロ・ワットに取っ

た場合の「メートル法単位」で違って来る。英単位で計算された特定速度の値に“4.446”を乗じるとメートル法単位の特定速度になる。逆に、メートル法単位で計算された特定速度の値に“3.813”を乗じると英単位の特定速度になる。

Pelton 水車で、ジェットを吹き出すノズルの数が複数の場合、一つのノズルが生み出す出力を用いて特定速度を計算する。

水車の特定速度を計算する際には、出力として「定格出力」、落差として「定格落差」、回転速度として「定格回転速度」を用いる。“定格”と言う言葉は、機器の能力を格付けする際に用いる言葉である。

水車の形式分類、効率、落差、キャビテーションの発生は、特定速度との関連で経験的にデータが皆整理されている。したがって、特定速度と言う概念抜きにして水車の設計は、できない。

水車の特定速度を上げると、水車の直径を小さくできる。そのため、できるだけ特定速度を上げるように勤めるのが一般である。

この水車の特定速度と言う定義を用いることによって、水車の形式、回転速度、出力、落差を考えなくても、水車同志の比較ができるようになる。また、その水車の特性を数値で表すことができるようになり、大変有用である。

4.1.5　水車の特性と特定速度との関係

(1) 水車形式別の特定速度の限界値と有効落差の関係

図 4-6（162 頁）は、水車の種類別に特定速度と有効落差との関係をプロットして、特定速度の概略の上限線を引いたものである。Moody と Zowski によって最初の図 4-6 の(a)が作られた。図 4-6 の(b)は、現在日本の国で利用されているものである。

［計算例 4-3］

ある条件の下で、特定速度 $N_s = 20.3$（メートル法単位）と計算された。このデータのみを用いて、図 4-6 により水車の形式を選定する。

メートル法単位で計算された特定速度の値に“3.813”を乗じると英単位の特定速度になるから、Ns(英単位) ＝ $3.813 \times 20.3 = 77.4$。図 4-6 の（a）を用いると、Kaplan 水車か Francis 水車と言うことになる。図 4-6（b）のデータによれば、Francis 水車と言うことになる。

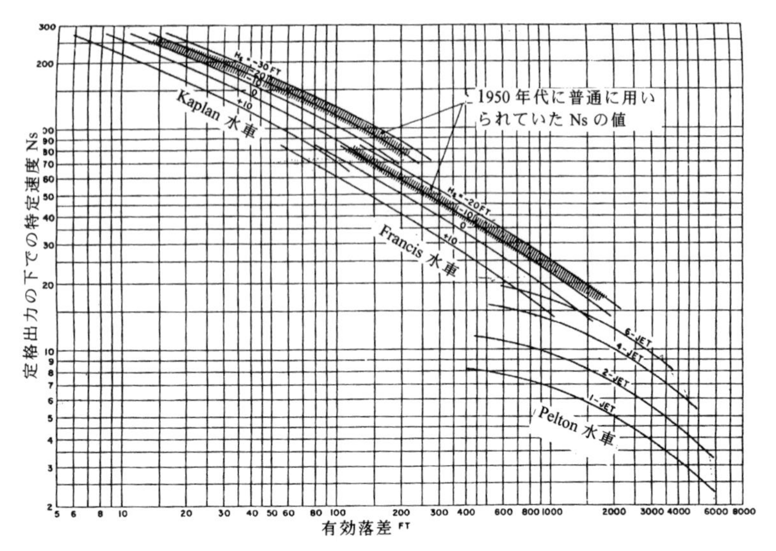

(a) Moody と Zowski による

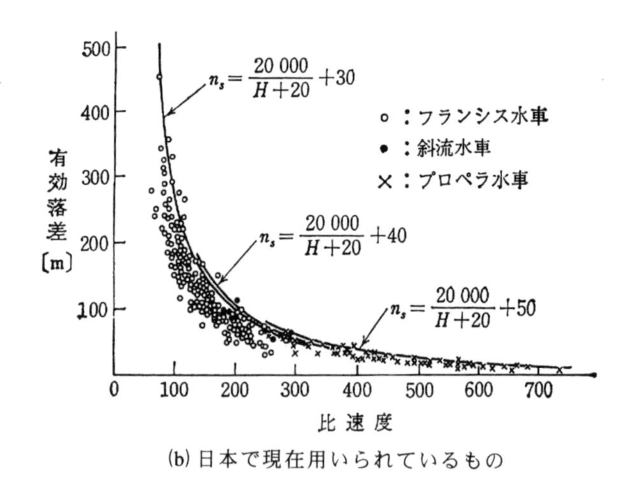

(b) 日本で現在用いられているもの

図 4-6 水車形式別の特定速度の限界値と有効落差の関係[63)]

(2) 水車形式別の特定速度とピーク効率との関係

図 4-7 は、水車形式別の特定速度とピーク効率の関係を示す。水車の最大効率は、水車の形式によって大差ない。最大値は、94％強である。

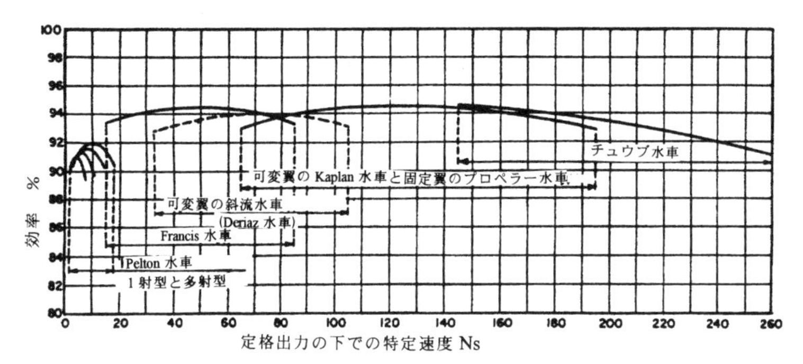

図 4-7　水車形式別の特定速度とピーク効率との関係[64)]

(3) 水車形式別の特定速度と効率の関係

Pelton 水車と Kaplan 水車は、流量の広い範囲で効率は一定している。プロペラ水車は、流量の低下に伴う効率の低下が著しい。Francis 水車は、前二群の中間の効率特性を持っている。

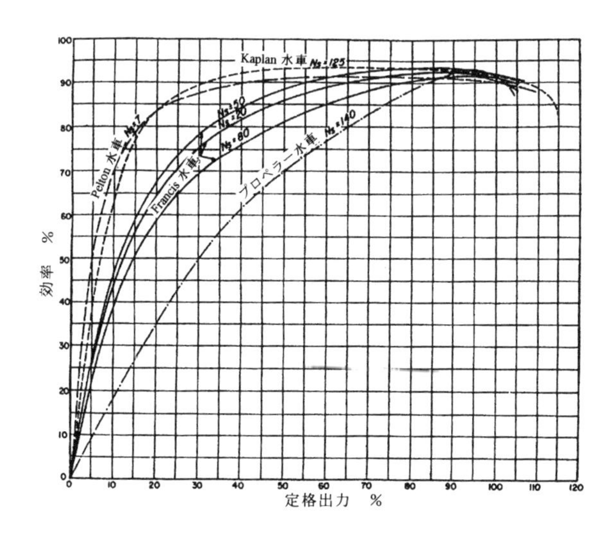

図 4-8　水車形式別の特定速度と効率の関係[65)]

(4) キャビテーション係数と特定速度との関係

キャビテーションは、水車の中で「部分圧力」が水の蒸気圧に下がらないと発生しない。すなわち、ドラフト・チューブの長さ（高さ）が発生の決定的要因になる。事実、反動水車においては、キャビテーションは、水車のランナーの裏側（ドラフト・チューブ側）の縁の部分で起きている。

そこで、水車に関しては、「キャビテーション係数」を次のように定義する。

$$\sigma \ (\text{sigma}) = \frac{\dfrac{P_{atm}}{\gamma} - \dfrac{P_v}{\gamma} - z}{h} \qquad (4\text{-}12)$$

ここで、h は有効落差、z はドラフト・チューブの入り口の放水面からの高さ、P_{atm}/σ は大気圧の水頭、Ps/σ は水蒸気圧の水頭である。

［計算例 4-4］

標高 1000 m の地点に Francis 水車を設置する計画を立てている。有効落差 h = 50 m、ドラフト・チューブの入り口の放水面からの高さを 4.5 m として、この水車の σ の値を求める。

標高 1000 m 地点の U.S.標準大気の圧力 P_{atm} =89876 N/m²、気温 10 ℃、水の密度 ρ = 1000 kg/m³ とすると水の単位体積重量 $\gamma = 1000 \times 9.81 = 9810$ N/m³、1 気圧は P_{atm} = 101325 Pa (N/m²)、水蒸気圧は 0.01211 atm 、z = 4.5 m、h = 50 m

$$\frac{P_{atm}}{\gamma} = \frac{89876}{9810} = 9.16 \text{ m}$$

$$\frac{P_v}{\gamma} = \frac{0.01211 \times 101325}{9810} = 0.13 \text{ m}$$

$$\sigma = \frac{\dfrac{P_{atm}}{\gamma_a} - \dfrac{P_v}{\gamma_a} - z}{h} = \frac{9.16 - 0.13 - 4.5}{50} = \underline{0.09}$$

いま、キャビテーションが発生する臨界の σ の値を「臨界シグマ」σ_cとすると、図 4-9 のような関係が得られている。すなわち、σ の値がこの臨界線を超えるとキャビテーションが発生することが、わかっている。

したがって、臨界のドラフト・チューブ高さ(z_c)は、臨界キャビテーション係数(σ_c)を用いて、次の式で計算できる。

$$z_c = \frac{P_{atm}}{\gamma_a} - \frac{P_v}{\gamma_a} - \sigma_c h \tag{4-13}$$

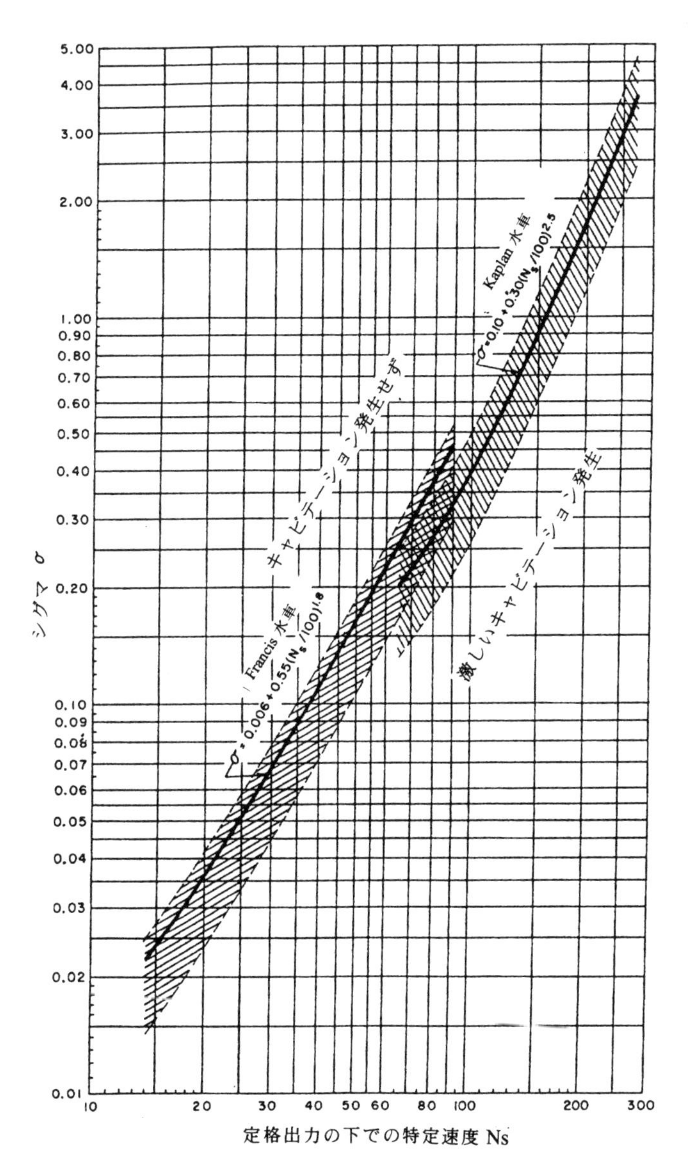

図 4-9　キャビテーション係数と特定速度との関係[66)]

4.2　ポンプ

4.2.1　ポンプの種類

ポンプにはいろいろの種類がある。しかし、管水路システムで用いられるのは、「遠心力ポンプ」、「斜流ポンプ」、「軸流プロペラポンプ」と呼ばれる三種類だけである。軸流プロペラポンプは「低揚程」、斜流ポンプは「中揚程」、遠心力ポンプは「高揚程」に対して用いられる。

遠心力ポンプは Francis 水車に、斜流ポンプは可変翼斜流水車に、そして、軸流プロペラポンプはプロペラ水車と Kaplan 水車に対応する、と考えれば理解が深まる。

ポンプと水車の大きな違いは、水車は、注文に応じて個々に設計・製作することを原則としている。これに対して、ポンプは、特殊な大容量、高揚程のポンプを除いて、工場でほぼ全ての一般的条件を満たす仕様で作られている。そして、それ等から目的に応じて使用するのが専らであることである。

4.2.2　ポンプの構造

(1) 遠心力ポンプ

遠心力ポンプの回転子は、「インペラー」と英語では呼ばれる。水車の場合は、ランナーと呼ばれる。インペラーが水平に、すなわち回転軸が垂直になるように設置される場合、これを縦軸式と言う。大規模なポンプでは、この方式が良く用いられる。これに対して、中・小規模のポンプの場合、回転軸が水平に設置される。これを横軸式と呼ぶ。

図 4-10 参照。ポンプで揚水される水は、回転軸に沿ってインペラーの中心に向かう。この部分を英語では、「インペラーの目」と呼ぶ。回転軸の片側からインペラーの中心に向かって水が入って来る構造と、両側から入って来る構造の 2 種類がある。前者を「片吸い込み式」、後者を「両吸い込み式」と呼ぶ。両吸い込み式は、片吸い込みのインペラーを背中合わせにしたもので、同じ直径のインペラーの 2 倍のポンプの容量になる。両吸い込み式の場合は、横軸式のみである。

図 4-11（168 頁）参照。インペラーは、翼が 2 枚の回転板に挟み込まれて固定されている構造と、回転板が 1 枚で翼の片側だけが固定されている構造の 2 種類がある。前者を「クローズド・インペラー」、後者を「オープン・インペラー」

と呼ぶ。クローズド・インペラーの方が効率が良い。下水道用や浚渫船用のポンプのように固形物を流す場合、オープン・インペラーが用いられる。

図4-12（168頁）参照。インペラーから圧力をもって流れ出て来た水は、ケーシングに入り、その末端で管水路システムに接続される。インペラーから水が直接ケーシングに入る場合、これを「渦巻き式」と呼ぶ。他方、水車の案内羽根ゲートと良く似た、固定式の案内羽根を通ってケーシングに入る構造を「タービン式」と呼ぶ。

図4-13（168頁）参照。ポンプの回転軸には、通例、インペラーが1個取り付けられる。しかし、2個以上（複数）取り付ける場合がある。前者を「一段式」、後者を「多段式」と呼ぶ。多段式ポンプでは、回転軸に沿って流れ込んできた水がインペラーを通って圧力のある流れに変わってケーシングに入る。ケーシングから出る導水路で再び回転軸に沿って流れ、次のインペラーを通って更に圧力が上げられる構造になっている。

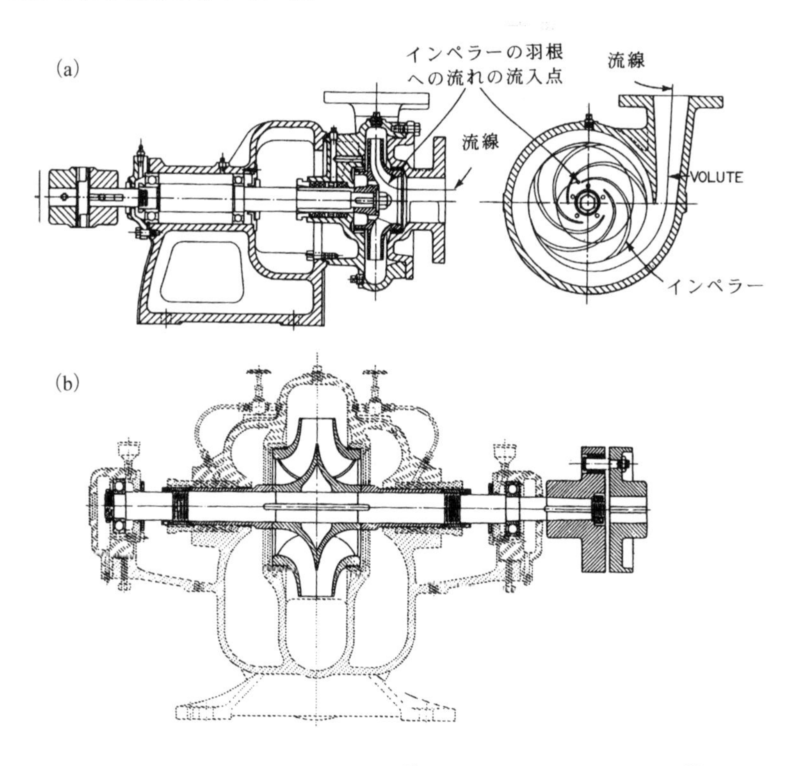

図4-10　片吸い込み式(a)[67]と両吸い込み式ポンプ(b)[68]

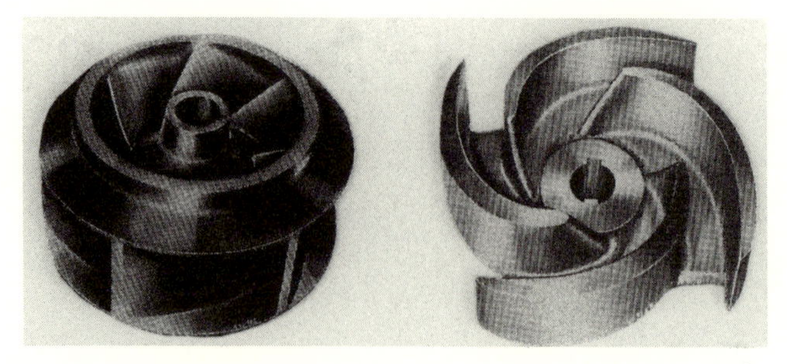

図 4-11　クローズド・インペラーとオープン・インペラー[69)]

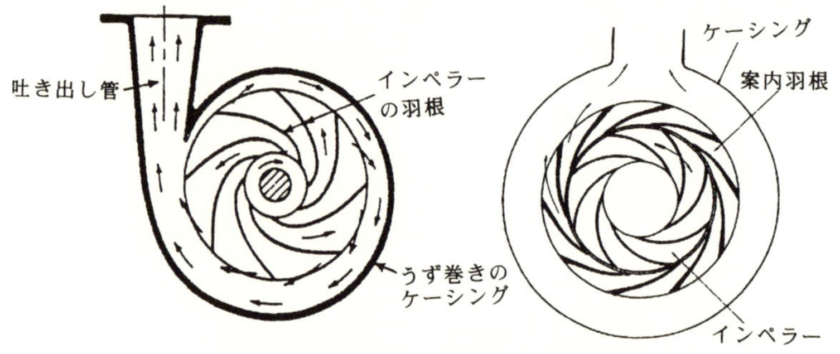

図 4-12　渦巻き式とタービン式[70)]

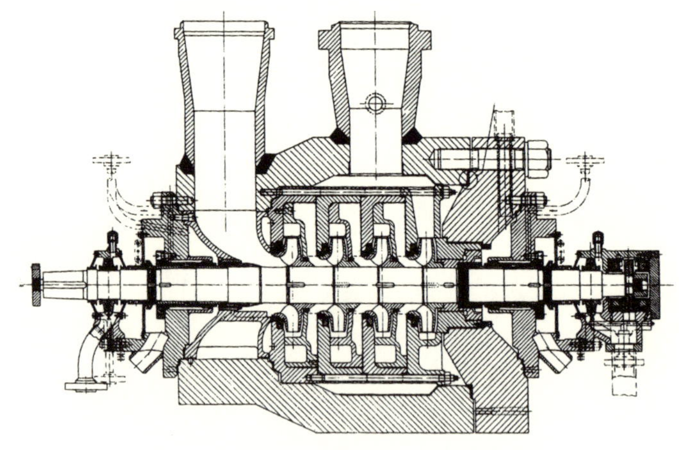

図 4-13　多段式（横軸 4 段渦巻）ポンプ[71)]

遠心力ポンプは、低い水面より高い位置に据え付けられる場合が多い。この場合、運転開始前にポンプのケーシングに水を詰める、すなわち「呼び水」をする必要がある。このためポンプの吸い込み側の先端にフート・バルブを取り付け逆流防止を行う必要がある。

(2) 斜流ポンプと軸流プロペラポンプ

遠心力ポンプは、インペラーの回転で生じる遠心力だけで水圧を発生させる。これに対して、軸流プロペラポンプは、回転するプロペラの翼の押し上げ力だけで水圧を発生させる。斜流ポンプは、遠心力と押し上げ力の両方を使って水圧を発生させている。すなわち、両者の特性を兼ね備えているポンプである。

4.2.3　ポンプの性能曲線

ポンプは、一機種毎に、回転数を一定に保った上で、吐出量を変えながら、全揚程、馬力、効率を測定する。そして、これ等の数値を図 4-14 のような一枚のグラフの上に表す。これをポンプの「性能曲線」と呼ぶ。

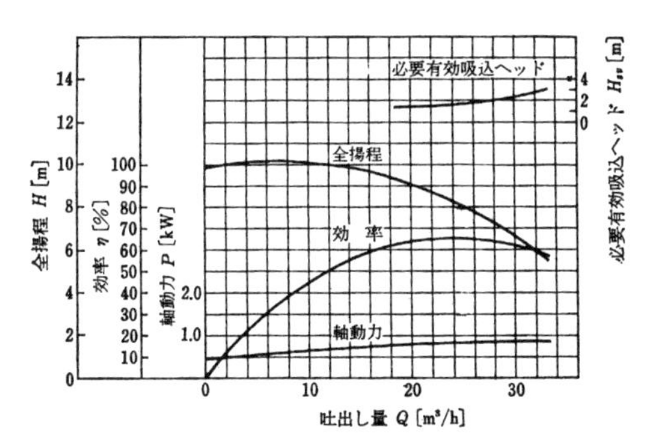

図 4-14　ポンプの性能曲線[72)]

普通、ポンプの性能曲線の効率の最高点での全揚程と吐出量を見て、これが設計条件を満たしている既製品のポンプを選び出す。

4.2.4　ポンプの特定速度

ポンプでは、水車と同様に、特定速度との関連でその特性を表すことが行われている。ポンプの特定速度 N_s は、次式を用いて計算する。

$$N_s = \frac{N\sqrt{Q}}{H^{3/4}} \qquad (4\text{-}14)$$

ここで、H は揚水高さ、N は回転速度である。

ポンプの特定速度を用いる時注意しなければならないことは、各量の単位の取り方である。特定速度N_sと回転速度Nに関しては、単位は毎分回転数(rpm)を用いるので、関係ない。問題なのは、揚水高さ、すなわち揚程と揚水量である。両者の単位の組み合わせを考えて、大きく次の2通りのポンプの特定速度がある。

揚程の単位としてメートル(m)を用いている国では、揚水量の単位として立方米毎分(m^3/min)が用いられる。

揚程の単位としてフートを用いている米国では、揚水量の単位として、「毎分ガロン(略称gpm)」、「日量ミリオン・ガロン(略称mgd)」、「毎秒立方フィート(略称cfs)」の三つを用いている。前第一者のgpm単位が一般的で、後第二者のmgdとcfs単位は、大容量のポンプに対して用いられている。

4.2.5 ポンプの特定速度とポンプの種類の関係

図4-15は、各種ポンプのインペラーの形とそれぞれの特定速度の値の範囲を示したものである。図4-16は、各種ポンプの吐出量毎の特定速度とポンプの効率の関係を示したものである。図4-17は、図4-16と同様であるが、各種のポンプの持ち得る最大効率を特定速度との関係で示したものである。

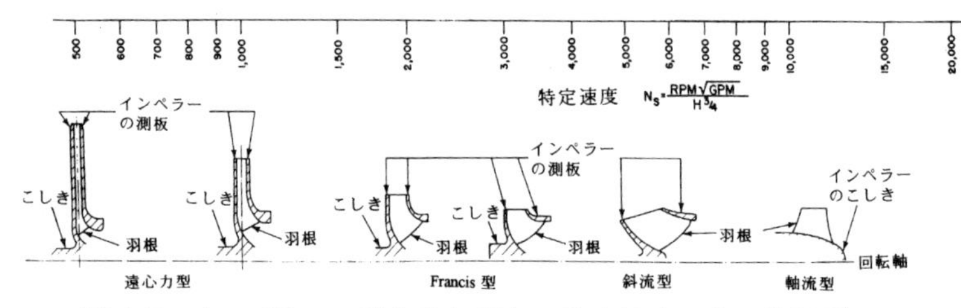

図4-15 インペラーの形とそれぞれの特定速度の値の範囲[73]

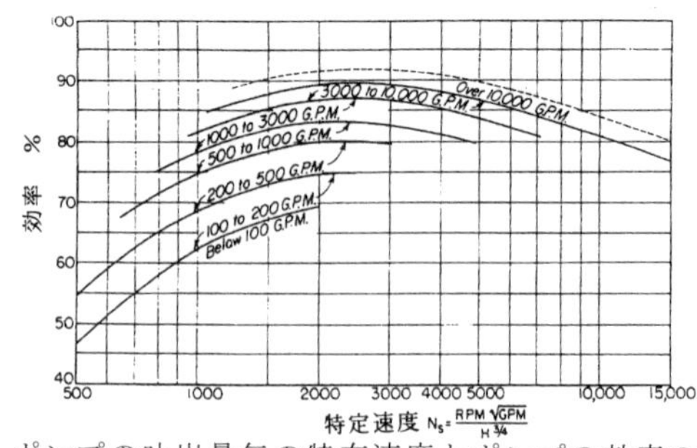

図4-16 ポンプの吐出量毎の特有速度とポンプの効率の関係[74]

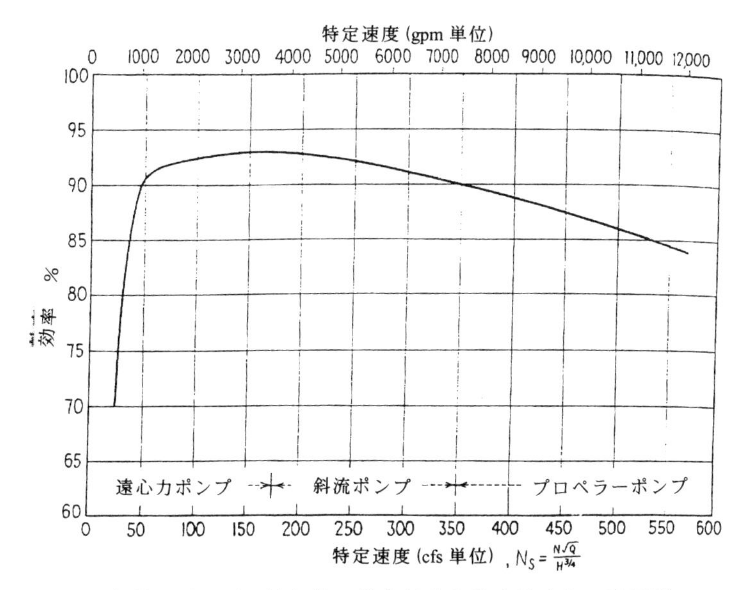

図 4-17　各種のポンプの持ち得る最大効率と特有速度との関係[75)]

4.2.6　ポンプのキャビテーション

(1) ポンプのキャビテーション

水車と同様に、キャビテーションがポンプで起こる。キャビテーションが起きると、ポンプの揚水量と揚程が著しく低下するばかりでなく、ポンプの損傷にまで至ることもある。

ポンプ内でキャビテーションが最も起こりやすい場所は、圧力が一番低くなる場所、すなわちポンプの入り口付近、図 4-18 の a 点である。

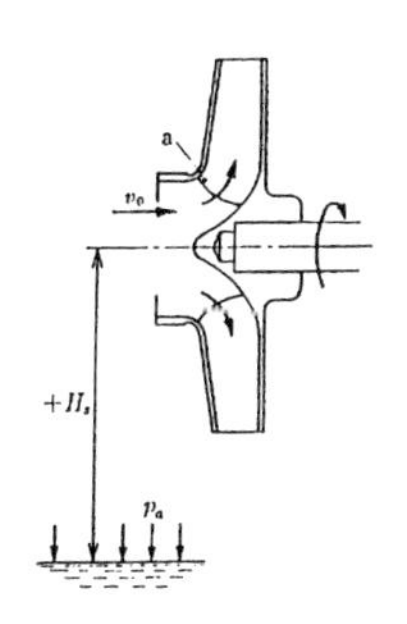

図 4-18　ポンプ内でキャビテーションが最も起こりやすい場所[76)]

（2）NPSH

「NPSH」は、“net positive suction head”の接頭語である。そして、h_{sv}（単位は m）と言う記号で表されている。NPSHは、次式で計算される。

$$P_s = p_a - \rho g(H_s + h_l) \tag{4-15}$$

として、

$$h_{sv} = \frac{P_s - p_v}{\rho g} \tag{4-16}$$

ここで、P_s は、インペラー入り口の圧力（単位は Pa）、p_v は水の蒸気圧（単位は Pa）、p_a は大気の絶対圧力（単位は Pa）、H_s はインペラー入り口の高さ（単位は m）（符号は、インペラー入り口が下の水面より下の場合負、上の場合は正）、h_l は下の水面からインペラー入り口までの間で発生する総損失水頭（単位は m）である。なお、g は重力の加速度（m/s^2）、ρ は水の密度（kg/m^3）である。

（3）Thomaのキャビテーション係数

hsv（単位は m）をポンプの総水頭H（単位は m）で商した無次元の値を「Thomaのキャビテーション係数」σと呼ぶ。

$$\sigma = \frac{hsv}{H} \tag{4-17}$$

いま、Thomaのキャビテーション係数σがある値以下になると、ポンプでキャビテーションが発生することが認められている。この時のThomaのキャビテーション係数σの値を「臨界シグマ」σ_cと呼ぶ。

臨界シグマσ_c の値は、ポンプの特定速度に関して、概略図 4-19 のような関係で与えられている。しかし、この図は、臨界シグマの値の幅が相当広く、実用性が乏しい。

（4）吸い込み特定速度

「吸い込み特定速度」Sは、ポンプの特定速度を求める式において、Hをh_{sv}に置き換えることによって、すなわち次式を用いて求める。

$$S = \frac{N\sqrt{Q}}{h_{sv}^{3/4}} \tag{4-18}$$

臨界シグマσ_cの値は、吸い込み特定速度Sを媒介変数として、ポンプの特定速度に関して、図 4-20 の関係で、図 4-19 の関係より精密に与えられている。

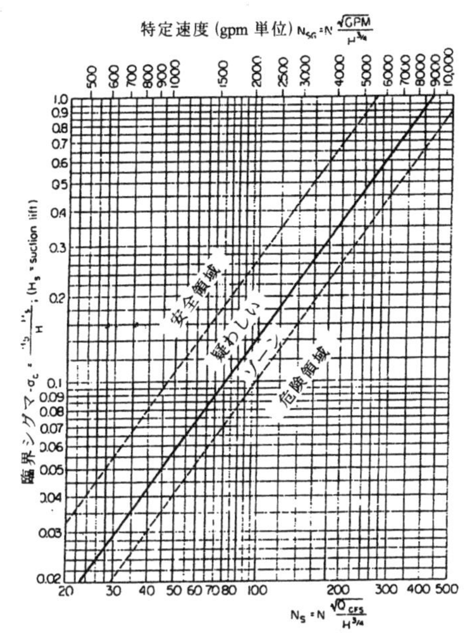

図 4-19　臨界シグマ σc の値とポンプの特定速度の関係 77)

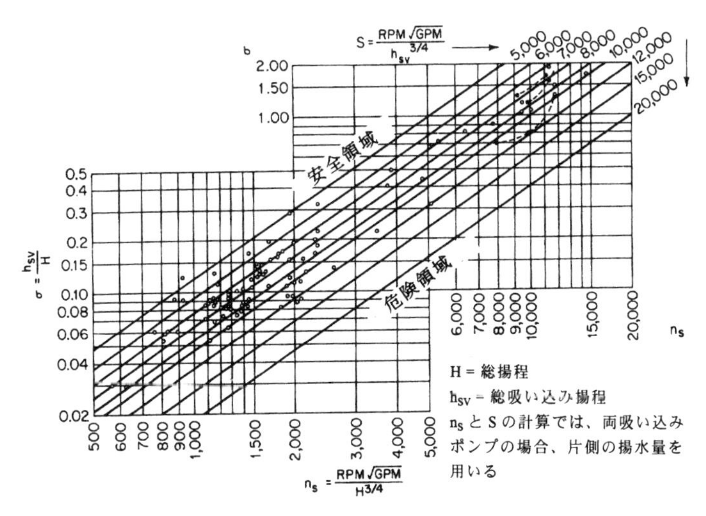

図 4-20　吸い込み特定速度Ｓを媒介変数としたポンプの特定速度と臨界シグマ σc の値の関係 78)

4.3 バルブ

4.3.1 バルブとその種類

「バルブ」は、流量を調節したり、管やポンプを過大な圧力から守ったり、過渡的流れの発生を防いだり、ポンプがあることで生じる逆流を防いだり、空気を取り除いたり、その他色々の機能を果たしている。すなわち、バルブは、管水路システムの設計において重要な部分を占めている。そして、バルブが適切に選ばれ、かつ適切に操作されなかったならば、それそのものが問題を引き起こすものである。

バルブは、次の4種類に分けられる。

1　流量の管理用バルブ
2　圧力調節用のバルブ
3　逆流防止用のバルブ
4　空気管理用のバルブ

4.3.2 流量の管理用バルブ

(1) ゲート・バルブ

「ゲート・バルブ」は、開水路で用いられるスルース・ゲート（垂直引上げゲート）（第2編の図1-18、39頁参照）と基本的に同じ構造である。図4-21。

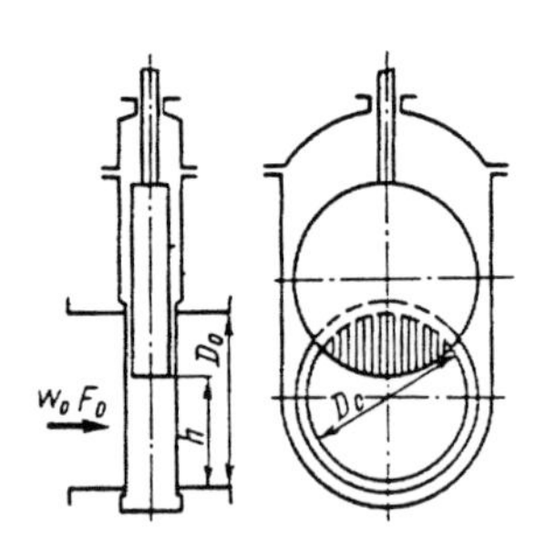

図4-21　ゲート・バルブ[79)]

円形の、上部が長四角形で下部が円形の、または全体が長四角形のゲートが戸溝に沿って流れの方向に対し直角に動かされるようになっている。

このバルブの全開、またはそれに近い状態での流れに対する抵抗は極めて少ない。しかし、開度が小さくなるにつれて急激に抵抗が増大する特性がある。

ゲート・バルブは、通常、全開、または全閉の状態（全開／全閉）で用いられ、流量の調節には用いられない。

(2) バタフライ・バルブ

「バタフライ・バルブ」は、円筒とその縦軸に直交する回転軸、そしてそれに取り付けられた全閉から全開の状態まで 90 度回転する円盤で構成されている。円盤は、図 4-22 に示すように、左右対称のものから非対称のものまである。

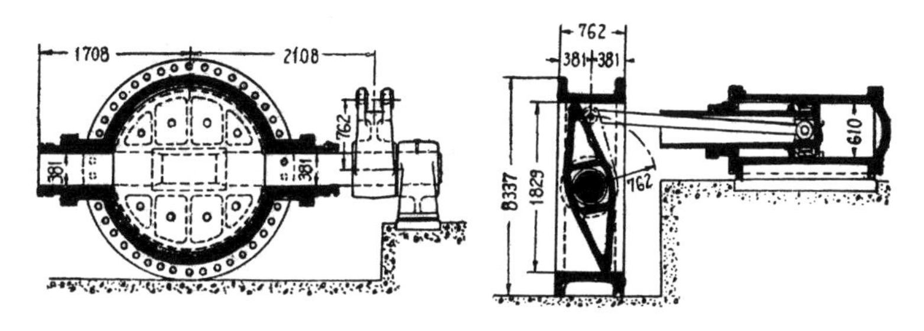

図 4-22　バタフライ・バルブ [80)]

バタフライ・バルブは、全開／全閉と流量の調節の両方のために用いられる。

(3) 球形バルブ

「球形バルブ」、図 4-23（176 頁）は、管とその直径より相当大きな直径の球から成る。管の軸と球の第一軸は、直交している。さらに、球には、その第一軸に直交する第二軸に、管と同じ直径の穴が開けられている。球は、管の軸上で、自分の第一軸を中心に回転するようになっている。すなわち、球の穴の軸、すなわち第二軸と管の軸が一致した時、バルブは、全開になる。両者の軸の交わる角度が 90 度になると、バルブは、全閉する。

このバルブは、全開時には、損失が完全に零になると言う特徴を持っている。

球形バルブは、流量の調節のために用いられる。

(4) 球状バルブ

「球状バルブ」と言う呼び名は、全体的に見た形から発したものである。図 4-24（176 頁）において、通常、左から右に向かって水を流す。しかし、逆に流しても良い。

このバルブの特徴は、全開の状態で他の種類のバルブより損失係数が大きいことである。そして、バルブ開度と損失係数の関係が他の種類のバルブより著しく平らであることである。球状バルブは、流量の調節のために用いられる。

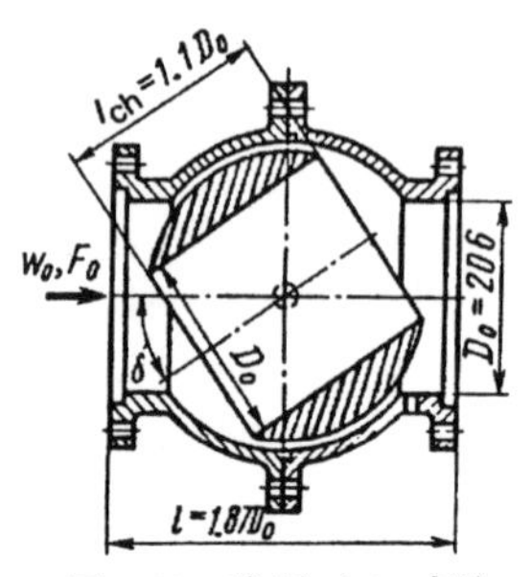

図 4-23　球形バルブ[81)]

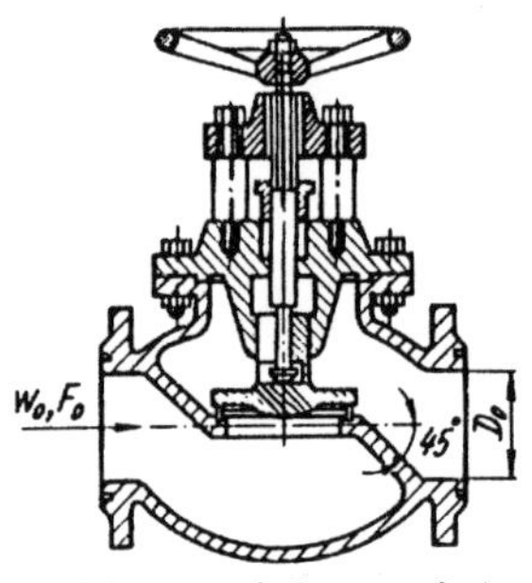

図 4-24　球状バルブ[82)]

（5）キャビテーション抑制バルブ

全開か全閉の状態で用いられるバルブでは、キャビテーション発生の問題は、ない。しかし、流量の調節のために用いられるバルブでは、キャビテーションの発生が主要な問題になる。キャビテーションの発生を抑制するように工夫が凝らされいる流量調節用バルブを「キャビテーション抑制バルブ」と呼ぶ。

（6）Howell-Bunger バルブ

開発者の名前が付けられた「Howell-Bunger バルブ」（図 4-25 参照）は、自由放水する管水路の末端に設置され、流量の調節を行うバルブとして一般的なものである。このバルブは「fixed cone valve」と一般に呼ばれる。

Howell-Bunger バルブは、管と同じ太さのバルブ本体に羽根で固定された円錐とバルブ本体を覆い、円錐に向かって滑る動きをする軸さやから成る。軸さやが円錐に向かって動いて行き、円錐に密着されると、バルブは、閉じられる。軸さやが円錐から離れ、バルブ本体と円錐の間に帯状の隙間ができると、バルブは、開の状態になる。バルブから出て行く水は、薄いジェットで、円錐形をしている。この円錐形のジェットの発生を防ぎたい場合は、Howell-Bunger バルブ全体を十分に太い覆い管で覆ってしまう。図 4-26 参照。そうすると、円錐形のジェットが円筒形のジェットに変わる。この形式のバルブを「リング・ジェット・バルブ」と呼ぶ。

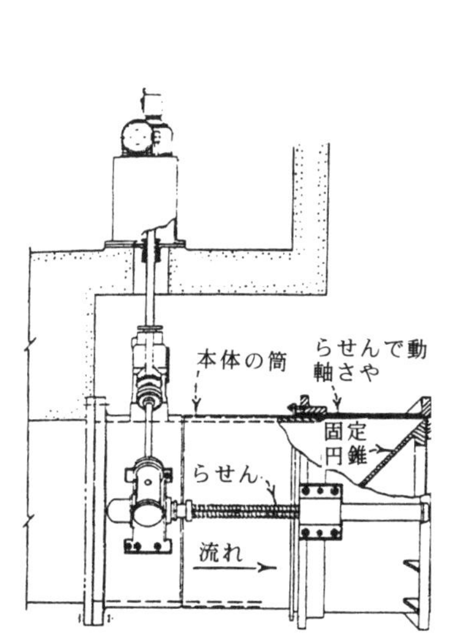

図 4-25 Hawell-Bunger バルブ[83)]

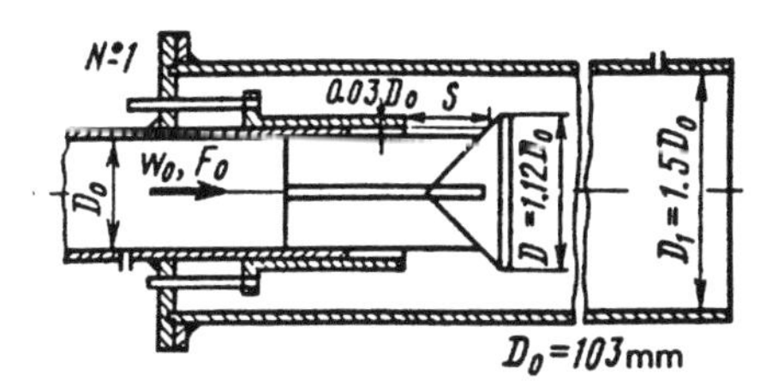

図 4-26　リング・ジェット・バルブ[84)]

4.3.3 圧力調節用のバルブ

「圧力調節用のバルブ」は、過渡的現象によって生じる過大な圧力の発生を防止するためのバルブである。その作用は、第 2 章 10 節バルブにおいて既に述べられている。圧力調節用のバルブは、「圧力除去バルブ・システム用のバルブ」と「圧力軽減バルブ」に分けられる。

圧力除去バルブ・システム用のバルブの機種は、流量管理用バルブの中から選ばれる。

圧力軽減バルブは、圧力センサーとバルブ自体に組み込まれたバイパスを備えている。過大な圧力の発生を検知したら、流量の一部をバイパスに分流して、過大な圧力を自動的に軽減する仕組みになっている。

4.3.4 逆流防止用のバルブ

逆流防止用のバルブは、普通、「チェック・バルブ」と呼ばれる。チェック・バルブは、管水路系に流れが無い時は普通重力で閉じられ、流れが起きると流れの動圧力で開けられる。しかし、スプリングの力で閉じられる仕組みのものもある。また、両者の組み合わせのものもある。

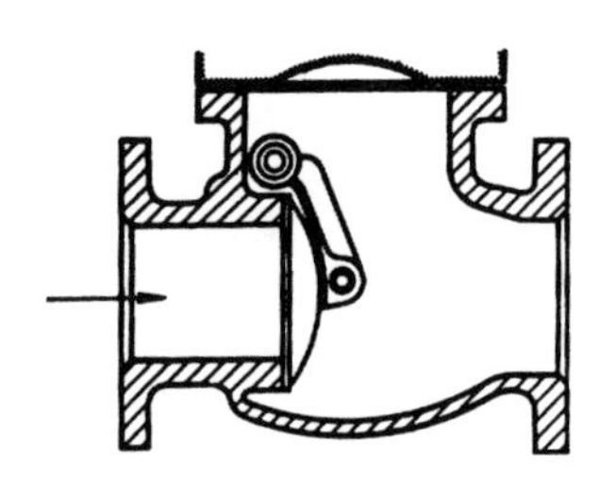

図 4-27 チェック・バルブ [85)]

4.3.5 空気管理用のバルブ

(1) 自動空気バルブ

管水路に注水する時、管に詰まっている空気を管から追い出すための手段が必要になる。Trapped air は、色々な問題を引き起こす。管水路から排水する時、すなわち管水路を空にする時、空気が、水の代わりに、管の中に容易に入って行かなければならない。そうしないと、管の中に真空が生じて、管が潰れてしまう恐れが出る。以上から、自動的に、管水路系から空気を排除したり、逆に空気を供給したりするための「自動空気バルブ」が必要になる。このような空気管理を「手動」で行うことを考えてはならない。

自動空気バルブは、空気－真空バルブと空気放出バルブの2種類に分けられる。

(2) 空気－真空バルブ

図 4-28 (a) の「空気－真空バルブ」は、1/2 ～ 36 インチ の大きな空気孔を持っていて、管水路に注水する時、または排水する時、大量の空気を通過させることができるようになっている。空気－真空バルブは、管水路の頂部に垂直に設置され、中に浮子がある。浮子は、管が空の時、または負圧が発生している時、重力で空気孔から離れて、下がっている。バルブに水が入って来ると、浮子は、浮かび上がって、空気孔を塞ぐ。一旦、管水路に圧力がかかってしまうと、その後空気が溜まっても、浮子は、空気孔を塞ぎ続け、排気を行わない。過渡的流れが発生して管の圧力が負になったり、排水が行われたりすると、浮子が空気孔から離れて下がり、バルブは、空気を吸引する。

(3) 空気放出バルブ

図 4-28 (b) の「空気放出バルブ」は、1/2 インチ以下の小さな空気孔を持っていて、注水後に溜まる少量の空気を放出することを目的にしている。

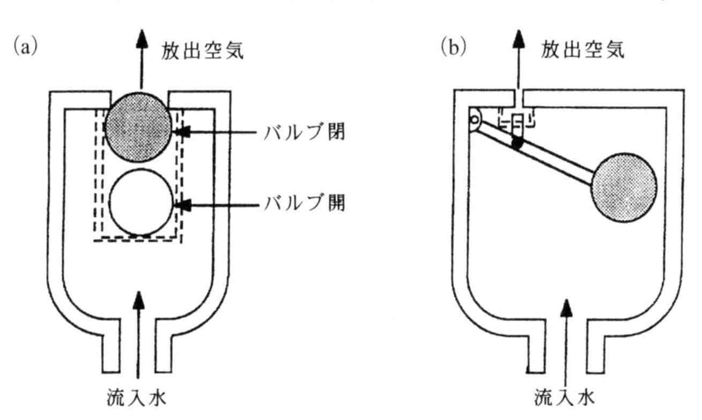

図 4-28　空気－真空バルブ(a)と空気放出バルブ(b)[86]

4.3.6　バルブによる流量調節

(1) 開度

バルブの「開度」、すなわち開閉は、「バルブ軸」を持ち上げたり下げたり、回転させたりして行う。全閉から全開までの間のバルブ軸の動く距離や回転角度をバルブ軸の行程と呼ぶ。すなわち、全閉の時行程は 0%、全開の時 100%であると定義する。バルブ軸の行程が 100%の時、バルブは、最大の流量を流している。この状態を開度 100%と定義する。最大流量の半分の流量を流している時、開度 50%と呼ぶ。

バルブ軸の行程と開度の関係(図 4-25〔177 頁〕)は、普通、バルブ軸の行程が 10%であれば開度も 10%、50%であれば開度も 50%、と言うような直線関係でない。バルブの種類によってそれぞれに違っている。

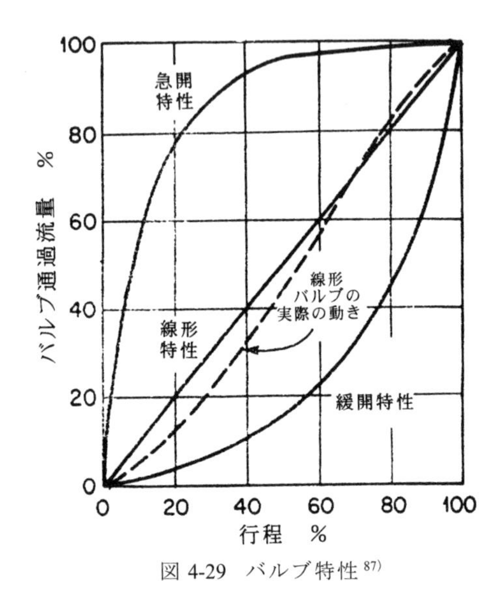

図 4-29 バルブ特性[87)]

そこで、バルブの行程と開度の関係を「バルブ特性」と呼ぶ。

バルブの行程と開度の関係が直線関係を「線形特性」がある、と呼ぶ。わずかな行程で全開状態に近くなるバルブを「急開特性」がある、と呼ぶ。

(2) 損失係数と流量係数

バルブによって生じる損失水頭を ΔH(m)、管水路の平均流速を V(m/s)とするとバルブの「損失係数」 K_l (無次元数)は次の式で与えられる。

$$K_l = \frac{2g\Delta H}{V^2} \tag{4-19}$$

バルブの「流量係数」C_d（無次元数）を次のように定義する。

$$C_d = \frac{V}{(2g\Delta H + V_2)^{1/2}} \qquad (4\text{-}20)$$

バルブの損失係数 K_l と流量係数 C_d の間に次の関係が成立する。

$$K_l = \frac{1}{C_d{}^2} - 1 \qquad (4\text{-}21)$$

各種のバルブについて、開度と流量係数 C_d の値を求めると、図 4-30 のような関係が得られる。なお、この関係は、バルブの製造業者によって提供される。

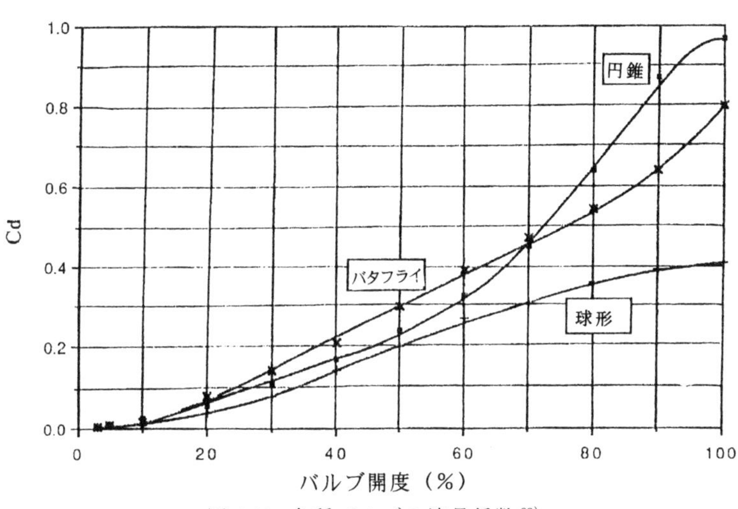

図 4-30　各種バルブの流量係数[88)]

［計算例 4-5］[89)]

上下二水面間をつなぐ管の中間にバタフライ・バルブが置かれ、流量を調節している。次のケースAとBについて、バルブの開度と流量の関係を求める。ただし、バルブ以外の原因によって生じるマイナー・ロスを無視する。

（A）二水面間水位差 **ΔH = 30 ft、fL/d − 3** の低い摩擦損失、すなわち短い管の場合

（B）二水面間水位差 **ΔH = 200 ft、fL/d ＝ 250** の高い摩擦損失、すなわち長い管の場合

ここで、**f** は摩擦損失係数、**L** は管の長さ、**d** は管の直径である。

ケースA　管で発生する流速をV、gを重力の加速度、K_lをバルブの損失係数とすると、エネルギー方程式から次の関係式が成立する。

$$\triangle H = \left| \frac{fL}{d} + K_l \right| \frac{V^2}{2g} \qquad (4\text{-}22)$$

$\Delta H = 30ft$、$fL/d = 3$であるから、式(4-22)は、$30 = (3 + K_l)V^2/2g$となる。
今、バタフライ・バルブが全開された場合、図 4-30（181 頁）より Cd = 0.80、この値を式(4-21)に代入して $K_l = 0.563$ の値が得られる。これを式(4-22)に代入すれば、管で発生する流速 V = 23.3 fps (ft/s)が計算できる。同様に、開度(VO) 90・50・30・15 %の場合を計算すれば、次の表 4-1(a)が得られる。

表 4-1(a)　短い管のケースの場合

VO(%)	C_d	K_l	V_{fps}	V_{max}(%)
90	0.64	1.47	20.9	89
52	0.32	8.77	13.2	56
30	0.14	50.0	6.04	26
15	0.06	277	2.62	11

ケースB　$\Delta H = 200ft$、$fL/d = 250$であるから、式(4-22)は、$200 = (250 + K_l)V^2/2g$となる。バルブが全開の場合、V = 7.16 fps となる。同様に、開度 90・50・30・15・10 %の場合を計算すれば、次の表 4-1(b)が得られる。

表 4-1(b)　長い管のケースの場合

VO(%)	C_d	K_l	V_{fps}	V_{max}(%)
90	0.64	1.44	7.16	99.8
52	0.32	8.77	7.06	98.4
30	0.14	50.0	6.55	91.3
15	0.06	277	4.94	68.9
10	0.02	2500	2.16	30.0

以上の計算例の結果を見ると、短い管のケースの場合では、流量は、バルブの開度にほぼ比例している。しかし、長い管のケース場合では、バルブの開度の増減は、流量にあまり影響していない。すなわち、管水路システムの中のバルブの問題を取り扱う時は、バルブの特性を表面的にのみ考えてはならないことをこのAとBのケースは例示している。

(3) キャビテーションの発生

流量調節用バルブでキャビテーションが発生すると、最悪の場合、流量の調節ができなくなる。したがって、管水路系の設計段階でキャビテーション発生を常に念頭に置く必要がある。このための流量調節用バルブの空洞数 σ の計算においては、第1章8節で述べられている式(1-142)と(1-143)（87頁）を用いる。

キャビテーション発生の状態は、1）初期{i}、2）臨界{c}、3）初期損傷{id}、4）塞流{ch}の四段階に分けられる。あるバタフライ・バルブに加速度計を取り付けて加速度と空洞数 σ の関係を両対数紙にプロットしたのが図4-31である。

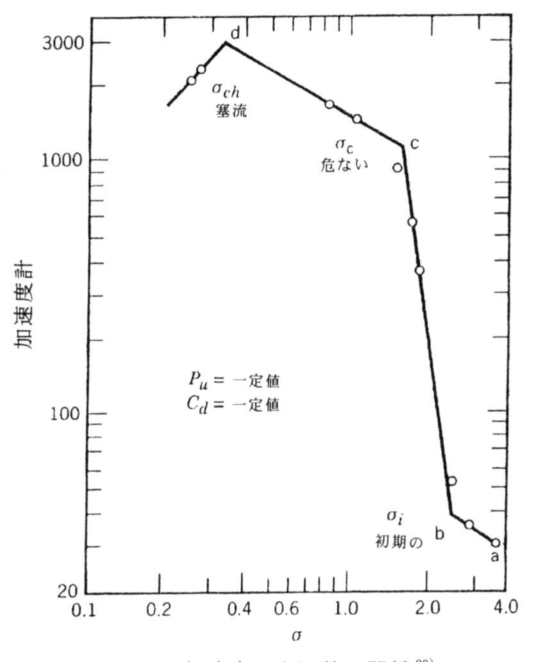

図4-31　加速度と空洞数の関係[90)]

この図4-31において、領域 a～b では、キャビテーションは起きていない。領域 b～c では、初期のキャビテーションから軽いキャビテーションが発生している。領域 c～d では、軽いキャビテーションから塞流が始まるまでを示している。領域 d～で、塞流が進む。バルブが完全に空洞で塞がれた段階を「supercavitation」と言う言葉で表現することがある。直線の折れ曲がり点が各境界を示す。

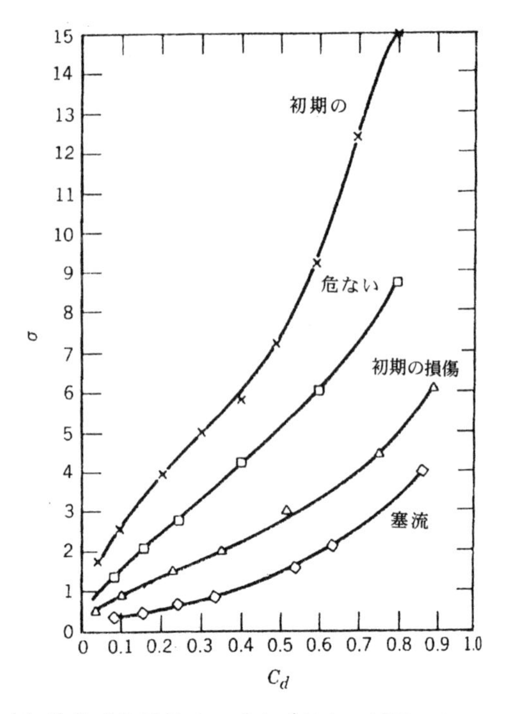

図 4-32　ある6インチのバタフライ・バルブのキャビテーションのデータ[91]

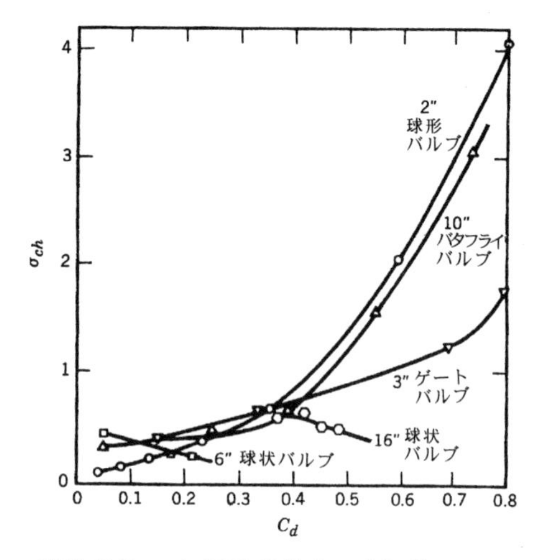

図 4-33　流量係数 C_d と塞流が始まる空洞数 σ_{ch} との関係[92]

図 4-32 と 4-33 は、キャビテーション発生に関するデータである。

4.3.7 バルブにおける相似則

(1) はじめに

バブルにおけるキャビテーション発生の有無は、理論解析の手法に頼ることは難しく、モデル実験データを適用して、演繹せざるを得ない。すなわち、その為、モデル実験データから相似性の法則、すなわち相似則を用いてキャビテーション発生の有無を検討する。バルブの世界では、この時に用いられる相似則を特に「Scale Effects」と言う言葉で呼んでいる。

圧力条件の違うデータを適用する場合のバルブの相似則を「Pressure Scale Effect」と言う言葉で呼ぶ。寸法条件が違うデータを適用する場合、「Size Scale Effect」と呼ぶ。

(2) Pressure Scale Effect

図 4-34 は、12 インチのバタフライ・バルブについて圧力を変えながら σ_c を求めた実験結果である。種々のバルブの行程（回転角）の下で、ほぼ一定の傾斜の直線関係が、両対数紙の上に得られている。

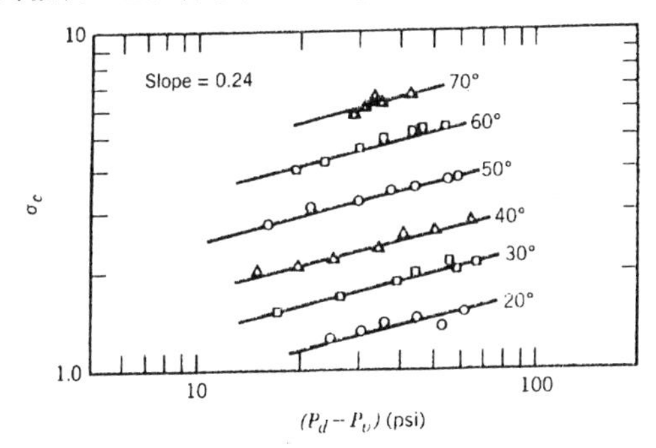

図 4-34　ある 12 インチのバタフライ・バルブの Pressure Scale Effect [93]

このことから、バルブに関する Pressure Scale Effect は、「PSE」を「Pressure Scale Effect 係数」と呼んで、次の関係式で表せる。

$$\sigma_c = PSE\,\sigma_{co} \qquad (4\text{-}23)$$

$$PSE = \left| \frac{P_d - P_{vg}}{P_{do} - P_{vgo}} \right|^X \qquad (4\text{-}24)$$

または

$$PSE = \left| \frac{P_u - P_{vg}}{P_{uo} - P_{vgo}} \right|^x \tag{4-25}$$

式(4-24)と(4-25)における指数xの値は、実験から次表のように与えられる。

ここで、σ_c は空洞数、P_uは装置直上流の圧力、P_dは装置より相当下流の圧力、$P_{vg} = P_{va} - P_b$(P_{va}は絶対水蒸気圧、P_bは気圧計圧力)、下添え字の"o"は参照バルブのデータであること示す。

表 4-2　実験から得られた指数 X の値[94)]

バルブの種類		Xの値		実験圧力の範囲(kPa)
4 in.	バタフライ	0.28		120~660
6 in.	バタフライ	0.28		140~1310
12 in.	バタフライ	0.28		120~1200
12 in.	バタフライ	0.28		100~930
12 in.	バタフライ	0.24		80~930
20 in.	バタフライ	0.30		70~550
24 in.	バタフライ	0.24		150~740
平均			0.28	
2 in.	球形	0.30		120~1700
8 in.	球形	0.28		50~1030
12 in.	球形	0.24		100~620
平均			0.27	
24 in.	リング・ジェット	0.22		450~1520
16 in.	球状	0.14		450~1340
8 in.	Pelton ニードル	0.14		450~1030

(3) Size Scale Effect

寸法条件が違うデータを適用する場合は、「Size Scale Effect 係数」を「SSE」と呼んで、次の関係式で表す。

$$\sigma_c = SSE\,\sigma_{co} \tag{4-26}$$

$$SSE = \left| \frac{D}{d} \right|^Y \tag{4-27}$$

$$Y = 0.3K_l^{-0.25} \tag{4-28}$$

$$K_l = \frac{2g\Delta H}{V^2} = \frac{2g\Delta HA^2}{Q^2} \tag{4-29}$$

ここで、Dはバルブの直径dは参照バルブの直径である。σ_{co}は、直径dの参照バルブのキャビテーションのデータから得られる。ΔHは総水頭の低下量、QとVは流量とその平均流速である。

（4） Pressure Scale Effect と Size Scale Effect の統合

Pressure Scale Effect と Size Scale Effect は別々に展開して来たが、次の式で統合する。

$$\sigma_c = PSE \cdot SSE \cdot \sigma_{co} \qquad (4\text{-}30)$$

［計算例 4-6］[95)]

C_d = 0.083、K_l = 144、P_{do} = 102 kPa 、 σ_{co} = 1.14 のデータを有する 101 mm のバタフライ・バルブより Pd = 698 kPa、Pvg = Pugo = －77kPa の時の 610 mm バタフライ・バルブの σ_c の値を求める。

式（4-27）と（4-28）より

$Y = 0.3K_l^{-0.25} = 0.3 \times 144^{-0.25} = 0.0866$

$SSE = (D/d)^Y = (610/101)^{0.0866} = 1.17$

式（4-24）と表 4-2 の X の値の平均値の 0.28 を用いると

$PSE = \{(P_d - P_{vg})/(P_{do} - P_{vgo})\}^X = \{(698+77)/(102+77)\}^{0.28} = 1.51$

式（4-30）より

$\sigma_c = PSE \cdot SSE \cdot \sigma_{co} = 1.14 \times 1.51 \times 1.17 = \underline{2.01}$

第 2 編　開水路の水理

第１章　開水路の水面形

1.1　定流

図 1-1 の「水理実験施設」がある。

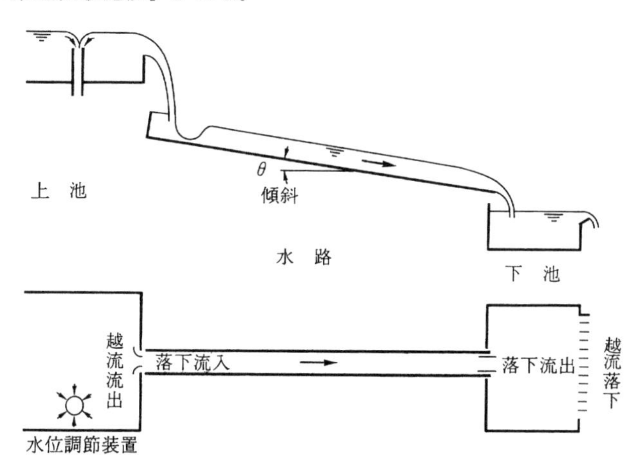

図 1-1　水理実験施設

左側には「池」があり、この池から１本の上が開いた「水路」が出て､右側にあるもう１つの池につながっている。この水路は傾きが自由に調節して変えられるようになっていて、それに応じて右側の池の「水面」の高さが自由に調節できるようになっている。左側の池を「上池」､右側の池を「下池」とよんで、上池はどれだけの水量を出口から流し出しても常に水面の高さが一定に保たれ､下池はどれだけの水量の流入があっても同様に水面の高さが一定に保たれる、という基本的な仕組みになっている。

いま、水路上流端は、上池に直接つながっておらず、水は、上池の岸を切り欠いて作った「出口」から小さな「滝」になって水路に落下する。また、水路の下流端は、下池に直接つながっておらず、水は同様に滝になって下池に落下する。そして、上池の出口には「水門」が設けられているとする。

水門を一気に開くと、上池の水は滝になってどっと水路の中に流れ込み、水流の先端はちょうど津波のようになって流れて、やがて水路下流端に達し、滝になって下池に落ちていく。水門を開いて相当時間が経つと、水路の中のどの地点でも、入り口から流れ込んだ水量と同じ水量が流れるようになり、それに従って水面の高さはどの地点でも一定になる。このような水路の中の流れのことを「定常流」、略して「定流」とよぶ。

いま、水門の開き方を時々刻々変えていくと、当然水路の各地点の水量はそれに応じて変化して一定にならない。このような流れを「不定常流」、略して「不定流」とよぶ。例えば、「大水」の最中の川の流れは、代表的な不定流である。本編で取り扱う流れは、定流だけである。

1.2 開水路

図 1-1（1 頁）の上池と下池をつなぐ上の開いた水路に水が流れるときは、水の塊である「水体」の大気に接した面、すなわち「水面」ができる。この水面のことを水理学では「自由水面」とよんで、水路の中を水が自由水面をなして流れる場合、その水路を「開水路」とよび、その中の水の流れを「開水路の流れ」とよぶ。図 1-2 の発電水力の「圧力鉄管」のような「管路」の中を水が一杯になって流れる場合、これを「管流」とよぶ。たとえ、管の中を水が流れようと、一杯になって流れないで自由水面を形成する場合、この管の水の流れは開水路の流れである。なお、今後本編で「水路」とよんだ場合、断らない限りそれは開水路のことである。

開水路は、人によって作られた物と自然に存在する物の二種類に大きく分けられ、前者を「人工開水路」、後者を「自然開水路」とよぶ。

開水路は、ある区間を通して断面形が一定で、かつ水路の一番深い部分、すなわち水路底の傾きの度合いを表す「水路勾配」が一定の場合は「プリズム水路」、そうでない場合は、「非プリズム水路」とよばれる。今後、特に断らない限り、水路はプリズム水路であるものとする。

図 1-2　管水路の例―発電水力圧力鉄管関川、東北電力（株）高沢発電所。この発電所は、左右2本の圧力鉄管を持っている。向かって左側の圧力鉄管は、総延長約2500mほどの緩い勾配の開水路で最大5.40m^3/sの流量を集め、332.5mの落差で得て、発電を行っている。右側は総延長約3900m、最大3.48m^3/s、落差172.3mで発電を行っている。
関川水系では、緩い勾配の開水路網を用いて、落差が使い尽くされている。水力の開発度から見ると、多分日本一であろう。(『水力ドットコム』阿久根寿紀氏撮影)

自然開水路の「水路底」と「岸」は、山奥を除いて、粘土、シルト、砂利、玉石、あるいはこれらの混合物から成っているのが普通である。このような材料でできている水路を浸食の起こり得る水路、すなわち「受食水路」とよぶ。

図 1-1 の水路は、「実験水路」であるから人工開水路である。本編で取り扱う水路は、今後特に断らない限り、コンクリート等で「内張り」された浸食の起こらない人工開水路であるものとする。

開水路の水理では、一般に水路に関する「水理諸量」を表現する場所を漠然と「水路断面」またはただ単に「断面」とよんでいる。厳密に定義すると、水路断面は流れの立体的な方向に直交する仮想の平面、すなわち「横断面」を考え、この面を流水が通り抜けて濡れる部分をいう。水路の「勾配」{S_0}が緩い場合、水平面に垂直に立てた、流水の平面的な方向に直角な仮想の平面が流水で濡れる部分を水路断面と考えてよくなり、これを「垂直水路断面」、またはただ単に「垂直断面」とよぶ。

すなわち、水路勾配がきつい場合と緩い場合では、一般的な言い方の水路断面に意味合いの差が違いが生じ、これに応じて、水路断面の水面から水路底までの距離を「水深」{d}とよび、垂直水路断面のそれを「垂直水深」{y}とよぶ。

なお、水理学では、開水路の水路底の勾配は、水路底の高さが 1 下がるのに要する水平距離 L を考え、L 分の 1 、またはその実数の勾配とよぶ。例えば、1000 分の 1、または 0.001 の勾配などである。次節で述べる水面の勾配についても全く同じである。

［計算例 1-1］

プリズム水路において、距離 $\Delta L = 980$ m 離れた 2 断面間の水路底の高さの差 ΔZ は、1.568 m である。水路勾配 S_0 を求める。

水路勾配は水平距離分の高度差であるから $S_0 = \Delta Z/\Delta L = 1.568/980 = 0.0016 = 1/625$。すなわち、勾配 0.0016 とよぶか、あるいは 625 分の 1 とよぶ。

我々が扱う水路の勾配は 10 分の 1 以下の、しかもそれより相当緩い場合が殆どなので、垂直水路断面を水路断面、または断面、垂直水深を水深とよぶことが行われる。今後、本編でも特に断らない限り、水路断面、または断面は垂直断面を指す。同様、水深は垂直水深のことである。

水路の水量は、「流量」｛Q｝と言う言葉でよばれ、断面を単位時間中（通常 1 秒間）に通過する水量を意味する。

人工開水路の断面の代表的な形は「長方形」と「台形」で、本編では特に断らない限り今後水路といった場合、このどちらかの断面形を指していると考えていただきたい。水路の流量 Q と「流水断面」｛A｝（m^2）、並びに断面内で発生する流れの速さ、すなわち「流速」｛v｝（m/s）の平均値、すなわち「平均流速」｛V｝(m/s)の間には次の関係がある。

$$Q = VA \tag{1-1}$$

定流においては、水路断面のどこでも流量は一定、すなわち流れは「連続」であるから、式(1-1)を用いると次のように表現できる。

$$Q = V_1A_1 = V_2A_2 = \cdots \tag{1-2}$$

ここで、下添え字は違う断面を意味する。この式を「連続定流」の「連続式」とよぶ。

[計算例 1-2]

幅 b = 6 m の長方形断面の水路が水深 y = 2 m で毎秒 10 m³ の流量（Q = 10 m³/s）を流している。平均流速 V を計算する。

流水面積 $A = b \times y = 6 \times 2 = 12$ m²。式(1-2)を用いて、$V = Q/A = 10/12 = 0.83$ m/s。

1.3　等流

図 1-1（1 頁）の水路はプリズム水路であり、かつ平面形状が一直線の水路、すなわち「法線形」が直線の水路であるとする。

図 1-3 に示すように、この水路を右下に向けやや傾けて、すなわち緩い勾配をつけて上池のゲートを開くと、水は水路の中に流れ込み、やがて定流の状態が発生する。すなわち、水路のどの地点でも、水面の高さ、すなわち「水位」は一定の値になる。ただし、多くの場合、水位は周期的に変動していて、その平均値が一定になる。この時の水路を縦に割って、側面から見て書いた図面、すなわち「縦断側面図」は、略して「縦断図」は、概略、図 1-3 の(a)のようになる。

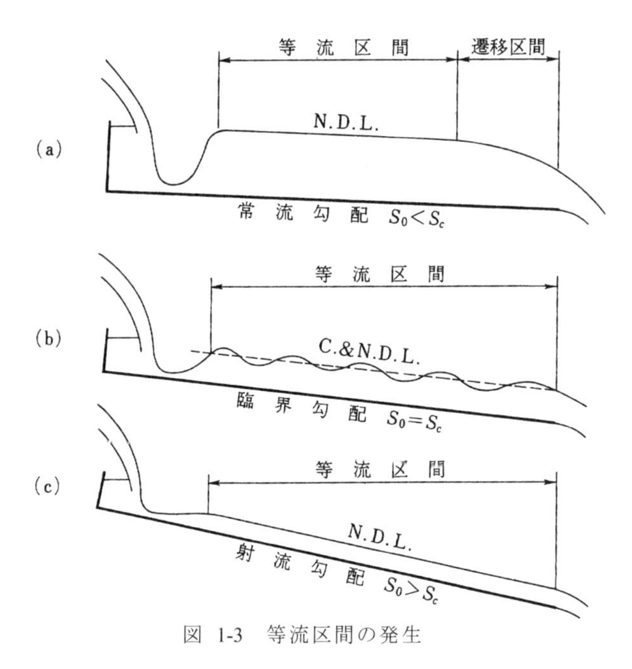

図 1-3　等流区間の発生

水は、上池から水路の中に滝になって落ち込んで、まもなく滑らかな水面形になり、水深はどこでも同じ区間が発生する。この区間では、水路勾配と水面の水平面に対する傾き、すなわち「水面勾配」{S_w} が同じになる。この区間の末端より下流では、水深は徐々に浅くなって、段々と流速は速くなり、水路末端から下池へ勢いよく飛び込んでいく。

上池と下池をつなぐ水路の長さが十分長いと、滝から水深が一定に移り変わる短い区間、次に水深が一定の区間、そして最後に水深が徐々に浅くなる区間が発生する。もし、水路の長さが短ければ、水深が一定の区間は発生しない。このように流量が一定の状態、すなわち定流のもとで発生する水深の変化のない区間の流れのことを「等流」とよび、その区間のことを「等流区間」とよぶ。また、水路両端に生ずる水深の移り変わりの区間を「遷移区間」とよぶ。

開水路の中では、水体に重力の加速度の流れの方向の成分がかかっており、これが水体を下流に加速する力になっている。と同時に重力によって下流に動かされる水体と水路底の間に、逆に水体を押し止めようとする抵抗力、すなわち制動力が生じる。等流区間では、この加速力と制動力が釣り合う、すなわち平衡状態が発生しているため流速が一定し、よって水深が一定になるのである。

以上に述べた状況の発生は、水路の勾配を徐々に急にしていっても基本的には全く変わらない。しかし、下流端に発生する遷移区間の長さはだんだんと短くなっていき、ある勾配の所、すなわち「臨界勾配」{S_c}で、下流端の遷移区間はなくなって、中間の等流区間が不安定になり、水面の波動が発生する。しかし、等流区間の各点の水深を測って平均してみると、水深は一定で、かつ区間として等流状態であることには変わりがない。これが図 1-3(b)（5 頁）に表されている。また、このときの等流区間の水深を「臨界等流水深」{y_{cn}}(critical and normal depth)(m)とよぶ。

一般には、“critical”を“限界”と表現する場合が多いが、これは妥当な表現ではない。

この状態を超えて、さらに水路の勾配を急にすると、図 1-3(c)（5 頁）で表されているように、水路中の不安定な波動は消えて、上流端の遷移区間はどんどん短くなっていき、すぐに等流状態が発生する。また、下流端には遷移区間は発生せず、等流のままで下池に飛び込んでいく。

以上のようにして生じた等流の水深のことを「等流水深」{yn}(normal depth)(m)

とよび、この水面の線を縦断図に表したとき、これを「等流水深線」{normal depth line} とよんで、図上では「N.D.L」と略記されている。同様に臨界状態時の等流水深線を「臨界等流水深線」(critical and normal line) とよんで、「C. & N.D.L.」と略記されている。

この等流の流れをもたらしている流量を、「等流流量」{Q_n} (normal discharge) とよぶ。今後、“開水路が等流流量を流している”というような表現をする場合、その水路では等流の流れが発生していることを意味する。

なお、上・下流端で発生で生ずる遷移区間の流れの状況は、後で述べる。

1.4 等流公式

工学で通常取り扱われている開水路の流れは、「乱流」とよばれる流れの状態のものである。乱流は、水の粒子がスムーズでない、そして固定されていない不規則な経路をたどって動いているが、しかし全体として見れば水流のどこの部分でも流れが前に進む動きをしているものである。今後、特に断らない限り、開水路の流れは乱流であるものとする。

乱流でない流れを「層流」とよぶ。流れが層流であるか乱流であるかの区別は、第 1.6 節で述べる「Reynolds 数」{R_e} とよばれる指標値を用いて行う。

プリズム形の開水路で起こる「乱流である等流」の断面における平均流速 V は、「等流公式」とよばれる式でほぼ表される。等流公式の代表は、1869 年フランスの技術者 Chézy によって開発された「Chézy 式」と、1889 年アイルランドの技術者 Manning によって提示された「Manning 式」である。

Manning 式は、平均流速が fps で径深が ft の「ヤード・ポンド単位」のとき

$$V = \frac{1.49}{n} R^{2/3} S^{1/2} \tag{1-3}$$

平均流速が m/s で径深が m の「メートル法単位」のとき

$$V = \frac{1}{n} R^{2/3} S^{1/2} \tag{1-4}$$

ここで、V は平均流速、R は流水断面積 A を水路断面にある流水が水路壁に接して作る線の総長さである「潤辺」{P}（図 1-4〔8 頁〕参照）で除して得られる「径深」{R}、S は第 1.9 節で詳しく述べる「エネルギー勾配」{S_f}（分の 1）のことで、n は「Manning の粗度係数」とよばれるものである。表 1-1（8 頁）参照。

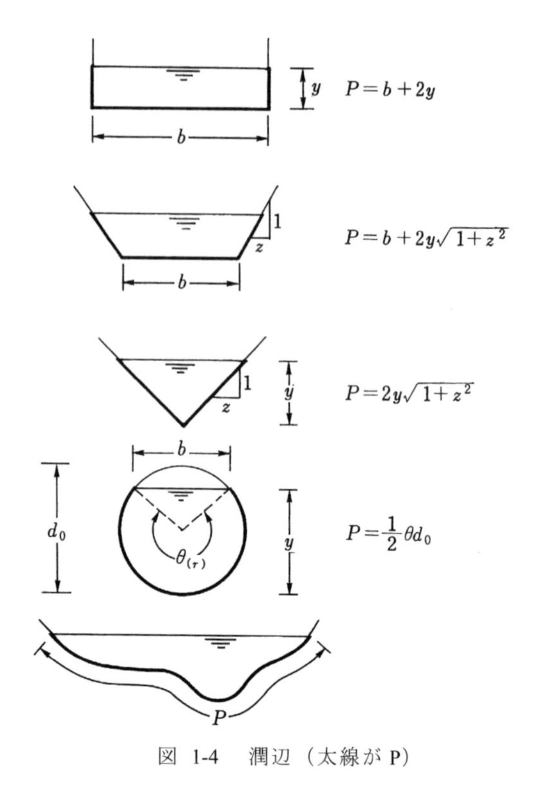

図 1-4　潤辺（太線が P）

表 1-1　Manning の粗度係数の値 [1)]

状　　態	n
ガラス、プラスチック、黄銅のよう滑らかな表面	0.010
非常に滑らかなコンクリート、かんなをかけた木材	0.011
滑らかなコンクリート	0.012
普通のコンクリート	0.013
つるつるの粘土	0.015
吹きつけコンクリートや最良の状態の土の水路	0.017
良い状態の真っ直ぐな土の運河	0.020
草木が生えているが、まあまあの状態の川や土の水路	0.025
相当草木が生えている状態の悪い､曲がりくねった自然水路	0.035
岩盤の河床の山地河川､断面の変化の激しい岸には草木の生えた河川	0.040~0.050
砂河床、草木が生えていない沖積河川	
Fr〈1 のゆっくりした流れ	0.012~0.035
Fr〉1 の急流	0.011~0.020

等流では、水路勾配、水面勾配、エネルギー勾配は皆同じになる。すなわち、$S = S_0 = S_w = S_f$である。Manningの粗度係数に関しては、第2章の「等流計算」で詳しく述べられるが、概略前記の表1-1のような値を持つものとしてよい。

Manning式は、その形の平易さと満足すべき結果から、世界中で最も多く使用されている開水路の等流公式になっている。本編においては、今後断わらない限り、等流公式はManning式のことを指す。なお、Chézy 式については、第2章で解説する。

1.5 等流計算

等流が起こっているプリズム水路の水理諸量を等流公式を用いて計算することを「等流計算」を行うという。等流計算における変量は、次の6つである。

等流流量	Q_n
平均流速	V
等流水深	y_n
粗度係数	n
水路勾配	S_0
幾何学的要素	A、Rなど

上記変量の内4つが与えられれば、残り2つの変量が等流公式により計算できる。この関係をまとめたのが表1-2である。

表1-2　等流計算における問題の種類[2)]

問題呼名	等流流量	平均流速	等流水深	粗度係数	水路勾配	幾何図形	例題番号
	Q_n	V	y_n	n	S_0		
A	?	−	✓	✓	✓	✓	1-3
B	−	?	✓	✓	✓	✓	1-3
C	✓	−	?	✓	✓	✓	1-4
D	✓	−	✓	?	✓	✓	1-5
E	✓	−	✓	✓	?	✓	1-6
F	✓	−	✓	✓	✓	?	1-7

[註]表 1-2 の中で、(✓) は条件として与えられた変量、(?) は問題の変量、(−)は既知の変量から計算された未知の変量を示す。

［計算例 1-3］（問題 A と B：等流の平均流速と等流流量を求める計算）
底幅 b = 6 m、岸の傾斜 z =2（2 対 1、図 1-4〔8 頁〕の台形断面参照）、水路勾配 S_0 = 1/625 = 0.0016、粗度係数 n = 0.025 の台形断面プリズム水路で等流水深 y_n = 2 m が発生している。Manning 式を用いて平均流速 V、等流流量 Q_n を計算する。

流水面積　$A = (b+zy_n)\,y_n = (6+2\times 2)\times 2 = 20\ \mathrm{m}^2$　(1-5)

潤辺　$P = b+2y_n\sqrt{1+z^2}$　(1-6)

$= 6+2\times 2\sqrt{1+2^2} = 14.94\ \mathrm{m}$

径深　$R = A/P = \{(b+zy_n)\,y_n\}/(b+2y_n\sqrt{1+z^2})$　(1-7)

$= 20/14.94 = 1.34\ \mathrm{m}$

平均流速　$V = n^{-1}R^{2/3}S^{1/2} = n^{-1}[\{(b+zy_n)\,y_n\}/(2y_n\sqrt{1+z^2})]^{2/3}S_0^{1/2}$　(1-8)

$= 0.025^{-1}\times 1.34^{2/3}\times 0.0016^{1/2} = \underline{1.94\ \mathrm{m/s}}$

等流流量　$Q = AV = n^{-1}[(b+zy_n)\,y_n][\{(b+zy_n)\,y_n\}/(b+2y_n\sqrt{1+z^2})]^{2/3}S_0^{1/2}$　(1-9)

$= 20\times 1.94 = \underline{38.8\ \mathrm{m^3/s}}$

［計算例 1-4］（問題 C：等流水深を求める計算）
計算例 1-3 の水路が等流流量 Q_n = 10 m³/s を流している。等流水深 y_n を計算する。

等流流量は式(1-9)で与えられるから、これに Q_n = 10 m³/s、n = 0.025、b = 6 m、z = 2、S_0 = 0.0016 を代入すると

$Q_n = 10 = 0.025^{-1}\times\{(6+2y_n)\,y_n\}[\{66+2y_n)\,y_n\}/(6+2y_n\sqrt{5})]^{2/3}\times 0.0016^{1/2}$

となり trial and error で右辺がほぼ左辺に等しくなる y_n の値を求める。

等流水深 $\underline{y_n = 0.964\ \mathrm{m}}$ (Q_n = 10.01 m³/s)

［計算例 1-5］（問題 D：粗度係数を求める計算）
計算例 1-3 と同じ断面・勾配の水路が等流水深 y_n = 0.75 m で流量 Q_n = 10 m³/s を流している。粗度係数 n を計算する。

Manning 式より $Q_n = n^{-1}AR^{2/3}S^{1/2}$ 、よって $n = Q_n^{-1}AR^{2/3}S^{1/2}$ 。すなわち

$n = Q_n^{-1}\ [\{(b+zy_n)\,y_n][\{(b+zy_n)\,y_n\}/(b+2y_n\sqrt{1+z^2})]^{2/3}S_0^{1/2}$　(1-10)

上式に $Q_n = 10\ m^3/s$、$b = 6\ m$、$z = 2\ m$、$y_n =\ 0.75\ m$、$S_0 = 0.0016$ を代入する。

粗度係数 $n = 10^{-1} \times [(6+2 \times 0.75) \times 0.75] \times [\{(6+2 \times 0.75) \times 0.75\} / (6+2 \times 0.75 \times \sqrt{1+2^2})]^{2/3} \times 0.0016^{1/2} = \underline{0.016}$

[計算例 1-6]（問題 E : 等流勾配を求める計算）

計算例 1-3 と同じ断面で勾配が違っている水路が流量 $Q_n = 20\ m^3/s$ を等流水深 $y_n = 1\ m$ で流している。水路勾配 S_0 を計算する。なお、等流計算で求めた水路勾配 S_0 **を「等流勾配」 S_n とよぶ。**

Manning 式より $Q_n = n^{-1}AR^{2/3}S^{1/2}$ 、よって $S_n = Q_n^2\ n^2A^{-2}R^{-4/3}$。すなわち

$$S_0 = S_n = Q_n^2\ n^2\ [(b+zy_n)\,y_n]^{-2}[\{(b+zy_n)\,y_n\} / (b+2y_n\sqrt{1+z^2})]^{-4/3} \qquad (1\text{-}11)$$

上式に $Q_n = 20\ m^3/s$、$n = 0.025$、$b = 6\ m$、$z = 2$ 、$y_n =\ 1\ m$ を代入すると、

等流勾配 $S_n = 20^2 \times 0.025^2 \times [(6+2 \times 1) \times 1]^{-2} \times [\{(6+2 \times 1) \times 1\} / (6+2 \times 1 \times \sqrt{1+2^2})]^{-4/3} = \underline{0.0056 = 1/179}$

[計算例 1-7]（問題 F: 水路断面形を求める計算）

計算例 1-3 の底幅を除いて他は皆同じ水路において、$Q_n = 10\ m^3/s$ で等流水深 $y_n = 1\ m$ が発生している。水路の底幅 b を計算する。

等流流量は、式(1-9)で与えられる。この式に $Q_n = 10\ m^3/s$、$n = 0.025$、$z = 2$、$S_0 = 0.0016$、$y_n =\ 1\ m$ を代入すると、等流流量 $Q_n = 10 = 0.025^{-1} \times [(b+2 \times 1) \times 1] \times [\{(b+2 \times 1) \times 1\} / (b+2 \times 1 \times \sqrt{1+2^2})]^{2/3} \times 0.0016^{1/2}$ となり、trial and error で右辺が略左辺に等しくなる b の値を求める。

水路底幅 $\underline{b = 5.55\ m}$ ($Qn = 10.00\ m^3/s$)

以上に掲げている計算式(1-3)~(1-7)は、台形断面に関するものであるが、岸の傾斜を零、すなわち $z = 0$ にすれば、長方形断面に対するものになる。

1.6 Reynolds 数

層流は乱流と違って、水の粒子が一定の滑らかな経路、すなわち「流線」とよ

ばれる線の上を行く流れである。

流れを無限に薄い流れの重なり合いと考えると上にある層の流れは下の層の上を滑っていくように見える。このとき、下の層が上の層を引き留めようとして働かせる力のことを「粘性力」とよぶ。

流れは動いているから「慣性力」を持っており、この慣性力が粘性力と比べ相対的に小さい間は流れは層流であるが、ある限界を超えると乱流に移り変わる。

慣性力と粘性力の比を「Reynolds 数」とよび、次の式で表される。

$$Re = \frac{U_0 L}{\nu} = \frac{\rho U_0 L}{\mu} \qquad (1\text{-}12)$$

ここで、{U_0}は「流れの速度」、{ L }は流れの特性を表す長さ、すなわち「特性長さ」で、開水路の場合径深 R が用いられる。{ ν }（ニュウ）は水の「動粘性係数」とよばれるもので水の「粘性係数」{ μ }（ミュウ）を水の「密度」{ ρ }（ロー）で除して得られた「無次元」の数値である。なお、通常の水理計算において、水の動粘性係数の値は、$\nu = 10^{-6}$ m²/s としてよい。

開水路では、多くの水理実験から、流れの Reynolds 数が 500 以下のときは完全に層流、2000 を超えると完全に乱流になるといわれている。なお、流れが層流から乱流に移り変わるときの Reynolds 数を「臨界 Reynolds 数」とよび、これは一つの値でなく、「下限値」と「上限値」を持つある幅で与えられる。

[計算例 1-8]

水路勾配 S_0 = 1/500、粗度係数 n = 0.015、幅 b = 6 m の長方形断面プリズム水路で、等流水深 y_n = 2 m が発生している。この流れの Reynolds 数を計算し、流れの状態を判定する。

この場合、特性長さ L は径深 R になる。$R = by_n/(b+2y_n) = (6\times2)/(6+2\times2) = 1.2$ m、平均流速 $V = n^{-1}R^{2/3}S^{1/2} = 0.015^{-1}\times1.2^{2/3}\times0.002^{1/2} = 3.37$ m/s、20 ℃の水の動粘性係数 $\nu = 10^{-6}$ m²/s。よって、Reynolds 数は $Re = U_0L/\nu = RV/\nu = 1.2\times3.37/10^{-6} = 4\times10^6$。この流れは、Reynolds 数が上限臨界値の 2000 をはるかに超えているから、完全に乱流である。

水理学の計算で取り扱う流れは、一般に乱流で、層流であることはまずない。

［計算例 1-9］

20 ℃の静水中を直径 d = 15 mm の滑らかな球が一定速度 U_0 = 0.232 cm/s で沈降している。Reynolds 数を求める。

この場合の特性長さ L は球の直径 d になるから、Reynolds 数は次の式で計算される。

$$Re = \frac{U_0 d}{\lambda} \tag{1-13}$$

20 ℃の水の動粘性係数は $\nu = 10^{-6}$ m²/s であるから、Reynolds 数は Re = (0.0232 × 0.015) /10^{-6} = 348 となる。

［計算例 1-10］

直径 d = 1 m の円柱が一様流速 U_0 = 5 m/s の流れの中に、中心軸が流れに直角になるように立てられている。Reynolds 数を求める。

この場合の流れの特性長さ L は円柱の直径 d になるから、Reynolds 数の計算式は、前計算例の球の場合と同じ式(1-13)になる。よって、Reynolds 数は Re =(5×1) /10^{-6} = 5×10^6 になる。

1.7　常流・臨界流・射流

図 1-3（5 頁）において、(a)・(b)・(c)の各等流の流れの部分に石を投げ込んで水面の乱れを起こしてみよう。石を投げ込んだ点、すなわち「擾乱」が起こった所から峰一つの「波」が拡がっていく。図 1-5（14 頁）。このような波は、一般に「孤立波」とよばれ、水理学では「小重力波」とよばれる。

小重力波を定義するならば、浅い開水路の中で、局所的、瞬間的に擾乱を起こしたとき生ずる波のことである。この波の伝わる速度、すなわち「波速」{C} は、$\sqrt{gD}$ で表される。ここで、{g} は「重力の加速度」（標準重力加速度は 9.80665 m/s²、よって g = 9.81 m/s² とする）、{D} は「水理学的水深」とよばれるものである。これは、開水路の流水断面積 {A} を自由水面の幅、すなわち「水面幅」{T} で除した値である。これは、長方形断面の水路の水深 y になる。水理学的水深 D と径深 R は似た概念による値であるから、混同しないよう注意を要する。

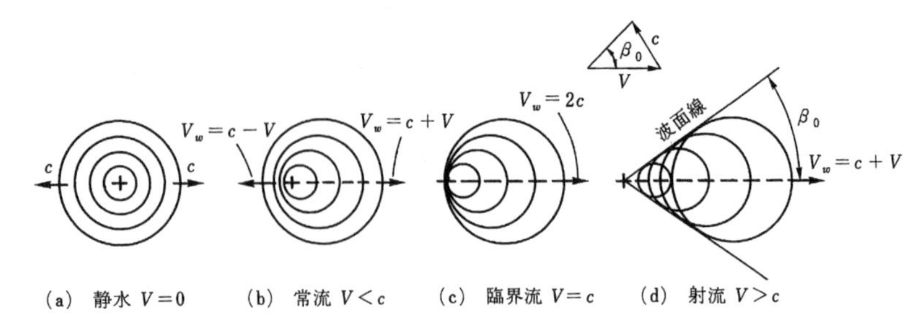

図 1-5 擾乱によって生じる波の形[3)]

[計算例 1-11]

底幅 b = 6 m、岸の傾斜 z =2 の台形断面水路で水深 y = 2 m の流れが発生している。水理学的水深 D を計算し、小重力波の波速 c を計算する。また、水理学的水深と径深を比較する。

水理学的水深 D = A/T = {(b+zy) y}/(b+2zy) = {(6+2×2)×2}/(6+2×2×2) = 1.43 m。
よって、波速 c = $\sqrt{gD}$ = $\sqrt{9.81\times1.43}$ = 3.75 m/s。
計算例 1-3（10 頁）よりこの断面の径深 R=1.34 m であるから、水理学的水深の方が少し深くなる。

図 1-3 (a) の臨界状態の勾配より相当緩い勾配の水路で発生する等流区間で小重力波を起こすと、波は擾乱が起こった点を中心にして、上流に向けてゆっくりと、下流に向けて上流よりも速く、輪になって拡がっていく。図 1-3 (c)（5 頁）の臨界勾配よりきつい勾配の水路においては、波は、波の中心が擾乱の起こった点から離れ、拡がりながら急速に下流に向け流れ去っていく。

このような現象が起こることに着目して、流れの平均流速を考え、平均流速が小重力波の伝播速度より遅い流れを「常流」、逆に速い流れを「射流」、両者の境目の速さの流れを「臨界流」とよぶ。したがって、図 1-5 の (b) の流れは常流、(a) は臨界流、(d) は射流である。なお、流れが常流・臨界流・射流のどの状態に属するかは、等流の発生とは無関係である。

1.8 Froude 数

「Froude 数」{F_r}は、流体に働く「重力」と慣性力の比で、次の式で表される。

$$F_r = \frac{V}{\sqrt{gL}} \qquad (1\text{-}14)$$

ここで、V は流れの平均速度、g は重力の加速度である。{L}は流れの特性を表す長さで、開水路の場合水理学的水深 D が用いられる。式(1-14)は、

$$F_r = \frac{V}{\sqrt{gD}} \qquad (1\text{-}15)$$

となる。

Froude 数の分母は、第 1.7 節で説明した小重力波の速度に相当するから、開水路の水理学では、流れの Froude 数を計算して、F_r ＜1のとき（$V < \sqrt{gD}$）流れは「常流状態」、$F_r = 1$のとき（$V = \sqrt{gD}$）「臨界状態」、F_r ＞1のとき（$V > \sqrt{gD}$）「射流状態」にある、と判定する。

[計算例 1-12]

底幅 b = 3 m、岸の傾斜 z =2 の台形断面プリズム水路で、水深 y = 0.5・1.25・2 m で流量 Q = 20 m³/s が各々流れている。各水深の流れにおける Froude 数 F_r を計算し、流れの状態を判定する。

流水面積 A = (b+zy) y、水面幅 T = b+2zy、水理学的水深 D = A/T = {(b+zy) y} / (b+2zy)、平均流速 V = Q/A である。

a) 水深 y = 0.5 m の場合　A = (3+2×0.5)×0.5 = 2 m²、T = 3+2×2×0.5 = 5 m、D = 2/5 = 0.4 m、V = 20/2 = 10 m/s であるから、$F_r = V(gD)^{-1/2} = 10 \times (9.81 \times 0.4)^{-1/2} = 5.0$（＞1、射流）

b) 水深 y = 1.25 m の場合　A = 6.875 m²、T = 8 m、D = 0.86 m、V = 2.91 m/s であるから、$F_r = 1.00$(= 1、臨界流)

c) 水深 y = 2 m の場合　A = 14 m²、T = 11 m、D = 1.27 m、V = 1.43 m/s であるから、$F_r = 0.4$（＜ 1、常流）

1.9 開水路の断面が持つエネルギーとエネルギー方程式

図 1-6(a)をみると、急勾配の開水路の任意の断面Ⓐが持つ「総エネルギー」{H_A}は、

$$H_A = z_A + d_A \cos\theta + \alpha_A \frac{V_A^2}{2g} \quad (1\text{-}16)$$

という式で表される。ここで、{z_A}は任意に定めた「基準面」より断面底までの垂直距離、{d_A}はこの断面の深さ、{θ}は「水路底と水平面のなす角度」、{V_A}は断面内で発生する流速の平均値、g は重力の加速度である。そして、{α_A}は、

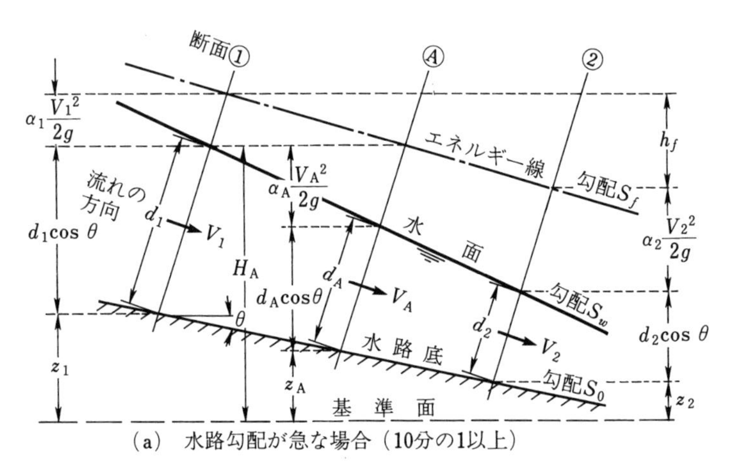

(a) 水路勾配が急な場合（10分の1以上）

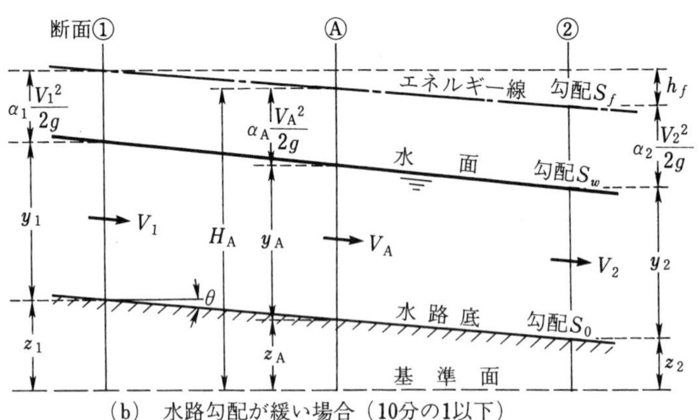

(b) 水路勾配が緩い場合（10分の1以下）

図 1-6 水深の変化の度合いが少ない開水路断面が持つエネルギー

「エネルギー係数」、あるいは「エネルギー補正係数」とよばれる断面内の流速分布が一様でないことから考えなければならなくなる補正係数で、通常 1 より上のそれほど離れていない値をとる。エネルギー係数については次節で述べる。

この式の右辺の第 1 項を「位置の水頭」、第 2 項を「圧力水頭」、第 3 項を「速度水頭」とよぶ。すなわち、水理学では、エネルギーはすべて水の高さ、すなわち「水頭」{H}に換算して表示するのが決まりになっている。

なお、速度水頭 $V_A^2/2g$ は、静止した流体が重力により落下して流速が V_A になるに要する鉛直落下距離を表す。

開水路断面が持つ総エネルギーを縦断的に計算して「水路縦断側面図」に記入した滑らかな線のことを「エネルギー線」とよび、またそれの水平面となす角度の度合い、すなわち勾配を「エネルギー勾配」{S_f}とよぶ。なお、等流では $S_f = S_w = S_0 = \sin\theta$ 、すなわちエネルギー線、水面線、水路底線は平行になる。なお、エネルギー勾配を S_f と標記する理由は、第 4 章 4.2 節 167 頁で述べる。

図 1-6(b)をみると、緩勾配水路では、任意の垂直断面Ⓐに関する総エネルギーは次の式で表される。

$$H_A = z_A + y_A + \alpha_A \frac{V_A^2}{2g} \tag{1-17}$$

「エネルギー保存の法則」によれば、上流断面①の総エネルギー水頭は、下流断面②の総エネルギー水頭プラス両断面間で生ずる「エネルギー損失」、または「エネルギー・ロス」{h_f} になるから、急勾配水路の場合、

$$z_1 + d_1\cos\theta + \alpha_1 \frac{V_1^2}{2g} = z_2 + d_2\cos\theta + \alpha_2 \frac{V_2^2}{2g} + h_f \tag{1-18}$$

緩勾配水路の場合、

$$z_1 + y_1\cos\theta + \alpha_1 \frac{V_1^2}{2g} = z_2 + y_2\cos\theta + \alpha_2 \frac{V_2^2}{2g} + h_f \tag{1-19}$$

となる。

上記 2 式は、「エネルギ- 方程式」とよばれるものである。先にも述べたように、我々が普通扱う開水路の勾配は10 分の 1 以下の、しかもそれより相当緩い勾配の場合がほとんどであるから、エネルギー方程式といえば一般に式(1-19)を指すと考えてよい。なお、単位は、z・y・$V^2/2g$・hf 共に m、V は m/s である。αは無次元数である。

$\alpha_1 = \alpha_2 = 1$ 、$h_f = 0$ とすると式(1-19)は、有名な「Bernoulliの式」になる。すなわち

$$z_1 + y_1 + \frac{V_1^2}{2g} = z_2 + y_2 + \frac{V_2^2}{2g} = 一定 \qquad (1\text{-}20)$$

[計算例 1-13]

底幅 b = 6 m、岸の傾斜 z = 2、水路勾配 S = 1/625 の台形断面プリズム水路に流量 Q = 10 m³/s が流れたとき、下図と下表のような水面形が発生した。

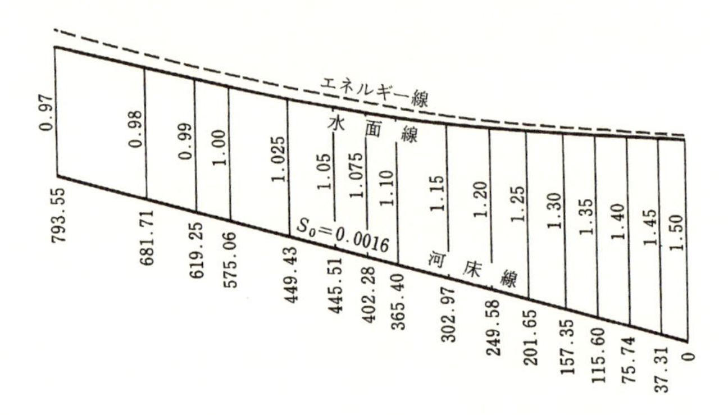

No.	x	Δx	z	y	$\alpha V^2/2g$	H	S_f
0	0	−	0	1.500	0.031	1.531	−
1	37.31	37.31	0.060	1.450	0.034	1.541	0.00027
2	75.74	38.43	0.121	1.400	0.037	1.558	0.00044
3	115.60	39.86	0.185	1.350	0.041	1.576	0.00045
4	157.35	41.75	0.252	1.300	0.045	1.597	0.00050
5	201.65	44.30	0.323	1.250	0.050	1.623	0.00059
6	249.58	47.93	0.399	1.200	0.055	1.654	0.00065
7	302.97	53.39	0.485	1.150	0.062	1.697	0.00081
8	365.40	62.43	0.585	1.100	0.069	1.754	0.00091
9	402.28	36.88	0.644	1.075	0.073	1.792	0.00103
10	445.51	43.23	0.713	1.050	0.078	1.841	0.00113
11	499.43	53.92	0.799	1.025	0.082	1.906	0.00121
12	575.06	75.63	0.920	1.000	0.088	2.008	0.00135
13	619.25	44.19	0.991	0.990	0.090	2.071	0.00143
14	681.71	62.46	1.091	0.980	0.092	2.163	0.00147
15	793.55	111.84	1.270	0.970	0.095	2.335	0.00154

エネルギー線、各区間の平均エネルギー勾配 **S_f・av** 、全体のエネルギー損失 **ΔH**

を計算する。ただし、$\alpha = 1.1$ とする。

水路底の基準面から高さがzで水深 y の任意断面について、流水面積 $A = (6+2y)y$、平均流速 $V = 10/\{(6+2y)y\}$、速度水頭　$\alpha(V^2/2g) = 1.1\times[10^2/\{2\times9.81\times(6+2y)^2y^2\}]$ となる。断面 i と i+1 の総エネルギーを H_i と H_{i+1}、両断面間距離を Δx とすると、区間平均エネルギー勾配は $S_{f\cdot av} = (H_{i+1} - H_i)/\Delta x$ となる。断面 15 と 0 の総エネルギー H_{15} と H_0 の差が全体のエネルギー損失 $\Delta H = H_{15} - H_0 = 0.804m$ になる。以上を上記の計算表で行い、エネルギー線を前図に記入する。

1.10　流速分布係数

1.10.1　流速分布係数

図 1-7 の一例からもわかるように、水路断面の流速分布は一様でないので、開水路断面の速度水頭は、平均流速Vを用いた式 $V^2/2g$ で計算した値より大きくなる。そこで、α という係数を乗じて、$\alpha V^2/2g$ の式で速度水頭を計算することが行われる。α をエネルギー係数とよぶことは、すでに述べた。

同様に、開水路断面の持つ「運動量」を計算するに際しても、このことを考えなければならなくなる。すなわち、単位時間中に断面を通過する流水の運動量は $\beta\rho QV$ で表される。ここで、ρ は密度、Q は流量、V は平均流速である。そして、$\{\beta\}$ は、「運動量係数」、または「運動量補正係数」とよばれる。この二つの流速分布にかかわる係数を「流速分布係数」と総称する。

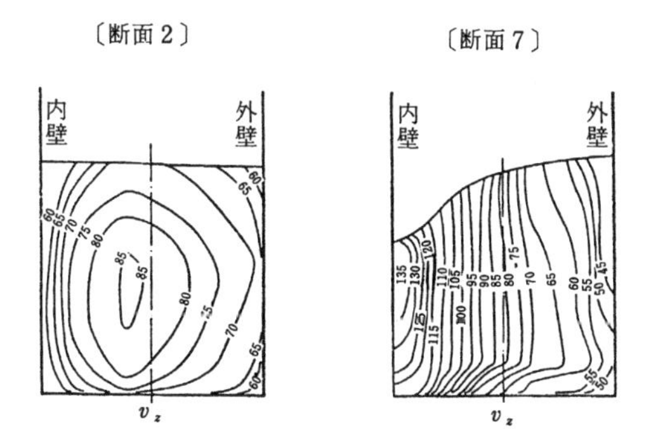

図 1-7　長方形断面の流速分布の一例（図 1-4〔77 頁〕の曲線水路における流速分布参照）[4]

真っ直ぐなプリズム水路の単純な断面形の場合、エネルギー係数は1.03から1.10くらいの値を、運動量係数は約 1.00 から1.20 くらいの値をとることがわかっている。複雑な断面形をした水路においては、エネルギー係数と運動量係数は容易にそれよりも大きな値になる。不規則な法線形の水路では、断面から断面へそれらの値が激しく変化する。堰の上流や水路内障害物の付近、あるいは法線形が著しく不規則な場合は 2.0 を超えるエネルギー係数が発生する。

水路勾配の効果に関しては、流速分布係数は、緩い水路より急な水路の方が大きい値をとるといわれている。

断面形が単純なプリズム水路の計算において、エネルギー係数は、短い区間の計算の場合 $\alpha = 1$、区間が相当長くなれば $\alpha = 1.1$ の値をとるのが普通のようである。短い区間の計算が主体になることが多い運動量係数については $\beta = 1$ とするのが普通である。

これらの値が特に重要な場合は、流れの流速分布を観測して、次項に述べる方法で実際の値を計算することが望ましい。

1.10.2　計算方法

$\{\Delta A\}$ を断面を分割したときの部分面積、すなわち「要素面積」、ρ を水の密度とすると、流速 v で要素面積 ΔA を単位時間(s) に通過する水の質量 m は $\rho v \Delta A$ となる。

単位時間に ΔA を通過する水の「運動エネルギー」は $mv^2/2$、すなわち $\rho v^3 \Delta A/2$ となる。ゆえに、全断面に関する総運動エネルギーは、$\Sigma(\rho v^3 \Delta A/2)$ となる。

全断面の面積を A、平均流速を V とすれば、全断面に関する補正総運動エネルギーは $\alpha \rho v^3 \Delta A/2$ となり、これは $\Sigma(\rho v^3 \Delta A/2)$ と等価であるから、エネルギー係数は次式で表される。

$$\alpha = \frac{\Sigma(v^3 \Delta A)}{V^3 A} \tag{1-21}$$

単位時間に ΔA を通過する水の運動量は、質量 $\rho v \Delta A$ と v の積、すなわち $\rho v^2 \Delta A$ である。総運動量は、$\Sigma(\rho v^2 \Delta A)$ となる。全断面に関する補正総運動量は $\beta \rho v^2 A$ となり、これは $\Sigma(\rho v^2 \Delta A)$ と等価であるから、運動量係数は次式で表される。

$$\beta = \frac{\Sigma(v^2 \Delta A)}{V^2 A} \tag{1-22}$$

また、深さ方向の流速が「対数分布」していると仮定するならば、エネルギー係数と運動量係数は、次の式で計算できる。

$$\alpha = 1+3\varepsilon^2 - 2\varepsilon^3 \tag{1-23}$$

$$\beta = 1+\varepsilon^2 \tag{1-24}$$

ここで、$\varepsilon = v_m/V - 1$、v_m は最大流速、V は平均流速である。

1.11　特定エネルギー曲線と交替水深

開水路断面の持つ総エネルギーは、任意に決められた基準面から計算される。「特定エネルギー(specific　energy)」{E}(m)はこの基準面を水路底にもってきたものである。すなわち式（1-16)において、z = 0 とすれば、特定エネルギーは、

$$E = d\cos\theta + \alpha\frac{V^2}{2g} \tag{1-25}$$

となる。水路勾配が緩い場合、

$$E = d + \alpha\frac{V^2}{2g} \tag{1-26}$$

で表され、この式が一般に特定エネルギーを計算するのに用いられている。ここで、我が国の理工学会では“specific”という英語に“比”という日本語を当てているが、本来この言葉にはそのような意味は全然ないのであって、specific はここでは“基準面を水路底にもってきた特別の場合の”という意味に用いられている言葉である。

式(1-26)は、開水路の流量をQ、断面積をA、平均流速をV とすると、V = Q/A であるから、

$$E = y + \alpha\frac{Q_2}{2gA_2} \tag{1-27}$$

という形に書き換えられる。すなわち、開水路の断面形とそこを流れる流量が与えられたときには、特定エネルギーは水深だけの関数になる。

[計算例 1-14]

流量 Q = 10 m³/s を流す底幅 b = 6 m、岸の傾斜 z = 2 の台形断面プリズム水路のある断面で、水深 y = 1.5 m が発生している。この断面の特定エネルギー E を計算する。ただし、α = 1.1 とする。

流水面積 A = (b+zy) y = (6+2 ×1.5) ×1.5 = 13.5 m^2 より、特定エネルギーは

$E = y + \alpha Q^2/(2gA^2) = 1.5 + (1.1 \times 10^2)/(2 \times 9.81 \times 13.5^2) = \underline{1.53\ m}$

［計算例 1-15］

計算例 1-14（21 頁）の計算断面において、水深 y を0.2m から 4 m の間で適宜変化させ、対応する特定エネルギーを計算し、水深と特定エネルギーの関係を示すグラフを描く。またこのとき、特定エネルギーが最小になる水深を見つけ、その場合の Froude 数を計算して流れの状態を判定する。Froude 数の計算式（1-15）（15 頁）は α = 1 のためのもので、この場合 α = 1.1 であるので計算式（1-30）（25 頁）を用いる。次節の「臨界流発生の基準」（25 頁）参照。

流水面積 $A = (b+zy)y = (6+2y)y$ より特定エネルギー $E = y+\alpha Q^2/(2gA^2) = y+\alpha Q^2/\{2g(b+zy)^2y^2)\} = y+(1.1\times10^2)/\{2\times9.81\times(6+2y)^2y^2\}$ となって、図 1-8 の水深と特定エネルギーの関係を得る（図 1-8 の流量 10 m³/s の場合）。

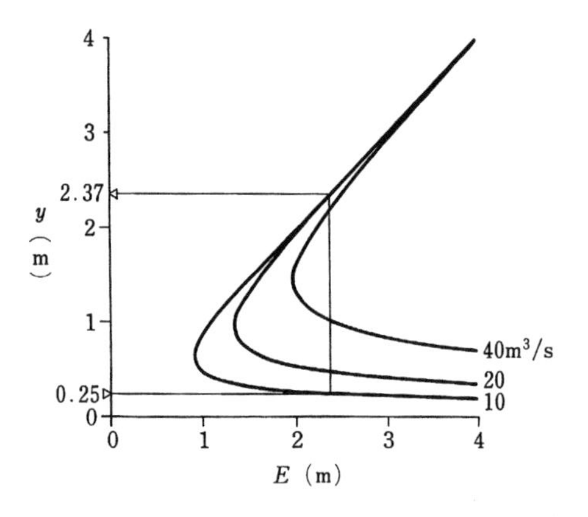

図 1-8　水深と特定エネルギーの関係曲線

水深と特定エネルギーの関係は 2 価関係となり、特定エネルギーの最小値は水深 y = 0.63 m 付近で発生する。次に、このときの Froude 数を計算する。流水面積 $A = (b+zy)y = (6+2\times0.63)\times0.63 = 4.57\ m^2$、水面幅 $T = b+2zy = 6+2\times2\times0.63 = 8.52\ m$、水理学的水深 $D = A/T = 4.57/8.52 = 0.54\ m$、$V = Q/A = 10/4.57 = 2.19\ m^3/s$、よって Froude 数 $Fr = V/(gD/\alpha)^{-1/2} = 2.19\times(9.81\times0.54/1.1)^{-1/2} =$ 1.0（= 1、臨界流）。

図 1-8 では縦軸に水深、横軸に特定エネルギーをとったが、これを逆にすることもある。このように開水路の断面形と流量を具体的に与えて、水深と特定エネルギーの関係をグラフに描いたものを「特定エネルギー曲線」とよぶ。

［計算例 1-16］

計算例 1-15 における流量 Q を20 m³/s と30 m³/s に変えて、各計算を行う。水深と特定エネルギーの関係を図 1-8 に重ねて描く。

a) 流量 Q = 20 m³/s の場合

特定エネルギー $E = y + (1.1 \times 20^2) / \{2 \times 9.81 \times (6+2y)^2 y^2\}$ となり、その最小値は水深 y = 0.96 m 付近で発生している。

最小水深 y = 0.96 m のときの流水面積 A = 7.60 m²、水面幅 T = 9.84 m、水理学的水深 D = 0.77 m、平均流速 V = 2.63 m/s、よって Froude 数 $Fr = V/(gD/\alpha)^{-1/2} = 2.63 \times (9.81 \times 0.77/1.1)^{-1/2} = 1.0$ (= 1、臨界流)。

b) 流量 Q = 40 m³/s の場合

特定エネルギー $E = y + (1.1 \times 40^2) / \{2 \times 9.81 \times (6+2y)^2 y^2\}$ となり、その最小値は水深 y = 1.44 m 付近で発生している。

最小水深 y = 1.44 m のときの流水面積 A = 12.79 m²、水面幅 T = 11.76 m、水理学的水深 D = 1.09 m、平均流速 V = 3.13 m/s、よって Froude 数 $Fr = V/(gD/\alpha)^{-1/2} = 3.13 \times (9.81 \times 1.09/1.1)^{-1/2} = 1.0$ (= 1、臨界流)。

計算例 1-15 と 1-16 の流量 Q ＝ 10・20・40 m³/s の各場合において、水深と特定エネルギーの関係は、基本的に同じと見なせる。そして、特定エネルギーの最小のときの流れは、臨界流である。

図 1-9 (24 頁) をみると、特定エネルギー曲線は、横軸に特定エネルギー、縦軸に水深をとって、原点を 0 とし、0 点から横軸に対して 45 度の直線 0D を引くと、特定エネルギーが最小の状態である C 点から発して、横軸に限りなく平行になっていく CA 曲線で表される 2 価関係になる。

C 点から右側では、一つの特定エネルギーの値に対して二つの水深、すなわち二つの流れの状態が発生する。この二つの水深のうち低い方を「低い水深」$\{y_1\}$、高い方を「高い水深」$\{y_2\}$とよび、低い水深 y_1 は高い水深 y_2 の「交替水深」、逆

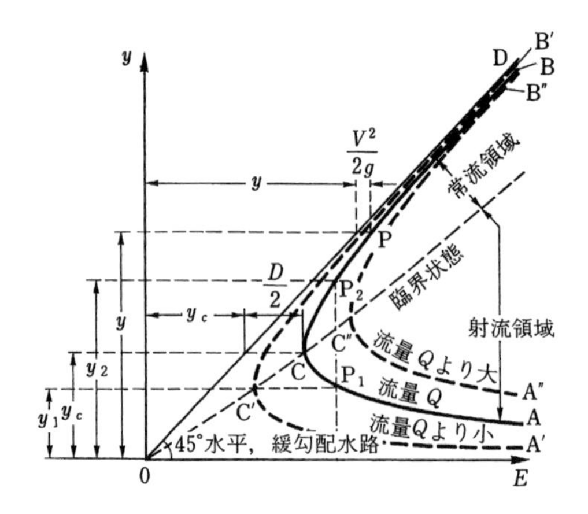

図 1-9　特定エネルギー曲線の一般形 [5)]

に高い水深 y_2 は低い水深 y_1 のに交替水深とよぶ。すなわち、開水路の流れは、断面形と流量が与えられたとき、特別な場合だけ 1 つの水深で流れ、あとは低い水深 y_1 と高い水深 y_2 のいずれかの状態で流れるということが図 1-9 からわかる。

この特別な場合の流れの状態は、計算例 1-15(22 頁)と計算例 1-16(23 頁)では臨界流であった。そして、2 価関係になる水深が 1 つになる特別な点 C の発生条件を理論的に求めることによって、この場合の流れの状態は臨界流であることが一般論として導かれている。そうすると、点 C を境にして、特定エネルギー曲線の上の部分（高い水深 y_2 ）の流れの状態は常流、下の部分（低い水深 y_1)の流れの状態は射流である。そこで、射流状態から常流状態に、逆に常流状態から射流状態に移り変わる特別な点 C、すなわち臨界点の水深を「臨界水深」{y_C}とよぶ。

[計算例 1-17]

流量 Q = 10 m³/s を流す底幅 b = 6 m、岸の傾斜 z = 2 の台形プリズム水路のある断面で、水深 y = 0.25 m が発生している。この水深の交替水深を求める。

計算例 1-15(22 頁)で求めた図 1-8(22 頁)の水深と特定エネルギーの関係、すなわち特定エネルギー曲線から交替水深 y = 2.37 m が得られる。なお、水深 y = 0.25 m は低い水深 y_1 で射流、 水深 y = 2.37 m は高い水深 y_2 で常流である。

特定エネルギー曲線からわかる重要なことは、“流れが臨界状態にあるということは、流れの特定エネルギーが最小状態にある”ということである。

1.12 臨界流発生の基準

流れが臨界状態にあるということは Froude 数が 1 $(= V/\sqrt{gD})$ であるということであるから、それから次の式が得られる。

$$\frac{V^2}{2g} = \frac{D}{2} \tag{1-28}$$

この式は、“流れの臨界状態においては、速度水頭 $(V^2/2g)$ は、水理学的水深の 2 分の 1 $(D/2)$ になる”ということを意味し、「臨界流発生の基準」とよばれる。この基準を用いて、開水路の断面形と流量を与えて、臨界水深の値が計算される。

なお、エネルギー係数 α が 1 でない $(\neq 1)$ 場合の臨界流発生の基準は、

$$\alpha\frac{V^2}{2g} = \frac{D}{2} \tag{1-29}$$

となり、このときの Froude 数の計算は次式によらねばならない。

$$Fr = \frac{V}{\sqrt{gD/\alpha}} \tag{1-30}$$

[計算例 1-18]

幅 b の長方形断面水路に流量 Q が流れている。臨界水深 y_c の一般式を導く。

底幅 b = 6 m、流量 Q = 10 m³/s のときの臨界水深を計算する。ただし、α = 1.1 。

式(1-29)に $V = Q/A$ を代入すると、$A^2D = \alpha Q^2/g$ が得られる。この式に流水面積 $A = by_c$、水理学的水深 $D = y_c$ を代入すると、$y_c^3 = \alpha Q^2/gb^2$。よって、長方形断面水路の一般式は、次のようになる。

$$y_c = \left|\frac{\alpha Q^2}{gb^2}\right|^{1/3} \tag{1-31}$$

上式に b = 6 m、Q = 10 m³/s、α = 1.1 を代入すると、臨界水深 $y_c - \{1.1\times10^2/(9.81\times6^2)\}^{1/3}$ = 0.68 m 。

［計算例 1-19］

幅 b、岸の傾斜 z の台形断面水路に流量 Q が流れている。臨界水深 y_c の一般式を導く。そして、底幅 b = 6 m、岸の傾斜 z = 2、流量 Q = 10 m^3/s のときの臨界水深を計算する。ただし、$\alpha = 1.1$ 。

式(1-29)に V = Q/A を代入すると、$A^2D = \alpha Q^2/g$ が得られる。この式に流水面積 $A = (b+zy_c)y_c$、水理学的水深 $D = \{(b+zy_c)y_c\}/(b+2zy_c)$ を代入すると、$y_c^3(b+zy_c)^3/(b+2zy_c) = \alpha Q^2/gb^2$。よって、台形断面水路の一般式は、

$$y_c = \left|\frac{\alpha Q^2}{g}\right|^{1/3} \frac{(b+2zy_c)^{1/3}}{b+zy_c} \qquad (1\text{-}32)$$

となる。

この式は、代数的に解けないから、trial and error で答えを求めなければならない。上式に b = 6 m、z = 2、Q = 10 m^3/s、$\alpha = 1.1$ を代入すると、臨界水深 $y_c = \{(1.1\times10^2)/9.81\}^{1/3}\times\{(6+2\times2\times y_c)^{1/3}/(6+2\times y_c)\} = \underline{0.63\ m}$ 。

1.13 各種の等流を発生させる水路勾配

プリズム水路において、断面形と粗度 n、流量 Q と等流水深 y_n が与えられたとき、等流公式を用いることにより、この等流の流れをもたらす水路勾配 S_0 が求められる。このようにして得られた水路勾配 S_0 を等流勾配 S_n とよぶことはすでに述べられている（計算例 1-6〔11 頁〕参照）。

断面形と流量 Q から臨界流発生の基準により臨界水深 y_c を求め、これを等流水深 y_n とし、さらに粗度を与え、等流公式を用いて、等流であり臨界流である流れをもたらす水路勾配 S_0 を計算したとき、これを臨界勾配 S_c とよぶ。臨界勾配の発生については第 1.3 節(5 頁)ですでに述べられている。

［計算例 1-20］

底幅 b=6 m、岸の傾斜 z = 2、粗度係数 n = 0.015 の台形プリズム水路が流量 Q = 10 m^3/s を流している。臨界勾配 S_c を計算する。ただし、$\alpha = 1.1$ 。

台形断面水路の臨界水深 y_c は、式(1-32)により trial and error で求められている。この式に b = 6 m、z = 2、Q = 10 m^3/s 、$\alpha = 1.1$ を代入すると、臨界水深 $y_c = \{(1.1$

$\times 10^2)/9.81\}^{1/3}\times\{(6+2\times2\times y_c)^{1/3}/(6+2\times y_c)\}=0.63$ m が得られる。
Manning 式より $S_c=Q^2n^2A^{-2}R^{-4/3}$、よって流水面積 $A=(6+2\times0.63)\times0.63=4.57$ m^2、
径深 $R=\{(6+2\times0.63)\times0.63\}/(6+2\times0.63\times\sqrt{1+2^2})=0.52$ m を計算して代入すれば、
臨界勾配 $Sc=10^2\times0.015^2\times4.57^{-2}\times0.52^{-4/3}=0.0026=1/385$ となる。

断面形と粗度を固定し、流量を変えながら臨界勾配を計算して、流量と臨界勾配の関係、すなわち「臨界勾配曲線」を求める。次にこれから臨界勾配の極小値を求めたとき、それを「極小勾配」$\{S_l\}$とよぶ。

[計算例 1-21]
底幅 b = 6 m、粗度係数 n = 0.015 の長方形断面プリズム水路の極小勾配 S_lを求める。ただし、$\alpha=1.10$ 。

以下の手順で計算を行う。
① 流量を与える。
② 式(1-31)（25 頁）を用いて流量 Q の臨界水深 y_cを計算する。
③ 臨界水深 y_cを等流水深 yn としたときの等流勾配 S_nを Manning 式より計算すると流量 Q の臨界勾配 S_cが求められる。
以上の手順は、計算例 1-20 そのものである。
④ 流量 Q をいろいろに変えて、①～③の手順を繰り返し、対応する臨界水深 y_cを計算し、臨界勾配 S_cを求める。
⑤ 臨界勾配 S_cを横軸、流量 Q を縦軸にとって臨界勾配曲線（図 1-10）(28 頁)を描き、臨界勾配が極小になる点を曲線上で求めれば、それが極小勾配 S_l となる。極小勾配 $S_l=0.00294=1/340$

以上のようにして作成した臨界勾配曲線において、曲線より右側の条件で起こる等流の流れは射流になり、左側の条件では常流になることは明らかである。すなわち、図 1-10 で臨界勾配曲線より左側は「常流領域」、右側は「射流領域」ということになる。臨界勾配曲線を作成しておくと、特定の断面形を持つプリズム水路にある大きさの等流流量が生じたとき、その流れが常流であるか臨界流であ

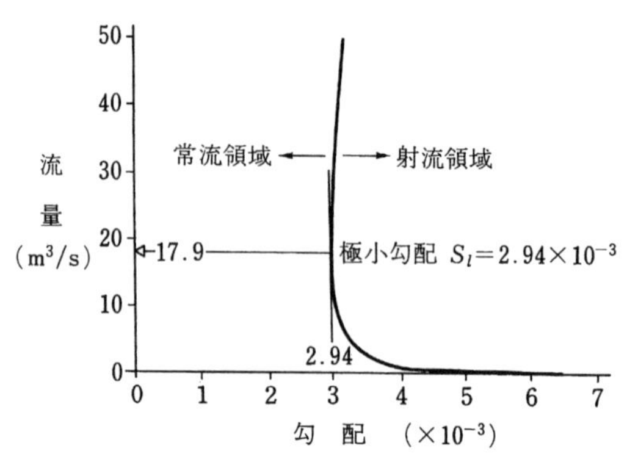

図 1-10 臨界勾配曲線

るか、それとも射流であるかもすぐわかる。

臨界勾配 S_c の定義では、計算で求めた臨界水深 y_c が等流水深 y_n として与えられたが、代わりに任意の臨界等流水深 y_{cn} が与えられたとき、等流公式により求めた水路勾配射を「臨界等流水深勾配」{S_{cn}}とよぶ。

[計算例 1-22]

底幅 b = 6 m、岸の傾斜 z = 2、粗度係数 n = 0.015 の台形断面プリズム水路において、臨界等流水深 y_{cn}=1m が発生している。流量 Q と対応する臨界等流水深 S_{cn} を求める。

水理学的水深 $D = \{(b+zy_{cn})y_{cn}\}/(b+2zy_{cn}) = \{(6+2\times1)\times1\}/(6+2\times2\times1) = 0.8$ m、臨界流速 $V_c = \sqrt{gD} = \sqrt{(9.81\times0.8)} = 2.80$ m/s、流水面積 $A = (b+zy_{cn})y_{cn} = (6+2\times1)\times1 = 8$ m²、よって流量 $Q = AV_c = 8\times2.80 = \underline{22.4\ m^3/s}$、径深 $R = \{(b+zy_{cn})y_{cn}\}/(b+2y_{cn}\sqrt{1+z^2}) = \{(6+2\times1)\times1\}/(6+2\times1\times\sqrt{1+2^2}) = 0.76$ m、よって Manning 式より臨界等流水深勾配 $S_{cn} = Q^2n^2A^{-2}R^{-4/3} = 22.4^2\times0.015^2\times8^{-2}\times0.76^{-4/3} = \underline{0.0025 = 1/400}$。

臨界勾配より緩い勾配で同じ等流流量を流せば、当然その流れは臨界勾配の場合より水深は大になり、流速は遅くなる。すなわち、常流になる。そこでこのような勾配を「常流勾配」とよぶ。逆に、臨界勾配より勾配をきつくすれば射流が発生し、臨界勾配の場合より水深は浅くなり流速は速くなる。そして、そのような勾配を「射流勾配」とよぶ。なお、常流勾配と射流勾配は、「緩勾配」と「急勾配」とよばれることもある。この呼び方のほうを、本章の後半ではもっぱら用いる。

1.14　不等流

図 1-3（5 頁）の水路の等流区間の中間に「ダム」を設ける。図 1-11。

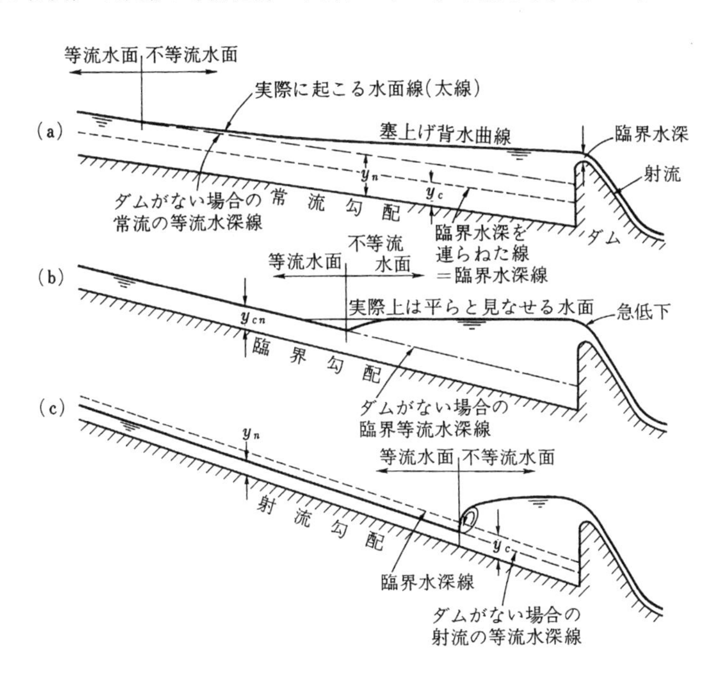

図 1-11　ダムによる不等流の発生

このダムは、その上の全部分を流水が乗り越えていく形式のもので、ダムの「越流式余水吐」とよばれる。とりあえず、ダムの余水吐の頂上部分、すなわち「天端」から下流のことを考えないこととする。

水路の勾配は、図 1-11 の(a)は常流勾配、(b)は臨界勾配、(c)は射流勾配になっている。このダムは、等流水深 y_n と臨界水深 y_c、臨界等流水深 y_{cn} のいずれか大きい方よりもはるかに高いものとする。

水路勾配が臨界勾配の場合、ダムがないときは臨界等流水深の流れが発生している。ダムができると、ダムの背後に概略水面が平らな池が生まれ、その区間の流れは常流になる。臨界等流水深の水面形からただちに平らな池の水面に移り変わるのはなく、等流区間の最下端から水面が下流に向け徐々に上がっていく、すなわち逆勾配の水面形を通って平らな水面にすりつく。ダムに近づくと、水面はその直前で急激に低下し、余水吐の天端上の水深につながり、天端で臨界水深が発生する。

以上のように、ダムがその背後で、ダムが無いときの水面よりも高い水面形をもたらすこと、すなわち流水を塞き上げることを「背水効果」とよぶ。そしてそのようにしてできる滑らかな水面形を総称して「塞き上げ背水曲線」とよぶ。また、その逆、すなわち水路勾配がある所から折れ曲がって前より急になるような状況の場合に生ずる、下流に向かって水深が減少する水面形を総称して「低下背水曲線」とよぶ。さらに、この水面の低下がごく短い距離で発生している場合、これを「急低下」とよぶ。

水路勾配は常流勾配の場合、ダムができる前は常流の等流が発生している。ダムができても、臨界勾配の場合のようにダムの背後は平らな水面の池にならない。この場合、常流の等流区間の下流端から下流に向け（図 1-11〔29 頁〕上で左から右に向け）凹の形で水深が増加する水面形が発生し、ダム直前で最大水深が生じ、そこから急低下して天端の臨界水深につながる。この場合の下流に向け凹の形で水深が増加する水面形は、先に述べた背水曲線の一種の塞き上げ背水曲線である。

水路勾配は射流勾配の場合、ダムができる前は射流の等流水深が発生している。ダムができると、射流で等流の流れは、臨界勾配の場合できるはずの池の区間に入ってもそのまま流れて、ある所で突然跳び上がって、そこから凸の形で水深が増加する水面形が発生し、その末端から水面が急低下して、天端の臨界水深につながる。この突然水面が跳び上がる現象を「跳水」とよぶ。背水効果は、跳水を突き抜けて常流に及ばない。

以上説明したように、長い等流区間の真ん中にダムを設けたことによって、ダムから上流に急低下、背水、跳水という水深が一定でない、変化している区間が生じる。この水深が一定でない区間の流れは、「不等流」とよばれる。一般的にいって、短い流れは等流であることは少なく、不等流であることの方が多い。

不等流は、さらに水深が徐々に変化している「漸変不等流」と水深が急激に変化する「急変不等流」に分けられ、ここで述べた背水曲線は前者、急低下と跳水は後者に属する現象である。

水路勾配は射流勾配の場合、上流の射流の流れは、跳水をはさんで下流の常流の流れに変わっている。このように流れが、水深が小さい射流から水深が大の常流に変わる場合、徐々に水深が大きくなることは絶対になく、常に小さい水深から突然大きい水深に変わる現象、すなわち跳水を伴う。

1.15　運動量方程式と特定力

断面を単位時当たりに通過する流れの運動量は、$\beta\rho QV$ で表されることはすでに述べた。

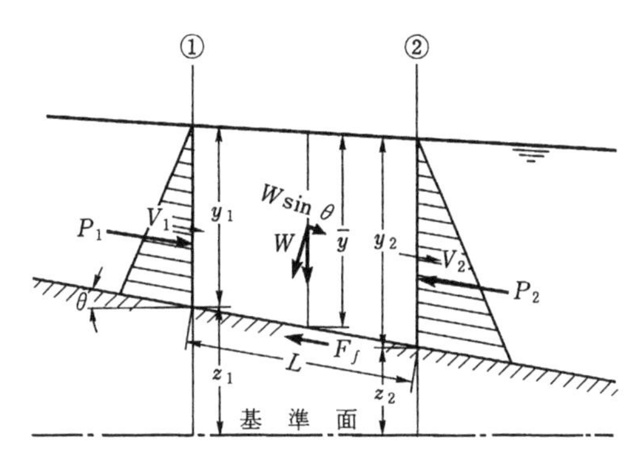

図 1-12　運動量方程式説明図

Newton の運動の第２法則法則によれば、水路の中の水体の運動量の単位時間当りの変化は、この水体にかかる外力の合力に等しくなる。この法則を勾配の急な水路に適用すると、図 1-12 の垂直断面①と②に囲まれた水体の単位時間当たり運動量の変化が次式で表される。

$$\frac{Q\gamma}{g}(\beta_2 V_2 - \beta_1 V_1) = Q\rho(\beta_2 V_2 - \beta_1 V_1) = P_1 - P_2 + W\sin\theta - F_f \qquad (1\text{-}33)$$

ここで、下添字の１と2はそれぞれ断面①と②の諸量を示し、QとVはすでに述べたとおり、P_1とP_2 は両断面にかかる水圧 、W は両断面に囲まれた水の重量、F_f は水と水路の接触面に沿って生じる摩擦力、すなわち抵抗力の外力の総力である。

この式は、「運動量方程式」とよばれる。

この運動量方程式を勾配の緩やかなプリズム水路の短い区間に適用すると、右辺の第3項と第4項は無視することができ、次式が成立する。

$$\beta_1 \rho QV_2 - \beta_1 \rho QV_1 = P_1 - P_2 \qquad (1\text{-}34)$$

静圧力 P_1とP_2は、ω_1とω_2を水面積 A_1とA_2の図心の水面からの距離、γを水の単位体積重量とすれば、$P_1 = \gamma \omega_1 A_1$、$P_2 = \gamma \omega_2 A_2$となる。また、$V_1 = Q/A_1$、$V_2 = Q/A_2$であるから、$\beta_1 = \beta_1 = \beta$ とすれば、式(1-34)は次のように書き換えられる。

$$\beta \rho \frac{Q^2}{A_1} + \gamma \omega_1 A_1 = \beta \rho \frac{Q^2}{A_2} + \gamma \omega_2 A_2 \qquad (1\text{-}35)$$

上式は任意の断面に関する次の一般式に書き直すことができる。

$$F = \beta \rho \frac{Q^2}{A} + \gamma \omega A \qquad (1\text{-}36)$$

上式の両辺は2つの項からなり、第1項は断面を通過する単位重量の水の持つ運動量、第2項は単位重量の水の持つ力を示す。すなわち、次元を考えると、
第1項はML/T^2、第2項の次元も同様ML/T^2であるから、両辺は共に基本的に力になるのである。したがって、それらの合計量は「特定力」(specific force)とよばれる。英語では「momentum fuction」という別のよび方もある。

以上から、式(1-35)は $F_1 = F_2$ というように書き表される。このことは、“垂直断面①と②の特定力は、両断面間の水にかかる外力と水の重力の水路底方向への成分が無視され得るならば、等しい”ということを意味している。これは、跳水の問題を解くときに重大な意味を持つことになる。

[計算例 1-23]

流量 $Q = 10\ m^3/s$ を流す底幅 $b = 6\ m$、岸の傾斜 $z = 2$ の台形断面プリズム水路のある断面で、水深 $y = 1.5\ m$ が発生している。この断面の特定力を求める。ただし、$\beta = 1.04$ とする。

流水面積$A = (b+zy)y = (6+2\times1.5)\times1.5 = 13.5\ m^2$、水面から図心までの距離$\omega = \{y(3b+2zy)\}/\{6(b+zy)\} = \{1.5\times(3\times6+2\times2\times1.5)\}/\{6\times(6+2\times1.5)\} = 0.667\ m$、水の密度$\rho = 1000\ kg/m^3$、単位体積重量$\gamma = 10000\ N/m^3$であるから特定力$F = \beta\rho Q^2/A+$

$\gamma\omega A = 1.04\times1000\times10^2/13.5+10000\times0.667\times13.5 = 97749\ N = 97.7\ kN$。

1.16　特定力曲線と共役水深

[計算例 **1-24**]

計算例 1-23 の計画断面において、流量 Q = 10 m³/s を固定して、水深 y を 0.1 m から 4.0　m の間で適宜変化させ対応する特定力 F の値を計算し、水深と特定力 F の関係を描く。また、このとき、特定力が最小になる水深を見つけ、その場合の Froude 数を α = 1.10 として計算し、流れの状態を判定する。

流水面積 $A = (b+zy)y = (6+2y)y$、水面から図心までの距離 $\omega = \{y(3b+2zy)\}/\{6(b+zy)\} = \{y(3\times6+2\times2\times y)\}/\{6\times(6+2y)\}$、特定力 $F = \beta\rho Q^2/A+\gamma\omega A = 1.04\times1000\times10^2/\{(6+2y)y\}+10000\times y^2(9+2y)/3$。よって、図 1-13 の関係を得る。

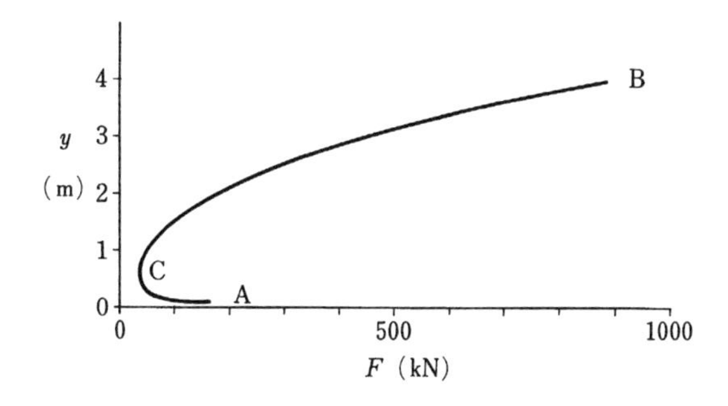

図 1-13　水深と特定力の関係 ― 特定力曲線

水深と特定力の関係は 2 価関係になり、特定力の最小値は水深 y = 0.63 m 付近で発生している。次に、このときの Froude 数を計算する。式(1-23)と式(1-24)(21 頁)の関係より、$\beta = 1.04$ に対し $\alpha = 1.10$ にすることができる。流水面積 $A = 4.57\ m^2$、水面幅 $T = 8.52\ m$、水理学的水深 $D = 0.54\ m$、平均流速 $V = 2.19\ m/s$ より、Froude 数 $F_r = V(gD/\alpha)^{-1/2} = 2.19\times(9.81\times0.54/1.1)^{-1/2} = 1.0$(≒1、臨界流)。

以上の計算例で示したように、開水路の断面形と流量を具体的に与えて、水深の変化に伴う特定力の変化をグラフに描いたもの、すなわち図 1-13 を「特定力曲線」とよぶ。

横軸に特定力、縦軸に水深をとると、特定力曲線は、特定力が最小の点 C から始まる CA 曲線と CB 曲線からなる。CA 曲線は、右向きに漸近的に横軸に近づいていく。CB 曲線は、右向きでかつ上向きに伸びていく。特定力曲線は、点 C から右側で、任意の特定力の 1 つの値に対して 2 つの発生可能な水深 y_1 と y_2 を持つ。すなわち、水深と特定力の関係は 2 価関係である。なお図 1-13（33 頁）では、縦軸に水深、横軸に特定力をとったが、これを逆にすることもある。

特定エネルギー曲線と同様に、特定力が最小の点 C の水深 y は臨界水深 y_c となる。したがって、水深 y_1（$<y_c$）は射流状態で起こる水深、水深 y_2（$>y_c$）は常流状態で起こる水深となる。

特定力曲線上において、同一特定力 F を持つ水深 y_1 と y_2 の、低い方の水深{y_1}を跳水の「開始水深」、高い方の水深{y_2}を跳水の「結果水深」とよぶ。なぜこのようなよび方をするかというと、水深 y_1 は跳水現象における跳水が始まる直前の水深、y_2 は跳水が終わった直後の水深になるからである。そうなることの理論は、以下のとおりである。

そこで、図 1-8（22 頁）の特定エネルギー曲線と図 1-13 の特定力曲線を跳水現象をはさんで、図 1-14 のように並べてみよう。

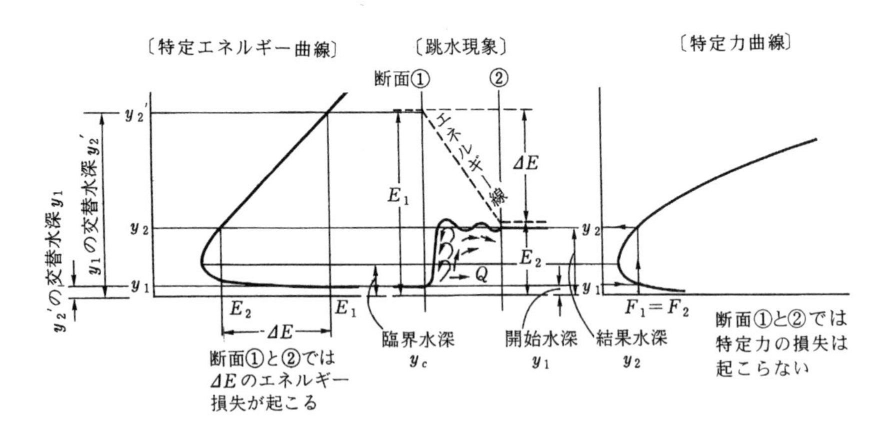

図 1-14　特定エネルギー曲線と特定力曲線による跳水現象の説明

1 つの特定エネルギーの価 E_1 に対して特定エネルギー曲線は、射流領域で低

い水深 y_1、常流領域で高い水深 y_2'という 2 つの発生可能な水深を示す。特定力曲線もまた同様に 2 つの発生可能な水深を持ち、それらは射流領域における低い水深 y_1 と常流領域における高い水深 y_2 である。

跳水が起こる直前の水深を y_1 とすると、これは特定エネルギー曲線の射流範囲の低い水深 y_1 であり、同時に特定力曲線における低い水深 y_1 である。この 2 種類の、しかし同じ水深 y_1 から特定エネルギー曲線の常流範囲の高い水深 y_2'と特定力曲線の常流範囲の高い水深 y_2 という違った種類、そして違った価の 2 つの水深が与えられる。

水深 y_2 が水深 y_2'よりも常に低い価を示すことは、2 つの曲線の性質の比較から絶対的にいえる。さらに、水深 y_2 に対応する特定エネルギー E_2 は水深 y_2'に対応する特定エネルギー E_1 より常に少ないということを特定エネルギー曲線は示している。

他方、短い区間では、特定力の変化は起こらない。すなわち $F_1 = F_2$ である。それゆえ、水深 y_1 が持つ特定力 F_1 を水深 y_2 に関しても同じ値に保つためには、E_1 と E_2 の差、すなわち $\Delta E = E_1 - E_2$ という量のエネルギーをどうしても消費しなければならない。このエネルギー・ロス、またはエネルギー損失は、跳水が激しい渦を生じさせる以外の現象では絶対に起こせない。

すなわち、以上から、特定力曲線の水深 y_1 と y_2 は「跳水の開始水深」と「跳水の結果水深」になるのである。

なお、今後、跳水の結果水深 y_2 は跳水の開始水深 y_1 の「共役水深」である、逆に開始水深 y_1 は結果水深 y_2 の「共役水深」である、というよび方をする。

水路断面が長方形で、水路底が平らか緩い勾配の場合、跳水の開始水深 y_1 と結果水深の間には次の「共役関係」が成立する。

$$\frac{y_2}{y_1} = \frac{1}{2}\left(\sqrt{1+8F_{r1}^2} - 1\right) \qquad (1\text{-}37)$$

$$F_{r1} = \frac{V_1}{\sqrt{gy_1}} \qquad (1\text{-}38)$$

ここで、F_{r1} は、跳水の開始断面の Froude 数である。また、この場合の跳水によるエネルギー損失 ΔE は、次式により計算される。

$$\Delta E = E_1 - E_2 = \frac{(y_2 - y_1)^3}{4y_1 y_2} \qquad (1\text{-}39)$$

なお、跳水のような高速流体内部のエネルギー損失を含んだ問題は、エネルギー方程式では解けない。その場合に、運動量方程式が有効になる。

[計算例 1-25]

流量 $Q = 10\ m^3/s$ を流す勾配の緩やかな幅 $b = 6\ m$ の長方形プリズム水路において、水深 $y_1 = 0.2\ m$ の断面で跳水が発生した。跳水の結果水深 y_2 と Froude 数 F_{r2} を計算する。また、跳水に伴うエネルギー損失量 ΔE を計算する。

跳水の開始水深 $y_1 = 0.2$ m、そのときの流水面積 $A_1 = 1.2\ m^2$、平均流速 $V_1 = 8.33$ m/s、水理学的平均水深 $D_1 = 0.2$ m、よってFroude 数 $F_{r1} = V_1(gD)^{-1/2} = 8.33 \times (9.81 \times 0.2)^{-1/2} = 5.95$（>1、射流）。式(1-37)(35 頁)より跳水の結果水深 $y_2 = y_1 \times (\sqrt{1+8F_{r1}^2} - 1)/2 = 0.2 \times (\sqrt{1+8 \times 5.95^2} - 1)/2 = \underline{1.59\ m}$。
このときの流水面積 $A_2 = 9.54\ m^2$、平均流速 $V_2 = 1.05$ m/s、水理学的平均水深 $D_1 = 1.59$ m。よって Froude 数 $F_{r2} = 1.05 \times (9.81 \times 1.59)^{-1/2} = 0.27$（<1、常流）。式(1-39)(35 頁)よりエネルギー損失量 $\Delta E = (y_2 - y_1)^3/4y_1y_2 = (1.59 - 0.2)^3/(4 \times 0.2 \times 1.59) = \underline{2.11\ m}$。

以上の計算のように断面が長方形の場合の共役関係は、代数的に求められる。しかし、それ以外の断面に関しては、次の計算例に示すように、特定力曲線を作成しなければならない。

[計算例 1-26]

流量 $Q = 10\ m^3/s$ を流す勾配の緩やかな底幅 $b = 6\ m$、岸の傾斜 $z = 2$ の台形断面プリズム水路において、水深 $y_1 = 0.2\ m$ の断面で跳水が発生した。y_1 の共役水深 y_2 を求める。加えて、この跳水に伴うエネルギー損失量 ΔE を図式法で求める。

この条件での特定エネルギー曲線と特定力曲線は、計算例の 1-15(22 頁)と 1-24(33 頁)においてすでに求められているから、これらを利用する。すなわち、$\alpha = 1.10$、$\beta = 1.04$ とする。図 1-8(22 頁)と図 1-13(33 頁)参照。両者を重ねて描くと、図 1-15 が得られる。水深と特定力の関係から、跳水開始水深 $y_1 = 0.2$ m の共役水深、すなわち結果水深 $y_2 = \underline{1.37\ m}$ が得られる。特定エネルギー曲線から跳水直前の流れ

の特定エネルギー E_1 = 3.62 m、跳水直後の特定エネルギー E_2 = 1.41 m。よって、この跳水によるエネルギー損失量 $\Delta E = E_2 - E_1$ = 3.62 − 1.41 = 2.21 m になる。

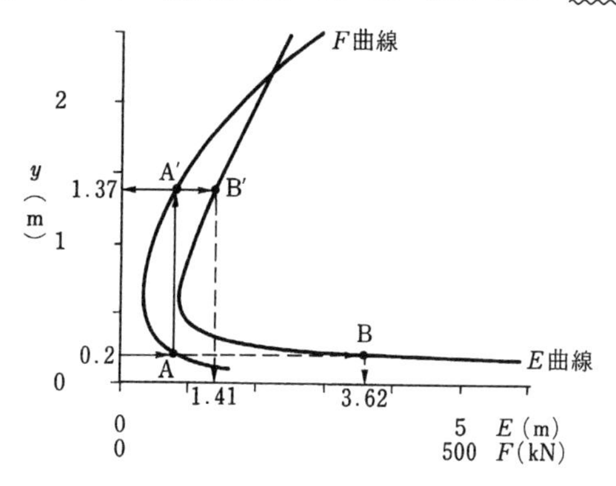

図 1-15　同軸上の特定エネルギー曲線と特定力曲線

1.17　ダム下流の跳水

第 1.14 節(29 頁)では、ダムの余水吐から上流の流れについて述べた。ここでは残された下流の流れを取り扱う。図 1-16(38 頁)参照。

ダム直上流から天端に向かう急低下曲線が発生し、余水吐天端付近が臨界水深になって、流れは常流から射流に移る。ダムが高いと、ダム下流端で高速流が発生する。このダム斜面に沿って落下してくる水流の「ダム下流端」における水深を y_1'とする。ダムの高さがある限界を超えると、水流は空気が混じり込んで気泡で白くなり、気泡が発生しない場合より水深が大きくなるのが普通である。水深 y_1' は、気泡により膨らんでいない水深とする。

ダム下流の水路長さは、等流が発生するほど十分に長いものとし、その等流水深を y_2' とする。

ダム下流が臨界勾配、または射流勾配の場合、ダム下流端の水深 y_1'は徐々に等流水深 y_2' (y_{cn}、または y_n) に乗り移る。図 1-16(b)と(c)。

ダム下流が常流勾配の場合はやや複雑になる。ダム下流端の水深 y_1'を跳水の開始水深 y_1 とすれば、特定力曲線から終了水深 y_2 が求められる。なお、断面が長方形であれば、式(1-37)で計算できる。

$y_2 = y_2'$ であれば、すなわち結果水深と等流水深が等しければ、ダム下流端の

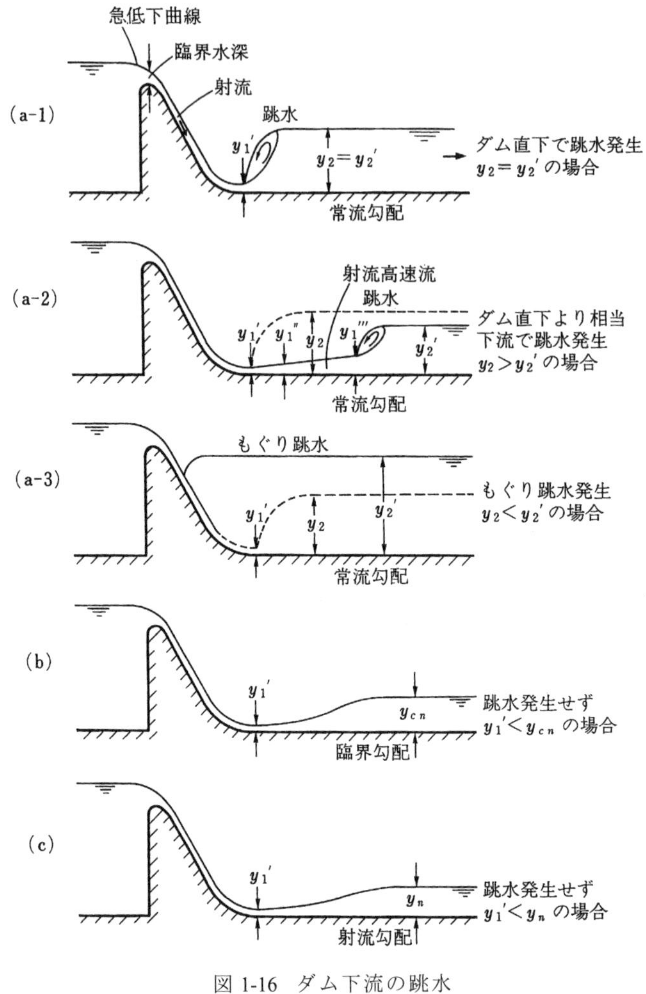

図 1-16 ダム下流の跳水

直下流端に跳水が発生する。図 1-16(a-1)。

$y_2 > y_2'$ であれば、すなわち結果水深が等流水深より大きければ、ダム下流端の直下流では跳水が発生せず、流れはそのまま高速流で流れていって、徐々に水深 y_1'' ($> y_1$)が増加していき、特定力曲線上で y_1'''が開始水深、y_1'が結果水深の関係になったとき跳水が発生する。図 1-16(a-2)。

$y_2 < y_2'$ であれば、すなわち等流水深が結果水深より大きければ、ダムの表面で発生した高速流は等流水深の中に跳びこんでいって、見かけ上は跳水は発生しない。この現象を「潜り（もぐり）跳水」とよぶ。図 1-16(a-3)。

1.18　制水ゲート

「制水ゲート」は、大きく分けて「越流ゲート」と「潜り（くぐり）ゲート」の 2 種類がある。越流ゲートはその上を水流が乗り越えていくもので、その代表例は「フラップ・ゲート」である。潜りゲートは「スルース・ゲート」と一般によばれることが多い。「垂直引き上げゲート」で代表され、水路底とゲート下端の間を潜るようにして水が流れ出るものである。

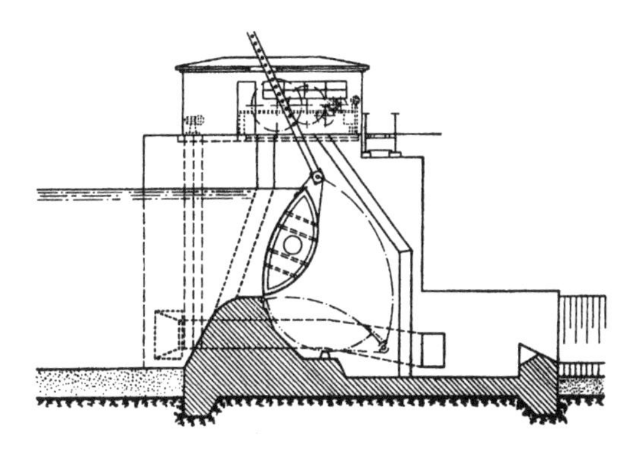

図 1-17　フラップ・ゲートの例[6] — 現代ではこの名前は、飛行機の翼のフラップを思い浮かばせるが、フラップ・ゲートは、開発当初、その断面形から "fish-belly" flap とよばれ、今でもその呼び方がなされることがある。この図は初期のもの。

図 1-18 潜りゲートの例
阿賀野川の安野川水門（高さ 9.05m、幅24. 1 m）

図 1-1(1 頁)の実験施設の水路の中間に潜りゲートの制水ゲートを設ける。潜りゲートから上流の水面形は、図 1-16(38 頁)のダムがあるときの常流、臨界流、射流の各水路勾配に対して発生する水面形と基本的に変わりない。

しかし、ダムの場合余水吐の天端に向けて直上流より急低下曲線が発生するのとは逆に、ゲート直前では流速が零となり、接近流速(V_1)に相当する水位の上昇($V_1^2/2g$)が起こって、平らな水面形が発生する点が違っている。図 1-19。なお、「接近流速」は、ゲートやダムの余水吐の天端に向かう流れを「接近流」とよび、その流速、または平均流速を指す。

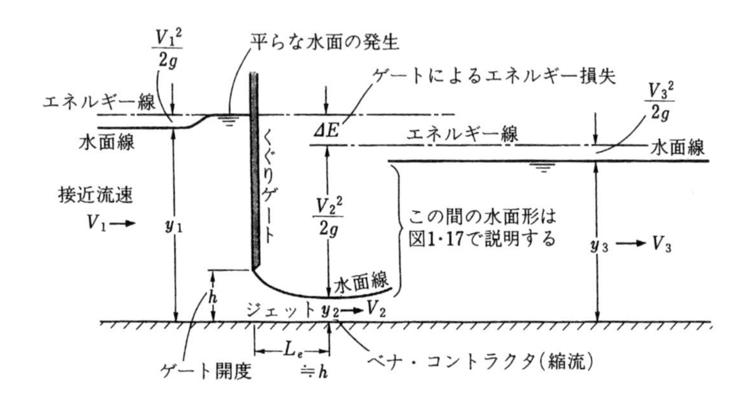

図 1-19 潜りゲートの水理－ゲートによってΔEのエネルギー損失が発生し、エネルギー線が不連続になる

潜りゲート下端と水路底の間の垂直距離を「ゲート開度」とよぶ。潜りゲートと水路底から噴き出てくる水流、すなわち「噴流」、あるいは「ジェット」の形は、ゲート下端から下流に向け凹の低下曲線となり、ゲートの位置からほぼゲートの開度と同じ距離離れた地点で水深が最小になる。そして、その水深は、ゲート開度のほぼ60 %の値になる。この現象を「ベナ・コントラクタ」、「vena contracta」、「縮流」とさまざまによぶ。水深が最小になる点を「最収縮点」、ならびに「最収縮点距離」とよぶ。本書では、以後、“vena contracta” に統一する。

図 1-20 に示すように vena contracta の水深を y_1 とする。

ゲート下流が臨界勾配、または射流勾配の場合、水深 y_1 は徐々に等流水深 y_n に、または y_{cn} に乗り移る。図 1-20(b)と(c)。

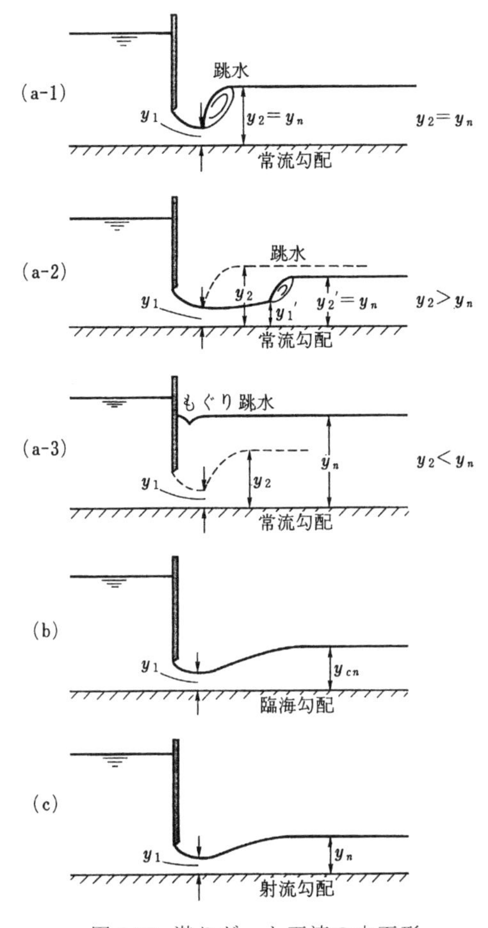

図 1-20　潜りゲート下流の水面形

ゲート下流が上流勾配の場合やや複雑になる。水深 y_1 を跳水の開始水深 y_1 とすれば、特定力曲線から結果水深 y_2 が計算できる。

$y_1 = y_2$ であれば、すなわち結果水深 y_2 と等流水深 y_n が等しければ、最収縮点で跳水が発生する。図 1-20(a-1)。

$y_1 > y_2$ であれば、すなわち結果水深 y_2 が等流水深 y_n より大きければ、最収縮点で跳水が発生しないで、流れはそのまま高速流で流れていって、徐々に水深 y_1'

(> y_1)が増加していき、特定力線上で y_1'が開始水深、y_nが結果水深の共役関係になったとき跳水が発生する。図 1-20(a-2)(41 頁)。

$y_2 < y_n$ であれば、すなわち等流水深 y_n が結果水深 y_2 より大きければ、ゲート下端と水路底の間から噴き出した高速流は「下流水深」の中に突入していって、見かけ上は跳水は発生しない。すなわち、潜り跳水が起こる。図 1-20(a-3)。

なお、跳水を起こす潜りゲートからの流出を「自由流出」、潜り跳水を起こす場合を「潜り(もぐり)流出」とよぶ。

1.19 水路の勾配変化

図 1-1(1 頁)の実験施設の水路の勾配を中間地点から自由に変えられるように、すなわち水路を「勾配変化水路」に改造する。そうすると、次のような勾配の変化の組み合わせが考えられる。

ケース番号	上流区間の勾配	下流区間の勾配	図 1-21 の番号 (44・45 頁)
1	常流勾配	より緩やかな常流勾配	a
2	〃	より急な常流勾配	b
3	〃	臨界勾配	c
4	〃	射流勾配	d
5	臨界勾配	常流勾配	e
6	〃	射流勾配	f
7	射流勾配	常流勾配	g-1~3
8	〃	臨界勾配	h
9	〃	より緩やかな射流勾配	i
10	〃	より急な射流勾配	j

ただし、ここでは、水流の方向と逆の水路勾配、すなわち「逆勾配」については考えないこととする。なお、勾配変化点から上半分と下半分の区間距離は、いかなる場合でも等流が発生するに十分な長さを持つものとする。

この勾配変化水路で発生する水面形の図番号が上の表の最後に表されている。図 1-21(44・45 頁)において、短破線は臨界水深を連ねた線、すなわち「臨界水深線」(critical depth line)、略称「C.D.L.」を表す。これが破線でない場合、流れの種類は不等流であることを示す。水面形の変化点は、黒丸印で表す。今後、水面形は、全てこのように表現される。

本文の中で使われている表現の「凸の水面形」、「凹の水面形」は、水面形が上に向かって凸の形、凹の形であることを意味する。

ケース 1 …… 上流区間が常流勾配、下流区間がより緩やかな常流勾配の場合、図 1-21(a)、上流区間で発生する常流の等流水面形があるところで終わって、そこから凹の水面形で水深が徐々に深くなっていき、勾配変化点で下流区間で発生する常流の等流水面形につながる。

ケース 2 …… 上流区間が常流勾配、下流区間がより急な常流勾配の場合、図 1-21(b)、上流区間で発生する常流の等流水面形があるところで終わって、そこから凸の水面形で水深が徐々に浅くなっていき、勾配変化点で下流区間で発生する常流の等流水深につながる。

ケース 3 …… 上流区間が常流勾配、下流区間が臨界勾配の場合、図 1-21(c)、上流区間で発生する常流の水面形があるところで終わって、そこから凸の水面形で水深が徐々に浅くなっていき、勾配変化点で臨界水深になり、そこから下流区間で発生する臨界等流の水面形につながる。

ケース 4 …… 上流区間が常流勾配、下流区間が射流勾配の場合、図 1-21(d)、上流区間で発生する常流の水面形があるところで終わって、そこから凸の水面形で水深が徐々に浅くなっていき、勾配変化点で臨界水深になり、そこから逆に凹の水面形で水深が徐々に浅くなっていき、あるところで下流区間で発生する射流の水面形につながる。

ケース 5 …… 上流区間が臨界勾配、下流区間が常流勾配の場合、図 1-21(e)、上流区間で発生する臨界等流水深があるところで終わって、そこから凸の水面形に変わり、徐々に水面が平らになっていき、勾配変化点で下流区間で発生する常流の等流水面形につながる。

ケース 6 …… 上流区間が臨界勾配、下流区間が射流勾配の場合、図 1-21(f)、上流区間で発生する臨界等流の水面形が勾配変化点で終わって、そこから凹の水面形で水深が徐々に浅くなって、あるところで下流区間で発生する射流の等流水面形につながる。

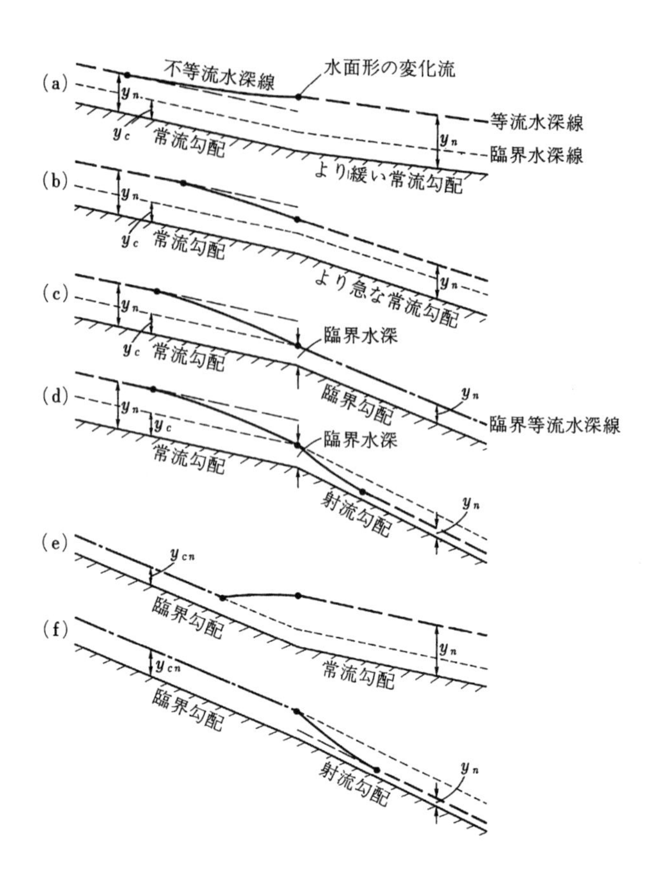

図 1-21　水路の勾配変化（その 1）

ケース 7 …… 常流区間が射流勾配、下流区間が常流勾配の場合、図 1-21(g-1)、下流区間で発生する常流の等流水深が上流区間で発生する射流の等流水深よりそう大きくない場合と、逆に相当大きい場合に分けて考えなければならない。

まず、下流区間で発生する常流の等流水深が比較的小さい場合、上流区間で発生した射流の水面形は勾配変化点で終わり、そこから凹の水面形で水深が徐々に深くなっていき、特定力曲線上で深くなった水深が跳水の開始水深 y_1、下流区間で発生する常流の結果水深 y_2 の共役関係になったとき跳水が発生し、常流の等流水面形につながる。

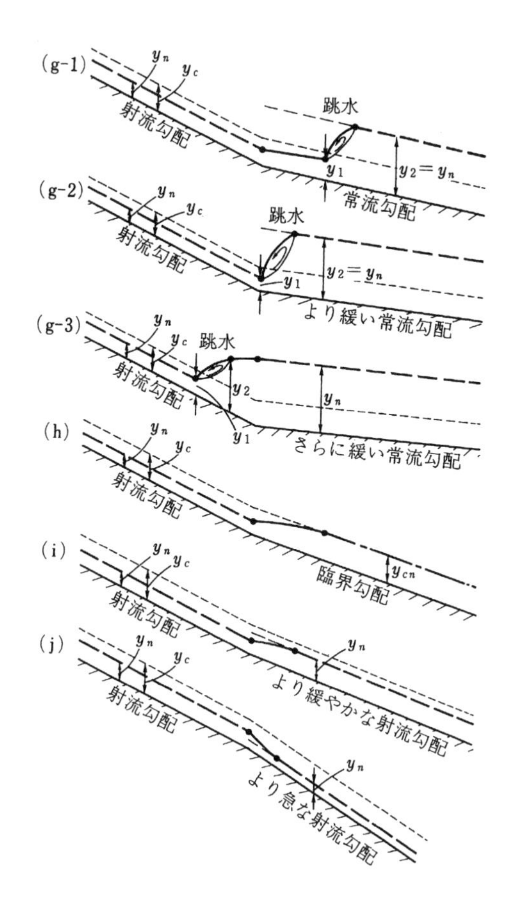

図 1-21　水路の勾配変化（その 2）

下流区間で発生する等流水深が大きくなると、図 1-21 (g-2)、すなわち下流区間の水路勾配が緩やかになると、跳水が発生する地点が勾配変化点に近づいていき、ある下流区間の水路勾配のとき勾配変化点で跳水が起こる。

下流区間で発生する等流区間がさらに大きくなると、すなわち下流区間の水路勾配がさらに緩やかになると図 1-21 (g-3)、勾配変化点より上流で跳水が起こり、そこから凸の水面形ができて水深が徐々に深くなっていき、勾配の変化点で下流の上流の等流水面形につながる。

ケース 8 …… 上流区間が射流勾配、下流区間が臨界勾配の場合、図 1-21 (h)、上流区間で発生する射流の等流水面形が勾配変化点で凹の水面形に変わり、水深が徐々に深くなっていって、下流区間で発生する臨界等流の水面形につながる。ケース 9…… 上流区間が射流勾配、下流区間がより緩やかな射流勾配の場合、図 1-21(i)（45 頁）、上流区間で発生する射流の等流水面形が勾配変化点で凸の水面形に変わり、水深が徐々に深くなっていき、下流区間で発生する射流の等流水面形につながる。

ケース 10…… 上流区間が射流勾配、下流区間がより急な射流勾配の場合、図 1-21 (j)、上流区間で発生する射流の等流水面形が勾配変化点で凹の水面形に変わり、水深が徐々に浅くなっていって、下流区間で発生する射流の等流水面形につながる。

1.20 池から水路への自由流入

図 1-1(1 頁)の実験施設の水路の上流端を上池に直結し、池の水が水路に自由に流入するようにする。こうすると、以前は水路への流入量は水路の流れの状態に無関係、すなわち「独立」であったのが、そうでなくなる。なお、下流端は今までどおりで変わらない。

「水路の入口」は丸みをつけて、なるべく滑らかに水が水路に流れ込むようにする。また、水路は、等流が発生するに十分の長さがあるものとする。

以上のような水路の入口を「自由流入口」とよぶ。これに対して、水路の入口に水門などの流量調節装置を設けられているとき「調節流入口」とよぶ。

水路の勾配が常流勾配、臨界勾配、射流勾配の各ケースについて考える。図 1-22 参照。

水路の勾配が常流勾配の場合、図 1-22(a)、水路の入口の少し手前から入口に向かって徐々に水位が低下していき（接近流が発生して）そこから短い距離の勾配の急な水面ができて、上流の等流水深に移る。この水路入口から等流区間の上流端までの区間を「流入域」とよぶ。

このときの静止した上池の水位、すなわち「静止水面」の端部を A、水路入口の一番高い所と静止水面間の垂直距離を y_A、流れが等流に変わった断面①の水深を y_1 とする。流入域の長さはごく短いものであるからエネルギー保存の法則により次の関係式が成立する。

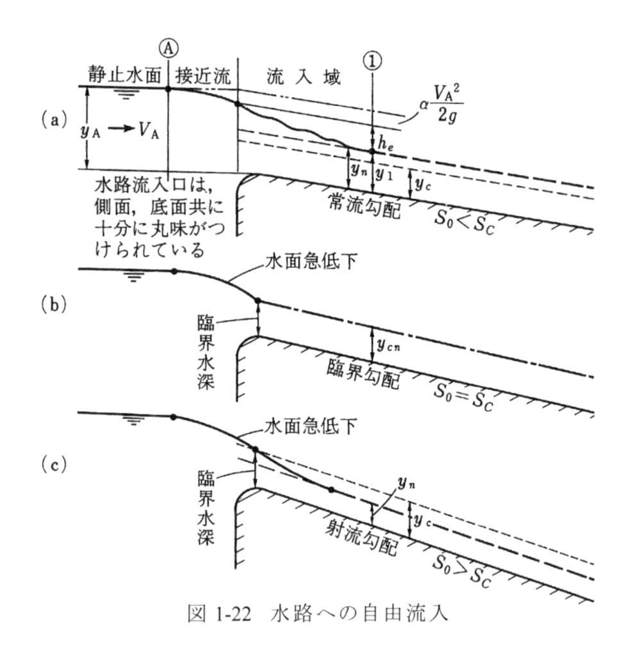

図 1-22　水路への自由流入

$$y_A = y_1 + h_e + \alpha_A \frac{V_A^2}{2g} \qquad (1\text{-}40)$$

ここで、$\alpha_A(V_A^2/2g)$は接近流の速度水頭、すなわち静止した池の水が動き始めて水路入口まで流れて来るのに要したエネルギー量で、その結果この水頭分だけ水路の入り口で水位が下がる。この量は、通常そう大きい量ではないので無視され、式(1-40)は次のように簡略化される。

$$y_A = y_1 + h_e \qquad (1\text{-}41)$$

h_e は、常流に関しては水路入り口と断面①の間で生じる水位低下量で、水流が断面①で持っている速度水頭の項との関連で表すことができる。

$$h_e = (\alpha + C_e)\frac{V_A^2}{2g} \qquad (1\text{-}42)$$

ここで、C_e は、水路入口の角を十分に丸くした場合平均 0.25 くらいの値をとる係数である。式(1-40)を式(1-41)に代入し、「水路への流入量」を $Q(=A_1/V_1)$とすると、

$$y_A = y_1 + (\alpha + C_e)\frac{Q^2}{A_1^2}\ \frac{1}{2g} \qquad (1\text{-}43)$$

以上から、水路流入量 Q を仮定して Manning 式を用いて等流水深 y_1 を計算し、さらに Q と y_1 から A_1 を計算してこの Q と y_1 ならびに A_1 を式(1-43)(47 頁)に代入すれば、静止水面の高さ y_A が求められる。多くの Q の値について y_A を求めて、Q と y_A の関係をグラフに描いたものを「水位流入量曲線」とよぶ。すなわち、この関係曲線を用いれば、容易に水路への自由流入量が求められるようになる。

水路の勾配が臨界勾配の場合、図 1-22(b)(47 頁)、接近流から水路に入ってすぐ臨界水深が発生し、臨界等流水深の流れに移る。

水路の勾配が射流勾配の場合、図 1-22(c)、接近流から水路に入ってすぐ臨界水深が発生し、臨界水深点から凹の水面形で徐々に水深が減少して射流の等流水深に移る。

水路の勾配が臨界勾配より急な場合、水路に入ってすぐ臨界水深が発生するから、水路の入口は第 1.23 節（55 頁）で述べる堰と基本的に変わりなくなる。したがって、水路の流入量は、後述の堰の公式で計算できるようになる。

［計算例 1-27］

池から底幅 b = 6 m、岸の傾斜 z = 2、水路勾配 S_0 = 0.002、粗度係数 n = 0.015 の台形プリズム水路が流れ出ている。水路長さが十分長く、流入口下流では必ず等流が発生しているものとする。池の水位と常流状態の水路への流入の関係を求める。ただし、α = 1.1、C_e = 0.25 とする。

臨界勾配線を用いて流れの状態をチェックする予備調査を行った後で本計算に入る。

a）予備計算（以下の手順で臨界勾配曲線から極小勾配 S_l を求める。計算例 1-21〔27 頁〕参照）

① 流量 Q を与える。

① 式(1-32)(26 頁)を用いて、流量 Q の臨界水深 y_c を計算する。この式は、代数的に解けないから trial and error で解く。

③ ②で計算した臨界水深 y_c を等流水深 y_n としたときの等流勾配 S_n を Manning 式より計算すれば、臨界勾配 S_c が求められる。

④ 流量 Q をいろいろに変えて、①～③の手順を繰り返し、対応する臨界勾配 S_c の値を求め、臨界勾配曲線を描く。計算例 1-27 の説明図（a）。

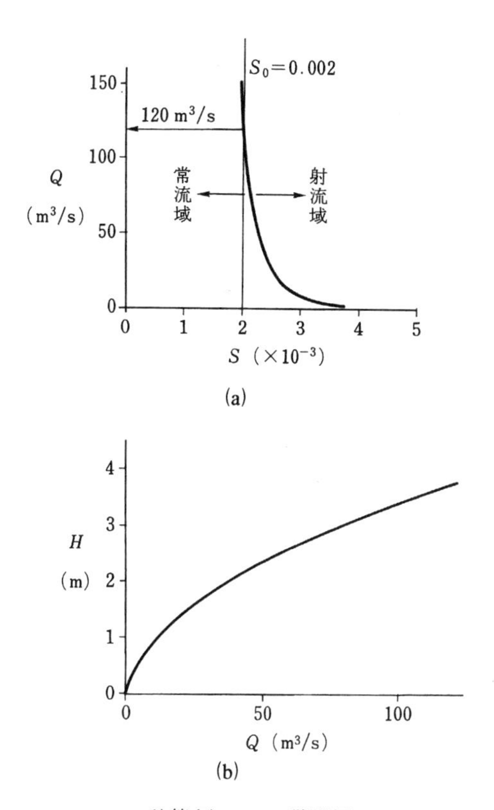

計算例 1-27 の説明図

台形断面は、岸の傾斜がより緩やかになると、図 1-10(28 頁)の場合のような極小勾配 S_l は、実際に起こり得る流量範囲では発生しなくなる。すなわち、曲線は、1 価関係になる。臨界勾配曲線から、水路勾配 $S_0 = 0.002 = 2\times10^{-3}$ で流れが常流になるのは、流量 Q が約 120 m³/s 以下の場合である。よって、本計算では、流量が約 120 m³/s 以下の範囲で池の水位と水路への流入量の関係を求める。

b）本計算

水路の流量 Q の等流水深 y_1 を Manning 式で計算して流水面積 A_1 を求め、式(1-43)（47 頁）に Q、y_1、A_1、C_e に代入すると、池の水面高さが求められる。

Q = 10 m³/s の場合のこの計算は、次のとおりである。流水面積は A_1 = (6+2

$\times y_1$) y_1、径深は R_1 = {$(6+2y_1)y_1$}/$(6+2y_1\sqrt{5})$。よって Manning 式 $Q = A_1 n^{-1} R^{2/3} S_0^{1/2}$ より $10 = \{(6+2y_1)y_1\} \times 0.015^{-1} \times \{(6+2y_1)y_1/(6+2y_1\sqrt{5})\}^{2/3} \times 0.002^{1/2}$ となり、trial and error で解くと等流水深 y_1 = 0.68 m が得られる。この水深の流水面積は A_1 = 5.00 m^2 となり、y_1 = 0.68 m と共に式(1-43)(47 頁)に代入すると、池水面高 $y_A = y_1 + (\alpha + C_e)(Q^2/A_1^2)(1/2g) = 0.68 + (1.1+0.25) \times (10^2/5.00^2) \times \{1/(2\times 9.81)\} = 0.96$ m が得られる。

各流量 Q について以上の計算を繰り返してグラフにQと y_A の関係をプロットして、滑らかな線で順次各点を結ぶと、計算例 1-27 の説明図(b)(49 頁)のような水路流入量曲線ができる。

1.21 水路の池への流入

図 1-1(1 頁)の実験施設で、流れが下池の水面に自由落下しているのを、流れが下池に直接流れ込むように改造する。ただし、流入点における水路底の高さは、水路の勾配を一定に保ちながら、自由に調節できるようになっているものとする。なお、水路の長さは、十分長く、等流が発生しているものとする。そうすると、次のケースが考えられる。次の表と図 1-23 の(1)と(2)。

ケース番号	水路の勾配	流入点の等流水面	図 1-23 の記号(51・52 頁)
1	常流勾配	下池水面より高い	(a-1)、(a-2)
2	〃	下池水面と同じ	(g)
3	〃	下池水面より低い	(b)
4	臨界勾配	下池水面より高い	(c)
5	〃	下池水面と同じ	(h)
6	〃	下池水面より低い	(d)
7	射流勾配	下池水面より高い	(e)
8	〃	下池水面と同じ	(i)
9	〃	下池水面より低い	(f-1)、(f-2)、(f-3)

ただし、ここでいう流入点の等流水面は、水路で発生する等流水面を下池の流入点まで延長したときの水面である。

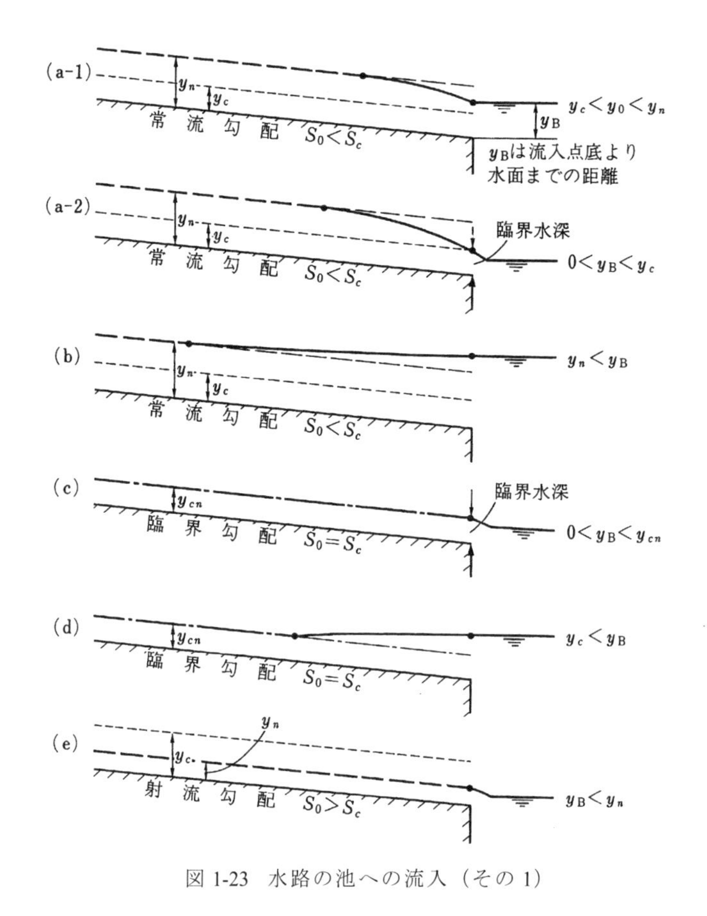

図 1-23　水路の池への流入（その1）

ケース 1 ……　図 1-23(a-1)と(a-2)の場合で、等流区間の下流端から、凸の水面形で徐々に水深が減少していって、下池水面に落ち込む。下池水面が流入点の臨界水深より下であれば、流入点で常に臨界水深が発生する。

ケース 3 ……　図 1-23(b)の場合で、等流区間の下流端から、凹の水面形で徐々に水深が増加していって、下池水面にすりつく。すなわち、この場合の水面形は、いわゆる塞き上げ背水曲線である。

ケース 4 ……　図 1-23(c)の場合で、臨界等流水深の流れがそのまま下池の水面に突入していく。

ケース 6 ……　図 1-23(d)の場合で、平らな下池の水面が水路の中に入ってくる。

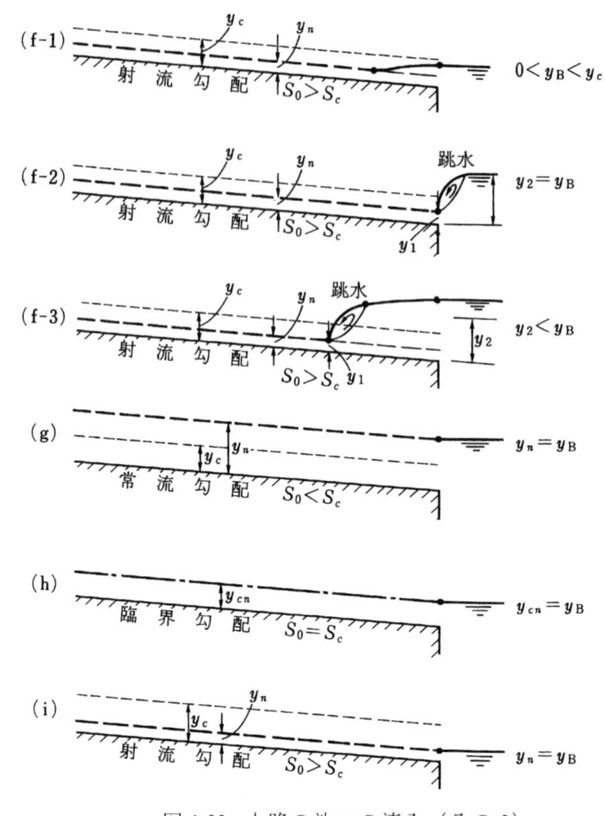

図 1-23　水路の池への流入（その 2）

等流区間の下流端から凸の水面形で徐々に水深が大きくなり、水路の中にできた平らな水面にすりつく。

ケース 7 ……　図 1-23(e)の場合で、射流の等流の流れがそのまま下池の水面に突入していく。

ケース 9 ……　図 1-23(f-1)の場合で、すなわち下池の水面が臨界等流水面より低く、射流の等流水面より高い場合、下池の水面が水路の中に入ってきて、射流の等流の流れはそのまま平らな水面の中に突入していく。

図 1-23(f-2)と(f-3)の場合、すなわち下池の水面が臨界等流水深より高い場合、跳水が発生するが、その発生の場所は下池水面の高さに応じて異なる。

射流の等流水深を跳水の開始水深 y_1、y_2 を特定力から求めた結果水深とする。
結果水深 y_2 が水路下流端における下池の水深と同じ場合、水路と下池の境目で跳水が発生する。図 1-23 (f-2)。
逆に、結果水深 y_2 が水路下流端における下池の水深より小であれば、下池の水面が水路の中に入ってきて、水路の中で跳水が発生し、跳水の終了点から凸の水面形で水深が徐々に増加し、入ってきた下池の水面にすりつく。図 1-23 (f-3)。
ケース 2、5、8 ……　合流点で等流水面が平らな下池の水面に移り変わる。図 1-23 の (g)、(h)、(i)。

水面が下池水面に落ち込む形態をとらないで合流する場合、図 1-24、流水は $\alpha V_0^2/2g$ という運動エネルギーを持っているから、それが位置のエネルギーに変わって、池への流入点では水面の高さがそれだけ上昇するはずである。しかし、このエネルギーは通常渦となって消費されてしまうから、実際はこの水面の上昇は起こらない。

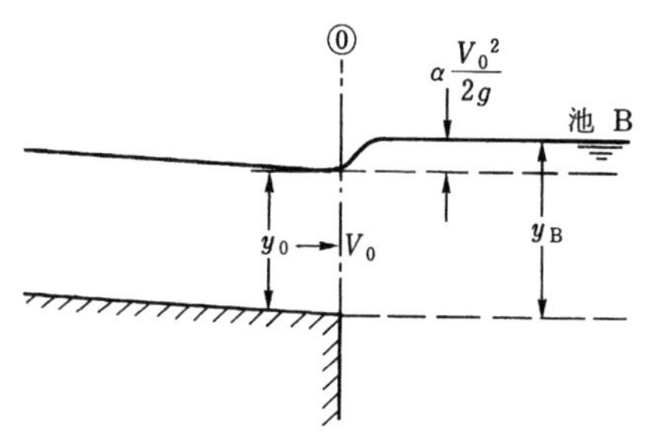

図 1-24　ケース 2、5、8 では、池への流入点における水面の上昇は起こらない

1.22　水路の自由落下

第 1.21 節 (50 頁) では、水路は、その流水の一部は必ず下池の静水の中に潜り込む形で下池に流入していた。これを水路の終端がちょうど崖の縁になるようにして、そこを流水が下池に落下して流入するようにする。すなわち、下池の水面は、常に縁の高さより下になるようにする。また、水路は、等流が発生するに十分な長さを持つものとする。

この状況下では、水路の流水は下池の水面に向かって勢いよく落下していく。このような流れを「自由落下」、あるいは「段落ち落下」とよぶ。

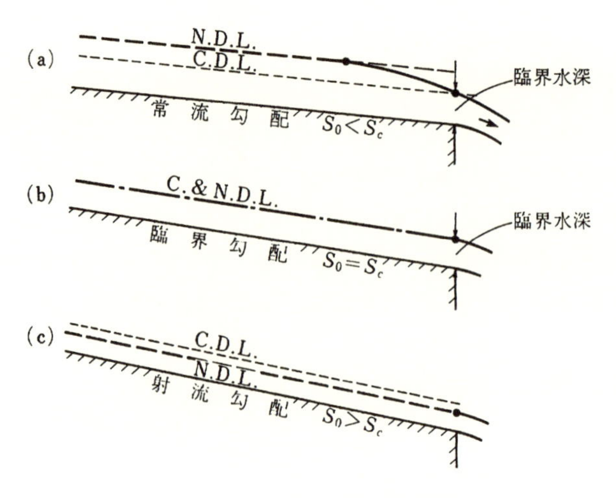

図 1-25　水路下流端の自由落下

水路が常流勾配であれば、図 1-25(a)に示すように等流区間の下流端から凸の水面形で水深が徐々に減少していって、水路の縁の所で臨界水深が発生し（厳密にいうと、後述のようにそうはならない。下池に落下していく。

水路が臨界勾配、ならびに射流勾配のときには、図 1-25(b)と(c)に示すように水流は等流のまま水路を離れ、下池に跳び込んでいく。

厳密にいうと、水路が常流勾配でしかも緩い勾配の場合、計算臨界水深 y_c は縁の水深 y_0 の約 1.4 倍、すなわち $y_c = 1.4y_0$ で、その発生位置は縁から上流 $3y_c$ ないし $4y_c$ の地点になる。図 1-26。

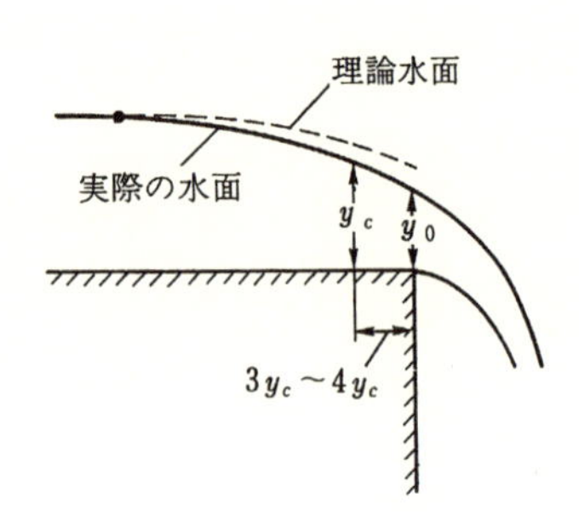

図 1-26　常流勾配水路における自由落下の水理

これは、臨界水深の計算は流れが平行流の状態にあると仮定しており、それが実際の流れの状態（曲線流）と違っているためである。平行流と曲線流については、後の第1.25節（60頁）で述べられる。

[計算例 1-28]

底幅 b = 6 m、岸の傾斜 z = 2 の台形断面プリズム水路において等流流量 Q = 10 m³/s が発生して、その末端が崖になっている。崖の水深と臨界水深の発生位置 L を求める。ただし、$\alpha = 1.1$ とする。

この場合に発生する臨界水深 y_c は計算例 1-19（26頁）で計算されており、$y_c = 0.63$ m である。よって、崖の水深 $y_0 = y_c/1.4 = 0.63/1.4 = 0.45$ m、臨界水深の発生位置 $L = 3y_c \sim 4y_c = 3\times0.63 \sim 4\times0.63 = 1.89 \sim 2.52$ m となる。

1.23　堰とナップ

「堰」は、水路（河川）を横断して設けられ、それから上流の水位をそれがない場合よりも高くする。すなわち「塞き（せき）上げる」ための構造物である。一般に、塞き上げ高さが大きくなると、ダム、日本語では「堰堤(えんてい)」とよばれる。

堰は、水路の底を部分的に高くして水位を塞き上げる場合と「ゲート」、日本語では「門扉」を用いて水路の底を高くしない場合の 2 通りがあり、前者を「固定堰」、後者を「可動堰」とよぶ。水理学で堰という言葉を用いる場合それは固定堰のことであり、可動堰に対して“水門”という言葉を使用する。

堰を設置をすることによって、その上流に必ず常流の水面が発生する。

堰の構造の最も簡単なものは「刃形堰」とよばれるもので、これは水路を横断して水流に向け板を立てただけのもので、他の種類が幅が広く、縁が丸くなっているのと比べて、そうよばれる。

刃形堰の上を水が流れるとき、水流は堰の縁から離れて空中を飛びながら落下していく。図 1-27（56頁）。このときできる水脈全体を「ナップ」とよぶ。そして、このナップの上面を「上ナップ」、下面を「下ナップ」とよぶ。ナップは、刃形堰を越えて流れる水量が多ければ多いほど、遠くへ跳ぶ。

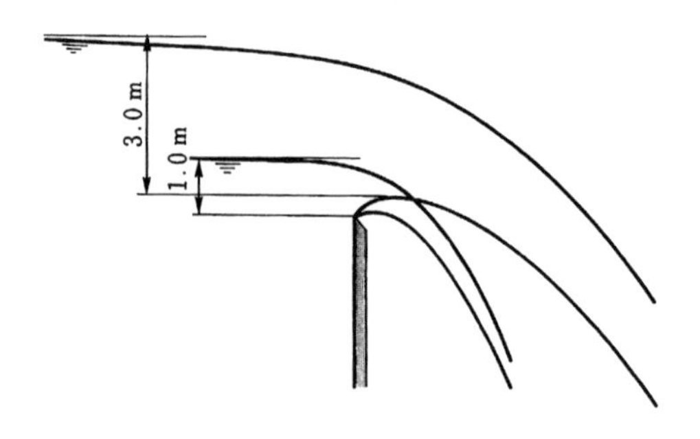

図 1-27　ナップの形

堰から落ちてきたナップが下流の水路底に着いたときの流速 V_1 は、近似的に次の式で計算できる。

$$V_1 = \sqrt{2g(Z - 0.5H)} \qquad (1\text{-}44)$$

ここで、Z(m)はナップの落下高さ、すなわち堰の上流水面とナップの落下地点の間の垂直距離、H(m)は堰の越流水深である。このようにして求めた流速 V_1 (m/s)と流量から、ナップ落下地点直下流で発生する水路底と平行な射流の流れの水深 y_1(m)が計算できる。

[計算例 1-29]

幅 b = 6 m の長方形断面水路に水路底から高さ 1 m の刃形堰が設けられている。越流水深 H = 1 m で流量 Q = 12.15 m³/s が落下したときの水脈落下地点直下流の水深 y_1(m)を求める。

式 1-44 より、水脈が下流の水路底に着いたときの流速 $V_1 = \sqrt{2g(Z - 0.5H)} = \sqrt{2\times9.81\times(2 - 0.5\times1)} = 5.42$ m/s となる。流量 $Q = V_1 y_1 b$ であるから、水深 $y_1 = Q/(V_1 b) = 12.15/(5.42 \times 6) = 0.37$ m。

図 1-1(1 頁)の水路の中間にこの刃形堰を設ける。堰から下流の水路の長さは、等流が発生するのに十分な長さがあるものとする。堰下流で発生する等流水深を y_2'とする。

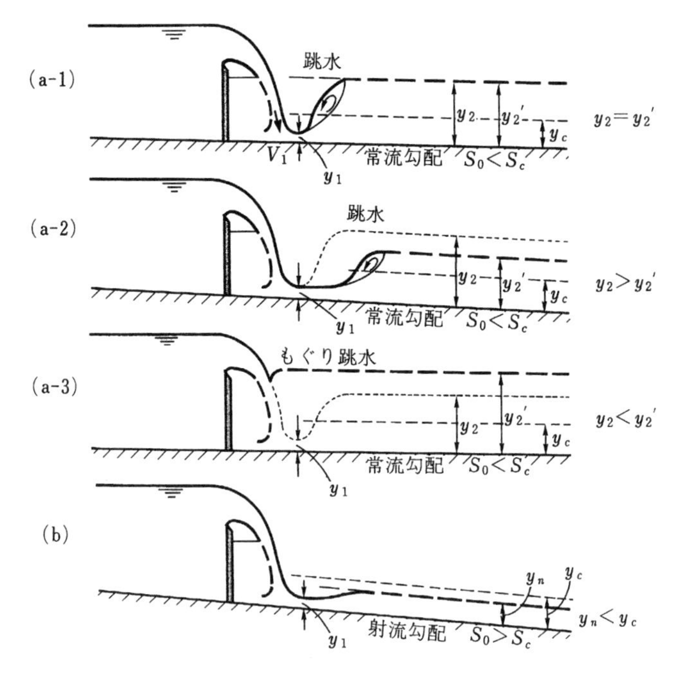

図 1-28　刃形堰より下流の流れの水面形

堰下流で発生する等流水深 y_2' とする。特定力曲線上で、y_1 を跳水の開始水深、y_2 を結果水深とする。

水路の勾配が臨界勾配より急な図 1-28(b)の場合、y_1 は等流水深 y_n に向け凹から凸の水面形で徐々に移り変わっていく。

これに対して、水路の勾配が常流勾配の場合は複雑である。$y_2 = y_2'$ であれば、図 1-28 の(a-1)に示すようにナップ落下地点で跳水が発生する。

$y_2 > y_2'$であれば、図 1-28 の(a-2)に示すように水深 y_1 が凹の水面形で徐々に増加していき、特定力曲線上で y_2 を結果水深とする開始水深 y_1' になった段階で跳水が発生する。

逆に、$y_2 < y_2'$であれば、図 1-28 の(a-3)に示すように自由跳水は起こらないで、ナップは下流の流水面に落ちていく、すなわち潜り跳水となる。

刃形堰のナップの形は、物理学の物体の斜上投射の問題として求めることができる。後述。

1.24 ダムの余水吐の上の流れ

ダムによってできた「貯水池」が一杯のとき、そこに流れ込む水量のことを「余水（よすい)」とよび、これをダム下流に安全に放流する施設を「余水吐(よすいばき)」とよぶ。余水を下流に放流する方法にはいろいろあり、ダムの上を越えて流す越流式余水吐はその代表である。

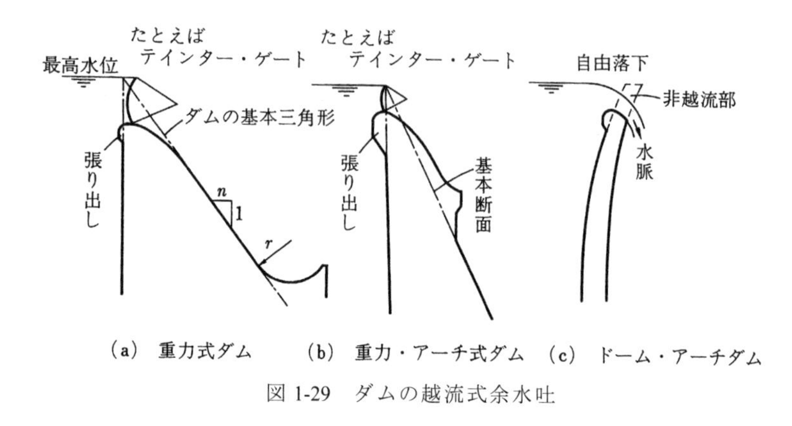

図 1-29　ダムの越流式余水吐

ダムの越流式余水吐の形は、一般にダムの上部では刃形堰のナップの下ナップの形がそのまま用いられ、「重力式ダム」の場合、ある所でダムの「基本三角形」の一様勾配斜面に接するようにする。図 1-29(a)参照。

ダムの越流式の余水吐流れの水面形は、ダムの直前から凸の形で水面が急低下して、余水吐の頂上付近で臨界水深が発生し、以後余水吐の形が下ナップの形をとっている間は水深はどこでもほぼ同じになる。基本三角形の一様勾配斜面の部分に入ると、急勾配射流水路の流れに変わり、そこで発生する等流水面にすりつくように凹の水面形で水深が減少していって、一様勾配斜面が十分長ければ等流の水面形にすりつく。ダム下部の円弧に入ると水面形は円弧になり、ダム終端ではそこの状況に応じてジェットになる、と基本的に考えてよい。

ダム余水吐の上の流れを扱う場合に考慮しなければならないこととして、流れの「空気の連行」の問題がある。急勾配水路の流速は通常「臨界流速」($Vc = \sqrt{gD}$)よりはるかに大きく、このような場合は流れの中に空気を吸い込んで膨張し、そうでない場合より水深が増加する。ダムの余水吐の上の流れは、下ナップの形が終わる付近から空気の連行が本格的に始まり、流れは気泡のため白色になる。このため、空気の連行を考慮しないで水面形が計算された場合は、実際の水深より計算水深は浅くなる。

空気の連行は、水理学の計算に乗らない、また水理模型実験でも再現できない現象である。このため、ダムの一様勾配斜面より下では、そこで起こる水面形を一概に表現することはできない。

ダムの越流式余水吐上の空気連行が問題にされるのは、余水吐の側壁の高さの設計において、空気の連行に伴う水深の増加を考慮しなければならないためである。空気と水との混合物の密度は深さ方向に一様でなく、変化している。しかし、平均密度が用いられた場合、「安全側」の結果が得られるとされている。

越流式余水吐の下流端の流速 V_1(m) は、次の式で理論的に計算される。

$$V_1 = \sqrt{2g(Z+H_a-y_1)} \qquad (1\text{-}45)$$

ここで、Z(m)はダムの「落差」、すなわち上流貯水池水面とダムの下流端の床の垂直距離、H_a(m)は上流の接近流速水頭、y_1(m)は下流端の水深である。なお、次式を用いることもある。

$$V_1 = \sqrt{2g(Z-0.5H)} \qquad (1\text{-}46)$$

ここで、H(m)は越流水深である。

しかし、実際のダム下流端の流速は、エネルギー・ロスが発生するため、常に「理論値」より小さくなる。より正確な値は、水理模型実験に頼る以外にない。

これらの式で求めた V_1 と式(1-1)(4 頁)から越流式余水吐の下流端の水深 y_1 が得られる。

[計算例 1-30]

高さが 100 m のダムの余水吐の上を 5 m の水深で越流している。ダム下流端の流速 V_1 を求める。

簡便に式 (1-46)を用いると、流速 $V_1 = \sqrt{2\times9.81\times(100-0.5\times5)} = 43.7$ m/s という値が得られる。共通的な模型実験の結果(149 頁、図 3-8)によると、実際に起こり得る流速は V_1 は約 30 m/s で、ダムの高さが大になるにつれ相当大きな値の開きが出てくる。

1.25 曲線流における水圧分布

水路の任意の点における水圧は、その点に置かれた「ピエゾ・メータ」の水柱の高さ、すなわち「水圧計」で測ることができる。

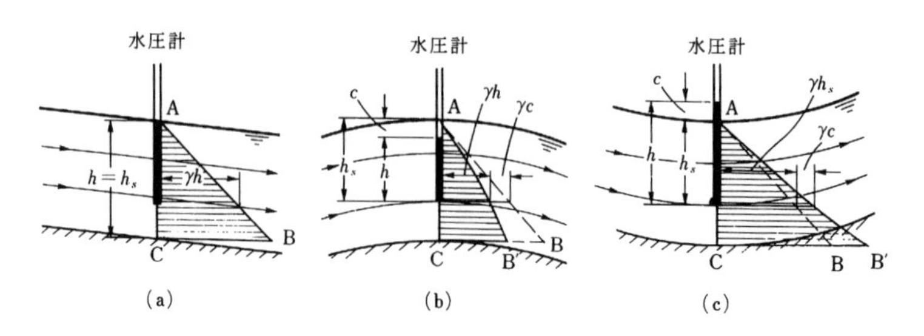

図 1-30 水路断面の水圧分布

断面の水圧を測る点が勾配の緩い水路の中にあるとき、水柱は必ず水面の高さまで上がる。それゆえ、勾配の緩い水路の断面の任意の点の水圧は、図 1-30(a)に示すように自由水面からその点までの水深に直接的に比例している。別の言い方をするならば、勾配の緩い水路断面の圧力分布は、静水圧分布と同じになる。これは、「水圧分布の静水の法則」とよばれる。

厳密にいうと、水圧分布の静水の法則の流水断面への適用は、「平行流」とよばれ、流れていく水粒子の軌跡、すなわち流線が実質的に曲がっておらず、また分岐もしていない、遠心力を持たない流れに対してのみ有効である。したがって、等流は実質上平行流である。漸変不等流は、水深の変化が緩やかで、そのため流線の顕著な曲がりや分岐が起こっておらず、遠心力を実質的に無視し得るので、水圧分布の静水の法則が適用可能になる。すなわち、漸変不等流は平行流とみなし得る。

流線の曲がりが実質的に大きければ、その流れは「曲線流」とよばれる。第 1.24 節で述べたダムの越流式余水吐の上部の形が凸の部分、下部の凹の部分は大きなな曲線形をしており、そこで起こる流れは代表的な曲線流である。

曲線流では、流れの方向に直角な遠心力が生じ、断面上の水圧分布は静水圧からはずれる。図 1-30 中の破線 AB は、流れが平行流であるとした場合の水圧の分布、すなわち静水圧分布を示す。「凸流」においては、図 1-30(b)、遠心力は重力と反対方向の上向きに働くから見かけ上水は軽くなり、その結果、水圧は平行流の静水圧より小さくなる。「凹流」においては、図 1-30(c)、遠心力は重力と同じ方向の下向きに働くから見かけは重くなり、その結果水圧は平行流の静水圧より大きくなる。同様、流線の分岐が著しく起こる流れでは、静水圧の分布が乱される。

曲線流の任意の深さの点における水圧を h、水圧分布の静水の法則による水圧を h_s とすると、h は次の式で表される。

$$h = h_s + c \qquad (1\text{-}47)$$

ここで、c は、h は h_s からの偏差を示す。

水路の縦断側面形が半径 r の円弧であるとすれば、断面の任意水深 d より上の単位の断面積を持つ水体の質量 $\gamma d/g$ と遠心力 v^2/r の積として、近似的にその点の遠心力 P が計算できる。

$$P = \frac{\gamma d}{g} \frac{v^2}{r} \qquad (1\text{-}48)$$

ここで、γ は水の単位体積重量、g は重力の加速度、 v は流速である。それゆえ、圧力補正量 c は、

$$c = \frac{d}{g} \frac{v^2}{r} \qquad (1\text{-}49)$$

水路底でこの値を計算する場合には、 r は水路底の曲率半径、 d は水深になる。そして、実用目的では、v は流れの平均値を用いる。

明らかに、c の値は曲線流の凸流に対して負、凹流に対して正になる。

[計算例 1-31]

ダムの越流式余水吐部の頂部は、半径 4 m の円弧になっている。その上では、円曲線の流線が発生しているものとする。幅 1 m 当りの流量が 20 m^3/s、水深が 3 m のときのダム表面の水圧を求める。

ダムの頂部の平均流速 v = 20/3 = 6.67 m/s となる。式(1-49)にこの値と d = 3m 、r = 4 m、g = 9.81 m/s^2 を代入すると、圧力補正量 c = (d/g)(v^2/r) = (3/9.81)×($6.67^2/4$) = 3.40 m となり、符号は負、ダム表面の水圧 $h = h_s + c = 3.0 - 3.4 = -0.4$ m、すなわち負圧がかかっていることになる。

1.26 広頂堰の上の流れ

「広頂堰」は、刃形堰が水路を横断して水流に向けて板を立てただけのものであるのに対して、縦断側面形が長四角形の断面の塊を置いて、堰より上流の水位を塞き上げるようにしたものである。

広頂堰の長さが高さに比べ十分に長いと、堰の直上流から水面が急低下曲線になり、堰上流端に近い所に臨界水深が発生する。そして、堰の上の大部分にわたって射流の平行流が発生し、下流端に近づくとまた水面形が急低下曲線になり、ナップを形成して堰下流に落下して行く。図 1-31。

広頂堰から下流で発生する水面形は、刃形堰の場合と基本的に同じであるので説明を省略する。

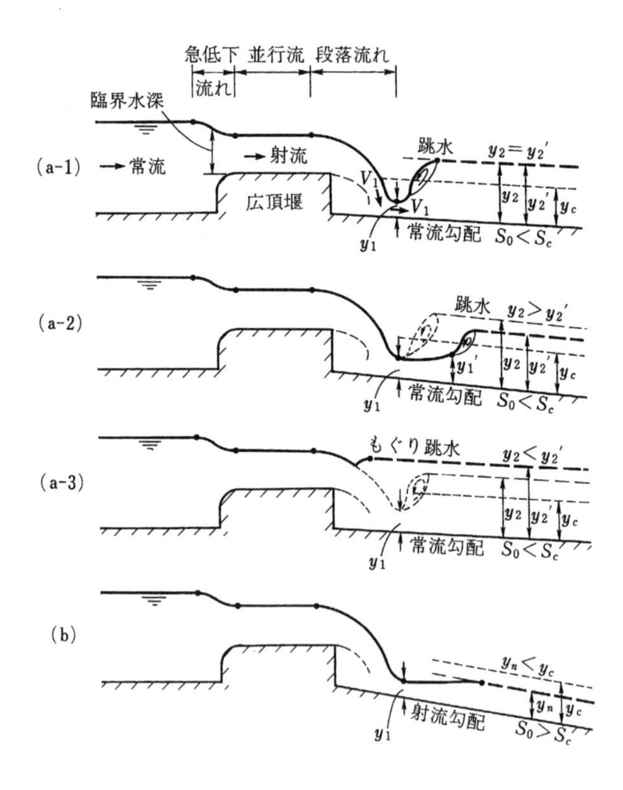

図 1-31　広頂堰の上の流れ

1-27　水路底のこぶ

図 1-1(1頁)の実験施設の水路の中間部分の底に「こぶ」をつける。ただし、このこぶの上・下流の水路の長さは等流が発生するのに十分な長さとする。

この状況下で発生する水面形は、等流の特定エネルギーをE_n、こぶの一番高い断面における臨界流の特定エネルギーをE_c'とすると、両者の大小関係で次表のようになる。また、それぞれ水面形を図 1-32 に示す。

ケース番号	水路の勾配	特定エネルギーの大小関係	図 1-32 の記号 (63頁)
1	常流勾配	$En > Ec'$	(a-1)
2	〃	$En < Ec'$	(a-2)
3	射流勾配	$En > Ec'$	(b-1)
4	〃	$En < Ec'$	(b-2)

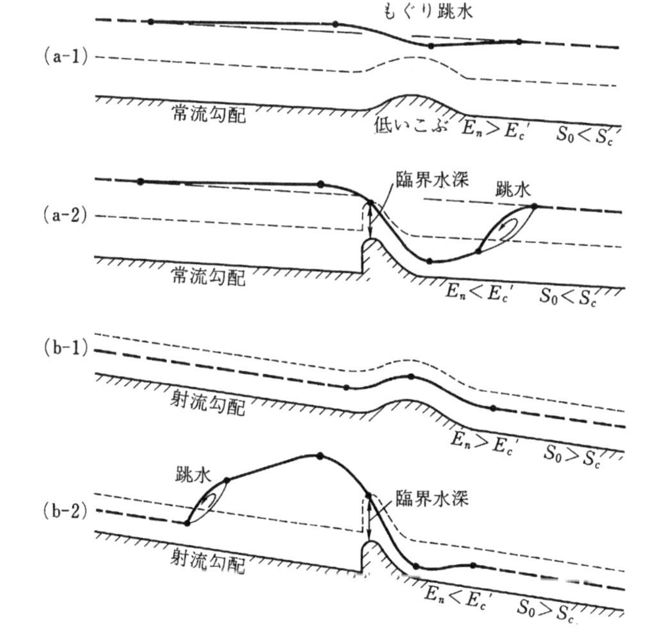

図 1-32　水路底のこぶによる水面形

ケース 1…… 図 1-32(a-1)。こぶによって上流の水面が塞き上げられる。こぶの下流では潜り跳水が発生し、下流の等流水面形になる。

ケース 2…… 図 1-32(a-2)。こぶによって上流の水面が塞き上げられる。こぶの下流では、跳水が発生する。こぶの一番高い所付近が臨界水深になる。

ケース 3…… 図 1-32(b-1)。こぶを滑らかに乗り越える射流の流れが発生する。

ケース 4…… 図 1-32(b-2)。上流の流れは射流で、こぶの直上流で水面が塞き上げられて、常流の流れが発生する。このため、その間で跳水が発生する。こぶの一番高い所付近が臨界水深になる。そこから流れが元の射流にかわり、こぶの終わり付近で水深が最小になって、等流の射流の水面形にすりついていく。

以上において、ケース 1と3では臨界水深は発生しない。ケース 2と4では、臨界水深と跳水が発生する。ただし、跳水はケース 2 では下流、ケース 4 では上流で発生する。

こぶが長くなると、こぶの部分自体が水路を形成することになる。

1.28 水路のくびれと障害物

1.28.1 水路のくびれ

図 1-1(1 頁)の実験施設の水路の中間部分の両岸から「横堤防」のような物を出して、ごく短い区間だけ水路幅を狭くする。これを水路の「くびれ」とよぶ。このくびれの上・下流での水路の長さは、等流が発生するのに十分な長さとする。

この状況下で発生する水面形は、等流の特定エネルギーを E_n、くびれの部分の臨界流の特定エネルギーを E_c'とすると、両者の大小関係で次表のようになる。また、それぞれの水面形を図 1-33 に示す。

ケース番号	水路の勾配	特定エネルギーの大小関係	図 1-33 の記号 (65 頁)
1	上流勾配	$E_n > E_c'$	(a-1)
2	〃	$E_n < E_c'$	(a-2)
3	射流勾配	$E_n > E_c'$	(b-1)
4	〃	$E_n < E_c'$	(b-2)

ケース 1…… 図 1-33(a-1)。くびれによって上流の水面が塞き上げられる。く

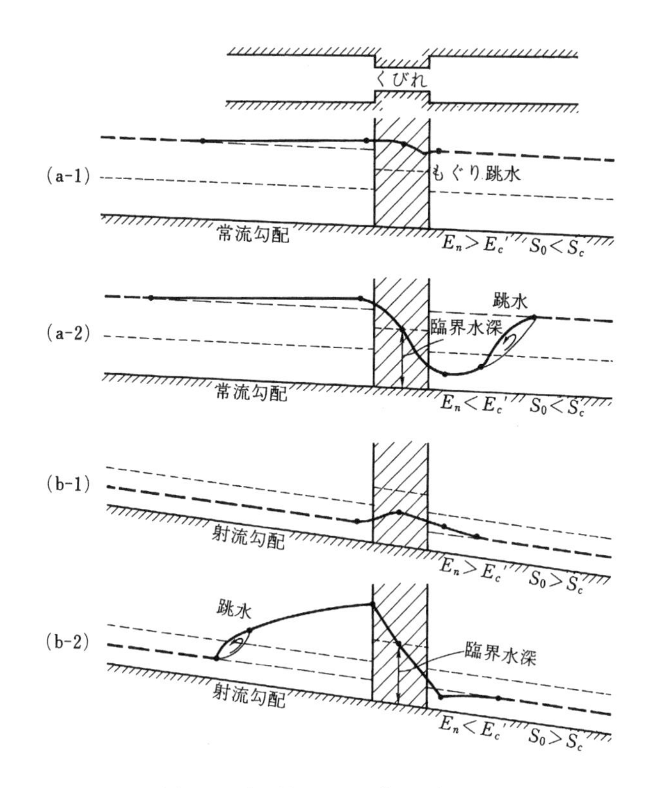

図 1-33　くびれによる水面形

びれの下流では潜り跳水が発生し、下流の等流水面形になる。

ケース 2 ……　図 1-33(a-2)。くびれによって上流の水面が塞き上げられる。くびれの間で臨界水深が起こり、そこから流れは射流になって、くびれの下流では跳水が発生し、等流の水面形になる。

ケース 3 ……　図 1-33(b-1)。上流の等流の射流の水位面形が、くびれの直上流から盛り上がり始め、くびれの中間で頂点に達し、そこから下がり始めて、くびれの直下流を滑らかに下流の等流の射流の水面形にすりつく。

ケース 4 ……　図 1-33(b-2)。上流の流れは射流の等流で、くびれの直上流で水面が塞き上げられて、常流の流れが発生する。このため、その間で跳水が発生する。くびれの中間で臨界水深になる。そこから流れが元の射流にかわり、くびれの終わり付近で水深が最小になって、等流の射流の水面形にすりつく。

以上において、ケース 1と3では臨界水深は発生しない。ケース 2と4では、臨界水深と跳水が発生する。ただし、跳水はケース 2 では下流、ケース 4 では上流で発生する。

くびれが長くなると、くびれ部分自体が水路を形成することになる。

くびれによる水面形と前節の水路底のこぶの水面形の間には、その発生機構において基本的な違いはない。

1.28.2 橋脚等の障害物

図 1-1(1 頁)の実験施設の水路の中間部分の水路中に「障害物」を置く。ここでいう障害物は実際の水路では、橋梁の橋脚で代表される。ただし、障害物の上・下流の水路長さは、等流が発生するのに十分な長さとする。

前項の水路のくびれと本項の水路中の障害物は似たような物であるが、違いは前者が開いた部分が 1 つであるのに対して、後者は少なくとも 2 つであることである。一般に、くびれによって生じる流れの収縮の度合いの方がはるかに障害物によるものより大きい。

水路中の障害物によって発生する水面形は、前項の水路のくびれによるものと基本的に変わりがないので、説明を省略する。図 1-33(65 頁)のくびれによる水面形を参照されたい。

1.28. 3 ゴミ除

ごみが多く流れる開水路では、ごみを下流にそのまま流さないようにするため、水路を横切って鋼棒などを桁で受けて縦に並べる。これを「ゴミ除」(ごみよけ)とよぶ。図 1-34。

ゴミ除を射流の流れの中に設けることはないから、それを水路中に設置した場合によって生じる水面形の変化は、常流の場合だけを考えればよい。

ゴミ除の直常流で h_r 分の水位が上昇し、常流に向け塞き上げ背水曲線ができて、やがて等流水面形にすりつく。

ゴミ除による水位の上昇量は、次式で与えられる。

$$h_r = c \frac{V_1^2}{2g} \tag{1-50}$$

ここで、 V_1 は接近流の平均流速、c はバーの断面形、厚さ、長さ、傾きなどによって決まる係数である。

Kirsĉhmerは、式(1-50)の係数cを実験式で与えている。

$$c = \beta \left| \frac{s}{b} \right|^{4/3} \sin \delta \qquad (1\text{-}51)$$

ここで、b(m)はバーの純間隔、s(m)は厚さ、δ(°)は水平面からの傾き値である。δは、図1-34のθ°のこと。図1-34。βはスクリーンのバーの形状から決まる値である。図1-35。

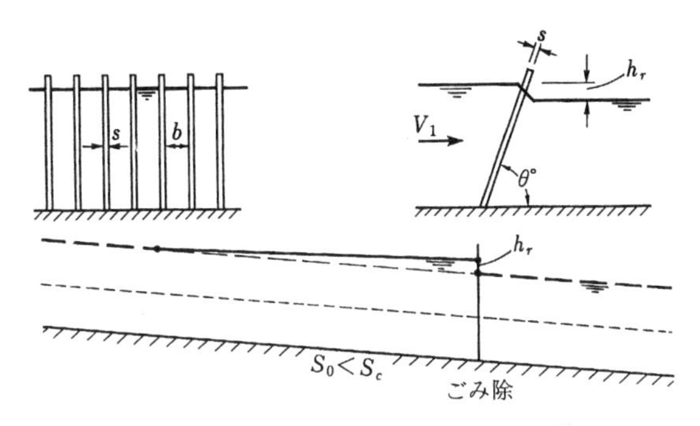

図1-34　ゴミ除と発生する水面形[7)]

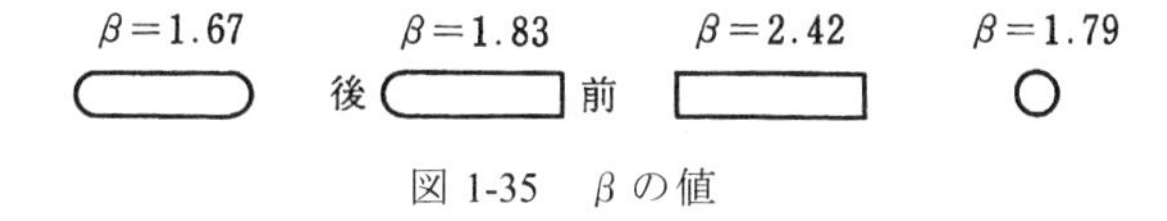

図1-35　βの値

［計算例1-32］

開水路のある断面で水深3 m、平均流速1 m/sが発生している。ここにバーの傾斜60°、厚さ1 cm、断面形が前面角後面半円、純間隔5 cmのスクリーンが設けられている。このゴミ除による水位の塞き上げ高さを求める。

バーの断面形は前面角後面半円であるから、β = 1.83となる。b = 0.05 m、s = 0.01 m、δ = 60°であるから、係数 $c = 1.83 \times (0.01/0.05)^{4/3} \times \sin 60° = 0.19$ となる。

式(1-50)において V_1 は、ゴミ除を設置してそれがない場合よりも遅くなった流速であるから、ゴミ除設置前の流速V = 1 m/sを用いれば計算結果は安全側になる。したがって、ゴミ除による水位の塞き上げ高さ $h_r = cV_1^2/2g = 0.19 \times 1^2/(2 \times 9.81)$

=0.01 m。

以上の計算からわかるように、バーの間隔を極端に狭くしなければ、ゴミ除そのものによる水位の塞き上げ高さは問題になる量ではない。

1.29 断面の急変

1.29.1 断面の急変について

図 1-1（1 頁）の実験水路は断面形がどこでも同じであるが、前半と後半で断面形を変えられるようにする。と同時に、各水路勾配も自由に変えられるようにする。

水路断面形が比較的短い区間で急に変わることを断面の「急変」とよぶ。これが広い断面から狭い断面に変わるとき、断面の「急縮」、逆を断面の「急拡」とよぶ。

断面の急変が起こる場合、水面幅が変化する場合と水路底が変化する場合にさらに分けられ、前の場合を「水平急拡」と「水平急縮」、後の場合を「垂直急拡」と「垂直急縮」とよぶ。

断面の急変に伴って、急変部に入る前はエネルギーの損失（ロス）が徐々に起こっていたのが、すなわちエネルギー曲線が滑らかであったのが、急変部ではエネルギー・ロスが突然急激に起こり、エネルギー曲線に段差が生じる。

断面の急変部では、急変不等流が発生する。

本節では、断面の急変が水平的に起こる、すなわち水路底は断面が変化しても連続である、すなわち段差がつかないものとする。

1.29.2 断面の急縮

断面の急縮前後の水路長さは、それぞれ等流が発生するのに十分なものとする。断面急縮前の水路を広幅水路、急縮後の水路を狭幅水路とよぶ。

ケース番号	上流広幅水路	下流狭幅水路	図 1-36 の記号（69 頁）
1	常流勾配	常流勾配	(a)
2	常流勾配	射流勾配	(b)
3	射流勾配	常流勾配	(c)
4	射流勾配	射流勾配	(d-1)、(d-2)

各幅の水路の水路勾配により前表のような状況の組み合わせが考えられ、それぞれの水面形を図 1-36 に示す。ここでは、臨界勾配については考えない。なお、上下流とも同じ状況の勾配の場合、似たような勾配とする。

ケース 1 ……　図 1-36(a)。上流が常流勾配、下流も常流勾配の場合、等流水深は通常下流狭幅水路の方が大で、上流広幅水路の方が小であるから、上流広幅水路で発生する等流区間の下流端から凹の水面形で下流に向けて水深が徐々に増加していって、上流広幅水路から下流狭幅水路に変わる断面、すなわち変化断面で最大水深が発生する。この最大水深は、下流狭幅水路で発生する等流水深より大である。その差は、上流広幅水路から下流狭幅水路に流水が流れ込むためのエネルギーになる。ということは、この部分は、池から水路が流れ出るときと基本的

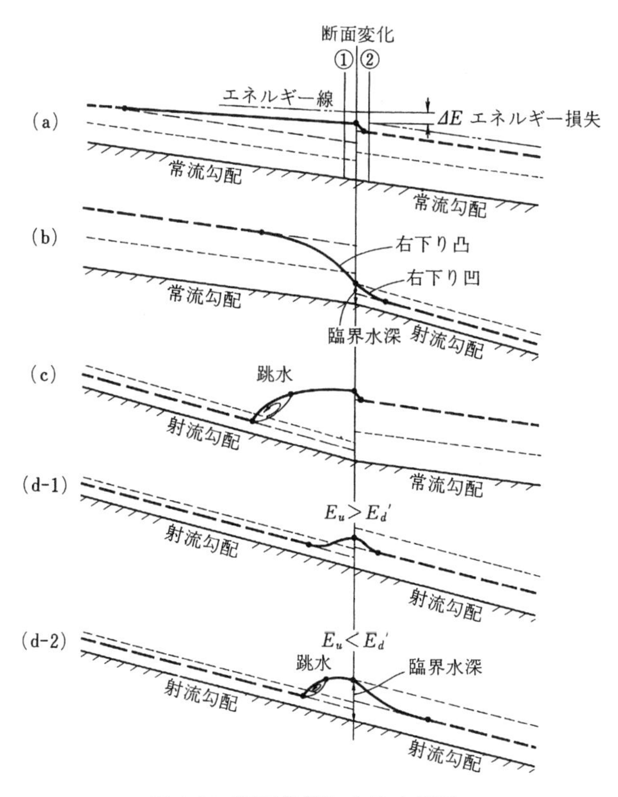

図 1-36　断面急縮による水面形

に変わりがないことになる。すなわち、変化断面で急激な水位の低下（急変不等流）が発生する。

いま、急縮直前の断面を①、直後の断面を②とすると、断面急縮に伴う水面低下量は式(1-52)で与えられる。この式で、ΔE は断面急縮によるエネルギー損失、Δh_{sc}は水面低下量、f_{sc}(＜1)は損失係数である。

$$\Delta h_{sc} = \Delta E + \frac{V_2^2}{2g} - \frac{V_1^2}{2g} = f_{sc}\frac{V_2^2}{2g} + \frac{V_2^2}{2g} - \frac{V_1^2}{2g} \qquad (1\text{-}52)$$

ケース 2 ……　図 1-36(b)。上流が常流勾配、下流が射流勾配の場合、広幅水路の上流で発生する等流区間の下流端から凸の水面形で下流に向け水深が徐々に減少していって、変化断面で下流狭幅水路の臨界水深が起こる。ここから流れが射流に転じて、下流で発生する狭幅水路の射流の等流区間の上流端に向け凹の水面形で水深が徐々に減少していって、比較的短い距離で等流水面形にすりつく。

ケース 3 ……　図 1-36(c)。上流が射流勾配、下流が常流勾配の場合、上流広幅水路では流れは変化断面近くまで射流の等流である。同様に、下流狭幅水路でも変化断面の直下流から常流の等流である。射流から常流への滑らかな水面形の移り変わりは起こらないから、射流の等流の下流端で跳水が発生し、跳水の終了点から凸の水面形で水深が下流に向け徐々に増加していって、変化断面直上流で最大水深になり、そこから短い距離で水面が低下し､下流狭幅水路の等流の水面形になる。この水面の低下量は、式(1-52)で計算できる。

ケース 4 ……　上流が射流勾配、下流も射流勾配の場合、共に射流の等流区間が変化断面をはさんで発生する。この場合、上流広幅水路の等流の特定エネルギーを E_u、下流狭幅水路の臨界水深の特定エネルギーを E_d'とすると、E_u と E_d'の大小関係で水面形は2つの場合にさらに分かれる。

$E_u > E_d'$の場合、図 1-36(d-1)に示すように、変化断面の手前で上流広幅水路の射流の等流水面形から凸の形で水深が急激に増加し､変化断面で最大水深が発生して、そこから下流狭幅水路の射流の等流水面形に向け凹の水面形で水深が減少していく。

$E_u < E_d'$の場合、図 1-36(d-2)に示すように、上流広幅水路の射流の等流水面から跳水が起こり、変化断面の手前に凸の水面形で下流に向け水深が徐々に増加する不等流の水面形ができ、変化断面で最大水深になる。ここから下流に向け凹の水面形で水深が徐々に減少し、下流狭幅水路の射流の等流の水面形にすりつく。こ

の場合、下流狭幅水路は池から射流水路が流出するのと基本的に同じになる。

1.29.3 断面の急拡

断面の急拡前後の水路の長さは、それぞれ等流が発生するのに十分なものであるとする。

各幅の水路の勾配により次表のような状況の組み合わせが考えられ、それぞれの水面形を図 1-37 に示す。ここでは、臨界勾配については考えない。なお、上下流とも同じ状況の勾配の場合、似たような勾配とする。

ケース番号	上流狭幅水路	下流広幅水路	図 1-37 の記号 （71 頁・45 頁）
1	常流勾配	常流勾配	(a-1)、(a-2)
2	常流勾配	射流勾配	(b-1)、(b-2)
3	射流勾配	常流勾配	［図 1-21 の (g-1)~(g-3)］
4	射流勾配	射流勾配	［図 1-21 の (j)］

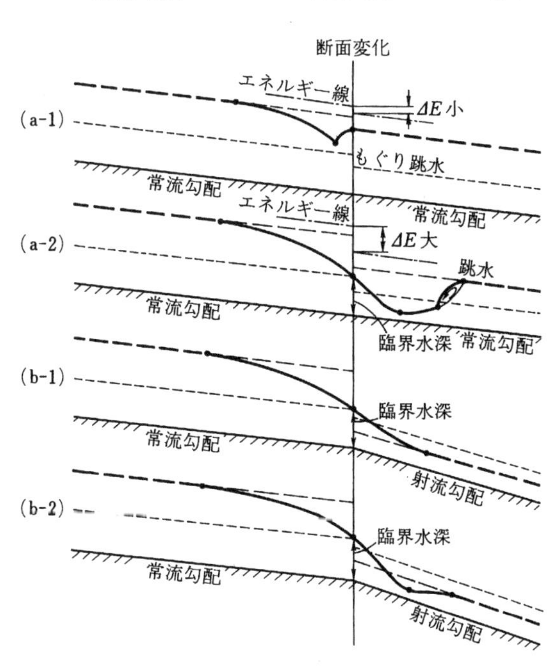

図 1-37　断面の急拡による水面形

ケース 1…… 上流が常流勾配、下流も常流勾配の場合、上流の上流部、下流の下流部で共に等流の水面形が発生する。上流と下流の等流水深の特定エネルギーの差ΔEの大小によって水面形は2つ場合にさらに分かれる。

ΔEが小さい場合には、図 1-37(a-1)、上流の等流区間の下流端から凸の水面形で水深が徐々に減少していって、変化断面の手前で最小水深が生じる。ここから逆に水深が短い距離で増加して、変化断面で下流の等流水面形にすりつく。これは、下流水面形が相対的に高いため潜り跳水が発生して、下流水面形が上流区間の水面形に影響するためである。

ΔEが大きい場合には、図 1-37(a-2)、上流の等流区間の下流端から凸の水面形で水深が徐々に減少していって、変化断面で上流狭幅断面の臨界水深が生じる。ここから水面の急低下が発生し、状況により最低水深の断面で直ちに跳水が発生するか、または凹の水面形で下流に向け徐々に水深が増加していって跳水が発生し、下流の等流水面形に変わる。

ケース 2…… 上流が常流勾配、下流が射流勾配の場合、上流の等流区間の下流端から凸の水面形で水深が徐々に減少していって、変化断面で上流狭幅断面の臨界水深が生じる。そして、ここから水面の急低下が発生する。水脈の落下によって、変化断面の直下流に、もし下流の水路が短い距離で崖になって終わっているような場合に生じる水面形と同様の、水路底と平行な、いうなれば水平流が発生する。この水平流の水深と下流等流水深の大小関係によって、このケースは、さらに2つの場合に分かれる。

水平流の水深が下流等流水深より大きい場合には、図 1-37(b-1)に示すように、変化断面で発生する臨界水深から凹の水面形で下流に向かって徐々に水深が減少していって、下流の等流の水面形にすりつく。

水平流の水深が下流等流水深より小さい場合には、図 1-37(b-2)に示すように、変化断面直下流で発生する臨界水深から凸の水面形で下流に向かって徐々に水深が増加していって、下流の等流の水面形にすりつく。

ケース 3…… 図 1-21 の(g-1)~(g-3)(45 頁)参照。上流が射流勾配、下流が常流勾配の場合、基本的に第 1.19 節の水路の変化勾配におけるケース 7 と同じになる。

ケース 4…… 図 1-21 の(j)参照。上流が射流勾配、下流も射流勾配の場合、基本的に第 1.19 節の水路の変化勾配におけるケース 10 と同じになる。

以上を総合して注意しなければならないことは、断面の急拡の場合上下流共常流勾配で、しかも上下流の等流水深の特定エネルギーの差が小さいケースでは、局部的に見ると水面の上昇が起こっているということである。図 1-37(71 頁)の(a-1)と図 1-38 を比較。

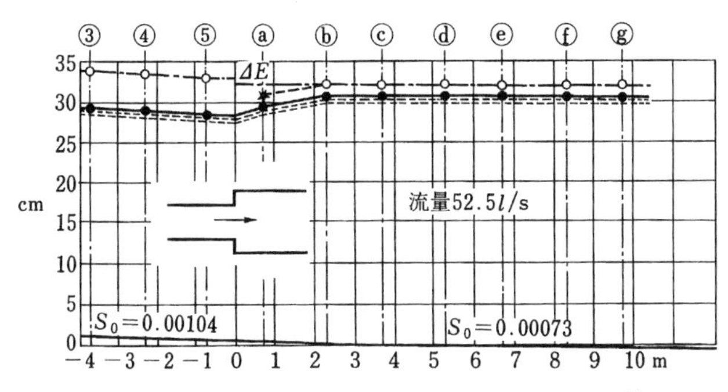

図 1-38　断面の急拡に伴う局部的水面上昇[8)]

1.30　曲線部の流れ

1.30.1　曲線水路

これまでは、水路の法線形は直線であることを前提にして水面形を考えてきた。ここでは、図 1-1(1 頁)の実験施設の水路を図 1-39(a)(74 頁)に示すように、水路勾配と断面形は一定であるが、法線形が最初は直線で、次に半径 r_c、中心角 θ の円曲線がきて、また直線になるように、すなわち「曲線水路」にする。なお、前後の直線部の長さは、等流が発生するのに十分なものとする。

曲線部においては、流れの方向が強制的に曲げられるため、遠心力の作用によって横断方向にも水面勾配が生じ、これに伴って顕著な横断方向の流れ、すなわち「2 次流」が発生する。この 2 次流と横断面に直角な流れ、すなわち主方向の流れによって螺旋型の流れ、すなわち「螺旋流」が発生する。

このような螺旋流が曲線部において発生するということは、とりも直さず曲線部においては水は直線部より流れにくい、ということを意味する。すなわち、曲線部においては直線部におけるより大きなエネルギー損失が発生するということを意味している。

1.30.2 平均的縦断水面形

曲線部の横断面では 2 次流が発生するため、断面内の水深が一様でなくなる。

そこで、横断面の平均水面の縦断形、すなわち平均縦断水面形を考える。曲線部の平均縦断水面形は、状況に応じて以下に述べるようになる。

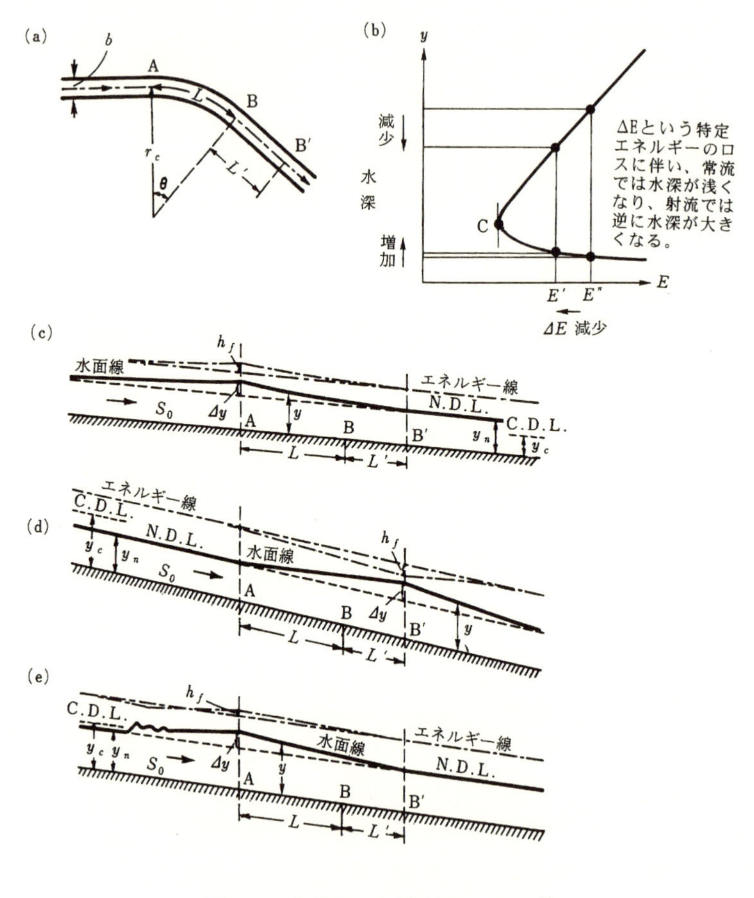

図 1-39 曲線部の平均縦断水面形[9)]

流れが常流の場合、図 1-39(c)、水路の法線形が直線から曲線になったことによって生じる総エネルギー損失量に相当する水位差を常流直線区間下流端の等流水深に上乗せすることによって、流量を維持する。すなわち、図 1-39(b)の特定エネルギー曲線からわかるように、常流ではエネルギーの消費に伴って水深が低下していくから、その分を曲線部の入り口であらかじめ補っておくのである。その結果、直線部常流等流区間の下流端から水深が下流に向けて徐々に増加していって、曲線部の入り口で水深が最大になり、そこから下流に向けて徐々に水深が減少していって、すなわちエネルギーを消費していって、曲線部を抜けてある距離、すなわち図 1-39(c)の L'で下流直線部の等流水深にすりつく水面形が発生する。

流れが射流の場合、図 1-39(d)、特定エネルギー曲線を見れば明らかのように、水深を大きくすることによって必要なエネルギーを生み出すことができる。すなわち、この場合の曲線部入り口の水深は直線部下流端の等流水深で、曲線部に入ると水深が徐々に増加して、曲線部を抜けてある距離 L'で最大になり、以後徐々に水深が減少して、元の等流水深に戻る。

流れが射流でも上流直線部の等流水深が臨界水深にごく近い場合には、図 1-39(e)、曲線部入り口手前で小さな跳水が発生し、曲線部の流れが常流に変わり、流れが常流の場合に似た水面形が発生する。

曲線によるエネルギー損失量 h_b は、速度水頭の項（$= V^2/2g$）で表現される。

$$h_b = \zeta \frac{V^2}{2g} \qquad (1\text{-}53)$$

ここで、V は接近流、すなわち等流の平均流速(m/s)、ζ(ジーター）は「曲線による抵抗係数」である。この値は接近流の Reynolds 数 R_e、r_c/b、y/b、そして $\theta/180$ によって大きく変わる。ただし、y は接近流の水深(m)である。図 1-40（76 頁）。

なお、式 1-53 は、常流と射流の両方の流れに適用することができる。

[計算例 1-33]

曲線による抵抗係数ζの値を求める図 1-40 を用いて、水路が次のデータを持っているものとして、抵抗係数ζの値を求める。$R_e = 55000$、$y/b = 0.8$、$\theta/180 = 0.556$、$r_e/b = 1.30$。

図 1-40（c）上で、$y/b=1.00$ そして $\theta/180=0.50$ とすると、$R_e=55000$ と $r_c/b=1.30$ に対し $\zeta=0.200$ が与えられる。図 1−40（b）上で、$r_c/b=1.00$ そして $\theta/180=0.50$ とすると、$R_e=55000$ と $y/b=1.00$ に対し $\zeta=0.230$ が与えられる。

y/b=1.00 の状態を y/b=0.80 の状態に適合させる補正係数は、0.200 × 0.275/0.230=0.239 となる。

図 1−40（c）上で、y/b=1.00 そして rc/b=1.00 とすると、Re=55000 と θ /180=0.50 に対しζ=0.245 が与えられる。

θ /180=0.50 の状態を θ /180=0.556 の状態に適合させるための最終補正係数は、0.239 × 0.245/0.230=0.255 ≒ 0.26 となる。

(a) パラメータ R_e, $\frac{y}{b}$=1.00, $\frac{r_c}{b}$=1.00

(b) パラメータ R_e, $\frac{r_c}{b}$=1.00, $\frac{\theta}{180°}$=0.50

(c) パラメータ R_e, $\frac{y}{b}$=1.00, $\frac{\theta}{180°}$=0.50

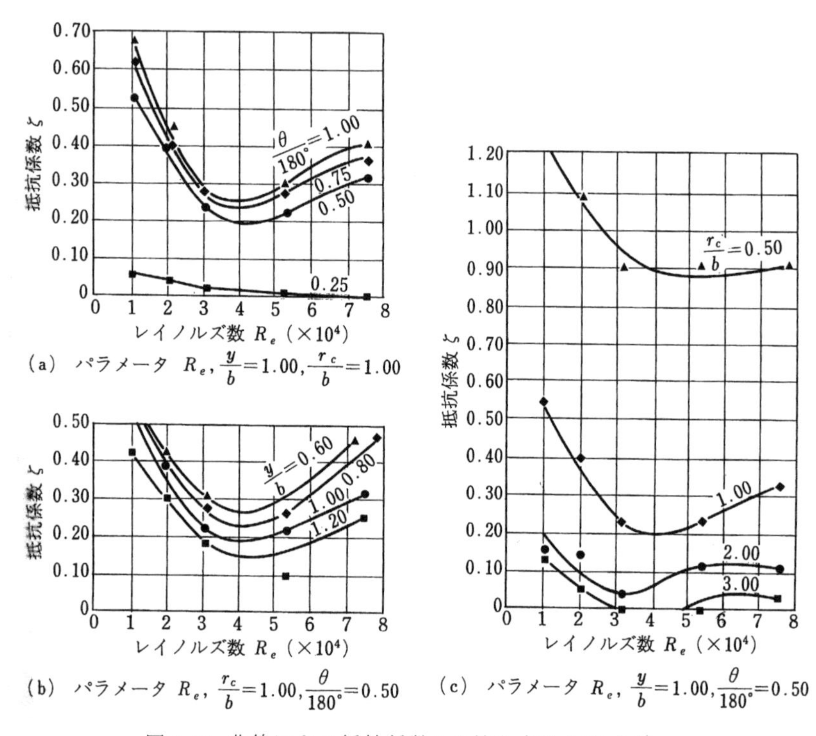

図 1-40 曲線による抵抗係数ζの値を求める図式[10)]

1.30.3 横断水面形

曲線部の横断方向の水面形、すなわち「横断水面形」は、流れが常流と射流では全く趣きを異にし、射流の流れに関してはさらに第 1.31 節の第 3 項の「交叉波」(81 頁)で述べる。

図 1-41 の中心角が 180 度の円曲線水路における実験結果について見ると、断面

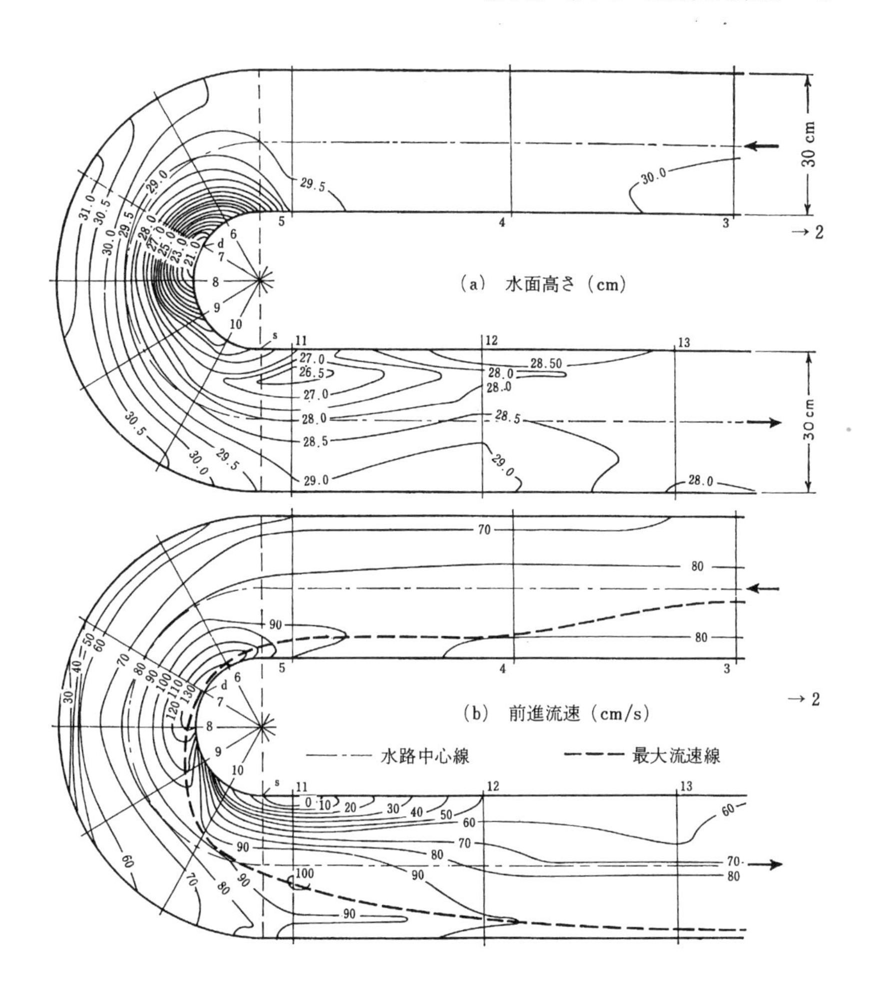

図 1-41　曲線水路の一実験結果[11]（$r_c/b = 1.00$、$y_A/b = 1.00$、$V_A = 77.8$ cm/s、$R_A = 73500$。ただし、A は水路入口を表す添字。前進流速は平均水面の 6 割水深における値）

内の最大流速の発生点は、曲線部入り口より相当手前で正常の位置、すなわち断面中央にあるが、曲線部に近くなると内側に寄り始め、曲線部に入って間もなく最も内側に寄り（d 点）、そこからそれまでとは逆に外側に向かっていく。円曲線部の終わり（s 点）では、流れが水路壁から離れる現象、すなわち「流れの剥離」が起こり、そこから下流では流れが逆流している区域が発生している。そして、曲線部が終わって相当距離流れた後で、最大流速の発生点が最外側にきている。

横断水面形は、曲線部の導入部分で徐々に外側が高くなり、直上流付近から内側の水面が急激に低下し始め、d 点の断面付近で外側が最も高く内側が最も低くなり、それに伴う最大横断勾配が発生している。この状態がしばらく続いた後、外側に向かっている最大流速の発生点が断面中心に接近する頃から、横断水面形の中心より内側に水面の窪み、すなわち凹の横断水面形ができ始め、それが発達していって曲線部終端直下流付近で最大になり、最大流速の発生点が最外側にきた辺りでこの水面の窪みは解消し、元の平らな横断水面形に戻っている。

「水路の曲がり」が発生する横断方向の内側と外側の水位差、Δh のことを英語で「super elevation」という言葉でよんでいる。この内外水位差は、流れが常流の場合、概略次式で計算できる。ただし、横断水面形は、水路幅の中心で平均縦断水面形を通る直線と考える。

$$\Delta h = \frac{V^2 b}{g r_c} \qquad (1\text{-}54)$$

ここで、V は平均流速(m/s)、b　は横断面幅(m)、r_c は水路中心の曲率半径(m)である。

[計算例 1-34]

幅 b = 6 m の長方形断面プリズム水路が中心角 45 度、中心半径 r_c = 15 m で曲がっている。等流水深 y_n = 2.5 m、V = 3 m/s として、super elevation Δh を求める。

super elevation　$\Delta h = (V^2 b)/(g r_c) = (3^2 \times 6)/(9.81 \times 15) = \underline{0.37\ \mathrm{m}}$

1.31　射流で発生する特異な現象

1.31.1　Mach 線と Mach 角

水路勾配が急で射流になる場合、常流の流れだけ見ていると考えられない特異な現象が発生する。

図 1-1（1 頁）の実験施設の水路で、水路勾配を急にして射流を発生させる。この射流の流れに瞬間的に擾乱を起こす、たとえば石を投げ込むなどすると、一過性の波が発生する。その波は、流速 v で下流に流されながら、$c = \sqrt{gD}$ の伝播速度で円形に拡がる。そして、この拡がっていく波に発生点から絶えず接線を引く

と、それらの線は $2\beta_0$ の楔状の2本の延長直線上に乗る。そして、角度 β_0 は次式で与えられる。図1-5（14頁）参照。

$$\sin\ \beta_0 = \frac{c}{v} = \frac{\sqrt{gD}}{v} = \frac{1}{F_r} \tag{1-55}$$

ここで、F_r はFroude数である。このようにして引かれた線のことを「Mach線」、Mach線と流れの方向になす角度を「Mach角」とよぶ。

上記では瞬間的に擾乱を起こしたが、擾乱を連続させると、一過性であった波が定常波となり、Mach線上で常に水面の上昇が起こる。これを「波面線」とよぶ。すなわち、Mach線が見えてくる。

[計算例 1-35]

幅 6 m の長方形断面プリズム水路において、流量 Q = 10 m³/s、水深 y = 0.2 m の等流が発生している。流れの種類を判別して、射流なら Mach 角を求める。同様に、水深 y = 0.1 m についても求める。

長方形断面であるから、水理学的水深 D = y = 0.2 m となる。平均流速 V = 10/(0.2×6) = 8.33 m/s。よって、Froude数 $F_r = V(gD)^{-1/2} = 8.33\times(9.81\times0.2)^{-1/2} = 5.9(>1)$ で、流れは射流。式(1-55)よりMach角 $\beta_0 = \sin^{-1}(1/Fr) = \sin^{-1}(1/5.9) = 9.8°$ となる。

水深 y = 0.1 m の場合、射流であることは明らかで、平均流速 V = 16.67 m/s、Fr = 16.8、$\beta_0 = 3.4°$ となる。

次に、図1-1(1頁)の実験施設の水路の壁を直壁にし、岸から小さな突起を出すと、図1-42(80頁)に示すように、流れが射流であると突起の点から連続的に波が発生し、水路岸の法線となす角度が β のMach線ができる。このMach線が反対側の岸の壁にぶつかると、そこで擾乱が起こる。そしてまた、そこから角度が β のMach線ができる。このようにして、次から次へとMach線が下流に向け発生していく現象が起こる。

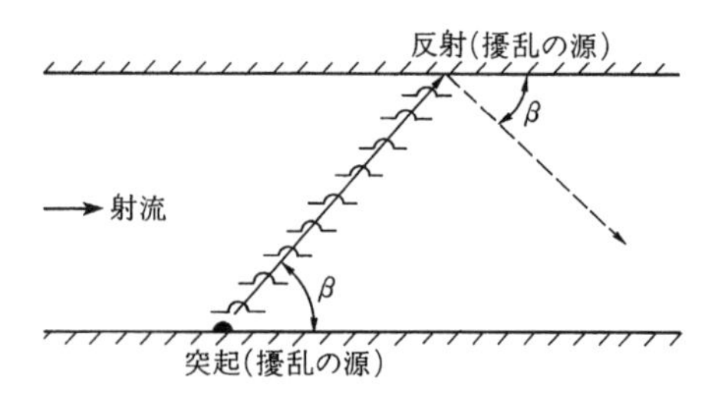

図 1-42　Mach 線の連続発生

1.31.2　斜め跳水と斜め広がり波

図 1-43 に示すように、いま、図 1-1(1 頁)の実験施設の水路の岸の壁を垂直にして、かつ角度 θ の直線で内側に折り曲げる。そうすると、折り曲げ点より角度 β の直線の不連続線が発生し、そこから水深 y_1 から y_2 に急上昇する。これは、流れが射流から常流に変わるとき発生する跳水に似た現象であり、かつ斜めの線に沿って起こるため、「斜め跳水」とよばれる。また、この現象は、高速の気流の中で発生する衝撃波とよく似ているので、「衝撃波」とよばれ、この呼び名の方が広く通用している。

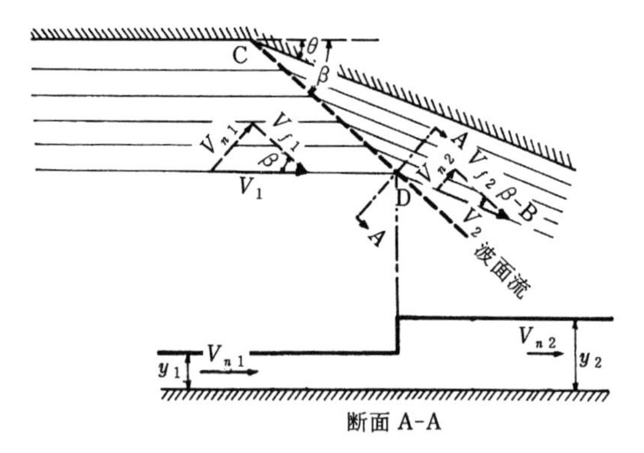

図 1-43　斜め跳水 [12)]

次に、水路を前とは逆に角度 θ の直線で外側に拡げる。図 1-44。こうすると、角度 β_1 と β_2 の 2 直線が作るある範囲で水深が y_1 から y_2 に急低下する。この現象を「斜め拡がり波」とよぶ。

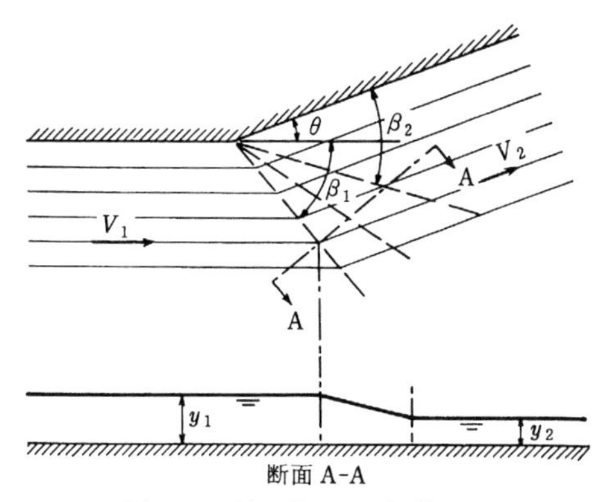

図 1-44　斜め拡がり波[13)]

以上のように、内側に折り曲げた壁に沿って水面の上昇が起こり、外側に折り曲げた壁に沿って水面の低下が起こる。それぞれで生じる不連続線を「正の波面線」、「負の波面線」とよぶ。

なお、角度β、並びにβ_1とβ_2は接近流の Froude 数と水路の折れ曲がり角度とθの条件から計算できる。

1.31.3　交叉波

曲線部の横断水面形について述べている第 1.30 の 3 項(76 頁)では、流れが常流の場合しか取り扱わなかった。ここでは、これまでに説明してきた事柄に基づいて射流の曲線部について説明する。

図 1-45(82 頁)に示すように流れが射流の曲線水路において、曲線部の出発点AA'断面は、A 点が内側に、A'点が外側に折れ曲がっている。そのため直線部から入ってきた射流の流れは、A 点から角度βの斜め跳水を、A'点から角度β'の斜め拡がり波を起こす。すなわち、A 点から正の波面線、A'点から負の波面線が発生し、両波面線はB点で交わる。境界線 ABA'から上流は曲線部の影響を受けないで、直線部におけると同じ流れの方向を保つ。B 点を越えると、波面線 AB と A'B の延長は、もはや直線でなく、曲線 BD と BC になる。外側の曲線壁 AC は、内側への折れ曲がりの連続であるから、次々と斜め跳水が起こり、壁沿いの水面は、極大水位の発生する C 点までどんどん高くなっていく。逆に、内側の曲線壁 A'D

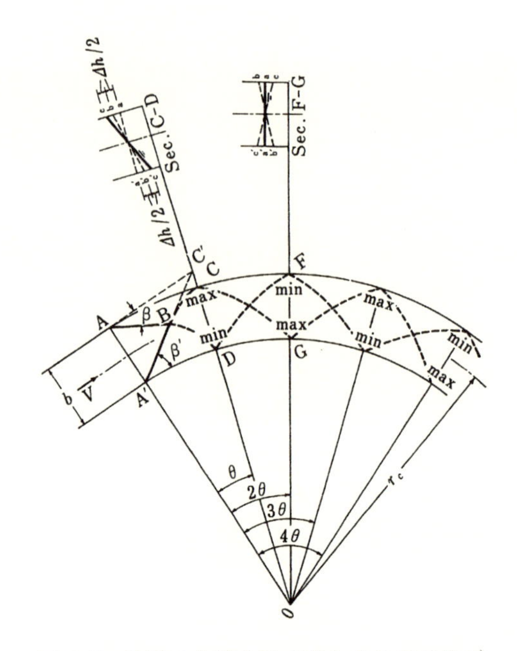

図 1-45 射流の曲線水路で発生する交叉波[14)]

は、外側への折れ曲がりの連続であるから、次々と斜め拡がり波が起こり、壁沿いの水面は、極小水位の発生する D 点までどんどん低くなっていく。C 点を越えると、低い水面を発生させる内側の壁の効果が起こり始め､外壁の壁沿いの水面の上昇は止み、逆に低下が始まる。D 点を越えると高い水面を発生させる外側の壁の効果が起こり始め、内側の壁沿いの水面の低下は止み、逆に上昇が始まる。このように、外壁で生ずる斜め跳水と内壁の壁で生ずる斜め拡がり波の効果で、中心角 θ ごとに､外側の壁沿いで極大、極小の準で水面の高さが変動し、内側の壁沿いでは極小、極大の順で水面の高さが変動する。その結果、横断水面形は AA' 断面では水平、CD 断面では外側が高くて内側が低い傾斜面、FG では水平面、と交互の変化を示すことになる。

以上の現象が起こるため、流れが射流の曲線部では、波頭が連続した交叉が発生し、それを「交叉波」とよぶ。交叉波は、この他に、射流が発生している非プリズム水路で一般的に発生する。

曲線部において、壁沿いに水面の最初の極大極小が発生する中心角 θ は次式で与えられる。

$$\theta = \tan^{-1}\frac{2b}{(2r_c+b)\tan\beta} \tag{1-56}$$

ここで、波面線のなす角βは、式(1-55)(79頁)から、$\sin^{-1}(\sqrt{gy}/V)$で計算できる。yとVは接近流の水深と平均流速である。

外側の壁沿いに最初の極大水面形が発生するCD断面では、a'a線は、水路を直線とした場合の理論横断水面形を示す。b'b線は、流れを常流とした場合の理論横断水面形を示す。b点はa点より$\Delta h/2$高く、すなわち式(1-54)(78頁)より$\Delta h = V^2b/gr_c$高く、b'点はa'点より同量の$\Delta h/2$低いことは明白である。実験研究により、c点はa点よりΔh高く、c'点はa'点よりΔh低い、すなわちc点はb点より$\Delta h/2$高く、c'点はb'点より$\Delta h/2$低いことがわかった。同様の関係が外側の壁沿いで水面が極大になる断面で存在する。

外側の壁沿いに最初の極小水面が発生するFG断面では、交叉波が内外水面差を打ち消すため、a'a線が実際の横断水面形になる。すなわち、水路を直線とした場合の理論横断水面形を示す。同様の関係が内側の壁沿いで水面が極小になる断面で存在する。

距離ACは概略$b\tan\beta$であるから、外側の壁沿いに発生する波の波長は$2b\tan\beta$になる。

以上から、射流の曲線部の外側では、流れが常流の場合使用の計算式で計算した外側の壁沿いの縦断水面形を基準にして、波長$2b\tan\beta$、振幅V^2b/gr_cで水面が振動していることになる。そして、このことから、単純な円曲線部の射流の流れの場合、水面形が計算で求められるようになる。

1.32　漸変不等流の水面形の種類と分類

1.32.1　水面形の種類

これまで本書では一貫して、定流の流れがプリズム水路において起こす水面の形をとり上げてきた。定流の流れは、等流と不等流に分けられ、不等流はさらに漸変不等流と急変不等流に分けられる。等流の下での水面形はただ1つであるが、不等流の水面形は状況に応じていろいろに変わる。不等流でも漸変不等流に関しては、その水面形は、1つの法則の下以下のように分類することができる。

いま、プリズム水路の水路底勾配を、緩勾配、臨界勾配、急勾配、「水平勾配」、逆勾配に分類する。緩勾配は臨界勾配より緩い勾配で、そこで発生する等流は常流である。逆に、急勾配は臨界勾配より急な勾配で、そこで発生する等流は射流である。逆勾配は通常水路は下流に行くほど水路底の高さが下がるのに対し、逆に上がる水路の水路勾配をいう。水平勾配は、水路底の勾配が下流に行っても同じで変わらない、すなわち水平な水路の勾配をいう。そして、これらの勾配を持つ水路で起こる漸変不等流水面形に対し、英語名の頭文字の大文字をつける。すなわち、「Mild 水面形」、「Critical 水面形」、「Steep 水面形」、「Horizontal 水面形」、「Advers 水面形」のようである。

次に、与えられている水路の断面形とそこを流れる流量から臨界水深 y_c が計算できる。さらに、緩勾配、臨界勾配、急勾配の水路に関しては、等流水深 y_n が計算できる。

そうすると、緩勾配水路においては $y_n > y_c$ であるから、図 1-46(a)、上に常流の等流水深線（長破線）、下に臨界水深線（短破線）が引ける。

臨界勾配水路においては $y_n = y_c$ であるから、臨界等流水深線（長短交互破線）が 1 本引ける。図 1-46(b)。

急勾配水路においては $y_n < y_c$ であるから、上に臨界水深線（短破線）、下に射流の等流水深線（長破線）が引ける。図 1-46(c)。

すなわち、逆勾配や水平勾配でない「順勾配」の水路に関しては、「上の線」と「下の線」、ならびに「水路底線」により開水路の縦断側面図は 3 つの部分に分けられる。臨界勾配水路については、2 つの部分にしか分けられないが、上の線と下の線の間が無限に狭くなっていると考えれば、同様に 3 つの部分に分けられていることになる。逆勾配や水平勾配の水路については、臨界水深線を引いて 2 つの部分に分けられる。図 1-46(d)と(e)。

そうしたならば、順勾配の水路の縦断側面図の 3 つの部分に次のような番号名を付ける。ただし、臨界勾配の水路の縦断側面図に第 2 ゾーンはない。

上の線より上の部分　→　「第 1 ゾーン」
上の線と下の線の間の部分　→　「第 2 ゾーン」
下の線と水路底の間の部分　→　「第 3 ゾーン」

また逆勾配や水平勾配乗水路の縦断側面図の 2 つの部分に次のような番号名を付ける。

臨界水深線より上の部分　　　　→　第2ゾーン

臨界水深線と水路底線の間の部分　→　第3ゾーン

このように各部分に番号名を付けたならば、第1ゾーンで発生する漸変不等流の水面形を第1水面形、第2ゾーンで発生する水面形を第2水面形、同様に第3水面形とよぶ。

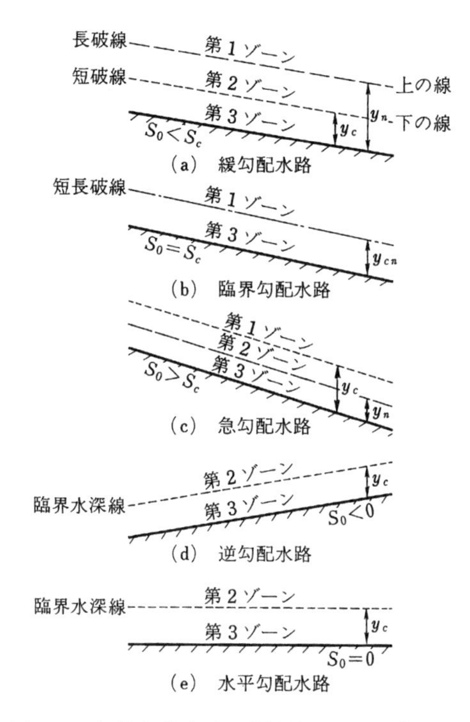

図1-46　各種勾配水路の縦断側面図のゾーン分け

1.32.2　水面形の分類

以上を総合すると、漸変不等流に関しては、たとえば、緩勾配の水路で発生する水面形はM水面形であり、この水路の第1ゾーンで発生する水面形は第1水面形であるから、この2つの名前を組み合わせると、緩勾配の水路の第1ゾーンで発生する水面形は、M1水面形(M1profile、以下同様)と名付けることができるようになる。すなわち、定流の漸変不等流で発生する水面形は、M1、M2、M3、C1、C2、C3、S1、S2、S3、H2、H3、A2、A3という名前の付いた水面形である。

このように水面形を分類・命名したとしても、たとえば M1 水面形がさらに何種類にも分かれてしまったとすればあまり意味がない。しかし、各勾配水路の各ゾーンで発生する水面形の形態は、ただ 1 つで複数にならず、以下で説明する特定の形を必ず示している。ここで、S_0 は水路勾配、S_c は臨界勾配、y は現れる水面形の水深を表す。y_n は等流水深、y_c は臨界水深、y_{cn} は臨界等流水深である。

1）M 水面形　$S_0 < S_c$ 、$y_n > y_c$

① M1 水面形　$y > y_n > y_c$

この水面形は、図 1-47(a-1)、緩勾配の水路の第 1 ゾーンで発生するもので、ダムの背後などにできるいわゆる塞き上げ背水曲線である。この流れは常流であ

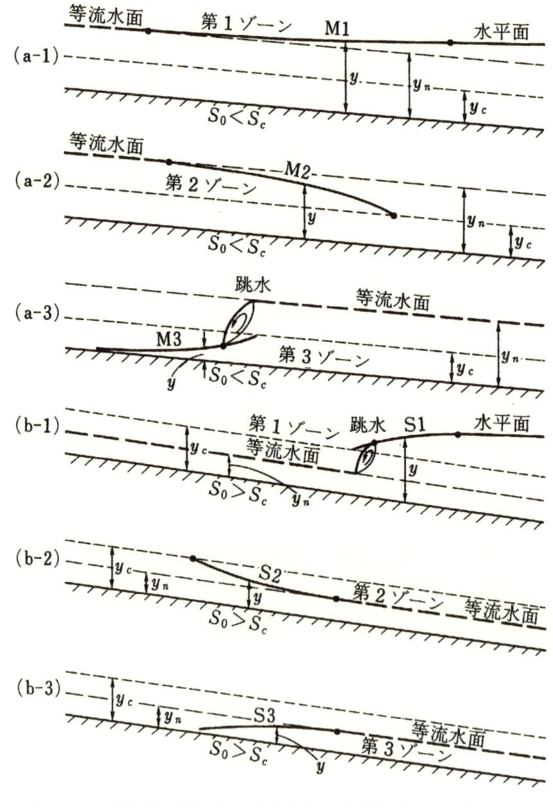

図 1-47　漸変不等流の水面形の分類（その 1）

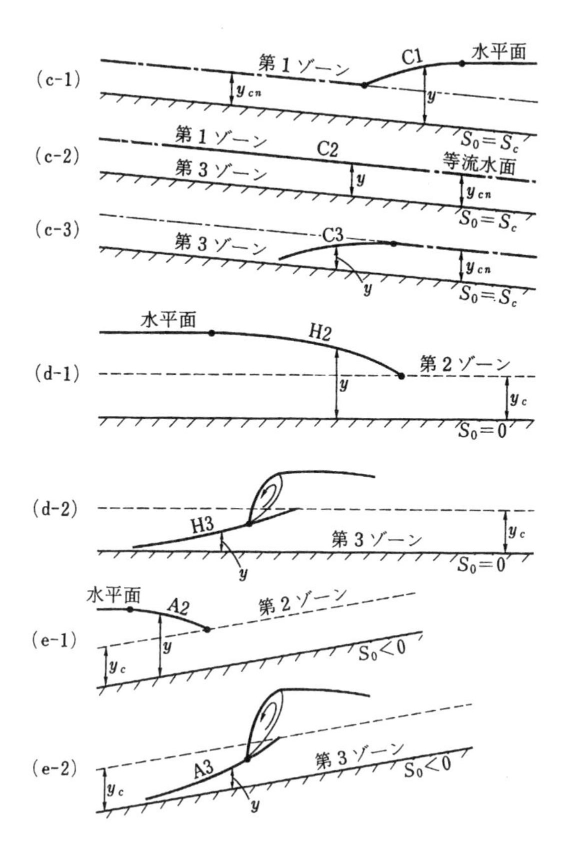

図 1-47　漸変不等流の水面形の分類（その2）

る。この水面形は、上流端は等流水面に下流端は平らな水面に漸近し、上流から下流に向けて水深が増加しながら、水面は低下していき、凹の水面形をしている。この水面形は、実際問題において最も一般的に現れるものである。

② M2 水面形　$y_n > y > y_c$

この水面形は、図 1-47(a-2)、緩勾配の水路の第2ゾーンで発生する。この流れは常流である。上流端は等流水面に漸近し、水面形は凸形をして、だんだん水深が上流から下流に向け減少していって、かつその度合いが増していって、究極的に臨界水深になる。この水面形は、低下背水曲線である。

③ M3 水面形　$y_n > y_c > y$

この水面形は、図 1-47(a-3)(86 頁)、緩勾配の水路の第 3 ゾーンで発生する。この流れは射流である。この水面形は、上流端は水路底に始まり下流端は臨界水深で終わり、凹の水面形で上流から下流に向け徐々に水深が増加していく水面形の一部分で、下流端は必ず跳水につながる。この水面形は、塞き上げ背水曲線である。

2) S 水面形　$S_0 > S_c$ 、$y_n < y_c$

① S1 水面形　$y > yc > y_n$

この水面形は、図 1-47(b-1)、急勾配の第 1 ゾーンで発生する。この流れは常流である。S1 水面形は、上流端の跳水の終了点から始まり、下流端は平らな水面に漸近して終わる。この水面形は、下流に行くほど水深が大きくなる凸の水面形で塞き上げ背水曲線である。

② S2 水面形　$y_c > y > y_n$

この水面形は、図 1-47(b-2)、急勾配の第 2 ゾーンで発生する。 この流れは射流である。S2 水面形は、上流端は臨界水深の水面で始まり、下流端は射流の等流水面に漸近して終わる。この水面形は、下流に行くほど水深が減少する凹形の水面形で、低下背水曲線である。

③ S3 水面形　$y < y_n < y_c$

この水面形は、図 1-47(b-3)、急勾配の第 3 ゾーンで発生する。この流れは射流である。S3 水面形は、上流端は水路底から始まり、下流端は等流水面に漸近して終わる。この水面形は下流に行くほど水深が増加する凸の水面形であり、塞き上げ背水曲線である。

3) C 水面形　$S_0 > S_c$ 、$y_n = y_c$

① C1 水面形　$y > y_c = y_n$

この水面形は、図 1-47(c-1)(87 頁)、臨界勾配の第 1 ゾーンで発生する。 この流れは常流である。C1 水面形は、S1 水面形に似ている。C1 水面形は、上流端は臨界水深で始まり、凸の形で下流に行くほど水深が増大し、下流端は平らな水面に漸近して終わる。S1 水面形との違いは、上流端は跳水の終了点でないことである。この水面形は､塞き上げ背水曲線である。

② C2 水面形　$y = y_n = y_c$

この水面形は、図 1-47(c-2)、臨界等流を表す。

③ C3 水面形　$y = y_n < y_c$

この水面形は、図 1-47(c-3)、臨界勾配の第 3 ゾーンで発生する。

この流れは射流である。C3 水面形は、S3 水面形に似ている。C3 水面形は上流端は水路底で始まり、凸の形で下流に行くほど水深が増大し、下流端は等流の水面形に漸近して終わる、塞き上げ背水曲線の水面形である。

4）H 水面形　$S_0 = 0$ 、y_n なし(数学的には $y_n = \infty$)

① H2 水面形　$y > y_c$

この水面形は、図 1-47(d-1)、水平勾配の水路の第 2 ゾーンで発生する。H2 水面形は M2 水面形に対応する。この流れは常流である。H2 水面形は上流端は平らな水面から始まり、凸の形で下流に行くほど水深が減少していく低下背水曲線の水面形で、下流端は臨界水深になる。

② H3 水面形　$y < y_c$

この水面形は、図 1-47(d-2)、水平勾配の水路の第 3 ゾーンで発生する。H3 水面形は M3 水面形に対応する。この流れは射流である。H3 水面形は上流端は水路底に始まり、凹の水面形で下流に向け徐々に水深が増加していき、下流端は跳水で終わる塞き上げ背水曲線である。

5）A 水面形　$S_0 < 0$ 、y_n なし(数学的にも存在せず)

① A2 水面形　$y > y_c$

この水面形は、図 1-47(e-1)、逆勾配の水路の第 2 ゾーンで発生する。A2 水面形は H2 水面形に対応する。この流れは常流である。A2 水面形は上流端は平らな水面に漸近し、凸の形で下流に行くほど水深が減少して、下流端の水深は臨界水深になる低下背水曲線である。

② A3 水面形　$y < y_c$

この水面形は、図 1-47(e-2)、逆勾配の水路の第 3 ゾーンで発生する。A3 水面形は H3 水面形に対応する。この流れは射流である。A3 水面形は上流端は水路底に始まり、凹の水面形で下流に向け徐々に水深が増加していき、下流端は跳水で終わる塞き上げ背水曲線である。

以上に述べた事柄を整理したのが図 1-48（90 頁）と表 1-3（91 頁）である。

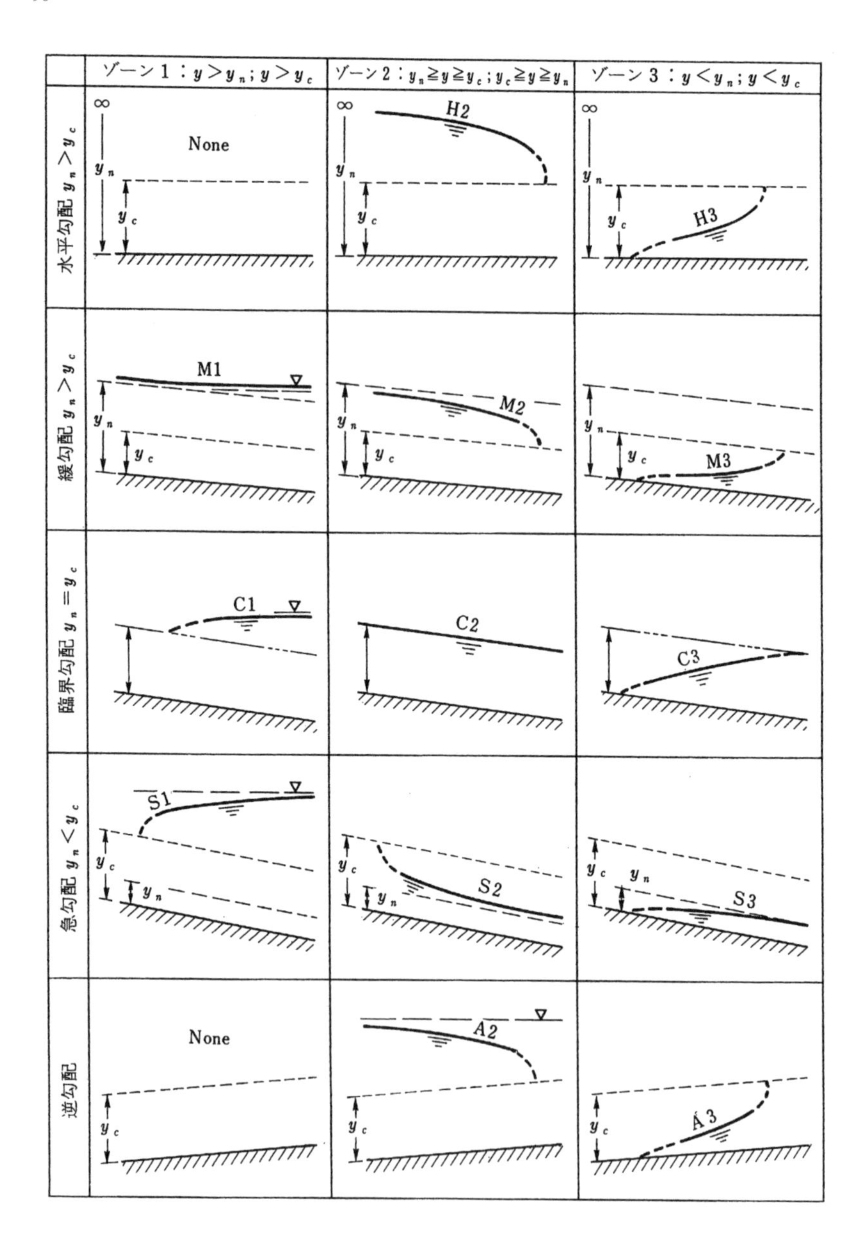

図 1-48 プリズム水路で発生する水面形の分類一覧図 [15)]

表 1-3　プリズム水路で発生する水面形の分類一覧表[16]

勾配	水面形の種類			y の y_n と y_c に対する関係			水面形の概形	流れの種類
	ゾーン1	ゾーン2	ゾーン3	ゾーン1	ゾーン2	ゾーン3		
水平 $S_0=0$	なし						なし	なし
		H2		$y_n>y>y_c$			低下背水曲線	常流
			H3	$y_n>y_c>y$			塞上げ背水曲線	射流
緩い $0<S_0<S_c$	M1			$y>y_n>y_c$			塞上げ背水曲線	常流
		M2		$y_n>y>y_c$			低下背水曲線	常流
			M3	$y_n>y_c>y$			塞上げ背水曲線	射流
臨界 $S_0=S_c>0$	C1			$y>y_c=y_n$			塞上げ背水曲線	常流
		C2		$y_c=y=y_n$				臨界等流
			C3	$y_c=y_n>y$			塞上げ背水曲線	射流
急 $S_0>S_c>0$	S1			$y>y_c>y_n$			塞上げ背水曲線	常流
		S2		$y_c>y>y_n$			低下背水曲線	射流
			S3	$y_c>y_n>y$			塞上げ背水曲線	射流
逆 $S_0<0$	なし						なし	なし
		A2		$y>y_c$			低下背水曲線	常流
			A3	$y_c>y$			塞上げ背水曲線	射流

1.33　プリズム水路で発生する水面形とその計算方法

1.33.1　計算の手順

技術者は、いろいろな場面で開水路の水位計算をしなければならない。この水位計算を自動的に行えることは稀である。すなわち、一般的に言って、まずどのような形の水面形が発生しているかを知り、次に計算開始水位を与え、最後に計算の方向、すなわち上流に向かって計算するのか、下流に向かって計算するのかを決めなければならない。このとき、前節で述べた漸変不等流の水面形の分類が生きてくる。

開水路の水位計算を行うための準備作業として、水路底の勾配を誇張して描いた水路縦断側面図を用意する。次に、臨界勾配曲線からその水路の勾配が緩勾配（常流勾配）、臨界勾配、急勾配（射流勾配）のいずれであるかを判定する。そして、等流水深 y_n と臨界水深 y_c を計算して、側面図にたとえば前者を長波線、後者は短波線を用いて記入する。状況に応じて特定力曲線も用意する。

ここでは、以下の具体例をあげてこの問題の説明を行う。なお、この中にすでに取り扱われているケースもいくつかある。また、説明は、それが進むにしたがって簡略化、あるいは省略されている。各説明用の図面は、まとめて本節の最後に図 1-50 の (a)~(l)（105~112 頁）として掲げられている。

図において、決定された水面の概形は太線で表現するものとし、そこに水面形の分類記号を書き込む。この場合、前節で述べた漸変不等流の分類記号（M1、M2、M3、C1、C2、C3、S1、S2、S3、H2 、H3、A2 、A3）に加えて、常流の等流を「MN」、臨界等流を「CN」、射流の等流を「SN」、急変不等流を「RV」、跳水を「HJ」、急低下を「HD」と表現する。このすぐ後で述べる支配断面を「C.S.」で表す。縦下向き矢印は不等流の計算開始地点を示す。水位計算の方向は水平矢印をもって示す。

1.33.2 単純な長いプリズム水路

1） 池に落ち込む場合

①緩勾配の場合…… 図 1-50(a-1)(105 頁)に示すように水路下流端で臨界水深となり、ここから上流に向かって M2 水面形が発生し、等流水面形にすりつく。水路下流端断面の水位を計算開始水位として、上流に向かって漸変不等流の水位計算を行い、計算水深が等流水深になった断面で計算を終える。
この場合、水路の下流端断面の水位が上流の水面形を支配しているから「下流支配」と表現し、この下流端断面を「支配断面」とよぶ。臨界水深が発生する断面は代表的な支配断面であり、この場合特に「臨界支配断面」とよばれる。以後、臨界支配断面を図では「C.C.S.」で表す。
漸変不等流の水位計算は、章を改めて述べる。なお、以後、漸変不等流の水位計算は漸変を省略して、不等流の計算とよぶ。

②臨界勾配、急勾配の場合…… 図 1-50(a-2)と 1-50(a-3)(105 頁)に示すように水路の下流端まで等流の水面形が続く。したがって、それ以上の計算をする必要はない。

2） 池に流入する場合

①緩勾配の場合…… 池の深さy_p を、水路終端の水路の底の高さの基準にして計る。以後同様。
$y_p > y_n$ であれば、図 1-50(b-1-1)(105 頁)のように水路下流端より上流に向かっ

て M1 水面形が発生し、等流の水面形にすりつく。したがって、水路の下流端断面が支配断面、すなわち計算開始水位は池の水位で、これから上流に向かって不等流の計算を行い、計算水深が等流水深になった断面で計算を終了する。この場合下流支配である。

$y_p = y_n$ であれば、図 1-50(b-1-2)(105 頁)のように水路内の流れはどこでも等流であり､これ以上の計算を必要としない。

$y_c < y_p < y_n$ であれば、図 1-50(b-1-3)(105 頁)のように水路下流端より上流に向かって M2 水面形が発生し、等流の水面形にすりつく。計算開始水位は池の水位で、以降の水位の計算は $y_p > y_n$ の場合と全く同じである。

$0 < y_p < y_n$ であれば、図 1-50(b-1-4)(105 頁)のように下流端断面の水位は臨界水深になり、図 1-50(a-1)の場合と同じである。この場合の支配断面は、臨界支配断面ということになる。

②臨界勾配の場合…… $y_p > y_{cn}$ であれば、図 1-50(b-2-1)(106 頁)のように、水路下流端より上流に向かって C1 水面形が発生する。この場合 C1 水面形の代わりに池の水面と同じ高さの水平な水面を用いてもよい。

$y_p < y_{cn}$ であれば、図 1-50(b-2-2)(106 頁)のように池の水位は水路の水位に影響せず、流れは臨界等流であるから、これ以上の計算を必要としない。

③急勾配の場合…… $y_p > y_n$ であれば、流入点付近で跳水が起こるから、y_n を跳水の開始水深 y_1 として、特定力曲線から結果水深 y_2 を求める。

$y_2 < y_p$ であれば、図 1-50(b-3-1)(106 頁)のように、跳水は水路の中で起こり、跳水の下流端から池の水面に向けて S1 水面形が発生する。したがって、この場合、池水位を計算開始水位として上流に向け不等流の計算を行い、計算水深が結果水深 y_2 になった断面で計算を終了する。ただし、この場合、跳水の長さを考えなければならず、この関係はちょっと複雑になる。この跳水で水面形に不連続が発生するから、水路終端断面が支配断面になる。下流支配は､跳水の下流端で終わる。次に、急変不等流の場合、跳水の計算を行って跳水の水面形より跳水の開始点を決めれば、そこから上流は等流の水面形になる。跳水の水面形の計算の仕方は、章を改めて述べる。

$y_2=y_p$ であれば､図 1-50(b-3-2)(106 頁)のように跳水は池と水路の境付近で起こる。

$y_2 > y_p$ であれば、図 1-50(b-3-3)(106 頁)のように跳水は池の中で起こる。

$y_p < y_n$であれば、図 1-50(b-3-4)(106 頁)のように跳水は起こらず、図(a-3)の場合と同じである。

以上 3 ケースでは、池の水位は水路の水位に影響せず、流れは等流であるから、これ以上の計算を必要としない。

3） 池から水路が流れ出る場合

①緩勾配の場合…… 図 1-50(c-1)(106 頁)のように水路に入るとすぐに等流が発生する。池の静止水面とこの等流の水面形を結ぶ入り口付近の水面形を計算で求めることはできない。実際問題では、この間の距離を零とし、水面低下量だけを考えればよい。

②臨界勾配の場合…… 図 1-50(c-2)(106 頁)のように水路入り口で池の水面から臨界水深まで水位が急低下し、流れは臨界等流になる。水路への流入量は堰の公式を用いて求められる。池の静止水面と臨界水深断面の間の水面形は計算できない。この間の距離を零とし、水面低下量だけを考えればよい。

③急勾配の場合…… 図 1-50(c-3)(106 頁)のように水路入り口で臨界水深となり、下流に向けて S2 水面形が発生し、等流水面にすりつく。水路への流入量は堰の公式を用いて求められる。したがって、臨界水深断面の水位を計算開始水位として下流に向けて不等流計算を行い、計算水深が等流水深になった断面で計算を計算を終える。この場合、上流端（臨界水深断面）の水位が下流の水位を決めるから、この状況を「上流支配」とよぶ。この場合の支配断面は、臨界支配断面である。池の静止水面と臨界支配断面の間の水面形は計算できない。この間の距離を零とし、水面低下量だけを考えればよい。

4)水路途中に越流式ダムがある場合

(1)ダム天端より上流の水路部分

①緩勾配の場合…… 図 1-50(d-1-1)(107 頁)のようにダム天端の直上流で水位が最高になり、そこから急激な水位低下が起こり、天端で臨界水深が発生する。天端の直上流の最高水位から上流に向け M1 水面形が発生し、やがて等流水面にすりつく。ダム直上流の最高水位は、越流式ダムの余水吐流量公式（後述）から求められる。この場合、下流支配である。また、支配断面はダムが作り出した最高水位の断面であるから、これを「人工支配」(artifical contorol)の断面「A.C.S.」とよぶ。

②臨界勾配の場合……　図 1-50(d-1-2)(107 頁)のようにダム天端の直上流の最高水位から上流に向け C1 水面形が発生し、臨界等流水深にぶつかる。実際には、C1 水面形の代わりに水平水面を考えればよい。

③急勾配の場合……　図 1-50(d-1-3)(107 頁)のようにダム天端の直上流の最高水位から上流に向け S1 水面形が発生する。S1 水面形は、この最高水位を計算開始水位とし、上流に向かって不等流の計算を行って決める。この計算水位が、ダム上流で発生する射流の等流水深 y_n を跳水開始水深 y_1 として特定力曲線から求めた結果水深 y_2 に等しくなった時点で、S1 水面形の計算を終了する。S1 水面形の上流に跳水の水面形がはさまって、射流の等流水面形になる。

(2) ダム余水吐の部分

ダム余水吐上で発生する水面形の一般的な計算法はなく、特別の「水理模型実験」を行って決めるか、または共通的な模型実験の結果から推定により決める。開水路の水理において、計算で答えが得られない重要な問題に関しては、必ず模型実験を行う。模型実験については節を改めて述べる。

(3) ダムより下流の部分

①緩勾配の場合……　図 1-50(d-2-1)(107 頁)のようにダム下流端から M3 水面形が生じ、その射流の水深 y_1 と下流の等流水深 y_2 が共役関係になった断面で跳水が起こる。この場合、ダム下流端の断面が支配断面で、上流支配になる。

ダム下流端水深は、流れが高速のため臨界水深より相当浅くなる。このため、M3 水面形が長く続かないと、共役関係が生じない。一般にダム下流には、たとえば「シル」と呼ばれる水路を横断する低い突起が設けられる。シルがあると、等流水深 y_n がダム直下流にできて、その深さに応じて M3 水面形の長さが短くなる。

②臨界勾配の場合……　図 1-50(d-2-2)(107 頁)のようにダム下流端から C3 水面形が生じ、臨界流の等流の水面につながる。この場合、ダム下流端の断面が支配断面で、上流支配になる。すなわち、ダム下流端断面水位を計算開始水位とし、下流に向け不等流の計算を行うと、計算水深は臨界等流水深に収斂する。

③急勾配の場合……　図 1-50(d-2-3)(107 頁)のようにダム下流端から S3 水面形が生じ、射流の等流水面につながる。この場合、ダム下流端の断面が支配断面で、上流支配になる。

5)水路途中に潜りゲートがある場合

(1) 潜りゲートより上流の部分

①緩勾配の場合…… 図 1-50(e-1-1)(107 頁)のようにゲート直上流で水位が最高になり、この最高水位から上流に向け M1 水面形が発生し、やがて等流水面にすりつく。潜りゲート直上流の最高水位は、潜りゲートの流量公式(後述)から求められる。この場合、下流支配であり、人工支配である。

②臨界勾配の場合…… 図 1-50(e-1-2)(107 頁)のようにゲート直上流の最高水位から上流に向け C1 水面形が発生し、臨界水面形につながる。実用上は、C1 水面形の代わりに水平な水面形を用いる。

③急勾配の場合…… 図 1-50(e-1-3)(108 頁)のようにゲート直上流の最高水位から上流に向けS1 水面形が発生し、跳水の水面形がはさまって、射流の等流水面形になる。

(2) 潜りゲートより下流の部分

①緩勾配の場合…… 図 1-50(e-2-1)(108 頁)のように潜りゲートより噴き出るジェットは、ゲート開度とほぼ同距離だけ流れて水深が最小になり、すなわち vena contracta が現れて、そこから M3 水面形が生じ、跳水が発生して等流水面につながる。したがってこの場合、vena contracta が支配断面で上流支配になる。

②臨界勾配の場合…… 図 1-50(e-2-2)(108 頁)のように vena contracta から下流に向かって C3 水面形が生じ、臨界等流水面形につながる。この場合、vena contracta が支配断面で上流支配になる。

③急勾配の場合…… 図 1-50(e-2-3)(108 頁)のように vena contracta が射流の等流水深より深ければ下流に向かって S2 水面形が生じ、逆に浅ければ S3 水面形が生じ、射流の等流水面につながる。この場合、vena contracta が支配断面で上流支配になる。

1.33. 3 勾配に変化のあるプリズム水路

このケースでは、断面形が同じで、勾配だけが異なるプリズム水路が接続している。

①緩勾配とより緩い緩勾配水路の組み合わせ…… 図 1-50(f-1)(108 頁)のように

勾配変化断面から上流に向かって、M1 水面形が発生する。支配断面は勾配変化断面で、水位はより緩い緩勾配水路の等流水深の水位。下流支配。

②緩勾配とより急な緩勾配水路の組み合わせ……　図 1-50(f-2)(108 頁)のように勾配変化断面から上流に向かって M2 水面形が発生する。支配断面は勾配変化断面で、水位はより急な緩勾配水路の等流水深の水位。下流支配。

③緩勾配と臨界勾配水路の組み合わせ……　図 1-50(f-3)(108 頁)のように勾配変化断面から上流に向かって M2 水面形が発生する。支配断面は勾配変化断面で、その水位は臨界水深で、下流支配。

④緩勾配と急勾配水路の組み合わせ……　図 1-50(f-4)(109 頁)のように勾配変化断面から上流に向かって M2 水面形が発生する。勾配変化断面から下流に向かって、S2　水面形が発生する。支配断面は勾配変化断面で、その水位は臨界水深で、緩勾配水路は下流支配、急勾配水路は上流支配となる。

⑤臨界勾配と緩勾配水路の組み合わせ……　図 1-50(f-5)(109 頁)のように勾配変化断面から上流に向かって C1 水面形が発生する。支配断面は勾配変化断面で、その水位は緩勾配水路の等流水深で、下流支配となる。実用上は、C1 水面形を水平の水面形に代えられる。

⑥臨界勾配と急勾配水路の組み合わせ……　図 1-50(f-6)(109 頁)のように勾配変化断面から下流に向かって S2 水面形が発生する。支配断面は勾配変化断面で、その水位は臨界水深で、上流支配となる。

⑦急勾配と緩勾配水路の組み合わせ……　この場合、流れは上流水路で射流の等流、下流水路では常流の等流であるから、境界付近で必ず跳水が発生し、水面形は不連続になる。上流の射流の等流水深を y_{sn}、下流の常流の等流水深を y_{mn}、また y_{sn} を跳水の開始水深 y_1 としたときの結果水深を y_2 とする。

$y_2 = y_{mn}$ であれば、図 1-50(f-7-1)(109 頁)のように勾配変化断面で上流の射流の等流水面から跳水が発生し、下流の常流の等流水面形につながる。

$y_2 < y_{mn}$ であれば、図 1-50(f-7-2)(109 頁)のように上流で射流の等流水面から跳水が発生し、跳水終了点から S1 水面形になって、勾配変化断面で下流の常流の等流水面形につながる。この場合、S1 水面形の支配断面は勾配変化断面、その水位は下流の常流の等流水深の水位、下流支配となる。

$y_2 > y_{mn}$であれば、図 1-50(f-7-3)(109 頁)のように上流水路は射流の等流水面形、勾配変化点から M3 水面形が発生し、だんだん下流に向かって水深 y_{s1} が大になっていって、y_{s1} を跳水の開始水深 y_1'としたときの結果深水深 y_2' が下流の等流水深 y_{mn} に等しくなった断面で跳水が発生して下流の常流の等流水面につながる。この場合、M3 水面形の支配断面は勾配変化断面、その水位は上流の射流の等流水深の水位、上流支配となる。

⑧急勾配と臨界勾配水路の組み合わせ…… 図 1-50(f-8)(109 頁)のように勾配変化断面から下流に向かって C3 水面形が発生する。C3 水面形の支配断面は勾配変化断面で、その水位は上流の射流の等流水深の水位、上流支配となる。

⑨急勾配とより緩い急勾配水路の組み合わせ…… 図 1-50(f-9)(109 頁)のように勾配変化断面から下流に向かって、S3 水面形が発生する。S3 水面形の支配面は勾配変化断面で、その水位は上流の射流の等流水深の水位、上流支配となる。

⑩急勾配とより急な急勾配水路の組み合わせ…… 図 1-50(f-10)(109 頁)、勾配変化点から下流に向かって、S2 水面形が発生する。S2 水面形の支配断面は勾配変化断面で、その水位は上流の射流の等流水深、上流支配となる。

1.33.4 勾配の変化が複雑なプリズム水路

前 2 項においては、プリズム水路で起こる不等流の水面形の基本形について述べた。本項では、さらに勾配の変化が複雑な場合について、水面形を求めるための一般的方法について説明した後で、具体例について述べる。

勾配の変化が複雑なプリズム水路については、次の手順で作業を行えばよい。なお、この手順は前述までの具体例の中で行われていたことをまとめたものである。

a 縦縮尺が誇張された水路の縦断側面図を用意する。

b 等流水深 y_n を各区間ごとに計算し、縦断側面図に等流水深を記入する。

c 臨界水深 y_c を計算し、臨界水深線を記入する。

d 支配断面の位置を決める。支配断面の水深、すなわち「支配水深」は、臨界水深、等流水深、その他の水深、たとえばダムの越流水深のいずれかである。支配断面では必ず水面形は支配水深を通る。

e 各支配水深を起点として、等流水深線、臨界水深線との関係から各区間の水面形の種類を決め、概略の水面形を側面図に記入し、水面形の符号を附記する。このとき、前2項において述べた不等流の水面の基本形が大変参考になる。

①上流部は緩勾配、中流部はより緩やかな緩勾配、下流部は急勾配の場合に考えられるすべての水面形…… 中流部のより緩やかな緩勾配水路の長さにより水面形が変わる。

上流部の緩勾配水路では、上流の等流が発生している。下流部の急勾配水路では、射流が発生している。したがって、中流部のより緩やかな緩勾配水路の流れは常流であり、急勾配水路との境界断面で臨界水深が発生する。

中流部の長さが短い場合は、図 1-50(g-1-1)(110 頁)のように断面②が支配断面になり、ここから下流に向かって S2 水面形が発生し、射流の水面形にすりつく。また、ここから上流に向けて、中流部のより緩やかな緩勾配水路で M2 水面形が発生する。この M2 水面形は、水路の長さが短いため中流部の等流水面形にすりつく前に断面①で終わり、そこから上流部の緩勾配水路の M2 水面形が始まり上流部の等流水面にすりつく。

中流部が長くなると、図 1-50(g-1-2)(110 頁)のようにそこで発生する M2 水面形の水深が断面①で上流部の等流水深にちょうど等しくなる場面が生じる。この場合、断面①から上流の流れは全部等流になる。

中流部がより長くなると、図 1-50(g-1-3)(110 頁)のようにそこで発生する M2 水面形の水深の断面①における水深は上流部の緩勾配水路の等流水深より深くなり、断面①より上流に M1 水面形が発生し、上流部の等流水面にすりつく。

中流部がさらに長くなると、図 1-50(g-1-4)(110 頁)のように中流部の上流では等流の水面形が発生する。しかし、全体の流れの状況は、図 1-50(g-1-3)の場合と基本的に変わりがない。この場合の断面②から上流の水位計算は、そこから上流に向け行う不等流の計算の水深が上流部の等流水深に等しくなるまで途中等流区間をはさんでも一連続で進めてもよいし、また中流部で等流水深になったらいったん止めて、断面①から改めて計算をしなおしてもよい。すなわち、不等流の計算は、等流の計算をその中に含み得るからである。

②上流部は急勾配、中流部は水平勾配、下流部は緩勾配の場合に考えられるすべての水面形…… 急勾配水路が水平勾配に変わるのであるから、通常の場合水平勾配水路上か急勾配水路上で跳水が発生する。水平勾配水路が短い場合には、緩勾配水路上で跳水が発生することになるが、そのようなケースは実際問題では存在しない。

緩勾配では常流の等流が発生する。したがって、断面②の水深は、緩勾配水路の等流水深である。断面②から上流に向かって H2 水面形が発生する。この H2 水面形は、断面②の水位を計算開始水位として、上流に向かって不等流の計算をして求められる。

急勾配水路の射流の等流計算をする。この水深を跳水の開始水深 y_1 として特定力曲線より結果水深 y_2 を求める。次に、計算で求めた H2 水面形の水深が結果水深 y_2 になる断面②からの距離 L_{H2} を求める。図 1-50(g-2-2)(110 頁)。

水平勾配水路の長さが L_{H2} より短ければ、図 1-50(g-2-1)(110 頁)のように断面①から下流に向け H3 水面形が発生し、ある距離で跳水が起こり、H2 水面形につながる。水平勾配水路の長さが L_{H2} と等しければ、図 1-50(g-2-2)のように断面①で跳水が発生し、H2 水面形につながる。

水平勾配水路の長さが L_{H2} より長ければ、図 1-50(g-2-3)(110 頁)のように跳水が急勾配水路上で起こり、跳水の終了端から S1 水面形が生じ、断面①で水平勾配水路上の H2 水面形につながって、その先の緩勾配水路の等流の水面形になる。

したがって、水平勾配水路の長さが L_{H2} と等しいか、または長ければ、図 1-50(g-2-2)と(g-2-3)、支配断面は断面②で支配水深は緩勾配水路の等流水深になり、上流に向かって跳水が起こる断面まで不等流の計算を行う。

水平勾配水路の長さが L_{H2} より短ければ、図 1-50(g-2-1)、加えて断面①も支配断面になり、その支配水深は急勾配水路の射流の等流水深で、跳水が起こる水深まで下流に向かって不等流の計算を行う。

③貯水池より逆勾配水路が流れ出て、順勾配水路に変わる場合に考えられるすべての水面形…… このような勾配の水路の組み合わせは、ダム貯水池の「シュート余水吐」でよく起こる。すなわち、岩盤を掘りぬいて造った逆勾配水路で貯水池の水面と余水吐の射流の水路、すなわち「シュート」を結ぶ場合である。

順勾配水路が急勾配の場合、図 1-50(h-3)(111 頁)のように勾配逆転断面で臨界

図 1-49　寺内ダムのシュート余水吐（水資源機構、寺内ダム管理所提供）

水深が生じ、上流に向かって A2 水面形が発生し貯水池水面にすりつき、下流に向かって S2 水面形が発生して、斜流の等流の水面形にすりつく。

図 1-50(h-1~3)(111 頁)の場合、いずれも勾配逆転断面が支配断面になる。

1.33.5　断面が区間ごとに変化するプリズム水路

ここでは、水路は上・中・下流に分けられ、上流部は広い断面、中流部は狭い断面、下流部は広い断面である。この場合上・下流の断面は同一断面、同一勾配であるとする。水路の長さは、上・下流部は等流が発生するに十分なものであるとし、中流部は上流端付近では必ず等流区間が発生するものであるとする。水路の勾配は、上・中・下流部共に緩勾配とする。加えて、上・下流部の等流水深は中流部の等流水深より小さいものとする。ここで設定したような状況は、河川の改修工事の進捗の中でしばしば発生する。

中流部の臨界水深の特定エネルギーを Ec'、上・下流部の等流水深の特定エネルギーを En とすると、両者の大小関係が下流の断面急拡に伴う水面形を支配することになる。

① Ec'＜ En のとき…… 図 1-50(i-1)(111 頁)のように下流部は、全区間等流の水面形になる。中流部の下流端とその直上流の短い区間で上流に向け水面が急激に下がって最低水深になり、最低水深断面から M2 水面形が上流に向かって発生して中流部の等流水面にすりつく。中流部の上流部直下流から上流部の下流

端直上流までの短い区間で水面が急激に上がり、最大水深断面から M1 水面形が上流に向かって発生して上流部の等流水面にすりつく。この場合は水面形計算は、次のようにして行えばよい。

下流部では、全区間流れが等流であるから、その等流水深を計算すればよい。

中流部では、まず下流端断面で臨界水深が発生するものとして、これを計算開始水深として上流に向けて不等の流計算を行い、上流端の水位を得る。

下流部と中流部の水面のつながりは、下流部の等流水深を上流に向け水平に、計算された不等流の水面形と交わるまで延長することで概略得られる。

上流部では、上流部と中流部の間の断面急縮に伴って生じる水位上昇分を中流部の上流端水位に加えて、これを計算開始水位として上流に向けて不等流計算を行う。なお、この水位上昇分の計算方法は、第 1.29 節 2 項(68 頁)の「断面の急縮」において述べられている。

② Ec'＞ En のとき…… 図 50(i-2)(111 頁)のように中流部の狭い断面から下流部の広い断面への水脈の自由落下、すなわち水位の急低下が起こり、これによって中流部の下流端断面で臨界水深が発生する。すなわち、この断面は、臨界支配断面になる。水脈の落下地点から射流の流れである M3 水面形が下流に向け発生し、その水深と下流部の広い断面の等流水深との間に共役関係が成立した断面で跳水が発生し、下流部等流水面形にすりつく。

中流部の下流端断面の臨界水深から上流に向けて M2 水面形が発生し、それより上流に向けては、Ec'＜ En の場合と基本的に全く同じ水面形になる。

この場合の水面計算は、次のようにして行えばよい。下流部については、中流部の下流端断面から落下する水脈の落下速度を求め、これから M3 水面形の開始水深を求めて下流に向け不等流計算を行い、計算水深が下流部等流水深を跳水の結果水深とした共役水深になるまで計算を続ける。

中・上流部に関しては、臨界支配断面を計算開始断面として上流に向けて不等流の計算を進めていけば、あとは Ec'＜ En の場合と基本的に全く同じである。

1.33.6 上流端に潜りゲート、下流端に水路を横切る障害物がある水路

①水路が緩勾配の場合…… 潜りゲートから上流、障害物から下流についてはここでは対象としない。以下同様とする。なお、障害物とは、鋭縁堰、広頂堰、

低いダムなどである。

図 1-50(j-1)(111 頁)のように潜りゲートから下流に向けてその開度に等しい距離の所で vena contracta になり、そこから下流に向かって M3 水面形が発生する。他方、下流障害物により流水の塞き上げが起こり、上流に向け M2 水面形が発生する。M3 水面形と M2 水面形の間は跳水の水面形で結ばれる。

②水路が臨界勾配の場合…… 図 1-50(j-2)(111 頁)のように vena contracta から下流に向かって C3 水面形が発生する。障害物から上流に向け C1 水面形が発生する。C3 水面形と C1 水面形の間は跳水の水面形で結ばれる。

③水路が急勾配の場合…… vena contracta から下流に向かってS3 水面形が発生し、射流の水面形にすりつく。

下流障害物高さが射流の等流水深を跳水の開始水深とした共役水深より大であれば、図 1-50(j-3-1)(111 頁)のように下流障害物より上流に向け S1 水面形が発生し、S3　水面形と S1 水面形の間は跳水の水面形で結ばれる。

下流障害物の高さがこの共役水深より小さければ、図 1-50(j-3-2)(112 頁)のように、障害物前面で水面が盛り上がり始め、乗り越えて山となる。すなわち、この場合は跳水現象は起こらず、代わりに生じる峰一つの山を英語で「standing swell」とよぶ。この水面形は計算できない。

④水路が水平な場合…… 図 1-50(j-4)(112 頁)のように vena contracta から下流に向かって H3 水面形が形成され、次に跳水が発生して、水深が最大になり、そこから下流に向かって H2 水面形ができる。

1.33.7 貯水池から最初は逆勾配で流れ出た先にダムがある場合

この場合、逆勾配水路の次にくる水路の種類によって発生する水面形は変わる。ダム天端より下流は、ここでは対象としない。

①緩勾配水路の場合……図 1-50(k-1)(112 頁)のように、ダム直上流の最大水深から上流に向かって M1 水面形が発生し順勾配部分が十分長ければ等流の水面形を経て A2 水面形につながる。順勾配部分が短ければ、M1 水面形と A2 水面形が直接つながる。A2 水面形は、貯水池水面から始まる。

②臨界勾配水路の場合…… 図 1-50(k-2)(112 頁)のように、ダム直上流の最大水深から上流に向かって C1 水面形が発生し、順勾配部分が十分長ければ臨界等

流の水面形を経て A2 水面形につながる。順勾配部分が短ければ、A2 水面形は C1 水面形に直接つながる。

③急勾配水路の場合…… 図 1-50(k-3)(112 頁)において、上流から下流に向かって考える。池の水面から A2 水面形が発生し、勾配変化断面の臨界水深を経て S2 水面形につながり、やがて射流の等流が発生する。射流の等流から跳水が発生して、その終了端から S1 水面形が生じてダム直上流の最大水深につながる。

④水平水路の場合…… 図 1-50(k-4)(112 頁)のように、ダム天端の臨界水深から上流に向かって H2 水面形が発生し、逆勾配水路部分の A2 水面形に転じ、貯水池の水面になる。

⑤全部逆勾配水路の場合…… 図 1-50(k-5)(112 頁)のように、ダム天端の臨界水深から上流に向かって A2 水面形が発生し、貯水池の水面になる。

1.33.8 上下 2 水面を結ぶ上流部は急勾配、下流部は臨界勾配の水路

図 1-50(l)(112 頁)のように、急勾配と臨界勾配の水路は共に射流、臨界流の等流水深が発生するに十分な長さとする。上池の水路入り口で臨界水深となり、下流に向けて S2 水面形が発生して射流の等流水面形になる。臨界勾配部分に入ると、勾配変化断面から C3 水面形が発生して、臨界流の等流水面形に移り、最下流に C1 水面形が発生して下池の水面になる。

この 2 連絡水路の特徴は、水面の乱れ、すなわち跳水の全然発生しないことで、そのため「流筏路」として用いられる。この水路の考案者の名前をとって下流部の臨界勾配の部分を「Bakhmeteff の中立区間」とよぶ。

1.33.9 水位の計算開始断面と計算方向

プリズム水路で発生する等流の水面形は Manning 公式によって一義的に求められる。不等流の流れは、急変不等流と漸変不等流に分けられる。急変不等流の水面形は、跳水を除いて、通常計算により求められない場合が多く、次節で述べる「水理模型実験」に頼らなければならなくなる。しかし、この流れは、一般に極めて短い区間で発生する現象であるから(図 1-50〔105 ～ 112 頁〕では水平距離が誇張して表現されている)、その間で発生する水位差だけを問題にすればよい場合が多い。漸変不等流の水面計算は、我が国では漸変の 2 字を取ってただ単に

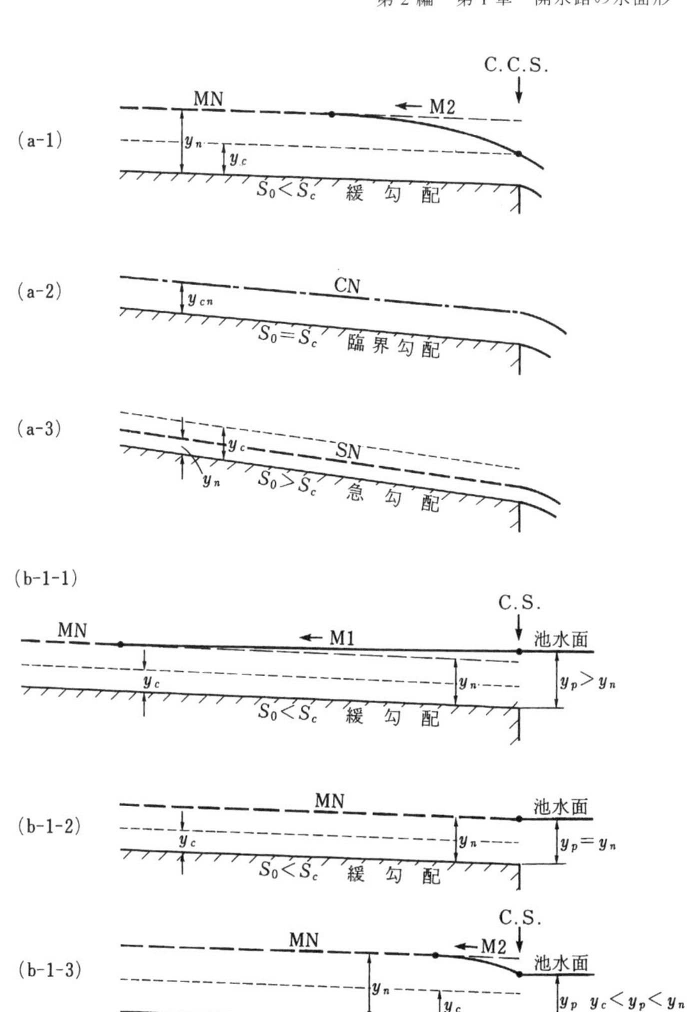

図 1-50　不等流の水面形(その 1)

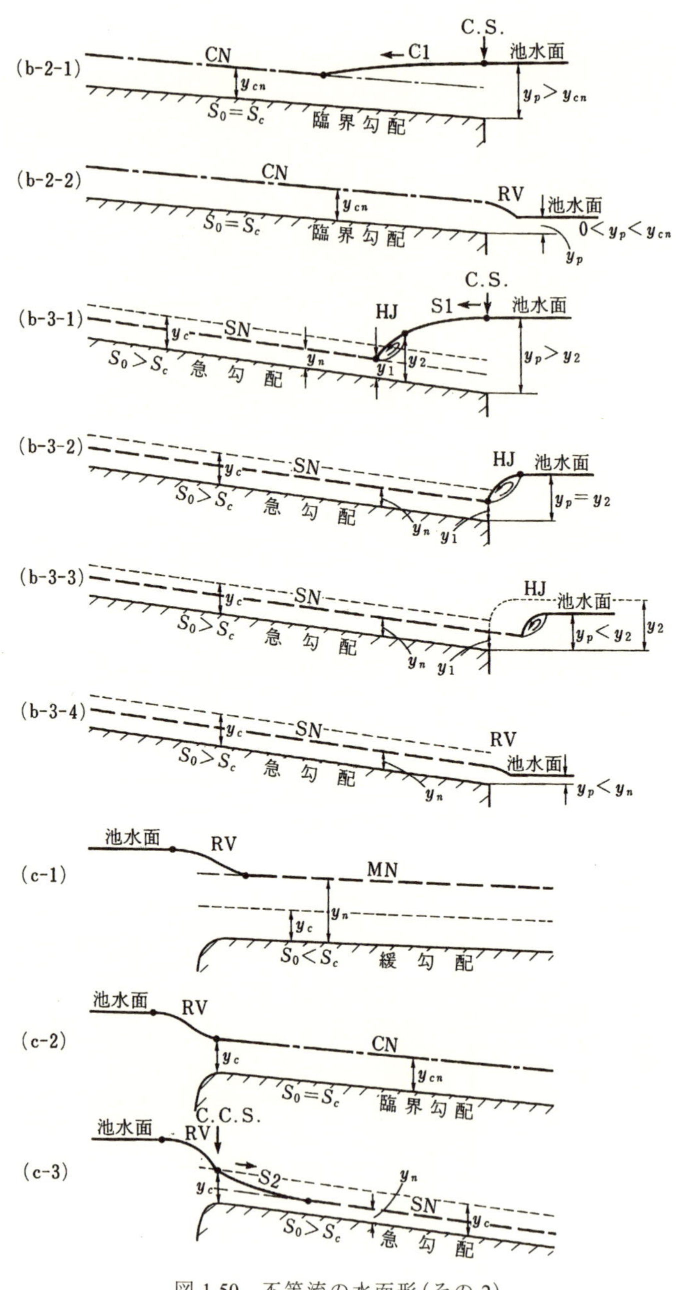

図 1-50　不等流の水面形(その 2)

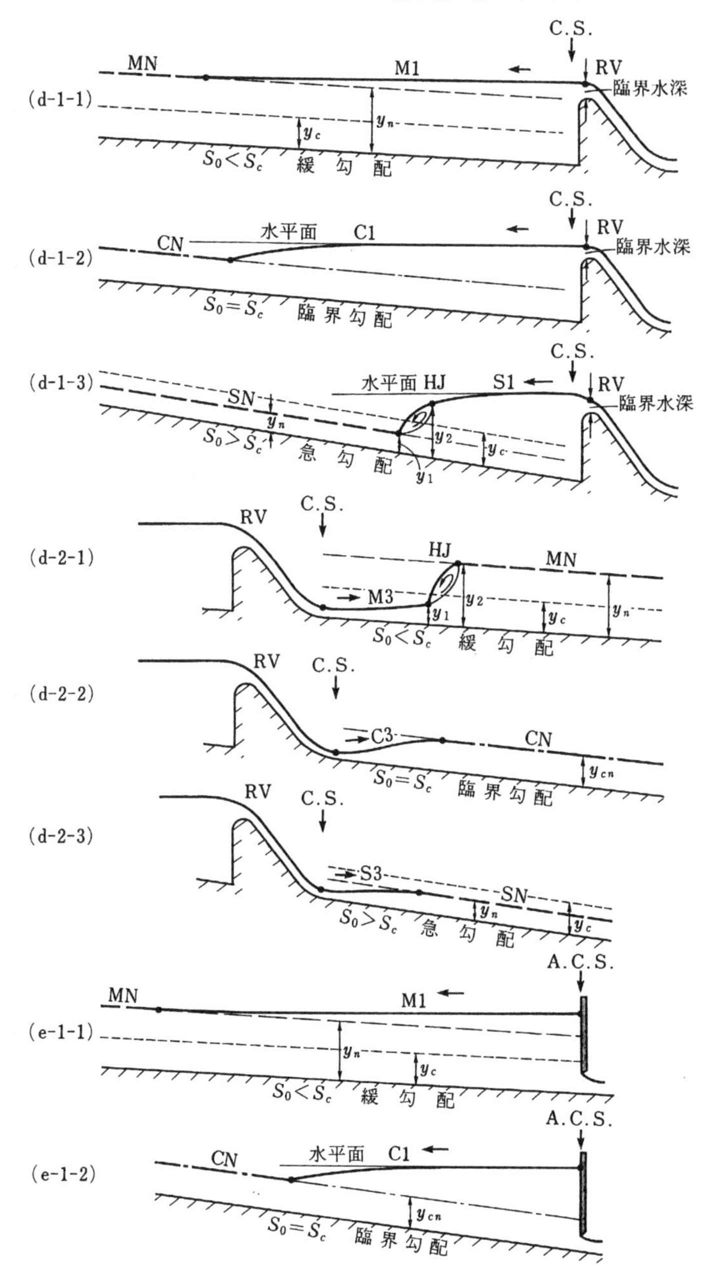

図 1-50　不等流の水面形(その3)

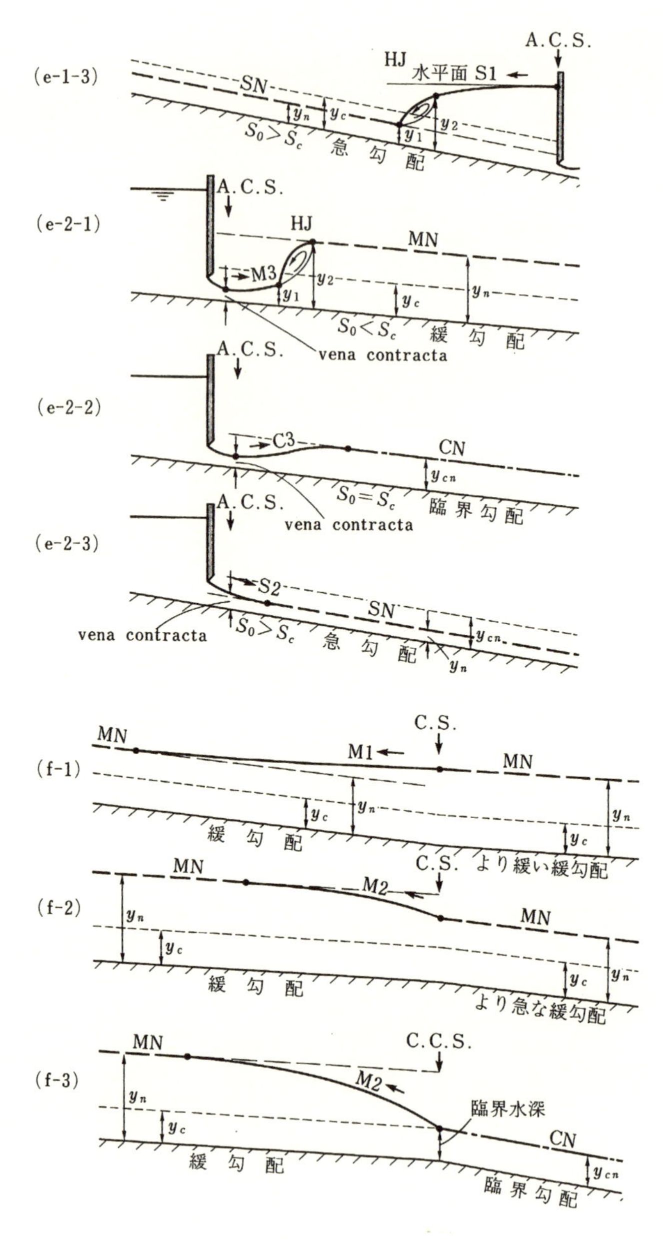

図 1-50　不等流の水面形(その 4)

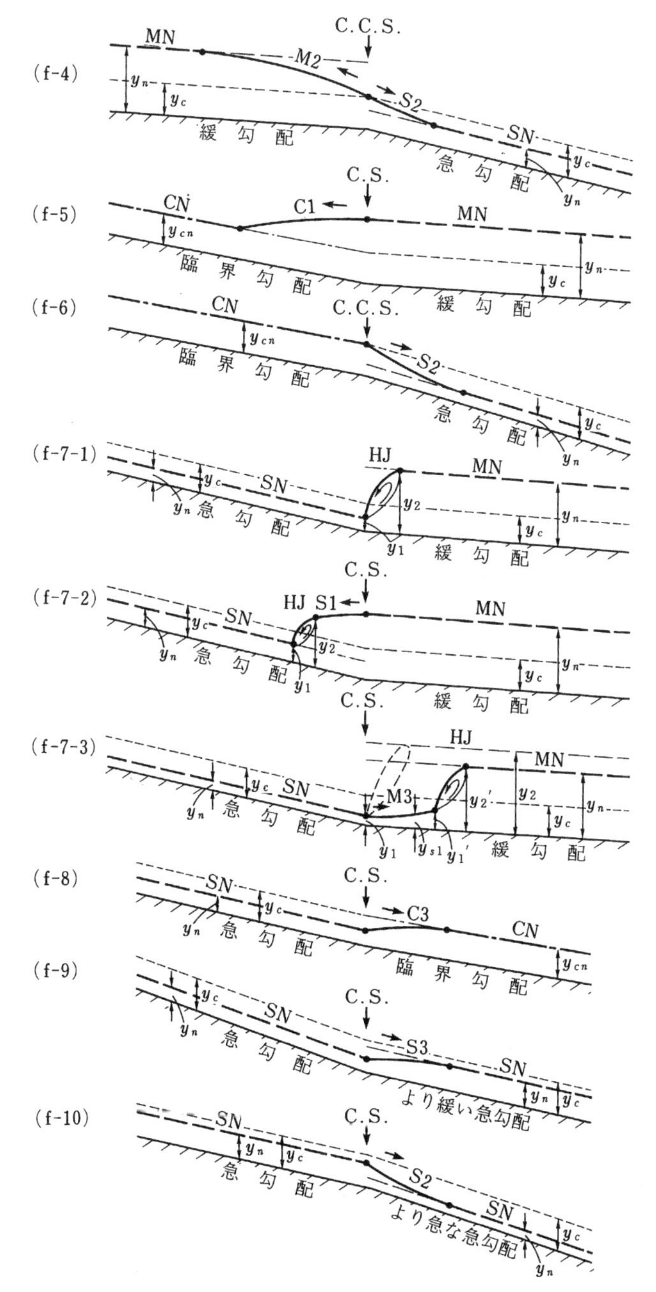

図 1-50　不等流の水面形(その5)

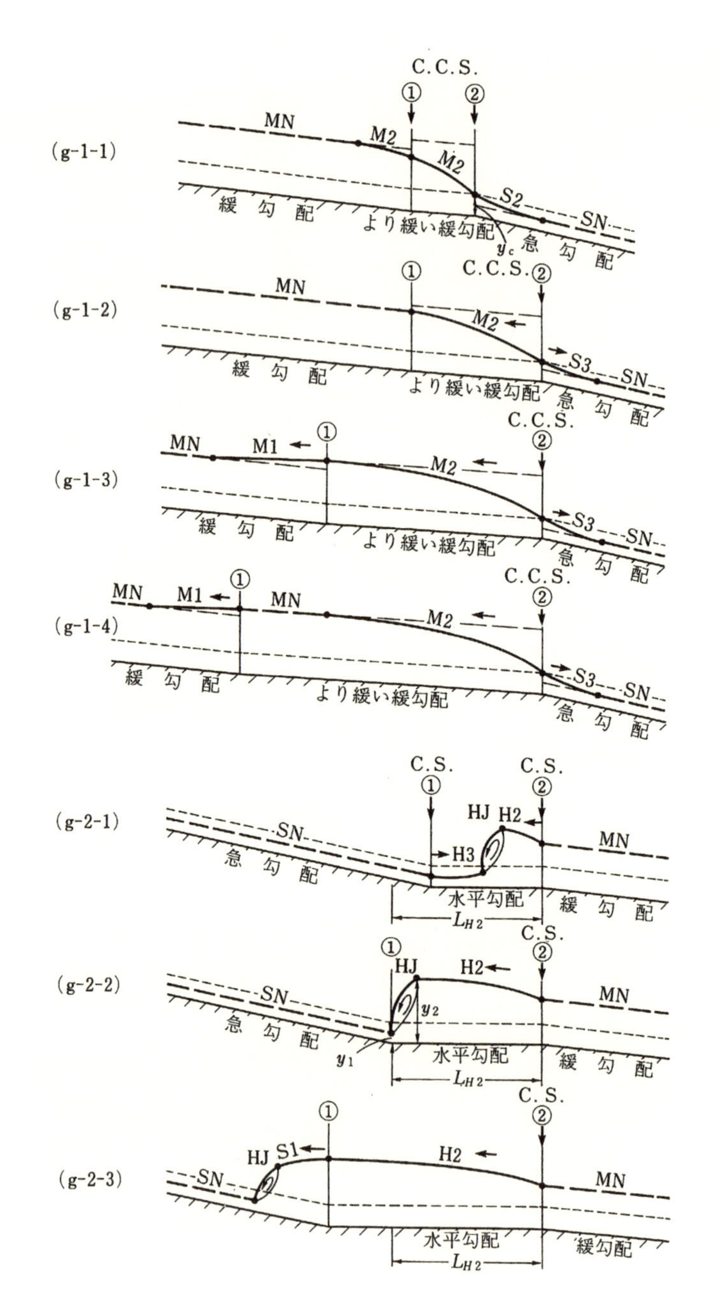

図 1-50　不等流の水面形(その 6)

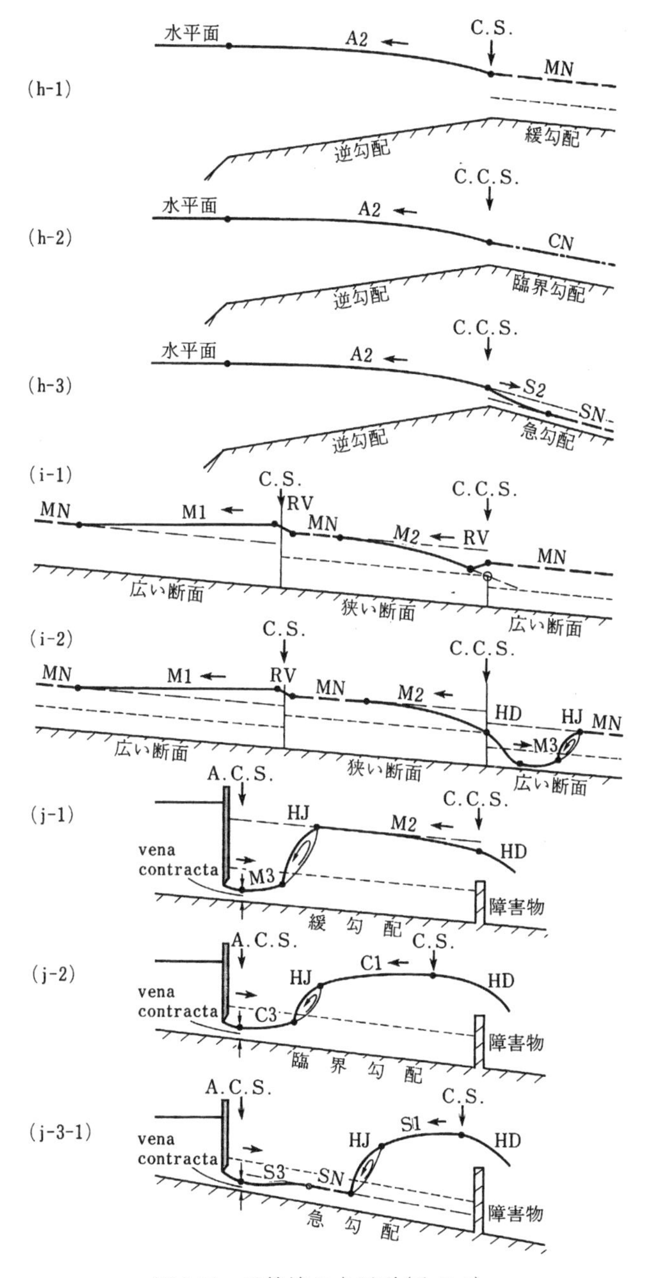

図 1-50　不等流の水面形(その 7)

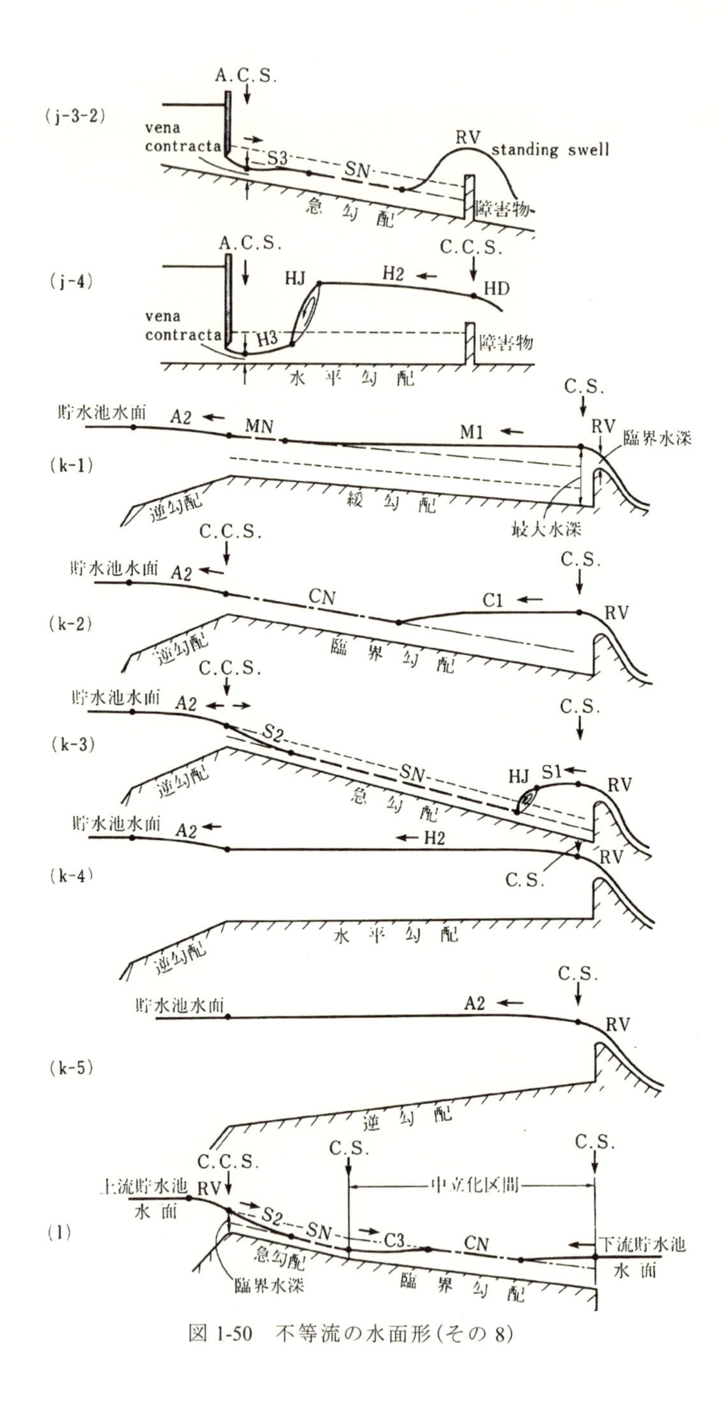

図 1-50　不等流の水面形(その 8)

「不等流の計算」とよばれており、このことは、すでに述べたところである。

不等流の計算を行う場合、等流と違って、計算の開始水位と計算方向を与えなければならない。すなわち、流れが射流の場合、計算を上流から下流に向けて行う。流れが常流の場合、逆に計算を下流から上流に向けて行う。

いま、例をあげれば、図 1-50(f-4)(109 頁)の勾配に変化のある長いプリズム形水路の緩勾配と急勾配水路の組合わせの場合、必ず勾配変化断面で臨界水深が発生する。この状況を英語で表現するならば、“a definite relation ship between the stage and discharge” ということになり、意訳すれば “そこでは一つの水位しか起こらない” というようなことになる。すなわち、不等流の発生している水路の任意断面の水位は、流量が一定であっても、その他の条件によって無限に変わり得る、すなわち indefinite である。しかし、この場合の勾配変化断面では、どんな状況でも臨界水深が発生する、すなわち finite である。そして、この水位から上流側の水面形と下流側の水面形が発生するから、言い換えればこの水位が上流側と下流側の水面形を「支配」しているからこの水位の発生する断面を支配断面とよぶわけである。この例の場合、臨界水深の発生している断面が支配断面になっているので、これを特に臨界支配断面とよぶわけである。

次に、図 1-50(e-1~2)(107 ～ 108 頁)の水路途中に水門（潜りゲート）がある場合の例について考えてみよう。水門から上流では、流量とゲートの開度の条件が与えられれば水門直上流の水位が求められる。そして、この水位を計算開始水位として上流の水面形が計算されるから、この水門は支配断面であり、この場合特に人工支配断面とよばれるわけである。

最後に、水位と流量の関係がわかっている断面、すなわち「流量測定」が行われていて「水位流量曲線」が作られている断面も計算開始断面として使用することができる。

1.34　水理模型実験と相似則

1.34.1　水理模型実験と相似性

開水路で発生する水理量は、相当の所まで計算で求めることができる。しかし、流れの複雑度が増してくると、概略の値しか計算できなくなり、またたとえ計算したとしても、その結果に自信が持てなくなる場合が多くなってくる。そして、全然計算できない場合もある。そのような場合は、実物すなわち「原型」の何分の 1 かの「模型」を作って、水を流す実験、すなわち水理模型実験を行って水理量を求める。

模型を作る場合、当然模型と原型と幾何学的に「相似」でなければならない。すなわち、「幾何学的相似性」が要求される。しかし、それ以外に「運動学的相似性」と「動力学的相似性」が要求される。

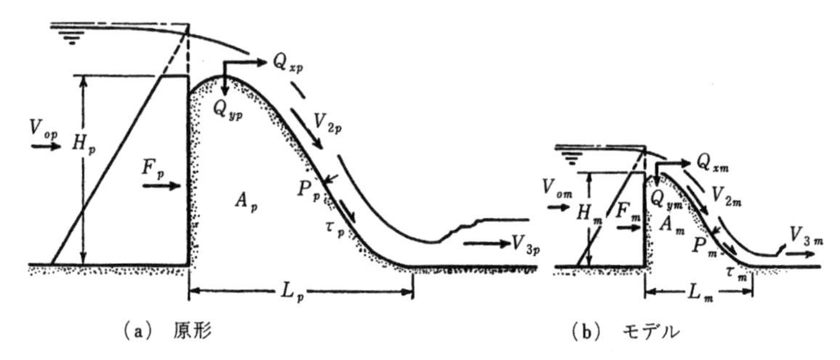

図 1-51 模型と原型の間の相似[17)]

幾何学的相似性とは、図 1-51 に示すように模型の長さの原型の長さに対する比、すなわち「長さ比」{L_R} (=L_p/L_m)が原型と模型のすべての長さ部分に関して一定でなければならない、ということである。

運動力学的相似性とは、模型の流線は原型の流線と同じ形をしていなければならない、ということである。具体的にいうと、「速度比」{V_R} (=V_p/V_m)と「加速度比」{ α_R} (= α_p/α_m)が流れの各点で一致しなければならない、ということである。

動力学的相似性とは、流れの各点における「剪断力比」{ τ_R} (= τ_p/τ_m)、「圧力比」{P_R} (= P_p/P_m)、「力比」{F_R} (= F_p/F_m)が同じでなければならない、ということである。

相似性の問題に含まれる力の種類は、慣性力、粘性力、重力、「表面エネルギー力」、「弾性力」の 5 つである。そして、これらの力の状態を無次元の指標として Reynolds 数 R_e、Froude 数 F_r、「剪断数」{S_n}、「Mach 数」{M_a}、「Weber 数」{W_e}が用いられる。すでに述べられている Reynolds 数、Froude 数を含めてこれら指標を定義すると次のとおりである。

$$\frac{\text{剪断力}}{\text{単位面積当たりの慣性力の 2 分の 1}} = S_n = \frac{\tau}{\rho V^2/2} \tag{1-57}$$

$$\frac{\text{単位面積当たりの慣性力}}{\text{単位面積当たりの粘性力}} = R_e = \frac{\rho VL}{\mu} \tag{1-58}$$

$$\left|\frac{\text{単位面積当たりの慣性力}}{\text{単位面積当たりの重力}}\right|^{1/2} = F_r = \frac{V}{\sqrt{L\gamma/\mu}} \tag{1-59}$$

$$\left|\frac{\text{単位面積当たりの慣性力}}{\text{単位面積当たりの弾性力}}\right|^{1/2} = M_a = \frac{V}{\sqrt{E/\rho}} \tag{1-60}$$

$$\frac{\text{単位面積当たりの慣性力}}{\text{単位面積当たりの表面エネルギー力}} = W_e = \frac{\rho V^2 L}{\sigma} \tag{1-61}$$

ここで、τ は「剪断強度」、ρ は密度、μ は動粘性係数、γ は単位体積重量、E は「弾性係数」、σ は表面エネルギー力、V は平均流速、L は長さである。

すなわち、模型と原型の間で力比が一定になるということは、上記各指標値が同じになるということを意味する。

1.34.2　相似則

模型と原型の間に完全な「相似性」が存在するということを抽象的に表現するならば、幾何学的相似性、運動学的相似性、動力学的相似性が同時に成立する、ということになる。このことを具体的に表現するならば、模型と原型の間で、Reynolds 数、Froude 数、剪断数、Mach 数、Weber 数の各値同士が完全に一致しなければならない、ということである。 さらに、「空洞現象」が発生するような状況の下では「空洞数」{ σ }（前出の σ と意味が違う）も一致しなければならない。なお、空洞数については、第 1 編の「管水路の水理」の第 1.8 節 4 項(87 頁)で述べられている。

ところで、原型では当然水が流れているわけであるが、模型でも水が流されているものとする。そうすると、模型と原型の間で Reynolds 数が一致するように長さ比 L_R を定めると、Froude 数の値は一致しない。すなわち、模型と原型の間で Reynolds 数、Froude 数、剪断数、Mach 数、Weber 数のどれか一つの値を一致させると、残りの他の指標値は皆一致しない。したがって、完全な相似性は、絶対に成り立たない。

そこで、模型と原型の間で、Reynolds 数の値だけ同じになるように模型の寸法を定めた場合、これを「Reynolds 相似則」とよぶ。同様に「Froude 相似則」、「Mach 相似則」、「Weber 相似則」などとよぶ。

Reynolds 相似則は、粘性力が卓越した現象に対して適用される。Floude 相似則は、現象において重力が卓越している場合に用いられる。Weber 相似則は、表面エネルギー力が卓越している場合に用いられる。空洞現象が起こる場合には、空洞数が模型と原型の間で同じにされなければならない。一般に開水路の流れに対しては、Reynolds 相似則と Floude 相似則の 2 つだけが対象となり、しかも Floude 相似則が用いられることが多い。

表 1-4 は、原型に対する長さ比 $L_R = L_p/L_m$ の模型を作って水理模型実験をした場合、模型で測定した水理量を原型で起こるはずの水理量に換算するための「尺度」を与えるためのものである。

表 1-4　模型の尺度[18)]

特　性	次　元	尺　度	
		$(R_e)_R$	$(F_r)_R$
長さ	L	L	L
面積	L^2	L^2	L^2
体積	L^3	L^3	L^3
時間	T	$\rho L^2/\mu$	$(L\rho/\gamma)^{1/2}$
速度	L/T	$\mu/L\rho$	$(L\gamma/\rho)^{1/2}$
加速度	L/T^2	$\mu^2/\rho^2 L^3$	γ/ρ
流量	L^3/T	$L\mu/\rho$	$L^{5/2}(\gamma/\rho)^{1/2}$
質量	M	$L^3\rho$	$L^3\rho$
力	ML/T^2	μ^2/ρ	$L^3\gamma$
密度	M/L^3	ρ	ρ
単位重量	M/L^2T^2	$\mu^2/L^3\rho$	γ
圧力	M/LT^2	$\mu^2/L^2\rho$	$L\gamma$
運動量	M/LT	$L^2\mu$	$L^{7/2}(\rho\gamma)^{1/2}$
エネルギー	ML^2/T^2	$L\mu^2/\rho$	$L^4\gamma$
水車馬力	ML^2/T^3	$\mu^3/L\rho^2$	$L^{7/2}\gamma^{3/2}/\rho^{1/2}$

（注）尺度の欄においては，L_R，ρ_R，μ_R，γ_R の下添字 $\{_R\}$ を省略している。したがって，尺度の欄の L と次元の欄の L では，その意味が違う。

たとえば、Froude 相似則を用いた場合、長さ比を L_R とすると、模型で測定した流量を $L_R{}^{5/2}(\gamma_R/\rho_R)^{1/2}$ 倍すると原型の流量になる。$L_R\gamma_R$ 倍すると模型の水圧が原型の水圧になる。ここで下添え字{R}のついた L_R 以外の文字は、模型で流す流体と原型で流れる流体の密度の比 {ρ_R}、動粘性係数の比 {μ_R}、単位体積重量の比 {γ_R} を表す。模型で流す流体と原型で流れる流体が同じであれば、これらの値は1になる。

[計算例 1-36]

縮尺が50分の1の模型を作った。Froude相似則を用いるものとし、時間、速度、流量項に関する尺度を求める。ただし、模型においても実物と同じ水を流すこととする。

表1-4より、時間に関する模型の尺度は$(L_R \rho_R/\gamma_R)^{1/2}$である。模型でも水が流されているから$\rho_R = 1$、$\gamma_R = 1$であり、時間に関する尺度は$L_R^{1/2}$になる。$L_R^{1/2} = 50^{1/2} \fallingdotseq 7$、すなわち模型で1の長さの時間は実物で約7倍の長さになる。

同様に、速度に関しては、尺度は$(L_R \gamma_R/\rho_R)^{1/2}$であるから、時間との関係と同じになる。

流量に関する尺度は$L_R^{5/2}(\gamma_R/\rho_R)^{1/2} = L_R^{5/2} = 50^{5/2} \fallingdotseq 17700$となる。いま、もし、実物で流量が1000 m^3/sであれば、模型の流量は$1000 \times (1/17700) = 0.0565$ m^3/s = 56.5 l/sとなる。すなわち、模型で測定した流量が1 l/sであれば、実物では0.001×17700 = 17.7 m^3/sとなる。

第2章　等流計算

2.1　等流公式

開水路で起こる乱流である等流の流れの平均流速は、等流公式とよばれる公式により概略計算できることはすでに述べた。たいがいの等流公式は、次の形をしている。

$$V = CR^xS^y \tag{2-1}$$

ここで、Vは平均流速、Rは径深、Sはエネルギー勾配($S = S_f = S_w = S_0$)である。Cは「抵抗係数」とよばれ、平均流速、水路壁の粗度、水の粘性、そしてその他の多くの要素によって決まる係数である。x と y は、径深と勾配にかかる指数である。

完全な等流は、プリズム形の人工水路でなければ発生しない。というのは、自然の開水路が完全なプリズム水路であることは普通起こり得ないことであるからである。すなわち、自然開水路で起こる流れは、不等流になるのが普通である。しかし、プリズム形ではないがそれに近い状況もしばしば存在している。洪水時でない普段の、すなわち平常時の川の流れは、等流と見なせる場合も相当ある。

これまでに多くの等流公式が発表されてきたが、それらの中の最も有名なのがChézy式とManning式の2つである。実用という観点からすれば、Manning式は、唯一の等流公式といえるかもしれない。Manning式については、第1章ですでにその形は述べられているので、ここでは、その適用に関する事柄を中心に述べる。

2.2 Chézy 式

Chézy 式は、フランスの技術者 Antoie de Chézy によって 1765 年に発表されたもので、最初の等流公式であろうといわれている。Chézy 式は、次のような非常に簡単な形をしているのが特徴である。

$$V = C\sqrt{RS} \qquad (2\text{-}2)$$

ここで、V は平均流速(m/s)、R は径深(m)、S はエネルギー勾配($S = S_f = S_w = S_0$)である。C は、「Chézy の C」とよばれる「抵抗係数」である。

Chézy 式の抵抗係数 C の値を与える式が数多く作られてきたが、その中で最も有名な次の「Ganguillet-Kutter 式」である。

$$C = \frac{23 + \frac{0.00155}{S} + \frac{1}{n}}{1 + \left(23 + \frac{0.00155}{S}\right)\frac{n}{R}} \qquad (2\text{-}3)$$

ここで、n は「Kutter の n」とよばれる係数で、たまたま「Manning の n」と数値としては一致する。

Chézy 式を用いて等流計算を行うことは、いまはもうないことといえる。Chézy 式の存在の意義は、先に述べた式の形の簡単さにあるが、これも計算機の普及によって重要なことではなくなってしまった。本書では、Chézy 式に関しては、その存在を述べることだけで済ますこととする。

2.3 Manning 式の粗度係数

Manning 式は、次の形をしている。7 頁の式(1-4)参照。

$$V = \frac{1}{n} R^{2/3} S^{1/2}$$

Manning 式には"2/3"という指数があり、これがコンピュータがなかった時代における本式による計算上の最大の難点であったが、いまはこの問題は消えてしまって、Manning 式の適用に関する問題点は粗度係数 n の値の決定だけに絞られてしまっている。以下 126 頁までの Manning 式の粗度係数 n の値の決定に関する記述は、1959 年に McGraw-Hill 社から出版された Chow の名著"OPEN CHANNEL HYDRAULICS"からの全面的引用である。[19]

『すべての場合において水路は1つのnの値を持つものと、技術者は考えがちである。実際には、nの値は大きく変わり得るものであり、それはいくつかの要因によっている。さまざまな設計条件に対する適当なnの値の選定においては、それらの要因についての基礎的知識が非常に有益である。そこで、人工、そして自然の水路の両方の粗度係数に大影響を持つ要因を以下で述べることとする。それらの要因は互いに相当影響しあっているものと考えるべきである。それゆえ、1つの要因についての議論は、他の要因との関連で繰り返し行われることになる。

a)　表面の粗度

水路壁の表面の粗度は、潤辺を構成する材料の寸法と形で決まり、流れの速度を遅くするという結果をもたらす。水路壁の粗度は、しばしば粗度係数決定における唯一の要因であると考えられる。しかし、それは、実際のいくつかの主要な要因の1つにすぎない。一般的にいうと、細かい粒は比較的小さなnの値をもたらし、大きな粒は大きなnの値をもたらす。

この流れの速度を遅くする効果は、河床材料が砂利、あるいは玉石のような粗い材料でできている河川より、砂、粘土、ローム、あるいはシルトのような細かい粒の材料でできている沖積平野を流れる河川、すなわち「沖積河川」における方がはるかに小さくなる。河床材料が細かいときには、nの値は小さく、比較的水位の変動の影響を受けない。河床材料が砂利や玉石から成るときには、nの値は一般に大きく、特に水位が低いときと逆の高いときはそうである。より大きな玉石は通常川底に集まって、河底の粗度を川岸に比べて大きくし、河川の水位が低いとき、すなわち「低水時」のnの値を大きくする。「高水時」、すなわち河川の水位が普段より高いときには、流れの持つエネルギーの一部は玉石を下流に転がすのに使われ、それはnの値を大きくする。

b)　植物

植物は一種の表面粗度と見なし得る。しかし、植物は、また、水路の水を流すことのできる部分の断面積、川でいえば「河積」を著しく減らし、そして流れを妨害する。この影響は、主として植物の高さ、密度、配置、そして植物の種類によっている。そしてそれは、小さな排水用の水路、すなわち「排水路」の設計で特に重要である。

Illinois 大学において、植物の粗度係数に対する影響を調べる研究が行われている。調査の対象となった中央 Illinois の排水用の溝では、0.033 というnの値の平均値が1925年3月に測定され、そのときの水路は良い状態であった。1926年4月、水路の岸は柳が藪になって、乾燥性の雑草が生えていた。そして、nの値は0.055であった。このnの値の増加は1年間の植物の生長の結果である。1925年と1926年の夏の間、水路底で藪が繁茂した。夏の平均水位でnの値は約0.115で、水路一杯水が流れているのに近い状態でのnの値は0.099であった。蒲は1926年9月の大水で洗い流されてしまい、その直後のnの値は0.072になっていることがわかった。この調査研究から導かれた結論の一部は、次のとおりである。

①中央Illinoisにおいて、排水溝の設計に用いられるべき最小のnの値は、0.040である。この値は、夏季最も念入りに手入れされた水路において得られるものである。すなわち、水路の底は植物が全然なく、岸は芝草、あるいは背の低い雑草で覆われ、藪になっていない。この低いnの値は、もし、水路の雑草刈り、藪切りが毎年行われないなら、用いられるべきではない。

②もし水路が隔年に清掃されるならば、n ＝ 0.05という値が用いられるべきである。岸の背の高い雑草と90 cmから1.2 mの藪になっている柳は、このnの値をもたらす。

③何年間も清掃されていない水路においては、植物の生長が著しく、n＞ 0.100という大きな値も生じ得る。

④岸に生えている18から24 cmの太さの樹木は、垂れ下がった枝が切られるならば、小さな茂みになる植物のように流れの邪魔をしない。

米国の「土壌保護局」は、芝を張って護岸した小さな浅い水路における水の流れを調査してきている。これらの水路のnの値は、水路の断面の形、水路底の勾配、水深で変わることがわかった。他の要因が皆同じである2つの水路を比較すると、平均水深が小さい水路の方が植物が大きく影響して、大きなnの値を示す。だから、三角形水路は台形水路より大きなnの値を示し、広い水路は狭い水路より小さいnの値を示す。相当深い水路は、植物をかがませ、水没させてしまいがちで、したがって小さいnの値を生じさせがちである。急勾配は、より速い流速を生じさせ、より植物をかがませ、そしてより小さなnの値を生じさせる。氾濫原における植物の影響は、後のh)項で述べられる。

c) 水路の不規則性

水路の不規則性は、潤辺の不規則性と水路の長さ方向の断面と形状の変化を意味する。自然水路においては、そのような不規則性は、水路床の「砂洲」、「河床波」、峰や谷、窪みやこぶの存在によって通常もたらされる。これらの不規則性は、表面の粗度、そしてその他の要因によってもたらされる粗度に加えて確実に粗度を増加させる。一般的にいえば、断面形状のゆっくりした、そして一様な変化は、目に見えるほど n の値に影響しない。しかし、突然の変化、あるいは大断面と小断面の繰り返しは、大きな n の値の採用を必要とされる。この場合の n の値の増分は 0.005、またはそれ以上になる。水路の一方の岸から他方の岸に向かって流れが曲がりくねることは、同様の結果をもたらす。

d）水路法線

大きな半径を持つ滑らかな曲がりは、比較的小さな n の値をもたらす。これに対して、激しい蛇行を伴う急な曲がりは、n の値を増加させる。Scobey は、用水路における試験結果から、n の値を水路長さ 100 フィート当り中心角 20 度ごとに 0.001 増加させることを提案した。曲がりが n の値を 0.002 から 0.003 以上大きくするということは疑問であるが、曲がりが流れてくる土砂を堆積させ、それにより間接的に n の値を増加させるかもしれないから、曲がりの影響を無視すべきでない。一般的にいうと、低流速で流れている「護岸のない」水路における粗度の増加は、無視できる。n の値の 0.002 の増加は、多くの著しく曲がっている用水路に対する余裕として妥当であろう。ただし、この場合、水路がコンクリートでできているか、あるいは他の材料でできているかは別である。しかしながら、自然水路の蛇行は、n の値を 30%増加させ得る。

e）土砂の堆積と洗掘

一般的にいうと、土砂の堆積は非常に不規則な水路を比較的一様なものにして、n の値を減少させる。これに対して、土砂の洗掘は逆で、n の値を増加させる。しかしながら、土砂の堆積の支配的な影響は、堆積した土砂の性質によっている。砂洲や河床波のような平らでない堆積は、水路の不規則性そのものであり、粗度を増加させる。土砂の洗掘の量とその均一性は、潤辺を形成している材料によっている。したがって、砂質のあるいは砂利質の水路底は、粘土質の水路底と比べるとより均一に洗い掘られる。高地で浸食されて流れて来たシルトの沈澱堆積は、粘土地盤を浚渫して造った水路に生ずる不規則な凹凸を埋めて平らにしがちである。水路の床を洗い掘り、土砂を水中に浮遊させながら、あるいは水路床を転がしながら下流に向け運ぶのに使われるエネルギーは n の値を増加させるだろう。

洗い掘りの影響は、高速流によってもたらされた水路床の侵食が平らに、そして一様に進んでいく限り、重要でない。

f) 障害物

水面を一面に覆った「材木」や橋脚といった物は、n の値を増加させがちである。増加量は、障害物の性質、大きさ、数、そして拡がりなどによる。

g) 水路の大きさ

水路の大きさと形が n の値に影響を及ぼす重要な要因であるという明確な証拠はない。径深の増加は、水路の状態によって、n の値を増やしもし、減らしもする。図 2-1。

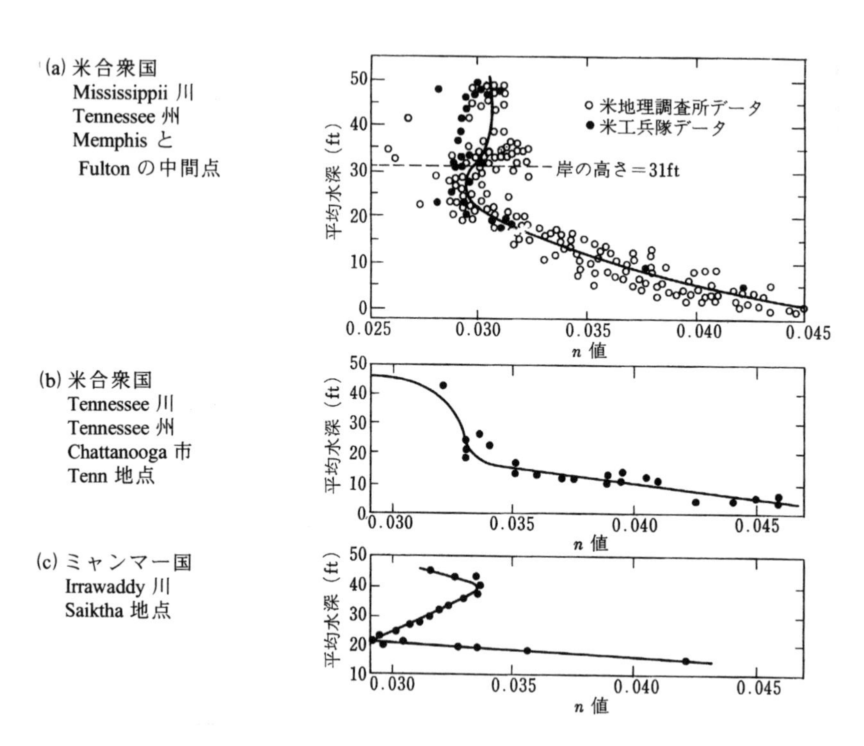

図 2-1　水位あるいは水深に関する n の値の変化

h) 水位と流量

たいていの川では、水位と流量の増加に伴って n の値は減少する。水深が浅いと、水路底の不規則差が表面に現れて、その影響が顕著になる。しかしながら、岸がでこぼこで草深いならば、水位が高いとき、nの値は大きくなり得る。

流量が非常に大きくなったとき、川は岸から溢れて、流れの一部は氾濫原に沿って流れる。氾濫原の n の値は、通常、水路そのものより大きい。そして、その大きさは、地表面の状況、すなわち植物の生え具合で決まる。もし、水路の床と岸が同じように滑らかで変化がない場合、そして水路底勾配が一様の場合 n の値は水位に関係なく一定値を保つ。そのような場合、一定値 n の値が通常流れの計算で用いられる。このことは主として人工水路で起こる。氾濫原では、n の値は通常、水位が低いときは、植物の水没の程度で変わる。このことは、例として掲げた表 2-1 からよくわかる。

表 2-1　いろいろな水位に対するnの値

氾濫原 水　深 (m)	低水路 部　分	氾濫原の植物				
		とうもろこし	牧草	川辺牧草	小麦	藪，荒野
～0.3	0.03	0.06	0.05	0.10	0.10	0.12
0.3～0.6	0.03	0.06	0.05	0.08	0.10	0.11
0.6～0.9	0.03	0.07	0.04	0.07	0.08	0.10
0.9～1.2	0.03	0.07	0.04	0.06	0.07	0.09
1.2～	0.03	0.06	0.04	0.05	0.06	0.08

表 2-1 は、Iowa 州を流れる Nishanatoba 河で観測された、成長期の中頃における植物の種類と浸水の深さに対応した、いろいろの洪水の水位のときの n の値を示している。しかし、植物は、ある水位までは著しい影響を n の値に対して持つ。そして、岸を越えて流れる洪水流量の計算では、粗度係数は、実用目的では、一定値をとると考え得る、ということを銘記しておくべきである。

図 2-1 の河の水位対 n の値の曲線は Lane によって示されたもので、n の値がいかに 3 つの大きな川の水路で水位と共に変化しているかを示している。大きな運河の粗度係数に関しては、Panama 運河の設計との関連で Meyerts と Schltz によって研究がなされた。この研究から得られた最も重要な結論は次のとおりである。①河川水路の n の値は、水位が岸一杯、あるいはそれよりちょっと超えているとき最小になる。そして、水位がそれより高くなるか、低くなるにつれて n の値は大きくなりがちである。

②水位が岸一杯のときの n の値は、河床材料の種類が違っていたり、場所が大きく離れても、各河川ごと、運河ごと、非常に大きく変化しない。

円形の管路に関しては、Camp は、管一杯にならないで流れている円形の管路の n の値は、一杯になって流れているときより大きい、という結果を示した。直径が 4~12 インチの陶製とコンクリート製の新しい下水管や排水管についての測定結果を用いて、Camp は、水位が管の半分のときの n の値は、水位が天井にきたときの n の値の約 24%増であることを発見した。図 2-3（136 頁）。一杯水が流れている管の n の値は、0.0095 から 0.011 まで変化することがわかった。n の値を 0.0103 とすると、水位が管の半分のときの n の値は 0.013 になる。この値は、管一杯にならないで流れている下水管での測定結果に基づいて決められた通常の設計値と一致している。

i）季節変化

水生植物、芝草、雑草、柳、そして流れの中や岸に生えている樹木の季節による繁茂の違いから n の値は、成長期には増大し、発育休止中には減少する。この季節的変化は、他の要因の変化を引き起こし得る。

j）浮流砂と掃流砂

水路中を浮遊しながら流れていく土砂、すなわち「浮流砂」と水路床上を滑り、転がり、飛び跳ねながら流れていく土砂、すなわち「掃流砂」は、その動きのあるなしにかかわらず、流れのエネルギーを消耗し、「水頭損失」を引き起こし、見かけの水路の粗度を増加せしめる。

水路の種類、流れの状態、維持の程度、そしてその他の関連した考慮すべき事柄に関係する条件については、上に述べたすべての要因が調査され、評価なければならない。それらの調査と評価は、与えられた問題を解くために妥当な n の値を決定するに際しての基礎となる。判断の一般的規準として、撹流を引き起こし、妨害の原因になりがちな条件は n の値を増加させ、撹流と妨害を弱めがちな条件は n の値を減少させる、ということが受け入れられよう。（全面的引用終わり）』

以上のごとく粗度係数 n に対する影響を分析していくと、各要因が寄与している量はどれだけか、という考え方をすることができるようになる。Chow は次の式で自然開水路の n の値を計算することを提案している。

$$n = (n_0 + n_1 + n_2 + n_3 + n_4) m_5 \qquad (2\text{-}4)$$

ここで、n_0 は n の値の基本値で、真っ直ぐで、一様で、滑らかな自然に存在する河床材料に対する値である。 n_1 ～ n_4 は状況に応じて付加される値で、n_1 は表面の不規則性、n_2 は断面の形状寸法の変化、n_3 は障害物、n_4 は植物と流れの関係、m_5 は水路の蛇行の状況により決まる値である。n_i $(i = 1 \sim 4)$ と m_5 は表 2-2 に掲げられたような値を持つ、とする。

表 2-2　式(2-4)を用いて粗度係数を計算する際の n と m の値[20)]

水 路 の 条 件		値	
河 床 材 料	土	n_0	0.020
	岩盤の切取		0.025
	細かい砂利		0.024
	粗い砂利		0.028
表面の不規則性	滑らか	n_1	0.000
	やや滑らか		0.005
	普通		0.010
	激しい		0.020
断面の変化	徐々	n_2	0.000
	ときおり変化		0.005
	激しく変化		0.010～0.015
障害物の影響	無視できる	n_3	0.000
	ややあり		0.010～0.015
	相当あり		0.020～0.030
	激しい		0.040～0.060
植生（高さ）	低い	n_4	0.005～0.010
	中間		0.010～0.025
	高い		0.025～0.050
	非常に高い		0.050～0.100
蛇行の程度	少ない	m_5	1.000
	顕著		1.150
	激しい		1.300

表 2-3 は、Chow によってまとめられた種々の条件下での各種水路の n の値の一覧である。

表 2-3　Chow が提案した Manning の粗度係数 n の値（その 1）[21]

水路の種類と状況の説明	最小値	標準値	最大値
A．部分流の状態の上が閉じた水路			
A-1．金属			
a．黄銅，滑らか	0.009	**0.010**	0.013
b．鋼			
1．筒を溶接	0.010	0.012	0.014
2．螺旋状に丸めてリベット止め	0.013	0.016	0.017
c．鋳鉄			
1．塗装あり	0.010	0.013	0.014
2．塗装なし	0.011	0.014	0.016
d．錬鉄			
1．タール塗り	0.012	0.014	0.015
2．亜鉛引き	0.013	0.016	0.017
e．波形材			
1．地下排水渠	0.017	0.019	0.021
2．雨水渠	0.021	**0.024**	0.030
A-2．非金属			
a．合成樹脂	0.008	0.009	0.010
b．ガラス	0.009	**0.010**	0.013
c．セメント			
1．表面セメントミルク仕上げ	0.010	0.011	0.013
2．モルタル	0.011	0.013	0.015
d．コンクリート			
1．コンクリート管，直線でゴミなし	0.010	0.011	0.013
2．同上，曲線で合流あり，ゴミあり	0.011	**0.013**	0.014
3．仕上げあり	0.011	0.012	0.014
4．下水本管，マンホールや導水管，その他あり。直線	0.013	0.015	0.017
5．鋼型枠使用，仕上げなし	0.012	0.013	0.014
6．滑らかな木型枠使用，仕上げなし	0.012	**0.014**	0.016
7．粗い木型枠使用，仕上げなし	0.015	0.017	0.020
e．木材			
1．おけ板張り	0.010	0.012	0.014
2．薄板をかぶせたもの	0.015	0.017	0.020
f．陶製パイプ			
1．普通の排水用土管	0.011	**0.013**	0.017
2．上薬をかけた下水本管	0.011	0.014	0.017
3．同上，マンホールや導水管，その他あり	0.013	0.015	0.017
4．つなぎ目を開けた，上薬をかけた地下排水管	0.014	**0.016**	0.018
g．レンガ工			
1．化粧レンガ	0.011	0.013	0.015
2．表面セメントモルタル塗り	0.012	0.015	0.017
h．下水汚物が付着した下水本管，曲がりや合流管あり	0.012	0.013	0.016
i．底が滑らかな逆アーチ状の下水本管	0.016	0.019	0.020
j．荒石練積	0.018	0.025	0.030

表 2-3　Chow が提案した Manning の粗度係数 n の値（その 2）

水路の種類と状況の説明	最小値	標準値	最大値
B．内張りされた水路，組立て水路			
B-1．金属			
a．滑らかな鋼材の表面			
1．塗装なし	0.011	**0.012**	0.014
2．塗装あり	0.012	0.013	0.017
b．波形材	0.021	0.025	0.030
B-2．非金属			
a．セメント			
1．表面セメントミルク仕上げ	0.010	0.011	0.013
2．モルタル	0.011	0.013	0.015
b．木材			
1．かんながけ，防腐処理なし	0.010	0.012	0.014
2．同上，防腐処理	0.011	0.012	0.015
3．かんながけせず	0.011	0.013	0.015
4．小割り板張り	0.012	0.015	0.018
5．屋根ぶき用の紙で内張り	0.010	0.014	0.017
c．コンクリート			
1．こて仕上げ(1)	0.011	**0.013**	0.015
2．こて仕上げ(2)	0.013	0.015	0.016
3．仕上げ，底は敷き砂利	0.015	0.017	0.020
4．打ち放し，仕上げなし	0.014	0.017	0.020
5．吹付け，仕上がり良好	0.016	0.019	0.023
6．吹付け，波状断面	0.018	0.022	0.025
7．良好な掘削岩盤上に吹付け	0.017	0.020	
8．不規則な掘削岩盤上に吹付け	0.022	0.027	
d．底がこて仕上げコンクリートで，側面が			
1．切り石モルタル練積み	0.015	0.017	0.020
2．雑石モルタル練積み	0.017	0.020	0.024
3．荒石セメント練積み表面塗り込め	0.016	0.020	0.024
4．荒石セメント練積み	0.020	0.025	0.030
5．荒石空積み，または捨石	0.020	0.030	0.035
e．底が砂利で，側面が			
1．型枠打ちコンクリート	0.017	0.020	0.025
2．雑石モルタル練積み	0.020	0.023	0.026
3．荒石空積み，または捨石	0.023	0.033	0.036
f．レンガ			
1．上塗をかける	0.011	**0.013**	0.015
2．セメントモルタル練積み	0.012	**0.016**	0.018
g．石造			
1．荒石セメント練積み	0.017	0.025	0.030
2．荒石空積み	0.023	0.032	0.035
h．化粧切り石積み	0.013	0.015	0.017
i．アスファルト			
1．平滑	0.013	0.013	
2．粗	0.016	0.016	
j．張芝	0.030	…	0.500

表 2-3　Chow が提案した Manning の粗度係数 n の値（その 3）

水路の種類と状況の説明	最小値	標準値	最大値
C．掘削，または浚渫			
a．土，直線で断面一様			
1．でこぼこでない，最近完成	0.016	0.018	0.020
2．同上，風化している	0.018	**0.022**	0.025
3．同上，砂利，断面一様	0.022	0.025	0.030
4．雑草混じり芝	0.022	0.027	0.033
b．土，屈曲して流れ緩やか			
1．草木なし	0.023	0.025	0.030
2．芝と雑草	0.025	0.030	0.033
3．水深大，密集した雑草，または水生植物	0.030	0.035	0.040
4．底が土で側面が荒石積み	0.028	0.030	0.035
5．石が多い底，雑草が茂った岸	0.025	0.035	0.040
6．玉石の底，でこぼこでない	0.030	0.040	0.050
c．ドラグライン掘削，または浚渫			
1．草木なし	0.025	0.028	0.033
2．岸にまばらに藪あり	0.035	0.050	0.060
d．岩盤掘削			
1．滑らかで断面一様	0.025	0.035	0.040
2．ぎざぎざで断面不均一	0.035	0.040	0.050
e．水路は維持されておらず，雑草や藪は切られていない			
1．流れの深さと同じ程度の密集した雑草	0.050	0.080	0.120
2．底はでこぼこでない，岸は藪	0.040	0.050	0.080
3．同上，ただし藪は最高水位付近	0.045	0.070	0.110
4．高水位付近に密集した藪	0.080	0.100	0.140
D．自然河川			
D-1．小河川（洪水時の幅 30 m 以下）			
a．平地河川			
1．でこぼこでない，真っ直ぐ，断面一杯流水あり，深みなし	0.025	**0.030**	0.033
2．同上，しかし石や雑草が多い	0.030	0.035	0.040
3．でこぼこでない，屈曲して深みと浅瀬ややあり	0.033	0.040	0.045
4．同上，しかし石や雑草ややあり	0.035	0.045	0.050
5．同上，低い水位の所には逆勾配や死水域の部分相当あり	0.040	0.048	0.055
6．4 と同じ，しかし石がより多い	0.045	0.050	0.060
7．緩やかな流れの区間多く，雑草が生えて，深みになっている	0.050	0.070	0.080
8．うんと雑草が生えている区間が多く，深みになっている。あるいは洪水の流路になっていて，たくさん樹木が生え，下生え多い	0.075	0.100	0.150
b．山地河川，水路の中に草木なし，岸は急で高水時水につかる所には木や藪あり			
1．底は砂利と玉石，転石はほとんどなし	0.030	0.040	0.050
2．底は大転石を伴う玉石	0.040	0.050	0.070

表 2-3　Chow が提案した Manning の粗度係数 n の値（その 4）

水路の種類と状況の説明	最小値	標準値	最大値
D-2. 氾濫原			
a. 牧草になっていて，藪はない			
1. 背が低い牧草	0.025	0.030	0.035
2. 背が高い牧草	0.030	0.035	0.050
b. 耕地			
1. 休耕地	0.020	0.030	0.040
2. 成長したうねを立てる作物	0.025	0.035	0.045
3. 成長したうねを立てない作物	0.030	0.040	0.050
c. 藪			
1. まばらな藪と密集した雑草	0.035	0.050	0.070
2. 冬季の散らばった藪と樹木	0.035	0.050	0.060
3. 夏季の散らばった藪と樹木	0.040	0.060	0.080
4. 冬季の中間から密な藪	0.045	0.070	0.110
5. 夏季の中間から密な藪	0.070	0.100	0.160
d. 樹木			
1. 夏季の密集した真っ直ぐな柳	0.110	0.150	0.200
2. 木の株が残っている開墾地で，芽が出ていない	0.030	0.040	0.050
3. 同上，しかし木株から芽がたくさん出ている	0.050	0.060	0.080
4. 樹木が密集し，倒れた木もある。下ばえほとんどなし。洪水時の水位は枝の下	0.080	0.100	0.120
5. 同上，しかし洪水時の水位は枝にとどく	0.100	0.120	0.160
D-3. 大河川（洪水時の幅 30 m 以上） 小河川より岸の草木の影響が小さくなるので，同様の状況下の小河川より n の値は，小さくなる。			
a. 転石，あるいは藪のない，変化のない区間	0.025	…	0.060
b. 変化のある荒れた区間	0.035	…	0.100

以上の表 2-3（128 ～ 131 頁）において、n の値の最小値、平均値、最大値が掲げられている。人工水路に対する平均値は、良好に維持された場合のみ使用すべき値である。太字の値は、一般に、設計で用いられている値である。将来、水路維持管理が十分に行われない可能性が強い場合には、値を大きくする必要がある。

2.4 通水能

等流の流れの流量 Q は、等流公式によって計算された平均流速 V と流水面積 A

の積 $Q = AV$ として計算される。等流公式は、$V = CR^xS^y$ という一般形で表現することができるから、この式を前の式に代入すると、次の関係が得られる。

$$Q = AV = ACR^xS^y = KS^y \quad (2\text{-}5)$$

$$K = ACR^x \quad (2\text{-}6)$$

こうして導かれた K を「通水能」とよぶ。

いま、等流公式として Manning 式を考えると、$C = 1/n$、$x = 2/3$ となって、通水能は次のとおりに表される。

$$K = \frac{1}{n}AR^{2/3} \quad (2\text{-}7)$$

したがって、断面の通水能が求められているならば、流量 Q はエネルギー勾配の 2 分の 1 乗と通水能 K の積となる。

$$Q = K\sqrt{S} \quad (2\text{-}8)$$

この通水能という概念を用いると、複雑な式の展開が楽になり、大変有用である。

2.5 複雑な断面の等流計算

2.5.1 流量

一例をあげるならば、沖積平野を流れて、流量の季節的変動の大きい河川では、大水時流すことのできる最大の流量、すなわち河道の「流下能力」を増やし、また堤防の安全を図るため、普段水が流れる「低水路」とよばれる部分と大水のときのみ水が流れる「高水敷」とよばれる部分を持つ複雑な断面形をした水路を造ることが多い。図 2-2。これを「複断面」とよぶ。また、高水敷の部分を持たず、低水路の部分しかない場合を「単断面」とよぶ。

粗度は、高水敷の方が低水路より普通大きい。大水のとき、高水敷は低水路よりはるかに水深が浅いから、高水敷きの平均流速は低水路より相当小さくなる。このような場合、等流公式を断面全体に適用することは著しく不合理で、断面を状況がほぼ同じ区間、すなわち水深がほぼ同じ区間、あるいは粗度がほぼ同じ区間ごとに区切って「分割断面」を設ける。そして分割断面ごとにまず潤辺と断面積、次に径深を求めて、等流公式で平均流速を計算する。それに分割面積を乗じて分割断面の流量を出し、各分割断面の値を合計すると断面全体の流量が得られる。最後に、全体流量を全体の断面積で除すると断面全体としての平均流速が得られる。

［計算例 2-1］

図 2-2 に示す複断面の河道の等流流量を求める。ただし、水路勾配 S ＝ 1/500、低水路と高水敷の粗度係数を n_1 ＝ 0.025、n_2 ＝ 0.040 とする。また、全体ならびに各部分の平均流速を求める。

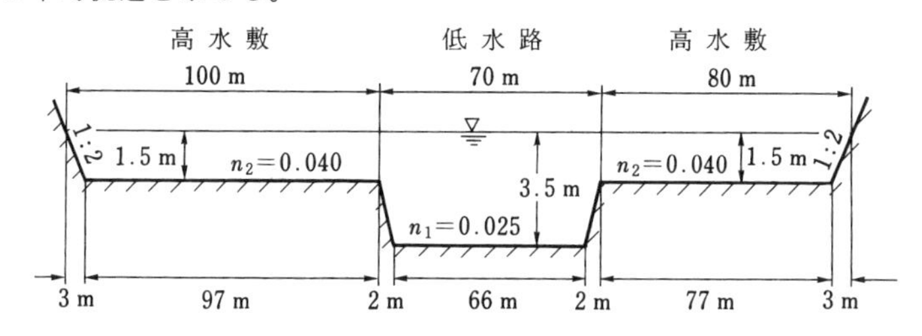

図 2-2　低水路と高水敷からなる河道

低水路部分に対し下添え字{m}、高水敷き部分に{s}をつけるものとする。

a）　低水路部分　流水面積 $A_m = 70 \times 1.5 + 0.5 \times (70+66) \times 2 = 241\ m^2$、潤辺 $P_m = 66+2 \times \sqrt{2^2+2^2} = 71.7\ m$、径深 $R_m = A_m/P_m = 241/71.7 = 3.36\ m$。よって、部分流量 $Q_m = A_m n_m^{-1} R_m^{2/3} S_m^{1/2} = 241 \times 0.025^{-1} \times 3.36^{2/3} \times (1/500)^{1/2} = \underline{967.1\ m^3/s}$。

b）　高水敷部分　流水面積 $A_s = (97+77) \times 1.5 + 2 \times \{(3 \times 1.5)/2\} = 265.5\ m^2$、潤辺 $P_s = 97+77+2 \times \sqrt{3^2+1.5^2} = 180.7\ m$、径深 $R_s = A_s/P_s = 265.5/180.7 = 1.47\ m$。よって、部分流量 $Q_s = A_s n_s^{-1} R_s^{2/3} S_s^{1/2} = 265.5 \times 0.040^{-1} \times 1.47^{2/3} \times (1/500)^{1/2} = \underline{383.8\ m^3/s}$。

c）　全体流量　$Q = Q_m + Q_s = 967.1 + 383.8 = \underline{1351\ m^3/s}$。

d）　平均流速　低水路部分 $V_m = Q_m/A_m = 967.1/241 = \underline{4.01\ m/s}$、高水敷部分 $V_s = Q_s/A_s = 383.8/265.5 = \underline{1.44\ m/s}$、　全体 $V = Q/A = 1351/(241+265.5) = \underline{2.67\ m/s}$。

2.5.2　等価粗度係数

底が木材、側壁がガラスでできているような長方形断面水路を考えてみよう。この場合、底と側壁では明らかに粗度が違っている。しかし、前項で述べた複断面のように、断面を分割して各分割毎に流量を計算して合計するわけにはいかない。そこで、平均的な粗度係数、すなわち「等価粗度係数」を求めて、単一断面として計算を行う必要がでてくる。

潤辺を粗度係数が n_1、n_2、……、n_N の値を持つ分割潤辺 P_1、P_2、……、P_N に分けて、各潤辺の上で生じている分割平均流速を V_1、V_2、……、V_N とする。この各分割平均流速が全体の平均流速 V と等しい、すなわち $V = V_1 = V_2 = \cdots\cdots = V_N$ と仮定して等価粗度を計算する方法がまず 1 つ考えられる。すなわち、次の式が得られる。

$$n = \frac{(P_1 n_1^{1.5} + P_2 n_2^{1.5} + \cdots\cdots + P_N n_N^{1.5})^{2/3}}{P^{2/3}} \tag{2-9}$$

［計算例 2-2］

次図の粗度係数が底面 $n_1 = 0.015$、両側面 $n_2 = 0.025$、幅 1.5 m、水路勾配 $S = 1/800$ の長方形断面プリズム水路において、水深 $y = 0.6$ m の等流が発生している。流量 Q を計算する。

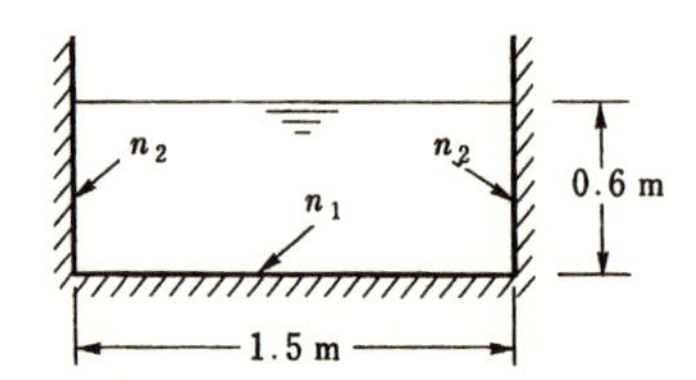

この場合の等価粗度係数式は $n = (P_1 n_1^{1.5} + P_2 n_2^{1.5})^{2/3}/P^{2/3}$ で表される。底辺の潤辺 $P_1 = 1.5$ m、両側面の潤辺 $P_2 = 0.6\times2 = 1.2$ m、全体の潤辺 $P = 1.5+2\times0.6 = 2.7$ m、ならびに底辺と両側面の粗度係数 $n_1 = 0.015$ と $n_2 = 0.025$ を上式に代入すると、等価粗度係数 $n = (1.5\times0.015^{1.5}+1.2\times0.025^{1.5})^{2/3}/2.7^{2/3} = \underline{0.020}$ 。流量 $Q = An^{-1}R^{2/3}S^{1/2} = (1.5\times0.6)\times0.020^{-1}\times\{(1.5\times0.6)/2.7\}^{2/3}\times(1/800)^{1/2} = \underline{0.765\ m^3/s}$ 。

上記はたくさんある等価粗度計算方法の一例である。各分割潤辺の流水に対する抵抗力の総和が単一断面としての抵抗力に等しいと仮定すると、次の式が得られる。

$$n = \frac{(P_1 n_1^2 + P_2 n_2^2 + \cdots\cdots + P_N n_N^2)^{1/2}}{P^{1/2}} \tag{2-10}$$

各分割潤辺に対応する分割断面積を考えることできる場合、すなわち複断面の水路のような場合は、各分割断面で発生する流量の総和が単一断面とした場合の流量に等しいと仮定することにより次の式が得られる。

$$n = \frac{PR^{5/3}}{\frac{P_1R_1^{5/3}}{n_1} + \frac{P_2R_2^{5/3}}{n_2} + \cdots\cdots + \frac{P_NR_N^{5/3}}{n_N}} \qquad (2\text{-}11)$$

ここで、R_1、R_2、……、R_Nは各分割の径深である。

［計算例 2-3］

計算例 2-1（133 頁）においては、断面を分割して流量を計算した。ここでは、単一断面として流量を計算する。

この場合の等価粗度係数式は、$n = PR^{5/3}/(P_1R_1^{5/3}/n_1+P_2R_2^{5/3}/n_2)$で表される。
低水路部分の潤辺 $P_1 = 71.1$ m、径深 $R_1 = 3.36$ m、粗度係数 $n_1 = 0.025$。高水敷部分の潤辺 $P_2 = 180.7$ m、径深 $R_2 = 1.47$ m、粗度係数 $n_2 = 0.040$。全体の潤辺 $P = 71.7+180.7 = 252.4$ m、径深 $R = (241+265.5)/252.4 = 2.01$ m。以上の数値を上式に代入すると、等価粗度係数式 $n = (252.4 \times 2.01^{5/3})/\{(71.7 \times 3.36^{5/3})/0.025+(180.7 \times 1.47^{5/3})/0.040\} = 0.0268$。
流量 $Q = An^{-1}R^{2/3}S^{1/2} = 506.5 \times 0.0268^{-1} \times 2.01^{2/3} \times (1/500)^{1/2} = 1346\ m^3/s$。計算例 2-1 の計算結果は $Q = 1351\ m^3/s$ である。

2.6　上が閉じた開水路の等流計算

地表にある自然開水路は、水深が大きくなるにつれて普通広くなる。人工開水路の場合も、長方形断面水路が同じであるのを除けば、同様である。しかし、地下に開水路を造る場合、その断面形は、「円形」、「馬蹄形」、「卵形」など種々の断面形が用いられる。これらの断面形は、上が徐々に閉じていって最後は天井になるのが特徴で、「上で閉じた開水路」と一般によばれる。

見かけは管水路であっても、その中を水が自由水面をなして流れる場合、それは開水路とよばれることは、第 1 章の冒頭で述べたことである。上が閉じた開水路の中を水が自由水面をなして流れる状態を「部分流状態」、自由水面がちょうど天井に達した状態、すなわち天井で水圧がない状態を「満流状態」とよぶ。

上が閉じた開水路の代表例は円形断面水路で、「都市雨水排除施設」の「排水本管」としてよく用いられる。

図 2-3（136 頁）に示すように、直径 d の円形断面プリズム水路において、等流水

深をyとする。満管状態に対する水理量に下添え字{0}をつけるものとする。図 2-3 において、水深yのときの $AR^{2/3}$ と $R^{2/3}$ を満流状態における $A_0R_0^{2/3}$ と $R_0^{2/3}$ で除して無次元化した量、すなわち $AR^{2/3}/A_0R_0^{2/3}$ と $R^{2/3}/R_0^{2/3}$ の変化の状況が実線で表されている。同様に、流量Qと平均流速Vについても、それらの無次元化量 Q/Q_0 と V/V_0 が破線で表されている。

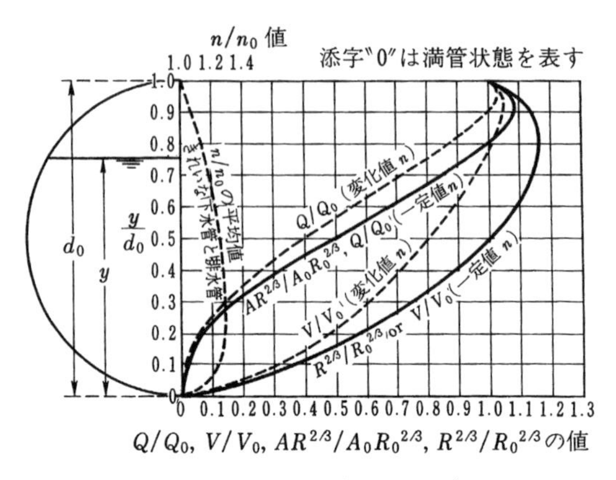

図 2-3　円形断面水路の特性[22)]

いま、粗度係数が水深によって変化せず一定値であると仮定すると、水深が $0.938d_0$ のとき流量の最大が、$0.81d_0$ のとき平均流速の最大がそれぞれ発生する。また、流量に関して水深が $0.82d_0$ より大きいときは、平均流速に関して $0.5d_0$ より大きいときは、流量と平均流速の無次元化量は、2価関数になる。

以上は粗度係数が水深に対して一定、すなわち水深に対して独立であると考えた場合であるが、実際の粗度係数の値は一定でなく、$0.25d_0$ までは水深と共に増加して満管状態の 128 %に達し、以後徐々に減少していって、満管状態の 100 %になる。この結果、最大流量は $0.97d_0$、最大平均流速は $0.94d_0$ で起こることになる。対応する各曲線は、破線で表されている。

円形断面で起こるとほぼ同様のことが、上で閉じた開水路で皆起こる。すなわち、上が徐々に閉じた開水路においては、粗度係数を一定とした場合には、部分流状態のとき実際より過大な流量を計算していることになる。

実用的には、円形断面や類似の上が閉じた開水路では、満管時の流量が最大流量であると考えておけばよい。

[計算例 2-4]

直径 $d = 1.5$ m のコンクリート管を水路勾配 $s = 1/900$ で敷設した場合の満管流量 Q_0を求める。ただし、満管時の粗度係数 $n_0 = 0.016$ とする。また、水深が満管に対して 75%のときの流量 Q_{75}を求める。

円形断面水路の図形要素は図 2-3 に示されている。満管の状態、すなわち $\theta = 2\pi$（単位はラジアン）のとき、流水面積 $A_0 = \pi d_0^2/4$、潤辺 $P_0 = \pi d_0$ 、径深 $R_0 = A_0/P_0 = d_0/4$。よって、満管流量 $Q_0 = A_0 n_0^{-1} R_0^{2/3} S^{1/2} = (\pi d_0^2/4) n_0^{-1} (d_0/4)^{2/3} S^{1/2} = (3.14 \times 1.5^2/4) \times 0.016^{-1} \times (1.5/4)^{2/3} \times (1/900)^{1/2} = 1.91$ m³/s。水深が満管に対して75% のときの Q_{75} は、図 2-3 を用いて、$y/d_0 = 0.75$ のとき $Q/Q_0 = 0.8$ であるから、$Q_{75} = Q_0 \times 0.8 = 1.91 \times 0.8 = 1.53$ m³/s となる。

2.7　経済断面形

水路勾配、粗度係数、流量が与えられた場合、その流量を流す最小断面を「経済断面形」というような言葉でよぶ。

最も経済的な断面形は、「半円形断面」である。しかし、開水路の断面形を半円形にすることは施工の面から困難であり、通常それ以外の断面形が用いられる。台形断面の経済断面形は、「正六角形の半分」、長方形断面は「正方形の半分」、「三角形」は、正方形の対角線による半分である。いずれも半円形に外接した断面形である。

[計算例 2-5]

水路勾配 $S = 1/625$、粗度係数 $n = 0.019$ の長方形断面水路で、等流流量 $Q = 10$ m³/s を流すための経済断面形を求める。

長方形断面の経済系断面は正方形の半分であるから、水深を y とすると、流水面積 $A = 2y^2$、潤辺 $P = 4y$、径深 $R = y/2$、Manning 式から $Q = An^{-1}R^{2/3}R^{1/2} = 2y^2 n^{-1} (y/2)^{2/3} S^{1/2}$ 。よって、$y = \{Q n S^{-1/2} 2^{-1} (1/2)^{-2/3}\}^{3/8}$ となる。すなわち、$y = \{10 \times 0.019 \times (1/625)^{-1/2} \times 2^{-1} \times (1/2)^{-2/3}\}^{3/8} = 1.645$ m。以上から、求める経済断面形は、幅 $b = 3.290$ m 、深さ $y = 1.645$ m になる。

［計算例 2-6］

先の計算例の断面積を台形断面にした場合の経済断面形を求め、長方形断面と経済性を比較する。

水深 y とする。台形断面の経済断面形は正六角形の半分であるから、流水面積 $A = \sqrt{3}y^2$、潤辺 $S = 2\sqrt{3}y$、径深 $R = y/2$、よって Manning 式から水深 $y = \{QnS^{-1/2}(\sqrt{3})^{-1}(1/2)^{-2/3}\}^{3/8} = \{10 \times 0.019 \times (1/625)^{-1/2} \times (\sqrt{3})^{-1} \times (1/2)^{-2/3}\}^{3/8} = 1.736$ m。

以上から、求める経済断面はこの場合、水深 y = 1.736 m 、幅 b = 4.009 m になる。したがって、流水断面積は台形断面が 5.22 m^2、長方形断面が 5.41 m^2 となり、面積は台形断面の方が小さくて経済であるが、使用する土地という面から考えると幅の大きい台形断面の方が不経済になる。

第3章　堰・ダム越流頂・ゲート等の計算

3.1　刃形堰

3.1.1　刃形堰の種類

「刃形堰」は、「薄板堰」ともよばれ、その横断形状から全幅堰、四角堰、三角堰、台形堰、その他の特殊な形状の堰に分けられる。各種の堰の構造を図3-1(140頁)に示す。刃形堰は、通常小水路の流量を測定するために設けられることが多く、堰本来の目的、すなわち堰より上流の水面の高さをそれがない場合よりも高くするために用いられることは滅多にない。しかし、ダム越流頂の形は、全幅堰のナップの形を元にして決められ、四角堰で起こる「縮流」は水門幅の有効幅の問題に通じるので、それらの特徴を良く理解しておくことは重要である。

「全幅堰」は水路を横断してその端から端まで通して設けられる堰で、この場合次で述べる流れの縮流は起こらない。しかし、落下する水脈が水路を完全に覆ってしまうために、下ナップと水面の間にできる空間の空気が水流によって連行され、そこの気圧がだんだんと低下し、水脈が徐々に変形していって、ある段階で急に戻り、水脈の振動とそれに伴う低周波の音が起こる。そこで、それを防ぐため連行された空気量と同量の空気を「空気管」を用いて補給してやる必要が生じる。これを「通気」とよぶ。

「四角堰」は、いうなれば上部を四角に切り欠いた板を水路にはめ込んだもので、水の流れる幅が水面幅より狭くなっている。このため、落下する水脈は、上下方向のみならず、横方向にも縮み、これをすでに述べたように縮流とよぶ。

「三角堰」は、上部を逆三角形に切り欠いた板を水面にはめ込んだ形のものである。三角堰は、小流量の測定に適する。

「台形堰」は、上部を逆台形に切り欠いた板を水面にはめ込んだ形のものであ

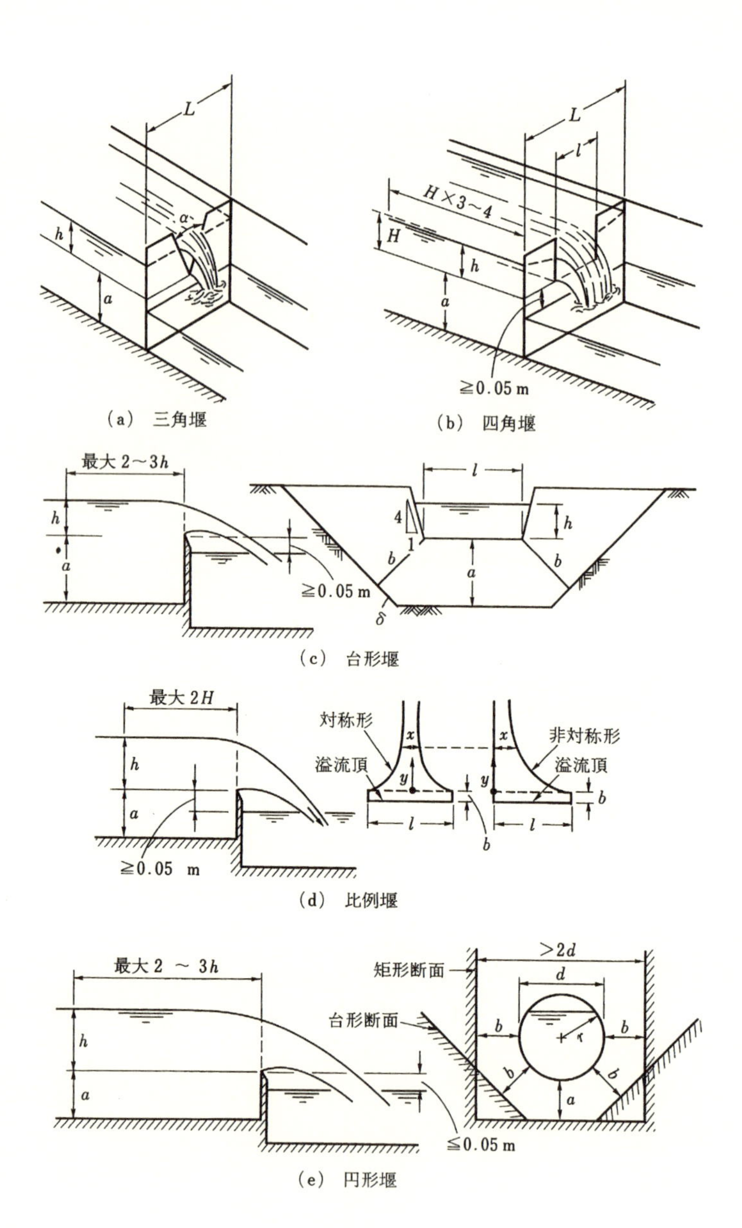

図 3-1 刃形堰の各種[23)]

る。この種の堰で、側面の開きを、水平1に対して垂直 4の勾配にしたものを「Cipollti 堰」とよび、縮流による流量の低下を防ぐことができる。

その他の特殊な形状の堰の1つとして「Sutro 堰」として知られる「比例堰」がある。通常の堰は水深と流量の関係が曲線関係であるのに、この堰では直線関係になる。

3.1.2　ナップの形状

ダムの越流頂の断面形状は、全幅刃形堰の下ナップの形に造られる。したがって、全幅刃形堰の水理をよく理解しておくことは重要である。

全幅刃形堰の下ナップの形は、物理学における物体の斜め上投射の問題として解くことができる。

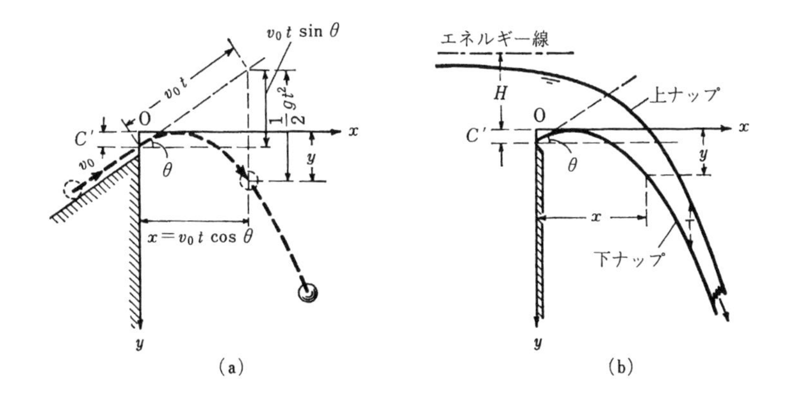

図 3-2　物体の斜め上投射の問題の応用によるナップの形の一般式の誘導[24)]

図 3-2(a)において、傾斜 θ の斜面を v_0 の速度で駆け上がってきた物体が空中に跳び上がって、落下する軌跡をナップの形として考えると、つぎの無次元化された下ナップの一般式が得られる。

$$\frac{y}{H} = A\left|\frac{x}{H}\right|^2 + B\frac{x}{H} + C' \qquad (3\text{-}1)$$

また、これから次のような一般式が得られる。

$$\frac{y}{H} = A\left|\frac{x}{H}\right|^2 + B\frac{x}{H} + C + D \qquad (3\text{-}2)$$

ここで、H の値は無次元化のために用いられている下ナップの最高点と堰直上流のエネルギー線間の距離、すなわち総水頭である。

ナップの形の一般式の係数 A、B、C、D の値は、米国の開拓局により上述の総水頭 H と接近流の速度水頭 H_v の関数として、次の式で与えられている。

$$A = -0.425 + 0.25\frac{h_v}{H} \tag{3-3}$$

$$B = 0.411 - 1.603\frac{h_v}{H} - \left[1.568\left|\frac{h_v}{H}\right|^2 - 0.829\frac{h_v}{H} + 0.127\right]^{1/2} \tag{3-4}$$

$$C = 0.150 - 0.45\frac{h_v}{H} \tag{3-5}$$

$$D = 0.57 - 0.2(10m)^2\exp(10m) \tag{3-6}$$

$$m = \frac{h_v}{H} - 0.208 \tag{3-7}$$

高い堰（ダム）では、接近流速は比較的遅く、そのため $h_v/H = 0$ となり、係数は A = −0.425 、B = 0.055、C = 0.150、D = 0.559 という定数になる。なお、このナップの形を与える計算式は、$x/H < 0.5$、$hv/H > 0.2$の場合は無効である。

3.1.3 刃形堰の流量

全幅、四角、台形の刃形堰の流量 Q は、一般に次の形で表される。

$$Q = CLH^{2/3} \tag{3-8}$$

ここで、C は流量係数、L は堰の「有効幅」である。そして、H は堰の天端から直上流の平らな水面までの距離、すなわち堰の越流水深であり、接近流速水頭を含まない。

堰の有効幅 L は、次式で与えられる。

$$L = L' - 0.1NH \tag{3-9}$$

ここで、 L'は堰の端から端までの距離、N は縮流の数である。縮流の数は、全幅堰の場合 N = 0、四角堰であれば N = 2 になる。

三角堰流量 Q は、他の刃形堰と違って、

$$Q = CH^{5/2} \tag{3-10}$$

の形で表される。すなわち、越流水深 H にかかる指数が“3/2”でなく“5/2”になるのが特徴である。

［計算例 3-1］
「日本標準規格」（JIS）では、三角堰の流量係数を

$$C = 1.354 + \frac{0.004}{H} + \left(0.14 + \frac{0.2}{D^{1/2}}\right)\left(\frac{H}{B} - 0.09\right)^2 \qquad (3\text{-}11)$$

という式を用いて計算するように定めている。

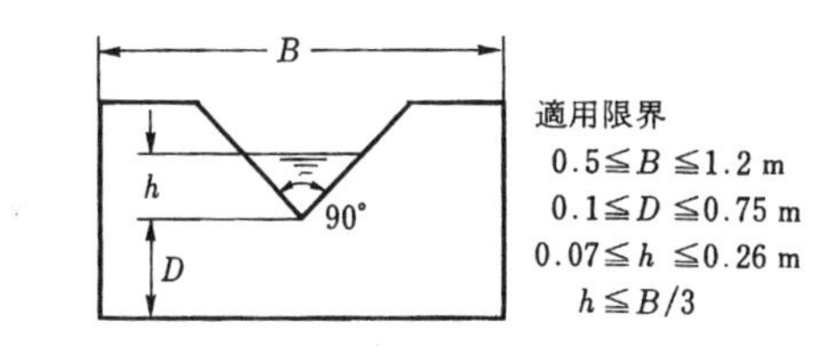

図 3-3　三角堰

h、D、B については図 3-3 のとおり。この流量係数式の適用範囲は、図 3-3 に記入されている。B = 1 m、D = 0.5 m として、0 ＜ y ≦ 0.3 m の範囲で堰の流量曲線（越流水深と流量の関係）を求める。

越流水深 H = 0.2 m のときの流量係数 $C = 1.354+0.004/0.2+(0.14+0.2/0.5^{1/2}) \times (0.2/1 - 0.09)^2 = 1.379$、よって流量 $Q = CH^{5/2} = 1.379 \times 0.2^{5/2} = 0.0247\ m^3/s = 24.7\ l/s$。

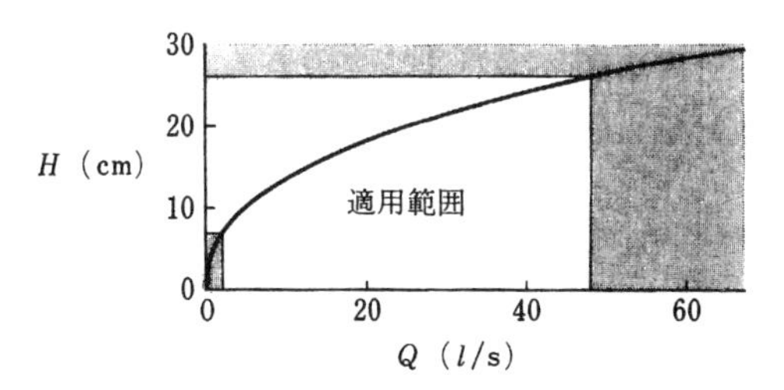

図 3-4　標準型の三角堰の流量曲線

全幅堰の流量係数 C の値を与える式として有名なのが「Rehbock 式」とよばれる式である。いろいろな種類の流量係数式があるが、その多くが Rehbock 式を出発点として、適用範囲を拡げたものである。ただし、Rehbock 式は流量係数式でなく、流量式そのものである。Rehbock 式は次のとおりである。

$$Q = \left| 0.1782 + 0.24 \frac{H}{h} \right| L (H + 0.0011)^{3/2} \qquad (3\text{-}12)$$

ここで、hは堰の高さ、すなわち堰上流水路底より天端までの距離である。

全幅堰の流量係数式は、ナップ下面空間に十分な通気が行われていることを前提にしているので、精密な流量測定のためにこの堰を用いるときは、このことに十分注意を要する。

3.2 越流式ダム

3.2.1 ダム越流頂の形

越流式余水吐を持つダムを「越流式ダム」とよぶ。ダムの越流式余水吐においては、天端付近に臨界水深が発生し、それから下流は高速の射流になる。もし越流部の縦断形が悪ければ、流水の「剥離現象」が発生し、その部分が「負圧」になって、ダムに「揚力」を生じせしめる。また、空洞現象がダムのコンクリートを破壊する。

いま、ダムの越流部の形を十分に通気された全幅刃形堰の下ナップの形に一致させれば、ナップの下側の空気が堤体のコンクリートと入れ替わっただけであるから、負圧は生じなくなる。ただし、ナップは、流量が大きくなればなるほど遠くに飛ぶから、実際の流量が設計流量を超えると、ナップは越流頂から離れて、ナップと越流頂の間に空洞ができ、負圧が生じることになる。したがって、ダムの余水吐の設計流量は、しばしば起こり得る実際の最大流量より十分に大きなものでなければならない。

そこで、1930年代から40年代にかけて米国の「開拓局」は、ナップの形に関する大規模な実験を行って、先に述べた(3-1)から(3-7)(141・142頁)までの式を発表した。米国の「工兵隊」は、このデータに基づいて、付属の「水理試験所」、すなわち「WES」で「WES標準余水吐」を発表した。これは、越流式余水吐の縦断形の標準形として世界中で広く用いられている。図3-5。

WESの標準余水吐の形は、次の式によって表される。

$$X^n = KH_d^{\,n-1}Y \qquad (3\text{-}13)$$

ここで、XとYは越流部の最高点を原点とする座標である。H_dは設計越流水深で、接近流の速度水頭を含まない。Kとnは上流面の傾斜に係わるパラメータで、次表に示す値をとる。

上流面の傾斜度	K	n
垂　直	2.000	1.850
3対1	1.936	1.836
3対2	1.939	1.810
3対3	1.873	1.776

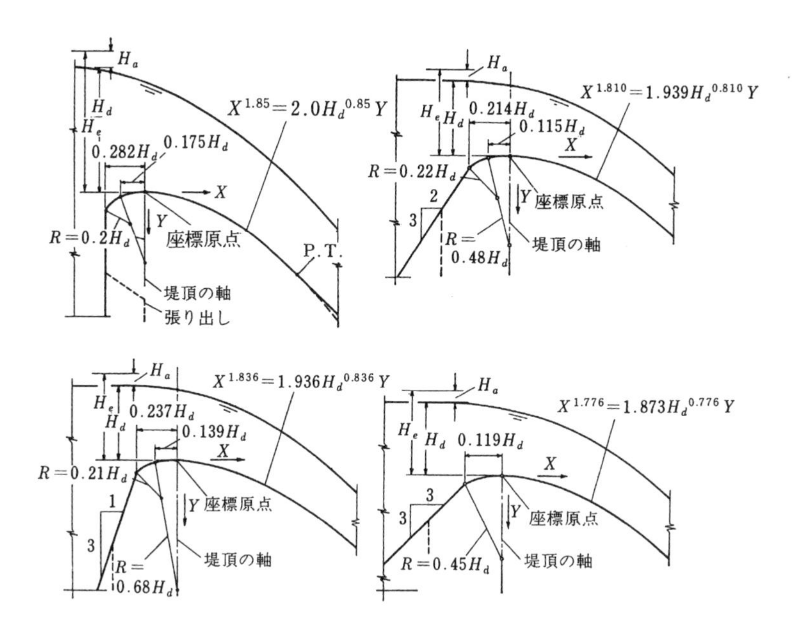

図 3-5　WES 標準余水吐[25)]

上流面の傾斜が掲げた数値の中間の場合、Kとnの間を補間する。

図 3-5 において、余水吐の上流面の形は、図中の破線の形にすることができる。

3.2.2　越流式余水吐の流量

越流式余水吐の流量は、一般に式(3-8)で計算されるが、WES 標準余水吐では、次式が用いられる。

$$Q = CLH_e^{3/2} \tag{3-14}$$

ここで、H_e は接近流の速度水頭を含んだ、越流頂での総エネルギー水頭である。流量係数 C は、図 3-6 の関係で与えられる。上流斜面が傾斜している場合は、付属する補正図から補正係数を求め、図 3-6 より得られた係数を乗ずる。

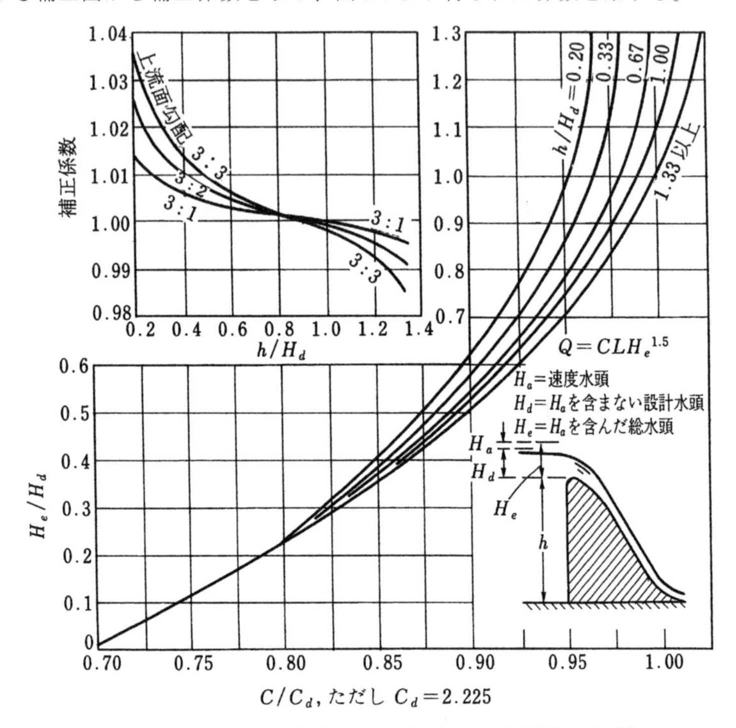

図 3-6 WES 標準余水吐における流量係数の値[26)]

ダム余水吐の上には通常水門が設けられ、越流部は水門を支える柱、すなわち「堰柱」で分割されることが多い。この場合の、水門が全開された状態での 1 門当りの流量を計算するための有効幅 L は、次の計算式で表される。

$$L = L_0 - KNH_e \tag{3-15}$$

ここで、L_0 は水門の堰柱の内側から内側までの距離、すなわち「純幅」である。N は縮流の数で、1 門当り通常 2 になる。係数 K は縮流係数とよばれ、堰柱の水流に面した部分、すなわち「前面の形」や越流水深、隣り合う水門の開放状況などにより変わる。水門が全門全開で、流量が設計流量の場合、丸い堰柱で 0.02 くらいの値をとる。隣り合う水門の片方が全閉されている場合、両者全開の場合の約

2.5 倍の値になる。

［計算例 3-2］

WES 標準余水吐を通して最高水位海抜 300 m で設計流量 $Q = 2000\ m^3/s$ を放流する。ダムの天端幅 $L = 75$ m、上流面垂直、川底高さ海抜 265 m として、ダム高さ h と越流水深 H_d を求める。

図 3-6 を用いて計算する。この場合、明らかにダムが高くて $h/H_d \geqq 1.33$ の条件に当てはまるから接近流速を無視することができて $h/H_d = 1$、この値に対して $C/C_d = 1$、すなわち $C = 2.225$ となる。

式(3-14)（145 頁）より $He^{3/2} = Q/CL = 2000/(2.225 \times 75) = 11.985$。よって、越流部頂上より測った総水頭は $He = 5.24$ m となる。

接近流速 Va は、ダム上流の水深が 300 − 265 = 35 m、水路幅が 75 m であるから、$Va = 2000/(35 \times 75) = 0.76$ m/s となり、対応する速度水頭 $Ha = Va^2/2g = 0.76^2/(2 \times 9.81) = 0.03$ m。したがって、設計越流水深 $H_d = He - Ha = 5.24 - 0.03 = 5.21$ m となり、ダム高さ $h = 300 - 265 - 5.21 = 29.79$ m となる。

WES 標準余水吐の越流頂最高点から下流の形は $X^n = KH_d^{n-1}Y$ の式で表される。この式中の K と n の値は、上流面が垂直であるから、K = 2.000、n = 1.850 となる。また、設計越流水深 $H_d = 5.21$ m であるから $Y = (1/8.135)X^{1.85}$ が下流の形となる。したがって、越流頂の形は次図のようになる。

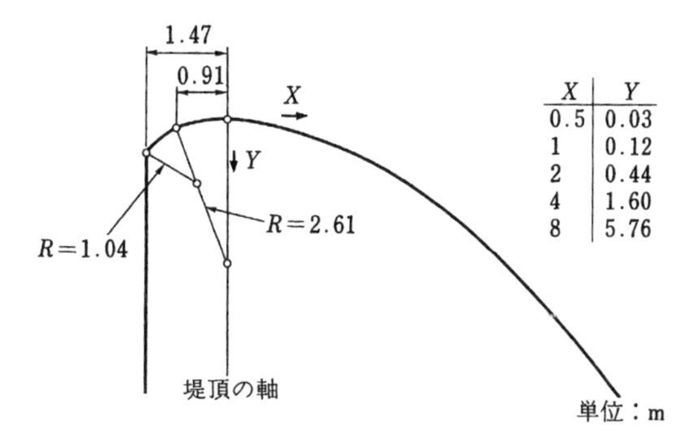

X	Y
0.5	0.03
1	0.12
2	0.44
4	1.60
8	5.76

3.2.3 越流頂付近で発生する負圧

越流頂付近において、設計流量以下では負圧は発生しない。しかし、実際流量が設計流量を大きく超えると理論上、下ナップがダムから離れることになるが、現実には離れないで負圧が発生する。この状況の一例として図 3-7 に WES の実験結果を示す。

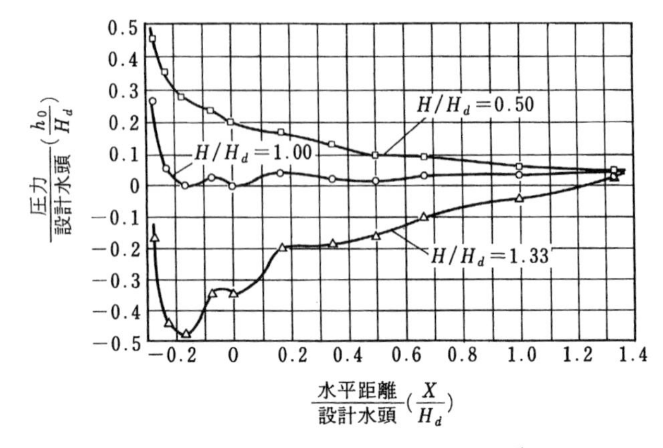

図 3-7 越流頂付近で発生する負圧 [27)]

図 3-7 からわかるように、H/H_d = 1.00、すなわち「設計越流水深」では負圧は発生していない。しかし、H/H_d = 1.33、すなわち越流水深が設計越流水深の約 3 割増しのときに、設計越流水深の最大約半分の負圧が発生している。これがダムを上に持ち上げようとする揚力の原因の 1 つになる。

3.2.4 越流部下流端における流速

ダムの越流式余水吐の下流端における流速 V_1 は、理論上次式により計算される。

$$V_1 = \sqrt{2g(Z+H_a - y_1)} \qquad (1\text{-}45)$$

ここで、Z は上流貯水池水位と下流端の床の高さとの差、すなわち落差 H_a は上流接近流速水頭、y_1 は下流水深である。

しかし、実際のダムの下流端における流速は、エネルギー損失が発生するため常に理論値より相当小さくなることは既に述べた。ダム下流端では跳水が必ず発生し、その計算のためには下流端流速の規模を知ることが不可欠である。しかし、その値を理論式で相当正確に知ることは難しいので、予備計算の段階では実験図式が用いられる。図 3-8 は米開拓局が示したもので、ダムの基本三角形の部分の傾斜が 1 対 0.6~0.8 の場合に適用できる。

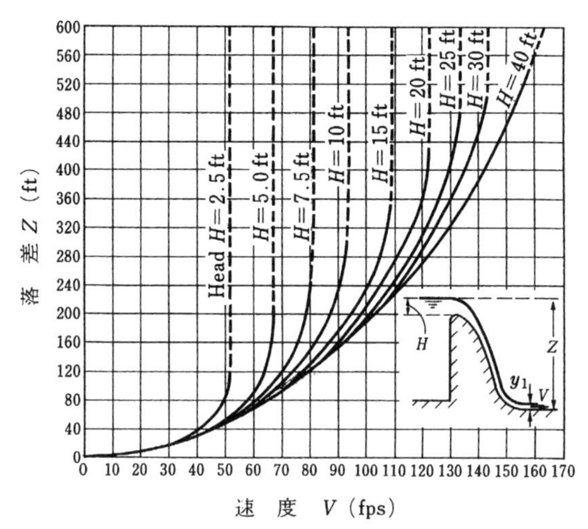

図 3-8　傾斜が 1 対 0.6~0.8 の場合の越流式余水吐下流端流速推定図式[28)]

(fps は feet per seconnd、すなわち速度が毎秒当りフィートの略)

3.3　広頂堰

3.3.1　形と種類

堰は、川底から突起を出して、そこから上流の水位を所定の高さまで塞き上げるための構造物である。堰は、大水の最中まともに流水の力を受けるから、相当重くなければならない。また、下流が流水で洗い掘られることもしばしば起こるから、それらの結果簡単に壊れてしまうものであっても困る。したがって、堰として、水埋学的、力学的に一番安定な構造である広頂堰が広く用いられる。

広頂堰は、水路を横断して幅の広い、分厚い、重い板を置いた形のものである。その縦断側面形は長四角形をしたもの、その前面を丸くしたもの、台形にしたものがある。また、横断形状が三角堰と同じような、浅い V 字形になっているものもある。この種のものは、流量測定のためもっぱら設けられる。図 3-9(150 頁)。

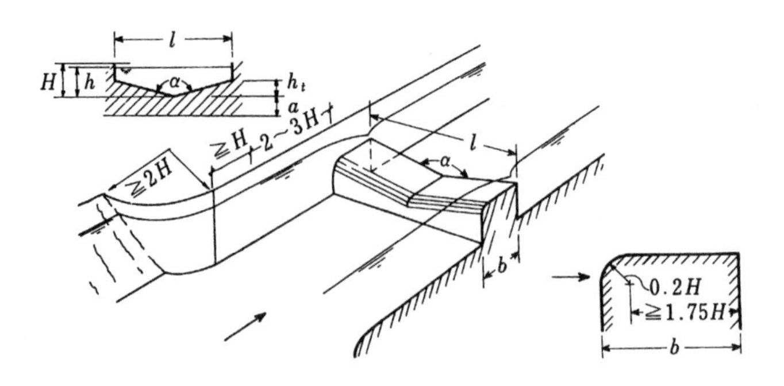

図 3-9　V字形の流量測定用広頂堰[29)]

ダムの下流では、越流部で発生した高速の射流が跳水現象を起こして、安定な常流に変わる。このとき、下流水深が浅い場合、射流は下流水深で決まる跳水の結果、水深 y_2 の共役水深 y_1 になるまで摩擦で徐々にエネルギーを失いながら相当距離流れなければならない。そうすると、この間の水路の底や側壁を高速射流から守るために相当堅固な保護工、すなわち「水叩き」（みずたたき）や「護岸」を設ける必要がでてくる。そのため、なるべくダム下流端から跳水開始断面までの距離を短くすることが要請され、いろいろな工夫が凝らされる。その一つの方法として、下流水深を塞き上げて深くするため、ダム直下流に広頂堰を設ける。これを特に、「シル」とよぶ。日本語では「敷居」と表現する。

3.3.2　広頂堰の流量

広頂堰の流量は、運動方程式(1-33)（31 頁）を図 3-10 の常流接近断面①と最小水深断面②の間の水体に適用し、平均すると $y_1 - h = 2y_2$ になるという実験結果から次の式が半理論的に得られている。

$$q = 0.443\sqrt{2g}\left|\frac{y_1}{y_1 + h}\right|^{1/2} H^{3/2} \tag{3-16}$$

ここで、q は堰の単位当りの流量、y_1 は上流水深、h は堰の高さ、H は越流水深である。

しかし、通常広頂堰の流量は、次の一般式で表わされる。

$$Q = CBH^{3/2} \tag{3-17}$$

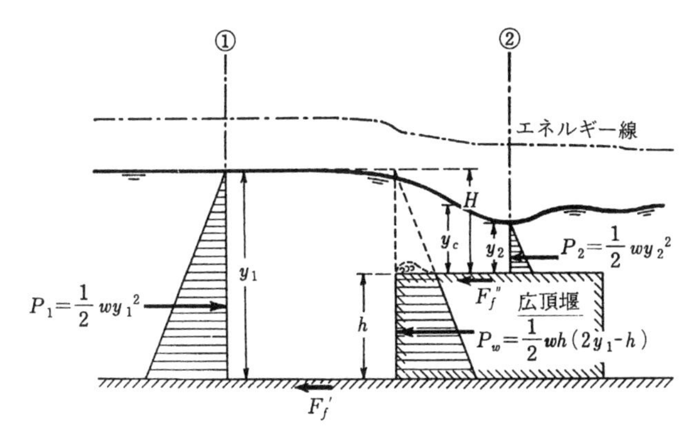

図 3-10　広頂堰の上の流れに対する運動量原理の適用[30)]

式(3-17)において、C は流量係数、B は堰の横断方向の長さ、H は越流水深である。

広頂堰の流量係数を与える図式は、述べきれないくらい数が多い。King は米国「地理調査所」その他のデータに基づいて広頂堰の流量係数の値を整理して、図3-11 の図式を与えている。

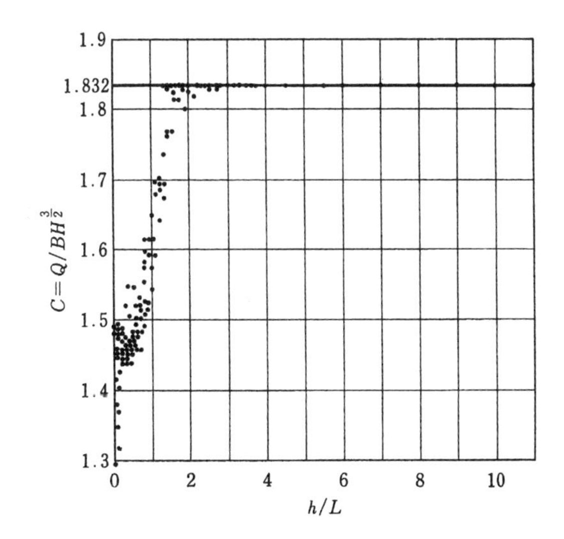

図 3-11　広頂堰の流量係数の値の例[31)]（適用限界: 幅 0.15~4.5 m、越流水深 0.06~1.65 m）

これによると、L を堰の縦断方向の長さ、h を越流水深とすると、h/L の値が 2 以上の場合、流量係数の値は C = 1.832 という一定値をとっている。

[計算例 3-3]

底幅 b = 6 m、岸の傾斜 z = 2 の台形断面プリズム水路で、流量 Q = 10 m^3/s、水深 y = 0.96 m の等流が発生している。広頂堰を設けて堰直上流の水深を y_1 = 1.5 m に堰上げる。堰の高さ h を求める。ただし、堰の部分の水路断面形は長方形になっている。また、α = 1.10 とする。

式(3-17)(150 頁)より $Q = CBH^{3/2} = CB(y_1 - h)^{3/2}$、よって $h = y_1 - (Q/CB)^{2/3}$ となる。堰の横断方向の長さB = 6 mであり、流量係数 C = 1.832 とすると、堰の高さ $h = y_1 - (Q/CB)^{2/3} = 1.5 - \{10/(1.832 \times 6)\}^{2/3}$ = 0.56 m。この場合、次のようなチェックが必要になる。底幅 B = 6 m長方形断面における流量 Q = 10 m^3/s のときの臨界水深は計算例 1-18(25 頁)で求められており、y_c = 0.68 m である。また、堰上下流の水位差は少なくとも 1.50 − 0.96 = 0.54 m であるから、落下水脈の流速は少なくとも $V = (2 \times 9.81 \times 0.54)^{1/2}$ = 3.25 m/s、直下流の水深は $y = 10/(3.25 \times 6)$ = 0.51 m より浅くなる。この水深は臨界水深より小さいから、堰直下流で跳水が起こり、式(3-17)で求めた広頂堰の高さは有意味である。

3.4 水門(ゲート)

3.4.1 ゲートの分類と流量式

水門(ゲート)を水理学的に分類すると、潜り(くぐり)ゲートと越流ゲートに大別できることは、すでに述べた。

潜りゲートは、スルース・ゲート(図 1-18)(39 頁)で代表され、「ローリング・ゲート」(図 3-12)、「Tainter ゲート」(図 3-13)などの種類がある。なお、Tainter ゲートは「ラジアル・ゲート」ともよばれる。

越流ゲートとして、「ドラム・ゲート」(図 3-14)やフラップ・ゲート(図 1-17)(39 頁)などの種類がある。

フラップ・ゲートとドラム・ゲートは、水理学的に同じと考えてよいから、ドラム・ゲートの図式 3-17(156 頁)は、フラップ・ゲートにも適用できる。

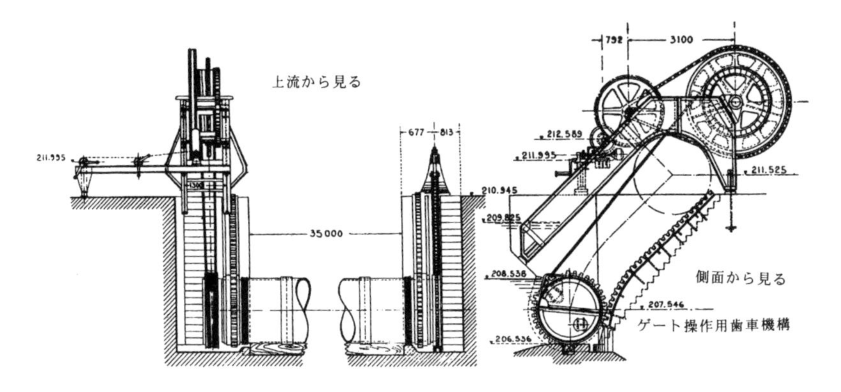

図 3-12　ローリング・ゲート[32]（日本では老朽化し、他の形式に改造されているものもある）

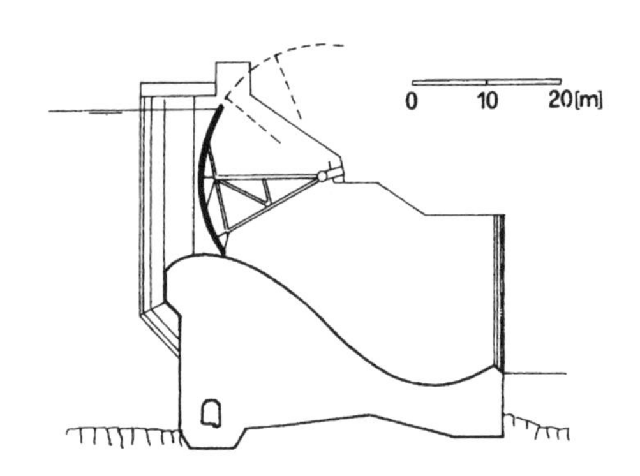

図 3-13　Tainter ゲート（ラジアル・ゲート）[33]

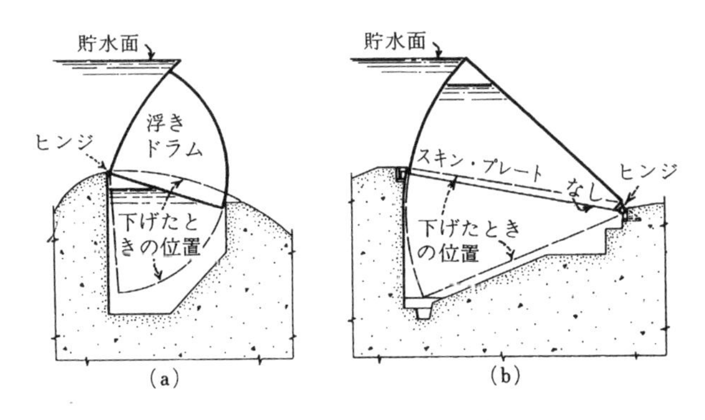

図 3-14　ドラム・ゲート[34]

潜りゲートの流量は、「自由流出」、「水中（もぐり）流出」に関係なく、次の一つの一般式で表される。

$$Q = CLh\sqrt{2gy_1} \quad (3\text{-}18)$$

ここで、C は流出係数、L はゲートの幅、h はゲートの開度である。y_1 は自由流出の場合ゲートの上流水深、水中（もぐり）流出の場合上流と下流の水位差である。この式の場合、速度水頭の効果は無視されており、それは流量係数 C の中に含まれている。

越流ゲートは基本的に堰と変わらず、その流量は次式で与えられる。

$$Q = CLH_e^{3/2} \quad (3\text{-}19)$$

ここで、C は流出係数、L はゲートの幅である。H_e は、ゲート天端より上の総水頭であって、接近流速水頭を含む。

3.4.2 ゲートの流量係数

各種のゲートの流量係数のための図式が発表されている。しかし、ゲートの流量係数は、水理実験を行って決めることが望ましい。重要な水理施設の設計では、必ずそれを行う必要がある。

スルース・ゲートの流量係数としては、Henry によって示された図 3-15 の図式がある。

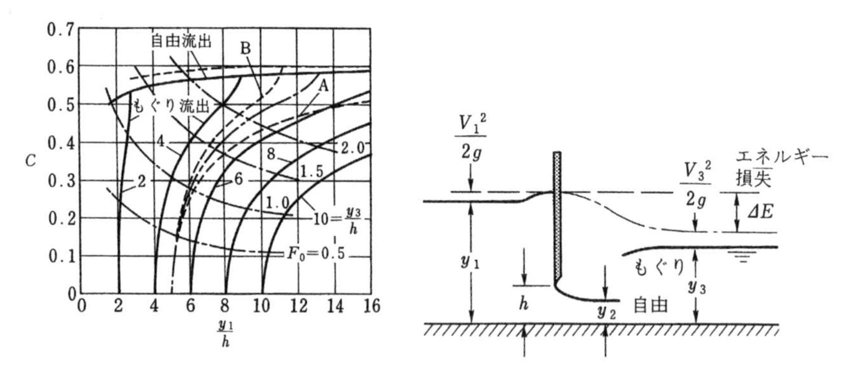

図 3-15 スルース・ゲートの流量係数[35]（F_0 は y_2 の Frude 数）

Tainter ゲートの流量係数としては、Toch による図 3-16 の図式がある。

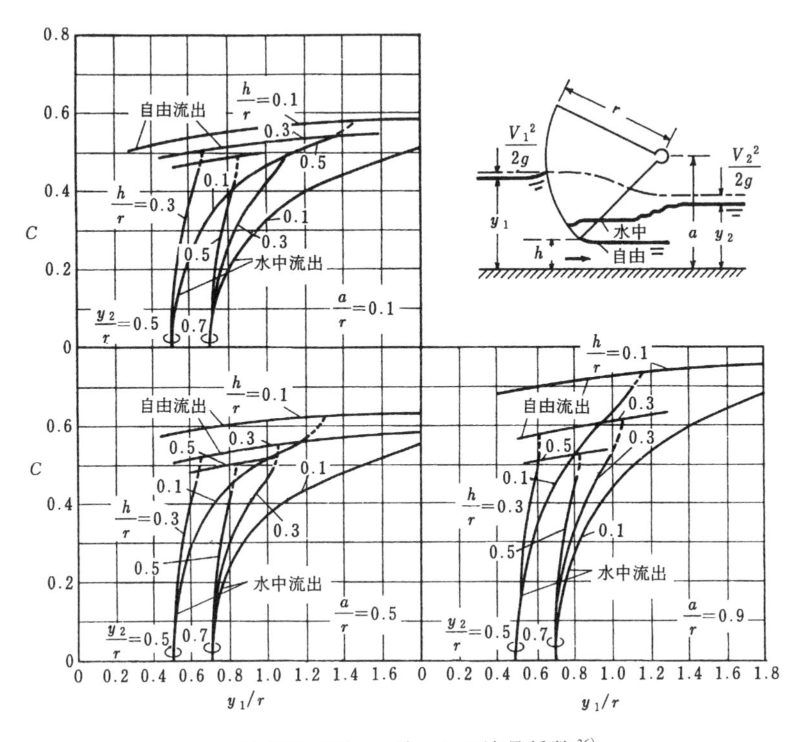

図 3-16　Tainter ゲートの流量係数[36)]

ドラム・ゲートの流量係数としては、Bradley によって示されている図 3-17 の図式がある。先にも述べたように、フラップ・ゲートとドラム・ゲートは水理学的に同じと考えられるから、この図式はフラップ・ゲートにも適用できる。

［計算例 3-4］

幅 b = 6 m の長方形断面水路にスルース・ゲートが幅一杯に設けられている。ゲート上流側の水位 y_1 = 2.5 m で、ゲート開度 h = 0.5 m の自由流出量 Q を求める。また、同じ開度で下流水深が y_2 = 2.0 m でもぐり流出量 Q を求める。なお、ゲートの流出係数は、図 3-15 により値を決める。

① 自由流出の場合……　y_1 = 2.5 m、h = 0.5 m であるから、ゲートの上流水深 y_1/h

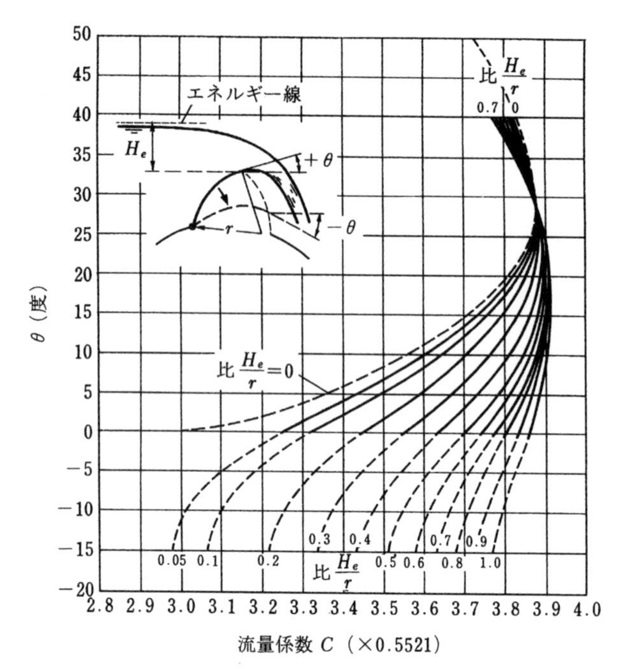

図 3-17　ドラム・ゲート（フラップ・ゲート）の流出係数[37]

= 2.5/0.5 = 5。よって、ゲートの流出係数 C = 0.56。式 (3-18)（154 頁）より、自由流出流量 $Q = CLh(2gy_1)^{1/2} = 0.56 \times 6 \times 0.5 \times (2 \times 9.81 \times 2.5)^{1/2} = \underline{11.77\ m^3/s}$。

② もぐり流出の場合…… y_3 = 2.0 m、h = 0.5 m であるから、ゲートの上流水深開度比 y_1/h = 2.5/0.5 = 5、下流水深開度比 y_3/h = 2.0/0.5 = 4、よって、ゲートの流量係数 C = 0.30。式 (3-18)（154 頁）より、もぐり流出流量 $Q = CLh\{2g(y_1 - y_3)\}^{1/2} = 0.3 \times 6 \times 0.5 \times \{2 \times 9.81 \times (2.5 - 2.0)\}^{1/2} = \underline{2.82\ m^3/s}$。

3.5　橋脚による塞き上げ

橋脚の間を流れる流量 Q を求める式として、有名な「d'Aubuisson の式」がある。

$$Q = K_A b_2 y_3 \sqrt{2gh_3 + V_1^2} \tag{3-20}$$

ここで、K_A は橋脚による流れの収縮の度合いと橋脚の形で決まる係数である。この式は、図 3-18 で表された状況から誘導された式で、流れが橋脚で狭くされた

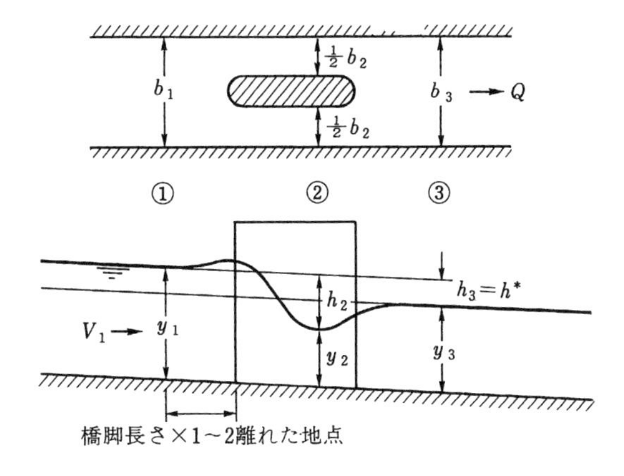

図 3-18　橋脚の区間の流れの水理

断面の流速があまり速くない、すなわち常流である場合に適用できる。

K_A の値は、橋脚による流れの収縮率 $\sigma = b_2/b_3$ を「媒介比」として、 表 3-1 で表される。

表 3-1　橋脚の形と流れ収縮の度合いで決まる係数 K_A の値[38)]

橋脚の形	収縮率 σ				
	0.9	0.8	0.7	0.6	0.5
前・後面共角形	0.96	1.02	1.02	1.00	0.97
半円形	0.99	1.13	1.20	1.26	1.31
レンズ形	1.00	1.14	1.22		

いま、$V_1 = Q/b_1y_1$ であるから、この関係を式(3-20)に代入すると、次の橋脚による塞き上げ高さ h^*を求める式が得られる。ただし、$h^* = h_2 = h_3$、$y_3 = y_1 - y^*$ とする。

$$y^* = \frac{Q^2}{2g}\left|\frac{1}{K_A{}^2 b_2{}^2 (y_1 - h^*)^2} - \frac{1}{b_1{}^2 y_1{}^2}\right| \tag{3-21}$$

この式(3-21)のことを我が国では d'Aubuisson の式とよんでいる。

[計算例 3-5]

幅 100 m の川に前面と後面が半円形をした橋脚が設けられる。橋脚の幅の合計は

12 m である。Q = 1000 m^3/s の流量が流れるときの橋脚による塞き上げ高さ y*を求める。ただし、この地点の橋脚設置前の流量 Q による水深を y_3 = 4.0 m とする。

d'Aubuisson の式(157 頁、式(3-21))を用いる。この式は両辺に橋脚による塞き上げ高さ h*を含んでいるので、代数的には解けず trial and error を行う必要がある。橋脚の上流水深 y_1 は下流水深 y_3 に塞き上げ高さ h*を加えたものであるから、$y_1 = y_3+h^*$、すなわち $y_1 - h^* = y_3$ となる。橋脚を設けても下流水深は変わらない。
まず、この関係を式(3-21)に代入する。次に、y_1 の値を適当に仮定して、対応する塞き上げ高さ h*'を計算する。この値が $h^* = y_1 - y_3$ と等しくなるまで y_1 の値の仮定を繰り返して、計算を行う。$b_2 = 100 - 12 = 88$ m 、$b_1 = 100$ m、橋脚による流れの収縮率 $\sigma = b_2/b_3 = 88/100 = 0.88$。
表 3-1 より $\sigma = 0.9$ で $K_A = 0.99$、$\sigma = 0.8$ で $K_A = 1.13$ であるから、$\sigma = 0.88$ の場合の $K_A = 1.02$ となる。また、$y_1 - h^* = y_3 = 4$ m、Q = 1000 m^3/s である。これらの値を式(3-21)に代入すると、$h^{*\prime} = \{1000^2/(2\times9.81)\}\times\{1/(1.02^2\times88^2\times4^2) - 1/(100^2\times y_1{}^2)\}$ となり、$y_1 = h^* + 4$ である。
$h^{*\prime} = h^*$ になるように trial and error を行うと、$y_1 = 4.09$ m 、すなわち $h^* = 0.09$ m が得られる。したがって、この場合、橋脚による塞き上げ高さは、0.09 m になる。

3.6 開水路中に固定された物体にかかる力

3.6.1 揚力と抗力

流れの中に固定された物体には、流れによって生じた力が働く。この力は、流れの方向に直角な成分と流れの方向に平行な成分に分けられ、前者を揚力、後者を「抗力」とよぶ。

一様流速が U_0、密度が ρ の流体中の物体が受ける揚力{F_L}と抗力{F_D}は、次の式で表される。

$$F_L = \frac{1}{2}\rho U_0{}^2 C_L A \tag{3-22}$$

$$F_D = \frac{1}{2}\rho U_0{}^2 C_D A \tag{3-23}$$

ここで、A は物体の「特性面積」、C_L は「揚力係数」、C_D は「抗力係数」である。

揚力は、物体の形状が流れの方向に対して非対称の場合に生じる。揚力を生じさせる物体の形状の代表は、「翼」である。ここでは、開水路の中に置かれた物体は揚力が生じないように設計されていることを前提にして、今後抗力についてのみ述べることとする。

開水路中に固定される物体の種類を具体的にあげれば、橋脚、水門の堰柱、ゴミ除けのスクリーンとこれを受ける柱や桁などである。これに流水と直角な方向の力、すなわち揚力が働いた場合、振動が生じ、破壊につながることがあるから、その断面形の決定に際しては注意を要する。

3.6.2　抗力の種類

流体中の物体に働く抗力は、流体の粘性によって生じる効力と、物体の背後にできる渦によって生じる抗力に分けられる。前者を「シアー抗力」{$(F_D)_S$}、後者を「圧力抗力」{$(F_D)_P$}とよぶ。

シアー抗力は、「境界層」とよばれる現象が物体表面にできることで発生する。境界層については、項を改めて述べることとする。この境界層が物体表面から剥離して渦が生じると、物体の背後に圧力の低い領域が発生する。そうすると、物体はその全面と背面の圧力差を受けることになり、これが圧力抗力である。

したがって、流れの中の物体に働く抗力 F_D は、$(F_D)_S$ と $(F_D)_P$ の和である。すなわち、

$$F_D = (F_D)_S + (F_D)_P \qquad (3\text{-}24)$$

しかし、通常抗力を計算する際、特にシアー抗力、圧力抗力という区別をつけない。

3.6.3　境界層の発達

いま、無限に拡がる一様速度 V_0 の理論上の流れが生じているものとする。この中に、流れの方向と平行に薄い平らな板を固定する。図 3-19。

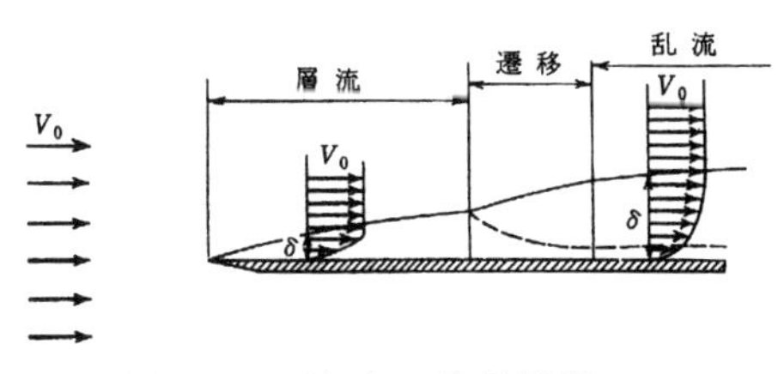

図 3-19　平板上の境界層[39)]

ここでは、板の上の部分についてのみ考えることとする。平板の先端までは、流速の分布は一様である。平板の領域に入ると、平板の真上の流速が零からごく短い距離で一様流速 V_0 の値になるような、速度の変化の度合いの大きい、薄い流れの層が形成される。これは、流体の粘性により一様であった流速が、減速されるためである。もし、流体が粘性を持たない、すなわち「理論流体」であれば、平板の領域に入っても流速の分布は変わらず、一様のままである。

この層の中の流れの状態は層流である。そして、この層流の流れの厚さは、下流に行くに従ってだんだんと増していくが、ある距離で突然薄くなり始め、一定厚さに近づいていく。そして、それと共に、層流の流れの層の上に流れが乱流の層が発生し、それがだんだん厚くなって一定厚さに近づいていく。

このような形で生じる流速の変化層を境界層とよぶ。無限に上に向かって拡がる流れでは、境界層の厚さはある距離で一定値に達する。しかし、深さが有限な開水路では、流れ全体が境界層になり、一様流速の部分は存在しないことの方が一般的である。

図 3-20 に示すように、境界層が層流の流れだけで構成されている場合、それを「層流境界層」とよぶ。層流の流れの上に乱流の流れが乗っている境界層を「乱流境界層」とよぶ。

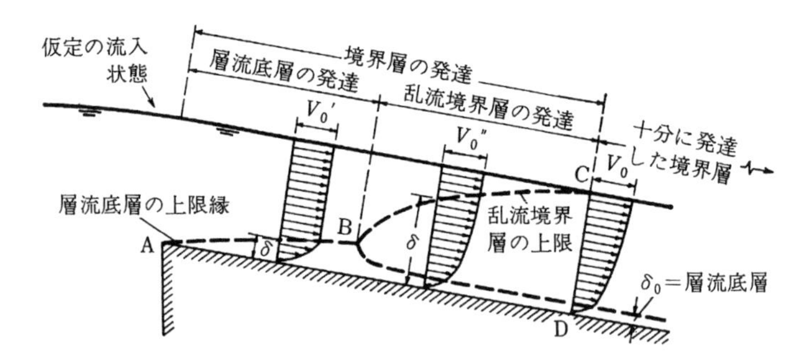

図 3-20　理論的流入口を持った開水路での境界層の発達[40)]

乱流境界層の場合、下にある薄い層流の流れの層を「層流底層」とよぶ。層流底層は、板の表面が細かい場合のみ発生する。粗い場合、乱流境界層は、乱流の流れの層だけで構成される。

ここで、大切なことは、流体の粘性の影響は、流れの中に垂直方向の「速度勾配」、すなわち「シアー」がある境界層の中だけしか及ばないことである。そして、その影響は層流境界層で大きく、乱流境界層では小さい。

以上から境界層の発生によって流体は物体から「抵抗」を受け、逆に物体は流体により抗力を受けることになる。

3.6.4　境界層の剥離の発生

境界層より外側の流れは慣性力が卓越し、粘性力がなくなり、「完全流体」とよばれる渦なしの流れ、すなわち「ポテンシャル流」とよばれる流れになっている。

図 3-21 の(a)のように、粘性のない理論流体の一様流速の中に円柱を立てたとしよう。流線は円柱をきれいに取り巻く。しかし、(b)のように粘性のある「実在の流体」では、流線は円柱から離れてしまい、(c)のように背後に「渦」、すなわち「後流」ができる。実在の流体では、流線が円柱に沿っている部分では、境界層が存在している。しかし、流線が円柱から離れた点で、この境界層は消えてしまうのである。この現象を境界層の「剥離」の発生というような言葉で表現する。

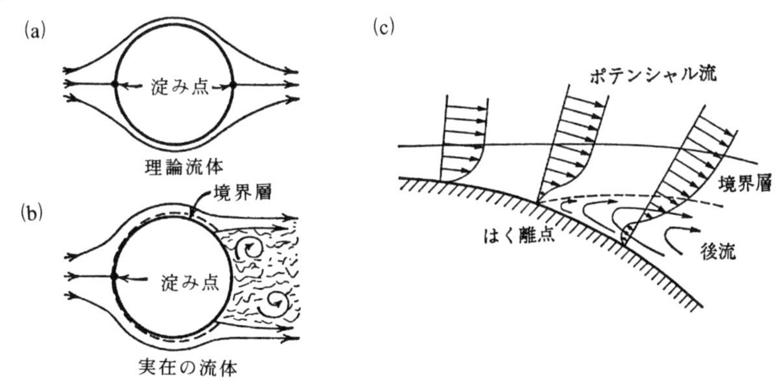

図 3-21　境界層の剥離[41) 42)]

したがって、境界層が存在している部分では粘性によるシアー抗力が発生し、背後の渦の所では圧力抗力が発生する。

すなわち、流体中の物体には、シアー抗力と圧力抗力の両方があるが、Reynolds 数が小さい間はシアー抗力が抗力の主体を占め、Reynolds 数が大きくなると圧力抗力に重みが移り、ある限界を超えると主体は圧力抗力になる。

3.6.5 抗力係数

橋脚や堰柱、スクリーンが置かれた開水路は、流れ全体が先に述べた境界層の中にあり、かつほとんど全部が乱流で、そのレイノルズ数の値は高い。したがって、流水の中でこれらの物体が受ける力は、ほんのわずかな量のシアー抗力とほとんど全部を占めるといってよい圧力抗力である。そこで、シアー抗力と圧力抗力という分け方をせず、抗力をひとまとめにして考えて、式(3-23)(158 頁)を用いて流水中に固定された物体の力を計算するわけである。

表 3-2 に示すようにいろいろの形状の物体について抗力係数を求める実験が行われ、その値が図表の形で発表されている。

[計算例 3-6]

直径 d = 1 m、長さ L = 5 m の円柱の橋脚が速度 U_0 = 5 m/s の平行な流れの中に立てられている。橋脚が受ける力を求める。

流れの Reynolds 数は、式(1-12)(12 頁)で計算され、円柱の直径 d が特性長さ L になる。$\nu = 10^{-6}\,m^2/s$ とすると、$R_e = U_0 d/\nu = 5\times1/10^{-6} = 5\times10^6$。円柱の長さ直径比 L/d = 5/1 = 5 であるから、表 3-2(その 1)より抗力係数 C_D = 0.8 になる。この円柱の特性面積(投影面積)A = L×d = 5×1 = 1 m²、水の密度 ρ = 1000 kg/m³、U_0 =5 m/s であるから、円柱の受ける力 $F_D = C_D A \rho U_0^2/2 = 0.8\times5\times1000\times5^2/2$ = 50000 N = 50 kN。

[計算例 3-7]

速度 U_0 = 5 m/s の平行な流れの中に長さ l = 10 m 、幅 b = 0.5 m の平板を流れと平行に固定した。平板に働く力を求める。

流れの Reynolds 数は、板の長さ l が特性長さL になり、$R_e = U_0 L/\nu = 5\times10/10^{-6} = 5\times10^7$。表 3-2 (その 2) により Reynolds 数 $R_e < 10^7$ の場合、抗力係数は $C_D = 0.074 R_e^{-1/5}$ の式で与えられる。この場合、この式の適用限界を超えているが、そのまま用いるものとすると、$C_D = 0.074\times(5\times10^7)^{-1/5} = 0.0021$。特性面積 A = 10×0.5 = 5 m² であるから、平板にかかる力 $F_D = 2(C_D A\rho U_0^2/2) = 2\times0.0021\times5\times1000\times5^2/2$ = 262.5 N。

表 3-2　種々の形態の物体の抗力係数[43]（その 1）

状況	説明	C		適用範囲	特性面積 (A)	特性長さ
	半球（空）	1.42		$10^4 < R_e < 10^6$	投影面積	D
	半球（つまっている）	1.17		$10^4 < R_e < 10^6$	投影面積	D
	軸が流れの方向に直角な円筒	L/d	C	$10^3 < R_e < 10^5$	投影面積	D
		1	0.63			
		5	0.8			
		10	0.83			
		20	0.93			
		30	1.0			
		∞	1.2			
	同上 両端が壁についている	L/d	C	$10^3 < R_e < 10^5$	投影面積	D
		5	1 〜 1.2			
	軸が流れの方向に平行な円筒	L/d	C	$R_e < 10^3$	投影面積	D
		5	0.9			
	主軸が流れの方向に直角な角筒	2.0		$R_e = 3.5 \times 10^4$	投影面積	D
	流線形	L/d	C	$R_e > 2 \times 10^5$	投影面積	D
		5	0.06 〜 0.1			

［計算例 **3-8**］

幅 **10m**、深さ **2.5 m** の流れの中にスクリーンを設置した。スクリーンは、直径 **25 mm** の丸鋼棒を鉛直に立て並べてある。流速が U_0 = **2 m/s** のときに鋼棒 **1** 本当りに働く力を求める。

表 3-2　種々の形態の物体の抗力係数（その 2）

状況	説明	C	適用範囲	特性面積 (A)	特性長さ
L	流れの方向に平行な平板	$1.33\ (R_e)^{-1/2}$ $0.074(R_e)^{-1/5}$	層流 $R_e<10^7$	板の面積	L
L, d	流れの方向に直角な平板	L/d : C 1 : 1.18 5 : 1.2 10 : 1.3 20 : 1.5 30 : 1.6 ∞ : 1.95	$R_e>10^3$	板の面積	d
D	流れの方向に直角な円板	1.12	$R_e>10^3$	板の面積	D
L	流れの方向に直角で，両端が壁についている平板	L/c : C 5 : 1.95	$R_e>10^3$	板の面積	L
D	球	$24(R_e)^{-1/2}$ 0.47 0.20	$R_e<1$ $10^3<R_e<3\times10^5$ $R_e>3\times10^5$	投影面積	D
D	半球(空)	0.34	$10^4<R_e<10^6$	投影面積	D
D	半球 (つまっている)	0.42	$10^4<R_e<10^6$	投影面積	D

流れの Reynolds 数は丸鋼の直径 d = 25 mm が特性長さ L になり、$R_e = U_0L/\nu = 2 \times 0.025/10^{-6} = 5\times10^4$。抗力係数は、鋼棒の長さ直径比 L/d = 2.5/0.025 = 100 であるから、すなわち無限大（= ∞）であるとして、表 3-2（その 1）から C_D= 1.2 となる。特性面積A = 2.5×0.025 = 0.0625 m² であるから、鋼棒 1 本当りに働く力 $F_D = C_DA\rho U_0^2/2 = 1.2\times0.0625\times1000\times2^2/2$ = 150 N になる。

第4章　不等流計算

4.1　計算方法の種類

不等流の計算方法は、「積分法」と「逐次法」に大別できる。コンピュータの普及した今日においては、逐次法のうちの「直接逐次法」と「標準逐次法」の2方法を理解しておけば、その他の方法に関する知識は不要である。そこで、本章においては、まず直接逐次法を述べ、次に 標準逐次法を述べる。

逐次法は、計算区間を短い「区間」に分け、段階的に計算を進めていくのが特徴である。

直接逐次法は、プリズム水路のための計算法である。他方、標準逐次法は、非プリズム水路のための計算法である。非プリズム水路の代表は自然水路、すなわち河川であるから、標準逐次法は河川のための計算法と考えられがちである。しかし、人工開水路であろうと自然開水路であろうと非プリズム水路であればすべて標準逐次法で計算できる。

不等流計算は、流れが常流の場合、計算開始断面から上流に向かって行う。流れが射流の場合、下流に向かって計算を行う。すなわち、不等流の計算は方向性を持っており、流れの状態に応じて正しい計算法が必ず守られなければならない。したがって、不等流の計算においては、縦断水面形の推定を計算に先立って行う必要がある。この際、第1章で述べた漸変不等流の縦断水面形の分類の知識は必須である。

4.2　逐次法の基礎式

逐次法は、長い計算区間を短い区間に分け、下流から上流に向け、または上流から下流に向け、段階的に計算を進めていく方法である。その 1 区間を取り出して状況を表すと、図 4-1 のようになる。

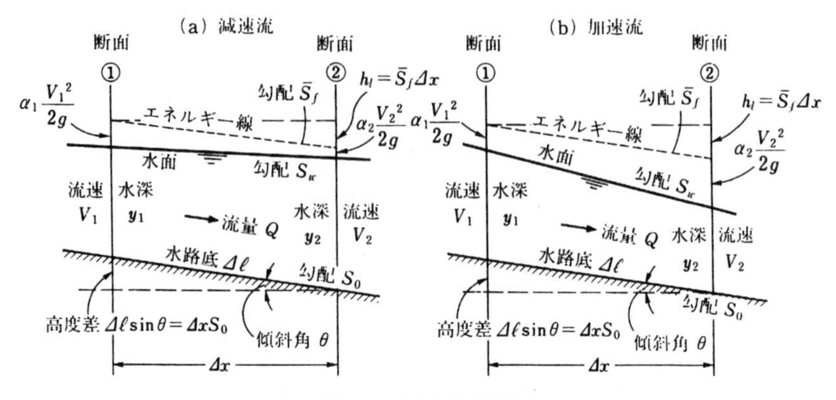

図 4-1　逐次法説明図

図 4-1 (a) は、上流から下流に向け水深が増加する、すなわち流速が遅くなる「減速流」の場合である。(b) は、上流から下流に向け水深が減少する、すなわち速速が速くなる「加速流」の場合である。流れが減速流であろうと加速流であろうと、これから述べる基礎方程式に違いはない。

図 4-1 において、断面①と②の間が先に述べた計算区間を細かく区切って設ける短い区間で、断面間距離をΔl、同水平距離をΔx とする。断面①の水深をy_1、平均流速を V_1、エネルギー係数をα_1 とする。同様に、断面②に関してy_2、V_2、α_2 とする。また、短い距離である断面①と②の間の水路底の傾斜は一様であるとして、水路底と水平面のなす角度をθ、水路底の勾配をS_0 とする。同様に、平均エネルギー勾配を $S_{f\cdot av}$ $(= \bar{S}_f)$ とする。

いま、基準面を下流断面②の水路底にとると、断面①の総エネルギー H_1 は、

$$H_1 = S_0 \Delta l \cos\theta + y_1 + \alpha_1 \frac{V_1^2}{2g} \tag{4-1}$$

断面②の総エネルギー H_2 は、

$$H_2 = y_2 + \alpha_2 \frac{V_2^2}{2g} \tag{4-2}$$

断面①と②の間で摩擦や渦の発生によってエネルギー損失が発生する。これを h_l

とすると、断面①と②の間で次の方程式が成立する。

$$H_1 = H_2 + h_l \quad (4\text{-}3)$$

上式に式(4-1)と(4-2)を代入して得る次の式が逐次法の基礎式である。

$$S_0\,\Delta l\cos\theta + y_1 + \alpha_1\frac{V_1^2}{2g} = y_2 + \alpha_2\frac{V_2^2}{2g} + h_l \quad (4\text{-}4)$$

通常、$\alpha_1 = \alpha_2 = \alpha$、$\Delta x = \Delta l$、$\cos\theta = 1$ と考えてよいから、逐次法の基礎式は次の形になる。

$$S_0\,\Delta x + y_1 + \alpha\frac{V_1^2}{2g} = y_2 + \alpha\frac{V_2^2}{2g} + h_l \quad (4\text{-}5)$$

断面①と②の間で起こるエネルギーの総損失 h_l は、流水と水路壁の間で生じる「摩擦損失」h_f (friction loss)と流水断面の変化に伴う渦の発生によって生じる「渦損失」h_e (eddy loss)の和であるから次の式が成立する。

$$h_l = h_f + h_e \quad (4\text{-}6)$$

流水断面の変化は徐々に起こるものであると考えれば、渦損失 h_e を零と見なすことができる。また、その値を無視することができない場合でも、摩擦損失 h_f に含ませてしまうことができるから、式(4-6)は、次のようになる。

$$h_l = h_f = S_{f\cdot av}\,\Delta x \quad (4\text{-}7)$$

ここで、式(4-7)の各辺を Δx で除すると、断面①と②の間のエネルギーの勾配($= h_l / \Delta x$)は、摩擦損失の勾配($= h_f / \Delta x$)、すなわち「摩擦勾配」(friction slope)と等しくなる。それで､エネルギー勾配を{$S_{f\,(riction)}$}と標記するわけである。

式(4-7)を式(4-5)に代入すると式(4-8)が得られる。

$$S_0\,\Delta x + y_1 + \alpha\frac{V_1^2}{2g} = y_2 + \alpha\frac{V_2^2}{2g} + S_{f\cdot av}\,\Delta x \quad (4\text{-}8)$$

すなわち、この式が実際の計算に用いられる逐次法の基礎式になるのである。

いま、式(4-8)を用いて断面①の水位から断面②の水位を計算しようとすると、$S_{f\cdot av}$ の値を与えなければならない。すなわち､逐次法の基礎式を解こうとすると、式には y_1 と $S_{f\cdot av}$ という２つの未知数があり、そのままでは解は得られないから、未知数のうちの $S_{f\cdot av}$ の値をなんとかして決めなければならない。そこで、次のような方法を用いる。

断面①の摩擦勾配を S_{f1}、断面②の摩擦勾配を S_{f2} とすると、平均摩擦勾配 $S_{f\cdot av}$ は次式で与えられる。

$$S_{f\cdot av} = \frac{1}{2}(S_{f1} + S_{f2}) \quad (4\text{-}9)$$

ここで、次のような仮定を行う。すなわち、“漸変不等流において、任意の断面におけるエネルギー勾配、すなわち摩擦勾配は、同じ流速と水深を持つ等流の流れの摩擦勾配と同じになる”。この仮定をすることによって、Chézy 式や Manning 式のような等流公式から未知数である平均摩擦勾配 $S_{f \cdot av}$ が与えられて、逐次法の基礎式を解くことができるようになる。

逐次法では、摩擦勾配を計算するため、Manning 式がもっぱら用いられる。Manning 式では、$V = (1/n) R^{2/3} S^{1/2}$ であり、$S = S_0 = S_w = S_f$ であるから、任意断面の摩擦勾配 S_f は、次式で表される。

$$S_f = \frac{n^2 V^2}{R^{4/3}} \tag{4-10}$$

以上から、断面①と②の間の平均摩擦勾配 $S_{f \cdot av}$ は、次式で表される。

$$S_f = \frac{1}{2} \left| \frac{n^2 V_1^2}{R_1^{4/3}} + \frac{n^2 V_2^2}{R_2^{4/3}} \right| \tag{4-11}$$

4.3 直接逐次法

逐次法は、計算する区間を細かく割って分割区間を設け、常流の場合、最下流にある分割区間の下流断面②の水位、すなわち計算開始水位を与え、上流断面①の水位を計算する。上流断面①は次の分割断面の下流断面②になるからこれを計算開始断面として上流断面②を計算する。このように段階的に上流に向け計算を推し進めていく、すなわち逐次計算する。流れが射流の場合は上記とは逆に、最上流の分割区間の上流断面が計算開始断面となるが、同様に段階的に下流に向け計算を推し進めていく。

このような計算をする場合、計算区間の分割をあらかじめ行っておくというのが常識であろう。しかし、直接逐次法においては、計算区間の分割をそのつど行っていき、それがこの計算法の大特徴になっている。すなわち、流れが常流の場合、下流断面②の水位を既知として、未知の上流断面①の水位を決めて、この水位が発生するためには上流断面①は下流断面②よりどれだけ上流に向け離れなければならないか求める。すなわち、断面間距離 Δx を逐次法の基礎式(4-8)と平均摩擦勾配の式(4-9)、ならびに任意断面の摩擦勾配の式(4-10)を用いて(167 ～ 168 頁)計算する。

逐次法の簡略化された基礎式の式(4-8)(167 頁)において、左辺の第2項と第3項の和は上流断面①の特定エネルギー E_1、右辺の第 2 項と第 3 項の和は下流断面②の特定エネルギー E_2 である。それゆえ、式 (4-8) は、次のように書き換えて表される。

$$\Delta x = \frac{E_2 - E_1}{S_0 - S_{f \cdot av}} = \frac{\Delta E}{S_0 - S_{f \cdot av}} \qquad (4\text{-}12)$$

ここで、この式の分母と分子の符号は同じでなければならない。また、この式は式 (4-11) を用いて次のようにも書き表せる。

$$\Delta x = \frac{\alpha \dfrac{V_2^2}{2g} + y_2 - \alpha \dfrac{V_1^2}{2g} - y_1}{\dfrac{1}{2}\left| \dfrac{n^2 V_1^2}{R_1^{4/3}} + \dfrac{n^2 V_2^2}{R_2^{4/3}} \right|} \qquad (4\text{-}13)$$

［計算例 4-1］

底幅 b = 6 m、岸の傾斜 z = 2、勾配 S_0 = 0.0016、粗度係数 n = 0.025 の台形断面プリズム水路が流量 Q = 10 m³/s を流している。この水路に高さ 0.56 m の広頂堰を設けたら、堰の上流水深は 1.5m になった。この堰より上流の水面形を求める。ただし、エネルギー係数 α = 1.10 とする。

最初に、臨界水深を計算する。式 (1-32) (26 頁) より、台形断面水路の臨界水深 y_c= $\{(6+2 \times y_c)^{1/3}/(6+2y_c)\}$。これを trial and error で解いて y_c= 0.63 m を得る。
式 (1-9) (10 頁) より、等流水深 y_n は、$10 = 0.025^{-1} \times \{(6+2y_n)y_n\}[\{(6+2y_n)y_n\}/(6+2y_n\sqrt{1+2^2})]^{2/3} \times 0.0016^{1/2}$ を trial and error で解いて、y_n = 0.96 m を得る。そこで、水深 y = 0.97 m まで計算することとする。
次に、発生する水面形の種類は、図 1-50 の (d-1-1) (107 頁) に示すように、y_n は y_c より大きく、固定堰の直上流の水深 y は y_n より大きいから、固定堰から上流に向けて M1 水面形ができて、等流の水面形に移り変わる。
以上から、固定堰上流の流れは常流であるから、堰直上流で発生する水深 y = 1.5 m の断面を計算開始断面として、上流に向け不等流計算を行う。この水路は台形プリズム水路であるから、計算方法は、当然直接逐次法であるが、次節で述べる標準逐次法を用いてもよい。
本計算は、表 4-1 の計算表 (173 頁) により行う。計算結果を図 4-2 (172 頁) に示す。

第 1 列　断面番号

第 2 列　水深 y(m)

第 3 列　第 2 列の水深 y に対応する流水面積 A(m^2)

第 4 列　第 2 列の水深 y に対応する径深 R(m)

第 5 列　第 4 列の径深 R の 4/3 乗

第 6 列　流量 Q(m^3/s)を第 3 列の流水面積Aで除して得られる平均流速 V(m/s)

第 7 列　断面の速度水頭 $\alpha V^2/2g$(m)

第 8 列　第 7 列の速度水頭 $\alpha V^2/2g$ に第 2 列の水深 y を加えて得られる特定エネルギー E(m)

第 9 列　特定エネルギーの変化量 Δ E(m)。常流の場合、前断面の第 8 列の値と当断面の第 8 列の値の差。射流の場合、常流の逆

第 10 列　断面の摩擦勾配 S_f(= $n^2V^2/R^{4/3}$)。粗度係数 n = 0.025 と第 5 列と第 6 列の値を用いて計算する

第 11 列　平均摩擦勾配 $S_{f \cdot av}$ で、第 10 列の前断面と当断面の摩擦勾配 S_f の平均値

第 12 列　水路勾配 S_0 = 0.0016 と第 11 列の平均摩擦勾配 $S_{f \cdot av}$ の差

第 13 列　式(4-13)（169 頁）で計算した断面間距離 Δ x(m)

第 14 列　計算開始断面から当断面までの距離 x(m)

断面①の水深が 1.5 m で、断面②の水深が 1.45 m になるためには、断面①と断面②の間の距離 Δ x が 37.3 m であればよい。別の言い方をするならば、断面①から上流に向け 37.3 m 遡った所で水深が 1.45 m になる。断面①の水深と断面②の水深の差を小さくとれば、断面①と断面②の間の距離 Δ x は短くなる。差を大きくとれば、距離 Δx は長くなる。差を大きくとり過ぎるとおかしな結果、すなわち式(4-13)の分母と分子の符号が同じでなくなるから、なるべく小刻みに計算を進めていった方がよい。

[計算例 4-2]

計算例 4-1（169 頁）と同じ断面、勾配、粗度係数、エネルギー係数の水路の下流端が崖になっている。流量 Q = 10 m^3/s のときの水面形を求める。

臨界水深 yc = 0.63 m、等流水深 yn = 0.96 m、すなわち yn ＞ yc であるから、流れは常流となり、崖の縁で臨界水深が生じて、上流に向かって M2 水面形が発生する。したがって、臨界水深を計算開始水深として上流に向け不等流計算を行う。図 1-50 の(a-1)(105 頁)参照。本計算は、表 4-2(174 頁)の計算表により行う。計算の仕方は計算例 4-1 と全く同じである。計算結果を図 4-3(172 頁)の左側に示す。

［計算例 4-3］

計算例 4-1 と同じ断面、勾配、粗度係数、エネルギー係数の水路に底幅と同じ幅の水門が設けられる。水門からの流出流量を Q = 10 m³/s、vena contracta の水深を y_1 = 0.15 m になるように水門のゲートを制御したとき下流水面形を求める。ただし、この場合、水門下流で跳水が発生するが、跳水は起こらないものとして、臨界水深まで計算を行う。

等流水深 y_n =0.96 m、臨界水深 y_c = 0.63 m、vena contracta の水深 y_1 = 0.15 m、すなわち $y_n > y_c > y_1$ であるから、流れは射流で、下流に向けて M3 水面形が生じる。したがって、vena contracta の水深 y_1 を計算開始水深として、下流に向け不等流計算を行う。表 4-3(175 頁)の計算表で計算し、計算結果を図 4-4(172 頁)に示す。

［計算例 4-4］

計算例 4-1 と同じ断面、勾配、粗度係数、エネルギー係数の水路がある点から急に折れ曲がって、勾配が S_0 = 0.02 に変わる。勾配変化点から上・下流の水面形を、流量 Q = 10 m³/s について求める。

この勾配変化水路（図 1-50 の(f-4)〔109 頁〕参照）の上流側の水面形は、計算例 4-2 で求めた水面形である。上・下流共に臨界水深は y_c = 0.63m、上流側の等流水深は y_n =0.96 m になる。下流側の等流水深 y_n は、式(1-9)（10 頁）より、$10 = 0.025^{-1}\times[(6+2y_n)y_n]\times[\{(6+2y_n)y_n\}/(6+2y_n\sqrt{1+22})]^{2/3}\times 0.02^{1/2}$ を trial and error で解いて、y_n = 0.47 m を得る。流れは、上流側は $y_n > y_c$ であるから常流、下流側け $y_n < y_c$ であるから射流になる。勾配変化点で常流から射流に移り変わり、臨界水深が生じる。したがって、水面形は、上流側は M2 水面形、下流側は S2 水面形となるから、臨界水深を計算開始水深として、上・下流に向けて不等流計算を行う。上流側の水面形は計算例 4-2 で計算済み、下流側は表 4-4 の計算表(176 頁)で行っている。計

算結果は計算例 4-2 の計算結果図 4-3 の右側に並べて示す。と共に、図 4-5(176 頁)においても示す。

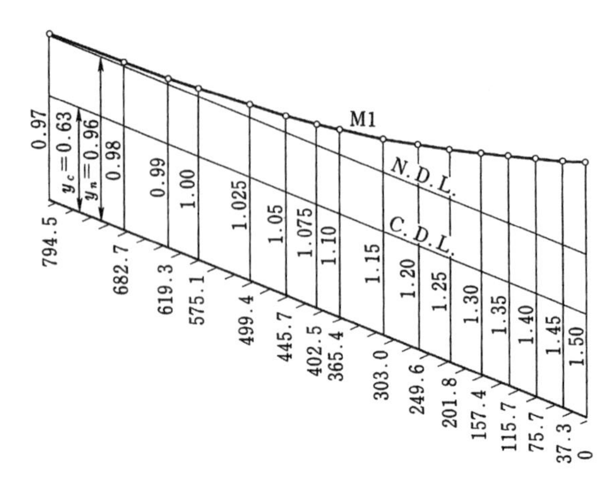

図 4-2　直接逐次計算法で計算した M1 水面形（計算例 4-1、170 頁）

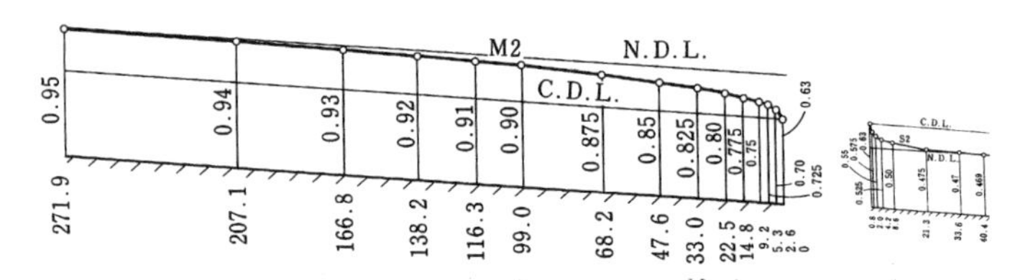

図 4-3　直接逐次計算法で計算した M2 水面形(計算例 4-2、170 頁)と、つながる S2 水面形（計算例 4-3、171 頁)。S2 水面形の拡大図を 176 頁の図 4-5 で示す。

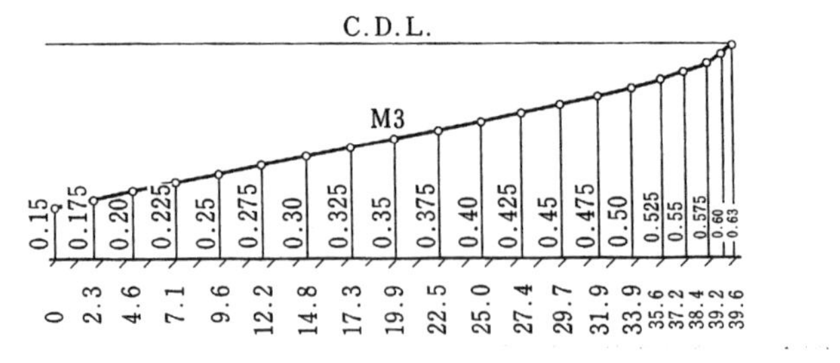

図 4-4　跳水が途中で起こらないとして直接逐次計算法で計算した M3 水面形（計算例 4-3）

表 4-1　直接逐次法計算表——計算例 4-1，M1 水面形

$Q=10\ m^3/s$, $n=0.025$, $S_0=0.0016$, $\alpha=1.10$, $y_c=0.63\ m$, $y_n=0.96\ m$

No. (1)	y (2)	A (3)	R (4)	$R^{4/3}$ (5)	V (6)	$\alpha V^2/2g$ (7)	E (8)	ΔE (9)	S_f (10)	$S_{f\cdot av}$ (11)	$S_0-S_{f\cdot av}$ (12)	Δx (13)	x (14)
1	1.5	13.5	1.062	1.084	0.741	0.0308	1.5308		0.000317				
2	1.45	12.905	1.034	1.046	0.775	0.0337	1.4837	0.0471	0.000359	0.000338	0.001262	37.32	37.32
3	1.4	12.32	1.005	1.007	0.812	0.037	1.437	0.0467	0.000409	0.000384	0.001216	38.4	75.72
4	1.35	11.745	0.976	0.968	0.851	0.0406	1.3906	0.0464	0.000468	0.000439	0.001161	39.97	115.69
5	1.3	11.18	0.946	0.929	0.894	0.0448	1.3448	0.0458	0.000538	0.000503	0.001097	41.75	157.44
6	1.25	10.625	0.917	0.891	0.941	0.0496	1.2996	0.0452	0.000621	0.00058	0.00102	44.31	201.75
7	1.2	10.08	0.887	0.852	0.992	0.0552	1.2552	0.0444	0.000722	0.000672	0.000928	47.84	249.59
8	1.15	9.545	0.857	0.814	1.048	0.0616	1.2116	0.0436	0.000843	0.000783	0.000817	53.37	302.96
9	1.1	9.02	0.826	0.775	1.109	0.069	1.169	0.0426	0.000992	0.000918	0.000682	62.46	365.42
10	1.075	8.761	0.811	0.756	1.141	0.073	1.148	0.021	0.001076	0.001034	0.000566	37.1	402.52
11	1.05	8.505	0.795	0.736	1.176	0.0775	1.1275	0.0205	0.001174	0.001125	0.000475	43.16	445.68
12	1.025	8.251	0.78	0.718	1.212	0.0824	1.1074	0.0201	0.001279	0.001226	0.000374	53.74	499.42
13	1	8	0.764	0.698	1.25	0.0876	1.0876	0.0198	0.001399	0.001339	0.000261	75.86	575.28
14	0.99	7.9	0.758	0.691	1.266	0.0899	1.0799	0.0077	0.00145	0.001425	0.000175	44	619.28
15	0.98	7.801	0.751	0.693	1.282	0.0921	1.0721	0.0078	0.001504	0.001477	0.000123	63.41	682.69
16	0.97	7.702	0.745	0.675	1.298	0.0945	1.0645	0.0076	0.00156	0.001532	0.000068	111.76	794.45

表 4-2　直接逐次法計算表——計算例 4-2，M2 水面形

$Q=10\ m^3/s$, $n=0.025$, $S_0=0.0016$, $\alpha=1.10$, $y_c=0.63$ m, $y_n=0.96$ m

No. (1)	y (2)	A (3)	R (4)	$R^{4/3}$ (5)	V (6)	$\alpha V^2/2g$ (7)	E (8)	ΔE (9)	S_f (10)	$S_{f\cdot av}$ (11)	$S_0-S_{f\cdot av}$ (12)	Δx (13)	x (14)
1	0.63	4.574	0.519	0.417	2.186	0.2679	0.8979		0.007162				
2	0.65	4.745	0.533	0.432	2.107	0.2489	0.8989	−0.001	0.006423	0.006793	−0.005193	0.19	0.19
3	0.7	5.18	0.567	0.469	1.931	0.2091	0.9091	−0.0102	0.004969	0.005696	−0.004096	2.49	2.68
4	0.725	5.401	0.584	0.488	1.852	0.1923	0.9173	−0.0082	0.004393	0.004681	−0.003081	2.66	5.34
5	0.75	5.625	0.601	0.507	1.778	0.1772	0.9272	−0.0099	0.003897	0.004145	−0.002545	3.89	9.23
6	0.775	5.851	0.618	0.526	1.709	0.1637	0.9387	−0.0115	0.00347	0.003683	−0.002083	5.52	14.75
7	0.8	6.08	0.635	0.546	1.645	0.1517	0.9517	−0.013	0.003098	0.003284	−0.001684	7.72	22.47
8	0.825	6.311	0.651	0.564	1.585	0.1408	0.9658	−0.0141	0.002784	0.002941	−0.001341	10.51	32.98
9	0.85	6.545	0.668	0.584	1.528	0.1309	0.9809	−0.0151	0.002499	0.002642	−0.001042	14.49	47.47
10	0.875	6.781	0.684	0.604	1.475	0.122	0.997	−0.0161	0.002255	0.002377	−0.000777	20.72	68.19
11	0.9	7.02	0.7	0.622	1.425	0.1138	1.0138	−0.0168	0.00204	0.002148	−0.000548	30.66	98.85
12	0.91	7.116	0.707	0.63	1.405	0.1107	1.0207	−0.0069	0.001958	0.001999	−0.000399	17.29	116.14
13	0.92	7.213	0.713	0.637	1.386	0.1077	1.0277	−0.007	0.001885	0.001921	−0.000321	21.81	137.95
14	0.93	7.31	0.72	0.645	1.368	0.1049	1.0349	−0.0072	0.001813	0.001849	−0.000249	28.92	166.87
15	0.94	7.407	0.726	0.653	1.35	0.1022	1.0422	−0.0073	0.001744	0.001779	−0.000179	40.78	207.65
16	0.95	7.505	0.732	0.66	1.332	0.0995	1.0495	−0.0073	0.00168	0.001712	−0.000112	65.18	272.83
17	0.96	7.603	0.739	0.668	1.315	0.0969	1.0569	−0.0074	0.001618	0.001649	−0.000049	151.02	423.85

表 4-3　直接逐次法計算表――計算例 4-3，M3 水面形

$Q=10\ m^3/s$, $n=0.025$, $S_0=0.0016$, $\alpha=1.10$, $y_c=0.63\ m$, $y_n=0.96\ m$

No. (1)	y (2)	A (3)	R (4)	$R^{4/3}$ (5)	V (6)	$\alpha V^2/2g$ (7)	E (8)	ΔE (9)	S_f (10)	$S_{f\cdot av}$ (11)	$S_0-S_{f\cdot av}$ (12)	Δx (13)	x (14)
1	0.15	0.945	0.142	0.074	10.582	6.2781	6.4281		0.945766				
2	0.175	1.111	0.164	0.09	9.001	4.5423	4.7173	−1.7108	0.562625	0.754196	−0.752596	2.27	2.27
3	0.2	1.28	0.186	0.106	7.813	3.4224	3.6224	−1.0949	0.359923	0.461274	−0.459674	2.38	4.65
4	0.225	1.451	0.207	0.122	6.892	2.6631	2.8881	−0.7343	0.243338	0.301631	−0.300031	2.45	7.1
5	0.25	1.625	0.228	0.139	6.154	2.21233	2.3733	−0.5148	0.170286	0.206812	−0.205212	2.51	9.61
6	0.275	1.801	0.249	0.157	5.552	1.7282	2.0032	−0.3701	0.12271	0.146498	−0.144898	2.55	12.16
7	0.3	1.98	0.27	0.175	5.051	1.4304	1.7304	−0.2728	0.091116	0.106913	−0.105313	2.59	14.75
8	0.325	2.161	0.29	0.192	4.627	1.2003	1.5253	−0.2051	0.069691	0.080404	−0.078804	2.6	17.35
9	0.35	2.345	0.31	0.21	4.264	1.0194	1.3694	−0.1559	0.054112	0.061902	−0.060302	2.59	19.94
10	0.375	2.531	0.33	0.228	3.951	0.8752	1.2502	−0.1192	0.042792	0.048452	−0.046852	2.54	22.48
11	0.4	2.72	0.349	0.246	3.676	0.7576	1.1576	−0.0926	0.034332	0.038562	−0.036962	2.51	24.99
12	0.425	2.911	0.368	0.264	3.435	0.6615	1.0865	−0.0711	0.027934	0.031133	−0.029533	2.41	27.4
13	0.45	3.105	0.388	0.283	3.221	0.5817	1.0317	−0.0548	0.022913	0.025423	−0.023823	2.3	29.7
14	0.475	3.301	0.406	0.301	3.029	0.5144	0.9894	−0.0423	0.019051	0.020982	−0.019382	2.18	31.88
15	0.5	3.5	0.425	0.32	2.857	0.4576	0.9576	−0.0318	0.015242	0.017497	−0.015897	2	33.88
16	0.525	3.701	0.443	0.338	2.702	0.4093	0.9343	−0.0233	0.0135	0.014721	−0.013121	1.78	35.66
17	0.55	3.905	0.462	0.357	2.561	0.3677	0.9177	−0.0166	0.011482	0.012491	−0.010891	1.52	37.18
18	0.575	4.111	0.48	0.376	2.432	0.3316	0.9066	−0.0111	0.009831	0.010657	−0.009057	1.23	38.41
19	0.6	4.32	0.498	0.395	2.315	0.3005	0.9005	−0.0061	0.00848	0.009156	−0.007556	0.81	39.22
20	0.63	4.574	0.519	0.417	2.186	0.2679	0.8979	−0.0026	0.007162	0.007821	−0.006221	0.42	39.64

表 4-4　直接逐次法計算表── 計算例 4-4，S2 水面形

$Q=10\ \mathrm{m^3/s}$, $n=0.025$, $S_0=0.02$, $\alpha=1.10$, $y_c=0.63\ \mathrm{m}$, $y_n=0.47\ \mathrm{m}$

No. (1)	y (2)	A (3)	R (4)	$R^{4/3}$ (5)	V (6)	$\alpha V^2/2g$ (7)	E (8)	ΔE (9)	S_f (10)	$S_{f\cdot av}$ (11)	$S_0-S_{f\cdot av}$ (12)	Δx (13)	x (14)
1	0.63	4.574	0.519	0.417	2.186	0.2679	0.8979		0.007162				
2	0.6	4.32	0.498	0.395	2.315	0.3005	0.9005	0.0026	0.00848	0.007821	0.012179	0.21	0.21
3	0.575	4.111	0.48	0.376	2.432	0.3316	0.9066	0.0061	0.009831	0.009156	0.010844	0.56	0.77
4	0.55	3.905	0.462	0.357	2.561	0.3677	0.9177	0.0111	0.011482	0.010657	0.009343	1.19	1.96
5	0.525	3.701	0.443	0.338	2.702	0.4093	0.9343	0.0166	0.0135	0.012491	0.007509	2.21	4.17
6	0.5	3.5	0.425	0.32	2.857	0.4576	0.9576	0.0233	0.015942	0.014721	0.005279	4.41	8.58
7	0.475	3.301	0.406	0.301	3.029	0.5144	0.9894	0.0318	0.019051	0.017497	0.002503	12.7	21.28
8	0.47	3.262	0.403	0.298	3.066	0.527	0.997	0.0076	0.019716	0.019384	0.000616	12.34	33.62
9	0.469	3.254	0.402	0.297	3.073	0.5294	0.9984	0.0014	0.019872	0.019794	0.000206	6.8	40.42

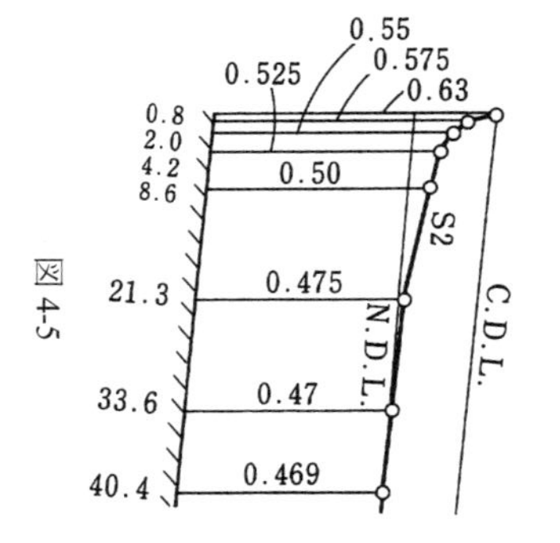

図 4-5

4.4 標準逐次法

4.4.1 計算法の特徴

標準逐次法は、主として非プリズム水路の漸変不等流を計算する方法である。人工非プリズム水路の場合、断面の図形諸量は計算で得られる。しかし、自然非プリズム水路、すなわち河川の場合は、計算区間を状況に応じて細かく分割してできた分割区間の分割断面について、断面の図形諸量の測量を行って求めなければならない。

標準逐次法では、計算区間の分割があらかじめ行われていて、計算断面の位置は直接逐次法のように不定でなく固定である。すなわち、計算で求めるのは、区間距離でなく、水位である。そして、水位は代数式で一義的に求められず、trial and error 計算を行う必要がある。これが標準逐次法の特徴といえる。

標準逐次法の計算は、直接逐次法と同様、流れが常流の場合は下流から上流に向かって、射流の場合の場合逆に常流から下流に向かって進める。

水路が河川の場合、河川は断面がたえず変化するから、その流れでは摩擦損失 h_f 以外に渦による損失 h_e が発生する。したがって、常にこの損失を考えておかなければならない。渦による損失水頭は、次式で計算される。

$$h_e = k\ \alpha \frac{(V_2 - V_1)^2}{2g} \qquad (4\text{-}14)$$

ここで、k は係数でその値は、断面の漸縮の場合 0 ～ 0.1、漸拡の場合 0 ～ 0.2、断面の急拡と急縮の両方の場合約 0.5 になる。しかし、渦損失を計算の基礎式に持ち込むと計算が複雑になるので、k ＝ 0 として、Manning の粗度係数 n の値を適宜増すことでこの問題を実用上は処理することの方が多い。したがってその場合、渦損失は、見かけ上は基礎式の上では存在しない。

直接逐次法では、各計算段階、すなわち各「ステップ」ごとに計算開始断面の水路底の高さを基準面とした。つまり、各ステップごとに基準面が変わっていた。しかし、標準逐次法では、計算区間を通してただ 1 つの基準面を設定し、各ステップごとに動かさない。このことは、直接逐次法では水深を求めたが、標準逐次法では基準面から水面までの高さ、すなわち水位を求めているということを意味している。

4.4.2 基礎式

逐次法の厳密な基礎式は次式で表される。

$$S_0\,\Delta x + y_1 + \alpha\frac{V_1^2}{2g} = y_2 + \alpha\frac{V_2^2}{2g} + S_{f\cdot av}\,\Delta x + h_e \qquad (4\text{-}15)$$

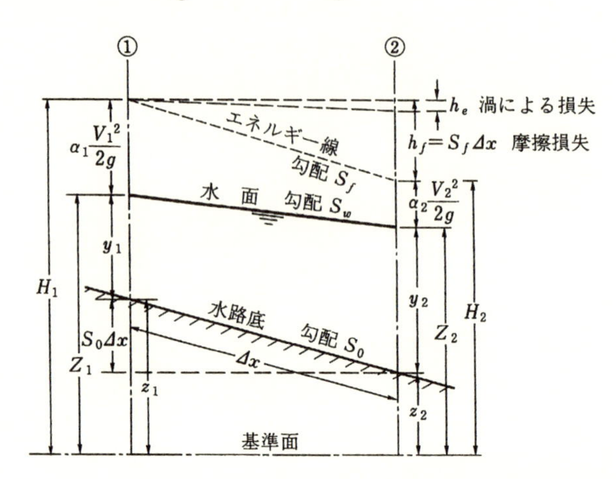

図 4-6 標準逐次法説明図（低下背水曲線の場合も基本的に同じ）

図 4-6 のように断面②を計算開始断面、断面①を計算終了断面とすると、両断面の基準面上の水位 Z_1 と Z_2 は、

$$Z_1 = S_0\,\Delta x + y_1 + z_2 \qquad (4\text{-}16)$$

$$Z_2 = y_2 + z_2 \qquad (4\text{-}17)$$

両断面間の摩擦損失 h_f は、

$$h_f = S_{f\cdot av}\,\Delta x = 1/2\,(S_{f1} + S_{f2})\,\Delta x \qquad (4\text{-}18)$$

これらを式(4-8)に代入し、渦損失の項 h_e を加えると、次の式が得られる。

$$Z_1 + \alpha\frac{V_1^2}{2g} = Z_2 + \alpha\frac{V_2^2}{2g} + h_f + h_e \qquad (4\text{-}19)$$

両断面の総水頭を H_1、H_2 とすると、

$$H_1 = Z_1 + \alpha\frac{V_1^2}{2g} \qquad (4\text{-}20)$$

$$H_2 = Z_2 + \alpha\frac{V_2^2}{2g} \qquad (4\text{-}21)$$

それゆえ、式(4-19)は、次のようになる。

$$H_1 = H_2 + h_f + h_e \tag{4-22}$$

この式が標準逐次法の基礎式になる。

4.4.3 計算準備作業

標準逐次法は、自然水路、すなわち河川のための計算法である。まず、適当な縮尺の平面図を用意する。

次に、この平面図に流れの中心の線、すなわち「流心」の線を書き込む。流心は、河川の連続した「最深部」の位置をいう。流心線は、横断方向に深さが一様であれば、水路の中心線と一致することになる。

そうしたならば、水位計算を実施する区間について、流心線に沿って区間を細分割し、分割区間を設定する。各分割点で流心線に直交する断面を決め、分割断面とする。分割区間距離は流心線に沿って測った距離である。水路が曲がりくねって断面の変化が激しい場合には短く、水路が直線で断面の変化が少ない場合は長くすることができる。通常、分割区間距離は川幅程度をとる。

以上が、平面図上の作業で、次の段階として、設定した分割断面の横断測量を行い横断図面を作成する。図 4-7 の(a)。ただし、ここでは、自然河川でなく、人工河川の次の計算例 4-5（180 頁）　の 1 断面について作成している。

この横断図面を用いて、各断面ごと、各水位 Z に対応する y に対する流水面積 A と潤変 P を測定し、水深 y と流水面積 A、水深 y と径深 R の関係曲線を図 4-7 の(b)のように作成する。

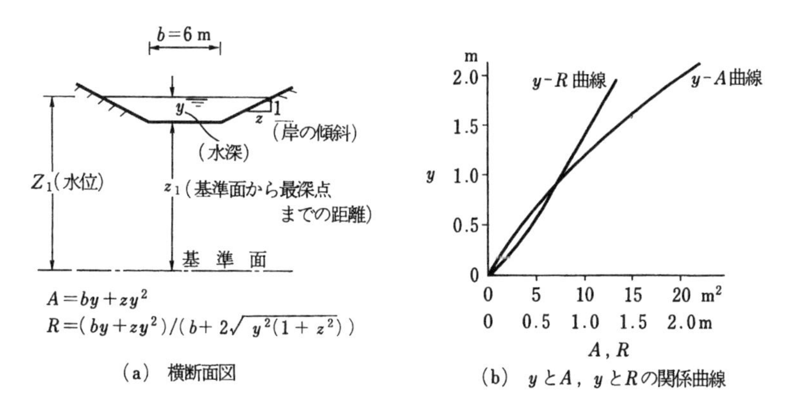

図 4-7　標準逐次法のための計算準備

4.4.4 本計算

標準逐次法は、どんな形の水路の漸変不等流も計算できる一般的な方法である。したがって、当然プリズム水路の漸変不等流を計算することができる。そこで、直接逐次法で解いた計算例 4-1（169 頁）を再度標準逐次法で解いて、計算法の理解を助けることとする。

［計算例 4-5］

底幅 b = 6 m、岸の傾斜 z = 2、勾配 S_0 = 0.0016、粗度係数 n = 0.025 の台形断面プリズム水路が流量 Q = 10 m^3/s を流している。この水路に固定堰を設けたら、堰の直上流の水深は1.5 mになった。この堰より上流の水面形を標準逐次法を用いて求める。ただし、エネルギー係数 α = 1.10 とする。

この計算例は、計算例 4-1 として直接逐次法を用いてすでに解かれているものである。標準逐次法においては、最初の作業として計算区間の分割を行わなければならないので、直接逐次法で求めた断面の位置がこの作業の結果決められたものとする。なお、計算開始の断面 1 の水路底の高さは、海面上 100 m とする。
本計算は、計算表の表 4-5 により行う。表 4-5 は 15 列より成る。

第 1 列　断面番号

第 2 列　断面の水位 Z(m)。計算開始の断面 1 の水深は 1.5 m、その水路底の標高は 100 m なので、Z = 1.5 + 100 = 101.5 m となる。断面 1 のこの値は計算開始水位として与えられるが、断面 2 以降のこの値は推定され、推定された値の善し悪しが第 3 列以降でチェックされる。断面 2 では Z =101.509 m と推定された。すなわち、断面 2 の水位は、断面 1 より 0.009 m 高いと推定された

第 3 列　断面の水深 y(m)。断面の水深は、断面の横断図に第2列の断面の水位を記入して、測定する

第 4 列　第 3 列の断面の水深 y に対応する流水面積 A(m^2)

第 5 列　平均流速 V(m/s)。流量 Q(m^3/s)を第 4 列の流水面積Aで除して得られる

第 6 列　断面の速度水頭 $\alpha V^2/2g$(m)。第 5 列の平均流速 V より計算

第 7 列　断面の総水頭 H(m)。式(4-21)より計算する。第 2 列と第 6 列の値の和

表 4-5　標準逐次法計算表——計算例 4-5，M1 水面形

$Q=10\ \mathrm{m^3/s}$, $n=0.025$, $S_0=0.0016$, $\alpha=1.10$, $y_c=0.63\ \mathrm{m}$, $y_n=0.96\ \mathrm{m}$

No. (1)	Z (2)	y (3)	A (4)	V (5)	$\alpha V^2/2g$ (6)	H (7)	R (8)	$R^{4/3}$ (9)	S_f (10)	$S_{f\cdot av}$ (11)	Δx (12)	h_f (13)	h_e (14)	H (15)
1	101.5	1.5	13.5	0.741	0.0308	101.5308	1.062	1.084	0.000317					
2	101.509	1.449	12.897	0.775	0.0337	101.5427	1.033	1.044	0.00036	0.00339	37.32	0.0127	0	101.5435
3	101.52	1.399	12.307	0.813	0.0371	101.5571	1.004	1.005	0.000411	0.00386	38.4	0.0148	0	101.5575
4	101.533	1.348	11.721	0.853	0.0408	101.5738	0.974	0.965	0.000471	0.000441	39.97	0.0176	0	101.5747
5	101.549	1.297	11.147	0.897	0.0451	101.5941	0.945	0.927	0.000542	0.000507	41.75	0.0212	0	101.595
6	101.569	1.246	10.583	0.945	0.0501	101.6191	0.914	0.887	0.000629	0.000585	44.31	0.0259	0	101.62
7	101.569	1.197	10.044	0.996	0.0556	101.6516	0.885	0.85	0.000729	0.000679	47.84	0.0325	0	101.6516
8	101.631	1.146	9.505	1.052	0.062	101.693	0.654	0.81	0.000854	0.000792	53.37	0.0423	0	101.6939
9	101.681	1.096	8.982	1.113	0.0695	101.7505	0.824	0.773	0.001002	0.000928	62.46	0.058	0	101.751
10	101.715	1.071	8.72	1.147	0.0738	101.7888	0.808	0.753	0.001092	0.001047	37.1	0.0388	0	101.7893
11	101.759	1.046	8.463	1.182	0.0783	101.8373	0.793	0.734	0.00119	0.001141	43.16	0.0492	0	101.838
12	101.821	1.022	8.22	1.217	0.083	101.904	0.778	0.716	0.001293	0.001242	53.74	0.0667	0	101.904
13	101.918	0.998	7.976	1.254	0.0882	102.0062	0.762	0.696	0.001412	0.001353	75.86	0.1026	0	102.0066
14	101.979	0.988	7.882	1.269	0.0903	102.0693	0.756	0.689	0.001461	0.001437	44	0.0632	0	102.0694
15	102.071	0.979	7.788	1.284	0.0924	102.1634	0.751	0.683	0.001509	0.001485	63.41	0.0942	0	102.1635
16	102.24	0.969	7.691	1.3	0.0948	102.3348	0.744	0.674	0.001567	0.001538	111.76	0.1719	0	102.3353

第 8 列　断面の径深 R(m)。第 3 列の断面の水深 y から、図 4-7 の(b)（179 頁）を用いて求　　　　める。この計算例では、計算で求めることができる

第 9 列　第 8 列の断面の R の 4/3 乗の値

第 10 列　摩擦勾配 $S_f(= n^2V^2/R^{4/3})$。粗度係数 n = 0.025 と第 5 列と8 列の値を用いて計算する

第 11 列　前断面と当断面の間の平均摩擦勾配 $S_{f\cdot av}$ で、第 10 列の前断面と当断面の摩擦勾配 S_f の平均値

第 12 列　前断面と当断面の断面間距離 Δx(m)

第 13 列　前断面と当断面の間の摩擦による損失水頭 h_f(m)。第 11 列と第 12 列の値の積

第 14 列　分割区間で発生する渦損失 he(m)。この計算では零

第 15 列　断面の総水頭 H(m)。常流の場合、前断面の第 7 列の値（総水頭 H）に当断面の第 13 列の値（摩擦による損失水頭 h_f）と第 14 列の値（渦による損失水頭 he)の合計値を加える。射流の場合、逆に差し引く

以上の第 11 列から第 15 列までの計算は、最初の断面について行わない。このような計算を行うと、第 7 列で断面の総水頭 H が計算され、第 15 列でも断面の総水頭 H が計算される。いま、第 7 列の計算値と第 15 列の計算値が（大体、殆ど、できれば完全に）一致すれば、第 2 列で行った水位 Z の推定は正しかったことになる。この場合、次の断面の計算に移る。第 7 列の計算値と第 15 列の計算値が一致しないときには、一致するまで第 3 列で当断面の水位 Z の推定を繰り返す。手計算の場合でも、計算に慣れてくると、2~3 回の trial and error で値の一致を見るようになる。

4.4.5　計算開始水位について

自然開水路、すなわち河川のある区間の水位を計算する場合、しばしば問題になるのは、計算開始水位を与えることである。

計算区間が、川か海、または湖に注ぐ河口から始まっているならば、計算開始水位は河口の水位とすればよい。川の途中から計算をしなければならない場合でも、たまたまそこが「測水所」であれば、そこでは「水位流量関係」がわかっているから、計算流量から計算開始水位を決めればよい。

しかし、そう都合よくいく場合は少ないので、一般に次のような方法がとられる。いま、計算区間が与えられたならば、区間下流端よりさらに下流で（この場合は下流から上流に向かって計算が進められるとすると、逆であれば上流で）水路がプリズム形に近い状態で、かつその下流に大きな塞き上げ背水を起こすような状況がない区間をできるだけ見つける。そして、そこの適当な断面で等流計算を行い、計算流量に対する等流水深を求めて計算開始水深とする。

そうすると、不等流計算を始めてある区間は、実際に起こるであろう流れとは異なるであろうが、しかしごく短い区間で実際の流れの状態にすりつく。このようにすると、目的とする区間の水位計算は、計算開始水位の取り方の不確かさの影響をほとんど受けなくなる。

4.4.6　エネルギー係数について

岸から岸まで水深が一様な水路、河川でいえば単断面の河川水路のエネルギー係数の値は$\alpha = 1.10$ として、一般に不等流計算が行われている。しかし、河川が大きくなると、その断面は複断面になることが多い。断面が複断面でも、低水路、高水敷の各部分を分けて取り上げれば、エネルギー係数の値は$\alpha = 1.10$、あるいはそれに近い値であると考えてよい。しかし、複断面の河川水路全体としては、高水敷の部分の流速が遅く、低水路の部分は逆に速いから、全体としてのエネルギー係数の値は、$\alpha = 1.10$ ではなくなる。そこで、次のような方法で全体としてのエネルギー係数の値を求める。

全体断面を n 分割して、各分割断面の面積、平均流速、エネルギー係数、通水能をΔA_i、v_i、α_i、A_i($i = 1, 2, \cdots\cdots, n$)とする。また、全体としての流水面積をA、平均流速V、水路勾配Sとする。4頁の式(1-1)と132頁の式(2-8)より、

$$v_i = \frac{K_i}{\Delta A_i} S^{1/2} \tag{4-23}$$

$$Q = VA = \sum_{i=1}^{N} (v_i \Delta A_i) = \sum_{i=1}^{N} (K_i) \tag{4-24}$$

$$V = \frac{1}{A} S^{1/2} \sum_{i=1}^{N} (K_i) \tag{4-25}$$

となる。これらの関係を式(1-21)(20頁)に合同させると、全体としてのエネルギー係数の値を求める次の式が得られる。

$$\alpha = \{\sum_{i=1}^{N} \alpha_i K_i^3 / \Delta A_i^2\} / \{(\sum_{i=1}^{N} K_i)^3 / A^2)\} \qquad (4\text{-}26)$$

[計算例 4-6]

計算例 2-1（133 頁）の河道のエネルギー係数の値を求める。

通水能の式は、等流公式として Manning 式を用いると、式(2-7)(132 頁）より $K=n^{-1}AR^{2/3}$ 。計算は次表により行う。

分割断面	ΔA	P	R	$R^{2/3}$	n	α	K	$\alpha K^3/\Delta A^2$
低水路	241.0	71.7	3.36	2.24	0.25	1.10	21.594×10^3	190.60×10^6
高水敷	265.5	180.7	1.47	1.29	0.40	1.10	8.562×10^3	9.80×10^6
合　計	506.5						30.156×10^3	200.40×10^6

図 2-2(133 頁)の断面は低水路と高水敷からなる。各部分のエネルギー係数は共に同じ値で、$\alpha = 1.10$ であるとする。式(4-26)より、$\alpha = 200.4\times10^6/\{(30.156\times10^3)^3/506.5^2\} = 1.87$ となる。

Kolupaila は流速分布係数として、表 4-6 の値を用いることを提案している。

表 4-6　流速分布係数 [44)]

水路の種類	α の値			β の値		
	最　小	平　均	最　大	最　小	平　均	最　大
長方形と台形断面のプリズム水路	1.10	1.15	1.20	1.03	1.05	1.07
単断面形の川	1.15	1.30	1.50	1.05	1.10	1.17
複断面形の川	1.50	1.75	2.00	1.17	1.25	1.33

第 5 章　跳水の計算

5.1　跳水

跳水現象は、①急勾配水路が池に流入する場合、②ダムでできた池に急勾配水路が流入する場合、③ダムの越流式余水吐下流の水路、④水門でできた池に急勾配水路が流入する場合、⑤潜り水門から水がジェットになって噴き出た場合、⑥急勾配水路が緩勾配水路に移り変わる場合、⑦狭い水路が広い水路に変わる場合、⑧水路にこぶがある場合、⑨水路にくびれがある場合、⑩堰から水脈が自由落下する場合、等々いろいろな状況の下で発生する。

しかし、これらの状況を分類すると、ⓐ急勾配の水路上で起こっている場合、ⓑ勾配が緩い、または水平、あるいは逆勾配の水路の上で起こっている場合、に大別できる。そして、ⓑの場合が圧倒的に多い。また、跳水が起こる場面では、水路の断面が長方形であることが多い。

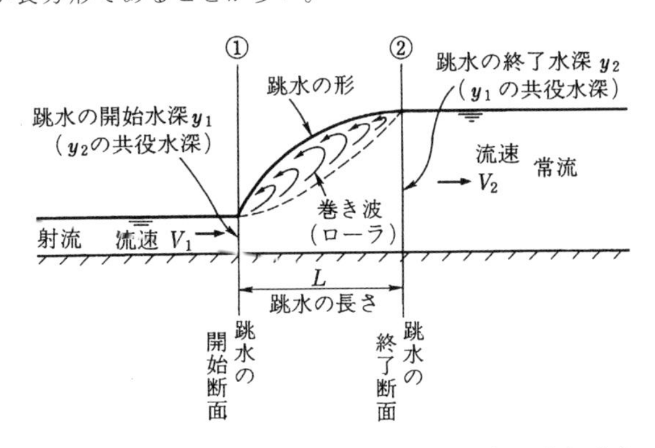

図 5-1　水平勾配長方形断面プリズム水路の跳水現象

そこで、今後、跳水現象に関する水路の底は水平であり、かつ断面は長方形であるものとする。したがって、跳水現象を概念的に図に表すならば、図 5-1（185頁）のようになる。

5.2　共役関係

図 5-1 の跳水の開始水深 y_1 と結果水深 y_2 の関係において、y_1 を y_2 の共役水深、また逆に y_2 を y_1 の共役水深とよぶことは、すでに述べられていることである。この共役関係は、一般に特定力曲線を作ることによっって求められるが、断面が長方形の場合、35 頁の式(1-37)と式(1-38)で与えられることも述べた。

$$\frac{y_2}{y_1} = \frac{1}{2}\left(\sqrt{1+8F_{r1}^2} - 1\right)$$

$$F_{r1} = \frac{V_1}{\sqrt{gy_1}}$$

ここで、F_{r1} は跳水開始時の Froude 数である。また、図 5-2 はこの関係式を図式に表したものである。この共役関係の存在は、多くの実験データからその妥当性が実証されている。

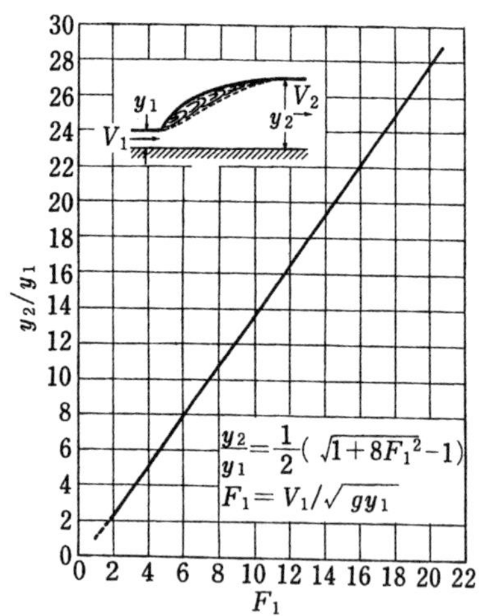

図 5-2　水平勾配長方形断面プリズム水路における跳水の共役関係図[45]

［計算例 5-1］

計算例 3-2（147 頁）のダムの越流流量が設計流量（Q=2000 m³/s）のとき、ダム下流

端における水深 y_1 の共役水深 y_2 を図 5-2 の関係図より求める。

ダム下流端で発生する流速 V_1 は、図 3-8（149 頁）の図式で与えられる。Q = 2000 m^3/s の設計流量のときの越流水深 H_d = 5.21 m である。ダムの高さは 29.79 m であるから、ダムの落差 Z=(5.21+29.79)/0.3 ≒ 117 ft となる。図 3-8 よりダム下流端流速 V_1 = 78 fps = 23.4 m/s を得る。ダムの幅は 75 m であるから、ダム下流端水深 y_1 = 2000/(23.4×75) = 1.14 m となる。

ダム下流端における Froude 数 $F_r = V_1/\sqrt{gD} = 23.4/\sqrt{9.81 \times 1.14} = 7$ であるから、図 5-2 より y_2/y_1 = 9.2 となる。よって、共役水深 $y_2 = y_1 \times 9.2 = 1.14 \times 9.2 = 10.5$ m。すなわち、ダム下流端で跳水が発生すると、その高さは約 10.5 m になる。

5.3　跳水によるエネルギー損失量

跳水は、大きなエネルギーを持つ射流の流れが常流に移り変わるとき、ごく短い距離の間で渦などの激しい乱れにより持っているエネルギーを消費して失い、比較的小さなエネルギーを持った安定した常流の流れに変わる現象である。跳水の開始と終了の間で起こるエネルギー損失量ΔE は、次の式で計算されることは式(1-39)（35 頁）で既に述べた。

$$\Delta E = E_1 - E_2 = \frac{(y_2 - y_1)^3}{4y_1y_2}$$

ここで、 E_1 、E_2 は跳水開始と終了時の特定エネルギーである。

跳水開始前の比エネルギー E_1 とエネルギー損失量ΔEの比を「相対エネルギー損失」という言葉でよぶ。

［計算例 5-2］

計算例 5-1 における跳水の相対エネルギー損失を求める。

跳水開始水深 y_1 = 1.14 m、結果水深 y_2 = 10.5 m であるから、式(1-39)より、エネルギー損失量 $\Delta E = (y_2 - y_1)^3/4y_1y_2 = (10.5 - 1.14)^3/(4 \times 1.14 \times 10.5) = 17.1$ m となる。跳水開始前の特定エネルギー $E_1 = y_1 + V_1^2/2g = 1.14 + 23.4^2/(2 \times 9.81) = 29.0$ m。よって、この跳水の相対エネルギー損失 $(\Delta E/E_1) \times 100 = (17.1/29.0) \times 100 = 59$ %となる。

5.4 跳水の形

水平勾配長方形断面プリズム水路で起こる跳水の形には、目に見えてはっきりした形の違いがある。そして、その形は跳水開始前の Froude 数 F_1 と関係づけられる。以下の分類は、米開拓局によって行われているものである。図 5-3。

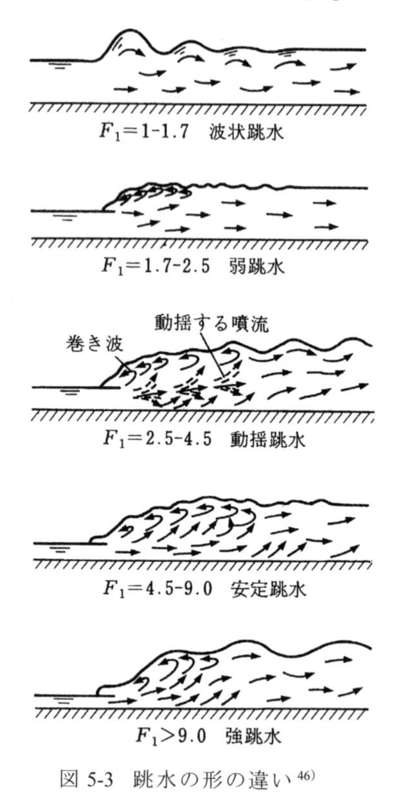

図 5-3 跳水の形の違い[46)]

$F_r = 1$ のとき…… 流れは臨界流で跳水は起こらない。

$F_r = 1$~1.7 のとき…… 跳水の水面は波状をなし、このときの跳水は「波状跳水」とよばれる。

$F_r = 1.7$~2.5 のとき…… 跳水の水面に小さな「巻き波」が連続的に発生し、下流の平らな水面形にすりつく。各断面内の流速分布はほぼ均等で、エネルギー損失量は少ない。この種の跳水を「弱跳水」とよぶ。

F_r = 2.5~4.5 のとき……　跳水開始断面から跳水区間の中に入って行くジェットが、水路底に沿ったり、跳水表面に現れたり、不規則な動揺を示す。そして、この動揺は、不規則な跳水の流れを下流に作り、はるか下流まで伝わって悪影響を及ぼす。この形の跳水は、「動揺跳水」とよばれる。

F_r = 4.5~9.0 のとき……　このとき起こる跳水は、「安定跳水」とよばれる。跳水表面で巻き波が起こる範囲と水中でジェットが消える距離は、ほぼ一致する。この場合、跳水の始まる位置と終わる位置は、下流の水面形に対して極めて敏感である。跳水は、非常にバランスがとれていて、エネルギー損失（消費）という点で最高の状態にあり、エネルギー損失の割合は45~75%の範囲にある。

F_r = 9.0 以上のとき……　高速ジェットは、跳水の表面を間欠的に転がり落ちて来る水塊をつかまえ、下流に波を生じさせる。跳水活動は荒々しいが、エネルギー消費 85%にも達する。この形の跳水を「強跳水」とよぶ。

以上の跳水の形のうち、弱跳水、動揺跳水、安定跳水、強跳水を総称して「直接跳水」とよぶ。したがって、跳水は、波状跳水と直接跳水に大別される。

以上の Froude 数と関連づけた跳水の形の分類は、数値の範囲で示したようにはっきり分けられるものでなく、ある程度互いに重複している。

[計算例 5-3]

計算例 5-1（186 頁）で発生する跳水の種類を判定する。

ダム下流端で跳水が発生すると仮定すると、そのときの Froude 数 F_{r1} = 7 である。したがって、発生する跳水の種類は、安定跳水である。

5.5 跳水の長さと水面形

跳水の終了点は、弱跳水や安定跳水の場合、容易に見分けがつく。しかし、動揺跳水や強跳水の場合は難しい。そこで、次のような見分け方が研究者の間で一般に行われている。すなわち、“跳水の終了点は、跳水表面に発生する巻き波の最下流端にする”という方法である。したがって、一般に跳水の長さといえば、水面が突然跳び上がる地点から巻き波が終わる地点までの距離である。

跳水の長さに関する実験データは、実用目的から跳水開始時点の Froude 数 Fr_1 と跳水の結果水深 y_2 と跳水の長さ L の比 L/y_2 の関係でまとめられている。図 5-4 は、米開拓局が示した関係図である。跳水の長さの安全側の値を得ることができるデータとして重宝がられている。

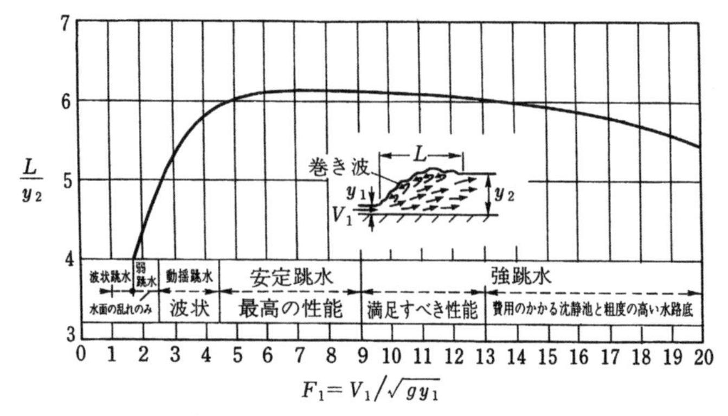

図 5-4 米開拓局が示した水平勾配水路で起こる跳水の長さ[47)]

跳水の水面形を与える関係図として最も有名なのが、「Bakhmeteff-Matzke の曲線」である。図 5-5。

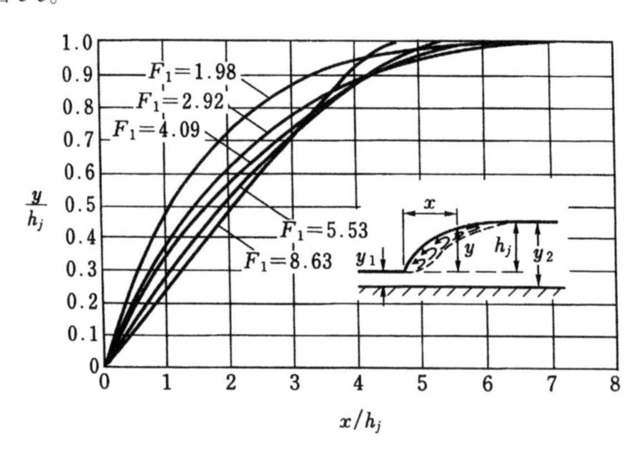

図 5-5 水平勾配水路の跳水水面形無次元表示 ― Bakhmeteff-Matzke の曲線[48)]

この曲線は、いろいろの Froude 数 Fr_1 の値に対して跳水の水面形を無次元数で与えたものである。この曲線から得られる水面形は、他の曲線のそれと相当の相違を見せている。

跳水の問題、特にその長さや形の問題は、理論では求められないので、重要な構造物については模型実験を行うことが望ましい。なお、跳水に関して発表されている各種のデータの値は、いずれも安全側の結果を与えるものとして考えてよい。

跳水の区間において水路底の受ける水圧は、水面形と一致することが実験結果からわかっている。すなわち、跳水の区間においても、水圧分布の静水の法則が成立しているものと考えてよい。

[計算例 5-4]

計算例 5-1（186 頁）について、ダム下流端で跳水が発生するものとして、米国の開拓局が示した関係図（図 5-4)を用いて跳水の長さを求める。また、Bakhmeteff-Matzke の曲線を用いて、跳水の水面形を描く。

図 5-4 の米開拓局の関係図から、跳水発生時の Froude 数 $F_r=7$、開始水深 $y_1=1.14$、結果水深 y_2 = 10.5 m であるから、L/y_2 = 6.13 が得られる。ただし、L は跳水の長さ。よって、$L = y_2 \times 6.13 = 10.5 \times 6.13 =$ 64.4 m が得られる。
図 5-5 の Bakhmeteff-Matzke の曲線を用いて、跳水開始点からの距離 x の無次元量 x/h_j に対する跳水の相対高さ y の無次元量 y/h_j は、図中の F_{r1} = 5.53 曲線と F_{r2} = 8.63 曲線のほぼ中間点の読み値になる。したがって、$y_j = y_2 - y_1 = 10.5 - 1.14 = 9.36$ m を用いて、次図の結果が得られる。

x/h_j	x	y/h_j	y	Y
0.5	4.7	0.13	1.22	2.4
1	9.4	0.26	2.43	3.6
1.5	14.0	0.37	3.46	4.6
2	18.7	0.48	4.49	5.6
3	28.1	0.71	6.65	7.8
4	37.4	0.90	8.42	9.6
4.5	42.1	0.96	8.99	10.1
4.8	44.9	1.00	9.36	10.5

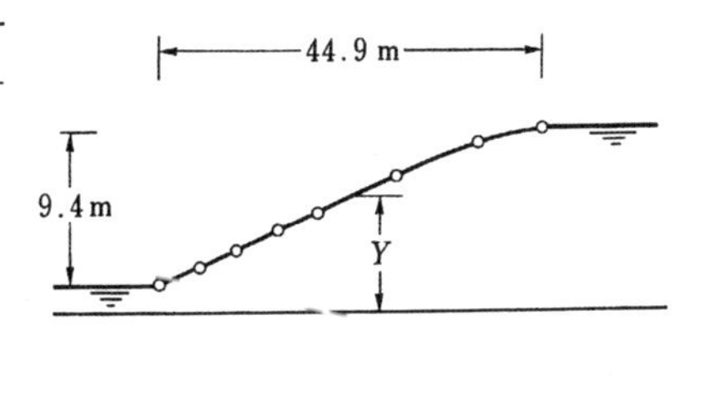

米開拓局の関係図から得られる跳水の長さは 64.4 m、Bakhmeteff-Matzke の曲線を用いると 44.9 m と相当違った値が得られた。

5.6 跳水の位置

「跳水の位置」、すなわち跳水がどこから始まり、どこで終わるかということは、流れが射流から常流に移り変わる水路において非常に重要な問題である。ここでは、次の計算例 5-5 の具体的な状況の中で、跳水の位置の問題を考えることとする。

[計算例 5-5]

底幅 b = 6 m、岸の傾斜 z = 2、勾配 S = 0.0016、粗度係数 n = 0.025 の台形断面プリズム水路の途中に底幅と同じ幅の水門が設けられている。そして、水門より下流 100 m で崖になっている。水門からの流出量を Q = 10 m³/s、vena contract の水深を y_1 = 0.15 m に保つように水門のゲートを操作したときに発生する跳水の位置を求める。

次の手順により行う。

①臨界水深 y_c、等流水深 y_n…… この場合の y_c と y_n の値は、計算例 4-1（169 頁）で求められており、y_c = 0.63 m、y_n = 0.96 m である。

② vena contracta の位置 L_e…… ゲート開度の 60 %が vena contracta の水深になるから、そのゲートからの距離 L_e = 0.15/0.6 = 0.25 m になる。

③ vena contracta の水深 y_1 の共役水深 y_2…… この水路の断面形は台形であるから共役水深は特定力曲線を描いて求める。この場合の特定力曲線は計算例 1-24（33 頁）で求められており、y_2 = 1.55 m となる。

④発生する水面形の概形…… y_c = 0.63 m ＜ y_n = 0.96 m であるから、ゲートより相当下流で発生する流れは常流である。ゲートからその開度の距離下流で vena contracta の水深 y_1 =0.15 m になる。この水深の共役水深 y_2 = 1.55 m は等流水深 y_n = 0.96 m より大であるから、vena contracta から M3 水面形で水深が徐々に増加していく。他方、水路下流端は崖になっているから、崖の縁の臨界水深から上流に向けて M2 水面形が発生する。この場合、ゲート下流の水路長さは等流が発生するほど長くないから、M3 水面形から M2 水面形に向けて跳水が発生し、その間に跳水の水面形がはさまる。

⑤ M2 水面形とM3 水面形の計算……　この場合の M2 水面形は計算例 4-2（170 頁）、M3 水面形は計算例 4-3（171 頁）ですでに計算されている。

⑥ M3 水面形の各水深に対応する共役水深の計算……　M3 水面形から跳水が発生するから、特定力曲線を描き、M3 水面形の各水深に対応する共役水深を求める。この場合の特定力曲線は計算例 1-24 ですでに計算されている。

⑦ M3 水面形の各水深に対応する Froude 数の計算をする。

⑧図 5-6 に以上の予備計算より得られた臨界水深線、等流水深線、M2 水面形、M3 水面形、ならびに M3 水面形に対応する共役水深の線と Froude 数の線を記入する。

⑨ traial and error による跳水位置の決定……　以下で述べる手法によって traial and error により跳水の位置を求めると、開始点はゲート下流約 26 m、終了点約 30 m、跳水の長さ約 4 m になる。

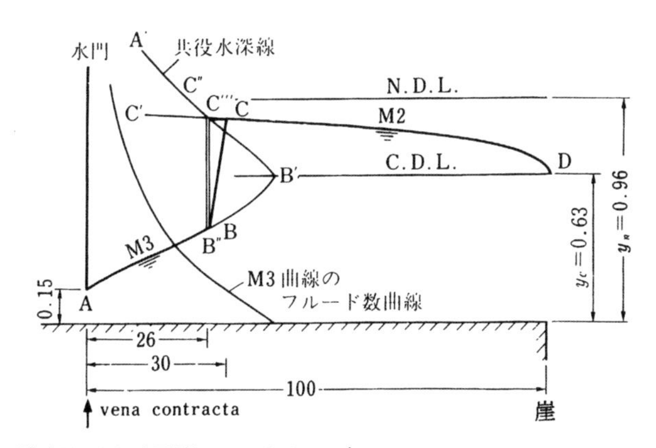

B″ 点は，M3 水面形の $y_1=0.4$ m の点
C″ 点は，M3 水面形の共役水面形の $y_2=0.88$ m の点
B 点をM3 水面形の $y_1=0.41$ m の点とすると，$F_r=2.0$。よって $y_2=0.87$ m
図 5・4 より $L/y_2=4.3$，$L \fallingdotseq 4$ m となる。

図 5-6　跳水の位置

図 5-6 を見ると、下流端が崖になっていて、等流が発生するほど長くない緩勾配の水路の上流に水門がある。水門から噴き出た水流は、水門の開度に相当する距離流れた所で一番収縮して、すなわち vena contracta が発生して、そこから徐々に水深が大きくなる射流の流れになる。この流れの水面形は M3 水面形である。

この M3 水面形から突然跳水が発生し、跳水の水面形を経て、下流端の崖の縁で発生する臨界水深から上流に向け生じる常流の M2 水面形につながる。

跳水の位置を決める準備作業として、まず vena contracta における水深を決める。この水深はゲート開度の 6 割（60 %）と考えてよい。この位置からこの水深を計算開始水深として、射流の不等流計算を行う。この計算は、水深が臨界水深になったら中止する。次に、崖の縁で臨界水深が発生しているから、この水深を計算開始水深として、上流に向けて不等流計算を行う。この計算は水門の位置で終了する。こうすると、常流から下る M3 水面形 AB'、下流から上る M2 水面形 DC'が得られたことになる。

次に、M3 水面形 AB'の任意水深 y_1'を跳水の開始水深として、結果水深 y_2'を特定力曲線から求め y_1'に対応する点をプロットし、曲線 B'A'線を引く。以上で準備作業は終了する。

これからが跳水の位置を決める作業である。B'A'曲線と M2 水面形を表す DC'曲線は必ず交わり、その点を C"とする。この C"点から垂線を下ろし、M3 水面形である AB'曲線との交点を B"とする。

こうすると、B"点の断面は、跳水が長さ零で起こったときの跳水開始断面になる。 跳水が長さ零ということは絶対に有り得ないから、跳水終了断面は、C"点断面から必ず下流に位置することになる。すなわち、B'A'曲線と DC'曲線の交点の断面は、跳水が起こる可能性のある最上流断面ということになる。

この跳水発生可能最上流断面より下流の適当な B 点断面を跳水開始断面と仮定して、B 点より垂線を上げ、B'A'曲線との交点を C'''とする。この C'''点から M2 水面形である DC'曲線に向かって水平線を引き、その交点を C 点とする。そうすると、C 点断面が跳水終了断面となり、C'''点と C 点の間の距離が跳水の長さ L になる。

B 点断面が本当に跳水開始断面であるならば、跳水の長さを求めるための関係の一例として掲げた図 5-4（190 頁）の関係がここで成立していなければならない。すなわち、trial and error でこの関係を満足させる B 点断面の位置を見つけることが最終作業になる。

以上、跳水の位置の決め方を具体例で説明したが、その手順は次のようにまとめることができる。

① 上流から射流の水面形を、下流から常流の水面形を計算し、縦断側面図に描く。

② 射流の水面形の共役水深線を特定力曲線から求め、縦断側面図に描く。

③ 射流の水面形の共役水面形と常流の水面形の交点を求める。もし、跳水の終了位置を知る必要がなければ、ここを跳水の発生位置とすればよい。

④ 実際に跳水が発生する位置は、前述の交点より下流になる。その位置では図 5-4 の関係を満たしていなければならないから、trial and error で条件を満足させる位置を見つける。

⑤ 図 5-4 の米開拓局のデータや図 5-5（190 頁）の Bakhmeteff-Matzke の曲線などの関係を用いて、跳水の水面形を求める。

巻末

引用

第1編　管水路の水理

1) M..L. ALBERTSON and others : FLUDE MECHANICS for Engineer, PRENTICE-HALL, 1960, pp. 218, Fig. 5-12.
Fig. 5-12 を元に著者が作成。

2) 岩崎義郎・金丸昭治 : 水理学 I , 朝倉書店, 1987, pp. 69.

3) 著者編集。出典については、著者に問い合わせ下さい。

4) 不詳。物部長穂は『水理学』(岩波書店, 1933, pp. 152, 第294図)において表1-2の値と殆ど同じ値を示し、独国 J. Weisbach が 1875 年に行った実験結果と述べている。Weisbach は 1871 年に亡くなっているから、1875 年は間違いであろう。

5) T.E.Stanton and J.R.Pannel : Similarity of motion in relation to surface friction of fluids, Philosophical Transactions, Royal Society of London, vol. 214A, pp. 199-224, 1914.
J.K. VENNARD and R.L. STREET : Elemntary Fluid Mechanics SI Version, John Wiley & Sons, 1976, pp. 383, Fig. 9.3.

6) J.P. Tullis : HYDRAULICS OF PIPELINES, John Willy & Sons, 1989, pp.17, Fig. 1.4.

7) M.L. Alberton, J.B.Barton and D.B. Simons : FLUID MECHANICS for ENGINEERS, PRENTICE HALL, 1960, pp. 269, Fig 7-6.

8) E.F. Brater and H.W. King : Handbook of Hydraulics, Sixth Edition, 1976, pp. 6-12.

9) 文献 7)と同じ。

10) R.W. JEPPSON : ANALYSIS OF FLOW IN PIPE WORKS, pp. 41, Table 2-3.

11) R. Manning : Flow of Water Open Channels and Pipes, Trans. Inst. Civil Engrs. (Irland), vol. 20, 1890.

12) Pelton 水車は東星興業（株）新下平発電所、Francis 水車は栃木県営足尾発電所に設置されているもの。

13) 東日本旅客鉄道株式会社信濃川工事事務所 : 信濃川水力発電再開発工事誌, 1981, pp. 808, Fig 3-1-1.

14) M.L .Alberton, J.B. Barton and D.B. Simons : FLUID MECHANICS for ENGINEERS, PRENTICE HALL, 1960, pp. 133, Fig. 3-21 より抜粋。

14') Medaugh, F.W. and Jonson, G.D. : Investigation of the Discharge and Coefficient of Small Circular Orifices, Civil Eng. (N.Y.), July. 1940. pp.422~424 より抜粋作成。

15) J.K. VENNARD and R.L. STREET : Elementary Fluid Mechanics FIFTH EDITION, John and Wiley & Sons, 1976, pp. 562, Fig. 11.36.

Fig. 11.36 は、元データから VENNARD と STREET が作成したもの。

16) 米本卓介・岩崎敏夫：水理学例題演習，コロナ社，昭和 30 年，pp. 101，問題 2。

17) 不詳

18) 不詳

19) 鮭川登：水理学，コロナ社，昭和 62 年，pp. 114, Fig. 5.7.

20) J.K. VENNARD and R.L. STREET : Elemntary Fluid Mechanics SI Version, John Wiley & Sons, 1976, pp. 720, Fig. A-6 and pp. 721, Fig. A-7.

21) 不詳

22) J. Pickford : Analysis of Surge, Macmillan, 1969, pp. 18, Fig. 3.1.

23) J.P. Tullis : HYDRAULICS OF PIPELINES, John Willy & Sons, 1989, pp.188, Fig. 8.1.

24) M.H. Chaudhry : APPLIED HYDRAULIC TRANSIENTS, VAN NOSTRAND REINHOLD, 1979, pp.12, 13 and 14, Fig. 1.2.

25) J.P. Tullis : HYDRAULICS OF PIPELINES, John Willy & Sons, 1989, pp.192, Fig. 8.3a.

26) J.P. Tullis : HYDRAULICS OF PIPELINES, John Willy & Sons, 1989, pp.192, Fig. 8.3b.

27) M.H. Chaudhry : APPLIED HYDRAULIC TRANSIENTS, VAN NOSTRAND REINHOLD, 1979, pp. 340, Fig. 11.5.

28) J. Pickford : Analysis of Surge, Macmillan, 1969, pp. 40, Fig. 4.9.

29) J.P. Tullis : HYDRAULICS OF PIPELINES, John Willy & Sons, 1989, pp.193, Fig. 8.4.

30) E. B. Wylie and V.L. Steeter and L. Suo : Fluid Transients in Systems, PRENTICE HALL, 1993. pp. 63, Fig. 3-16.

31) E. B. Wylie and V.L. Steeter and L. Suo : Fluid Transients in Systems, PRENTICE HALL, 1993. pp. 63, Fig. 3-17.

32) 24) の図の (a) と (b) を抜粋。

33) J.P. Tullis : HYDRAULICS OF PIPELINES, John Willy & Sons, 1989, pp.199, Fig. 8.7.

34) R.K. Linsley and J.B. FRANZINI : WATER-RESOURCES ENGINEERING, THIRD EDITION, 1979, pp. 306, Fig. 11-18.

35) J.P. Tullis : HYDRAULICS OF PIPELINES, John Willy & Sons, 1989, pp.202, Fig. 8.8.
36) E. B. Wylie and V.L. Steeter and L. Suo : Fluid Transients in Systems, PRENTICE HALL, 1993. pp. 196, Fig. 8-10.
37) M.H. Chaudhry : APPLIED HYDRAULIC TRANSIENTS, VAN NOSTRAND REINHOLD, 1979, pp. 334, Fig. 11.2.
38) J. Pickford : Analysis of Surge, Macmillan, 1969, pp. 111, Fig. 10-2.
39) J. Pickford : Analysis of Surge, Macmillan, 1969, pp. 112, Fig. 10-3.
40) J. Pickford : Analysis of Surge, Macmillan, 1969, pp. 112~115, Example 10.1.
41) J. Pickford : Analysis of Surge, Macmillan, 1969, pp. 131~132, Example 11.1.
42) M.H. Chaudhry : APPLIED HYDRAULIC TRANSIENTS, VAN NOSTRAND REINHOLD, 1979, pp. 307, Fig. 10.2.
43) E.F. Brater and H.W. King : Handbook of Hydraulics, Sixth Edition, 1976, pp. 2-7, Fig. 2-5.
44) 鮭川登 ：水理学.
45) J.K. VENNARD and R.L. STREET : Elemntary Fluid Mechanics SI Version, John Wiley & Sons, 1976, pp. 553, Fig. 11.29.
46) J.K. VENNARD and R.L. STREET : Elemntary Fluid Mechanics SI Version, John Wiley & Sons, 1976, pp. 555, Fig. 11.30.
47) J.K. VENNARD and R.L. STREET : Elemntary Fluid Mechanics SI Version, John Wiley & Sons, 1976, pp. 555, Fig. 11.30.
48) J.K. VENNARD and R.L. STREET : Elemntary Fluid Mechanics SI Version, John Wiley & Sons, 1976, pp. 557, Fig. 11.31.
49) J.K. VENNARD and R.L. STREET : Elemntary Fluid Mechanics SI Version, John Wiley & Sons, 1976, pp. 559, Fig. 11.32.
50) J.K. VENNARD and R.L. STREET : Elemntary Fluid Mechanics SI Version, John Wiley & Sons, 1976, pp. 563, Fig. 11.38.
51) J.K. VENNARD and R.L. STREET : Elemntary Fluid Mechanics SI Version, John Wiley & Sons, 1976, pp. 127, Fig. 4.2.
52) J.K. VENNARD and R.L. STREET : Elemntary Fluid Mechanics SI Version, John Wiley & Sons, 1976, pp. 537, Fig. 11.15 and pp. 538, Fig.11.16.
53) J.K. VENNARD and R.L. STREET : Elemntary Fluid Mechanics SI Version, John Wiley & Sons, 1976, pp. 565, Fig. 11.39.

54) 日本電気計測器工業会編：流量計の正しい使い方, 日本工業出版, pp. 140, fig. 5.1.1.

55) 日本電気計測器工業会編：流量計の正しい使い方, 日本工業出版, pp. 55, fig. 2.1.1.

56) 日本電気計測器工業会編：流量計の正しい使い方, 日本工業出版, pp. 82, fig. 3.1.1.

57) 不詳

58) Voith Hydro Info.

59) 電気学会：発電工学　改訂判, 1991, pp. 83, Fig. 7.19, Fig. 7.10, Fig. 7.11.

60) (a) 不詳, (b) 電気学会：発電工学　改訂判, pp. 82, Fig. 7-15.

61) V. J. Zipparro, editor in chief : DAVIS' HANDBOOK OF APPLIED HYDRAULICS, McGRAW-HILL,1993, pp. 21.3, Fig. 4 and pp. 21.4, fig. 5.

62) 電気学会：発電工学　改訂判, 1991, pp. 83, Fig. 7.19.

63) (a) Moody と Zowaski による。
(b) 電気学会：発電工学 改訂版, 1971, pp. 87, Fig. 7.21.

64) 不詳

65) V. J. Zipparro, editor in chief : DAVIS' HANDBOOK OF APPLIED HYDRAULICS, McGRAW-HILL,1993, pp. 21.8, Fig. 7.

66) 不詳

67) I. J. Karassik, W.C. Krutzsch, W.H. Fraser, and J.P. Messina : PUMP HANBOOK SECOND EDITION, McGRAW-HILL, 1986, pp. 2.34, Fig. 1.

68) I. J. Karassik, W.C. Krutzsch, W.H. Fraser, and J.P. Messina : PUMP HANBOOK SECOND EDITION, McGRAW-HILL, 1986, pp. 2.70, Fig. 65.

69) I. J. Karassik, W.C. Krutzsch, W.H. Fraser, and J.P. Messina : PUMP HANBOOK SECOND EDITION, McGRAW-HILL, 1986, pp. 2.48, Fig. 26 and pp. 2.52, Fig. 35.

70) 渦巻き形式は不詳、タービン形式は次の通り。
I. J. Karassik, W.C. Krutzsch, W.H. Fraser, and J.P. Messina : PUMP HANBOOK SECOND EDITION, McGRAW-HILL, 1986, pp. 2.34, Fig. 2.

71) I. J. Karassik, W.C. Krutzsch, W.H. Fraser, and J.P. Messina : PUMP HANBOOK SECOND EDITION, McGRAW-HILL, 1986, pp. 246, Fig. 22 .

72) 豊倉富太郎・喜多智慧夫：渦巻きポンプ 基礎と設計製図, 実教出版, 1986, pp. 137, fig. 10-1.

73) I. J. Karassik, W.C. Krutzsch, W.H. Fraser, and J.P. Messina : PUMP HANBOOK SECOND EDITION, McGRAW-HILL, 1986, pp. 2.50, Fig. 13.

74) I. J. Karassik, W.C. Krutzsch, W.H. Fraser, and J.P. Messina : PUMP HANBOOK SECOND EDITION, McGRAW-HILL, 1986, pp. 2.198, Fig. 6.

75) V. J. Zipparro, editor in chief : DAVIS' HANDBOOK OF APPLIED HYDRAULICS, McGRAW-HILL,1993, pp. 21.20, Fig. 14a.

76) 豊倉富太郎・喜多智慧夫：渦巻きポンプ 基礎と設計製図，実教出版，1986, pp. 64, fig. 5-2.

77) V. J. Zipparro, editor in chief : DAVIS' HANDBOOK OF APPLIED HYDRAULICS, McGRAW-HILL,1993, pp. 21.25, Fig. 18.

78) I. J. Karassik, W.C. Krutzsch, W.H. Fraser, and J.P. Messina : PUMP HANDBOOK SECOND EDITION, McGRAW-HILL, 1986, pp. 2.221, Fig. 31.

79) I.E. Idelchik : HANDBOOK of HYDRAULIC RESISTANS 3rd Edition, CRC Press, 1994. pp. 556. Diagram 9-6.

80) 新井義輔：発電水力概説, 共立出版, 1955, 179, Fig. 9.13.

81) I.E. Idelchik : HANDBOOK of HYDRAULIC RESISTANS 3rd Edition, CRC Press, 1994. pp. 565. Diagram 9-13.

82) I.E. Idelchik : HANDBOOK of HYDRAULIC RESISTANS 3rd Edition, CRC Press, 1994. pp. 553. Diagram 9-4.

83) V. J. Zipparro, editor in chief : DAVIS' HANDBOOK OF APPLIED HYDRAULICS, McGRAW-HILL,1993. pp. 17.38, Fig. 23.a.

84) I.E. Idelchik : HANDBOOK of HYDRAULIC RESISTANS 3rd Edition, CRC Press, 1994. pp. 560. Diagram 9-9.

85) I.E. Idelchik : HANDBOOK of HYDRAULIC RESISTANS 3rd Edition, CRC Press, 1994. pp. 574. Diagram 9-22.

86) J.P. Tullis : HYDRAULICS OF PIPELINES, John Willy & Sons, 1989, pp.115, Fig. 4.12.

87) I.J. Karassik and others : PUMP HANDBOOK SECOND EDITION, McGRAW-HILL, 1986, pp. 7.20, Fig. 30.

88) J.P. Tullis : HYDRAULICS OF PIPELINES, John Willy & Sons, 1989, pp. 91, Fig. 4.3.

89) J.P. Tullis : HYDRAULICS OF PIPELINES, John Willy & Sons, 1989, pp. 92~93, Example 4.1.

90) J.P. Tullis : HYDRAULICS OF PIPELINES, John Willy & Sons, 1989, pp.135, Fig. 6.1.

91) J.P. Tullis : HYDRAULICS OF PIPELINES, John Willy & Sons, 1989, pp.140, Fig. 6.4.

92) J.P. Tullis : HYDRAULICS OF PIPELINES, John Willy & Sons, 1989, pp.144, Fig. 6.8.

93) J.P. Tullis : HYDRAULICS OF PIPELINES, John Willy & Sons, 1989, pp.145, Fig. 6.9.

94) J.P. Tullis : HYDRAULICS OF PIPELINES, John Willy & Sons, 1989, pp.146, Table 6.1.

95) J.P. Tullis : HYDRAULICS OF PIPELINES, John Willy & Sons, 1989, pp.149, Example 6.1.

第2編　開水路の水理

1) Alberton, M.L. & others : Fluid Mechanics for Engineers, Prentice-Hall, 1960, pp. 342, Table 8-1.

2) Ven Te Chow : Open-Channel Hydraulics, MaGraw-Hill, 1959, pp.145, Table 6-2.

3) Ven Te Chow : Open-Channel Hydraulics, MaGraw-Hill, 1959, pp. 539, Fig. 18-8.

4) Ahmed Shurkry : Flow around bends in an open flume, Transactions, American Society of Civil Engineers, vol. 115, pp. 751~779, 1950.

5) Ven Te Chow : Open-Channel Hydraulics, MaGraw-Hill, 1959, pp. 42, Fig. 3-2.

6) S.LELIAVSKY : WEIRS, CHAPMAN AND HALL, 1981, pp. 156, Fig. 196.

7) 次の論文より作成。Otto Kirschmer : Studies on the head loss through a rack, Mitteilungen des hydraulischen Instituts der technischen Hochschule Munchen, no. 1, pp. 21-41, Muniche, 1926.

8) Gianni Formica : Preliminary test on head losses in channels due to crosssectional channges, L'Energia elettrica, Milano, vol. 32, no. 7, pp. 554~568, July, 1955.

9) Robert Muller : Theoretical principals for regulation of rivers and torrents, Eidgenossinsche Technische Hochschule, Zurich, Mitteilungen der Versuchsandstslt fur Wasserbau und Erdbau, No. 4, 1943.

10) Ahmed Shurkry : Flow around bends in an open flume, Transactions, American Society of Civil Engineers, vol. 115, pp. 751~779, 1950.
Ven Te Chow : Open-Channel Hydraulics, MaGraw-Hill, 1959, pp. 444, Example. 16-1.

11) Ahmed Shurkry : Flow around bends in an open flume, Transactions, American Society of Civil Engineers, vol. 115, pp. 751~779, 1950.

12) Ven Te Chow : Open-Channel Hydraulics, MaGraw-Hill, 1959, pp. 429, Fig. 15-22.

13) Ven Te Chow : Open-Channel Hydraulics, MaGraw-Hill, 1959, pp. 454, Fig. 16-6.

14) Ven Te Chow : Open-Channel Hydraulics, MaGraw-Hill, 1959, pp. 450, Fig. 16-5.

15) Ven Te Chow : Open-Channel Hydraulics, MaGraw-Hill, 1959, pp. 226, Fig. 9-2.

16) Ven Te Chow : Open-Channel Hydraulics, MaGraw-Hill, 1959, pp. 225, Fig. 9-1.

17) M.L. ALBERTSON & others : Flud Mechanics for Engineers, Prentice-Hall, 1960, pp. 489, Fig. 11-1.

18) M.L. ALBERTSON & others : Flud Mechanics for Engineers, Prentice-Hall, 1960, pp. 494, Table 11-1.

19) Ven Te Chow : Open-Channel Hydraulics, MaGraw-Hill, 1959, pp. 101, l. 26 to pp. 106, l. 26.

20) 文献 19) と同じ、pp. 109, Table 5-5.

21) 文献 19) と同じ、pp. 110, Table 5-6.

22) Thomas R. Champ : Design of sewers to facilitate fow, Sewage Works Journal, vol. 18, pp. 1 ~ 16, January-December, 1946.

23) Armondo Lencastre : Handbook of Hydraulic Engineering, Ellis Horwood, 1987, pp. 273~276, Fig. 8.22 to 8.26.

24) Ven Te Chow : Open-Channel Hydraulics, MaGraw-Hill, 1959, pp. 360, Fig. 14-1.

25) "Corps of Engineers Hydraulic Design Criteia", prepared for Office of Chief of Engineers, U.S. Army Corps of Engineers, Waterways Experiment Station, Vicksburg, Miss., 1952, revised in subsequent years.

26) "Corps of Engineers Hydraulic Design Criteia", prepared for Office of Chief of Engineers, U.S. Army Corps of Engineers, Waterways Experiment Station, Vicksburg, Miss., 1952, revised in subsequent years.

27) "Corps of Engineers Hydraulic Design Criteia", prepared for Office of Chief of Engineers, U.S. Army Corps of Engineers, Waterways Experiment Station, Vicksburg, Miss., 1952, revised in subsequent years.

28) Research study on stilling basins, energy dissipators and associated appurtenances, U.S. Bureau of Reclamation, Hydraulic Report, No. Hyd-399, June 1, 1955, pp. 41~43.

29) Armondo Lencastre : Handbook of Hydraulic Engineering, Ellis Horwood, 1987, pp. 281, Fig. 8-32.

30) Ven Te Chow : Open-Channel Hydraulics, MaGraw-Hill, 1959, pp. 52 Fig. 6.

31) Brater & King : Handbook of Hydraulics , Sixth Edition, McGraw-Hill, 1976, pp. 5-40, Table 5-3.

32) S.LELIAVSKY : WEIRS, CHAPMAN AND HALL, 1981, pp. 120, Fig. 122.

33) D.L.VISCHER & W.H.HARGER : DAM HYDRAULICS, John Wiley & Sons Ltd, 1998, pp. 55, Fig. 2.30.

34) Davis & Sorensen : Handbook of Applied Hydraulics, Third edition, McGraw-Hill, 1969, pp. 21-9, Fig. 6.

35) Harold R. Henry : Discussion of Diffusion of submerged jet, by M.L.Albertons, Y.B.Dai, R.A.Jensen, and Hunter Rouse, Transaction American Society of Civil Engineers, vol. 115, pp. 687~684, 1950.

36) Arthur Toch : Discharge characteristics of Tainter gate, Transactions, Amereican Society of Civil Engineers, vol. 120, pp. 290~300, 1955.

37) Joseph N. Bradly : Rating curves for flow over drum gates, Transactions, Amereican Society of Civil Engineers, vol. 119, pp. 403~420, 1955.

38) Ven Te Chow : Open-Channel Hydraulics, MaGraw-Hill, 1959, pp. 503.

39) Vernard & Street : Elementary Fluid Mechanics, SI Version, Fifth Edition, John Willy & Sons, 1975, pp. 653, Fig. 13-6.

40) Ven Te Chow : Open-Channel Hydraulics, MaGraw-Hill, 1959, pp. 192, Fig. 8-1.

41) Vernard & Street : Elementary Fluid Mechanics, SI Version, Fifth Edition, John Willy & Sons, 1975, pp. 666~667, Fig.13-10 & 13-11.

42) 鮭川登 ：水理学, コロナ社, 昭和 62 年, pp. 100, fig. 4-18.

43) Armondo Lencastre : Handbook of Hydraulic Engineering, Ellis Horwood, 1987, pp. 351, Table 13.

44) Steponas Kolupaila : Method of determination of kinetic energy factor, The Port Engineer, Culcutta, India, vol. 5, no. 1, pp. 12~18, January, 1956.

45) Ven Te Chow : Open-Channel Hydraulics, MaGraw-Hill, 1959, pp. 394, Fig. 5-1.

46) Research studies on stilling basins, energy dissipators, and associated appurtenances, U.S. Bureau of Reclamation, Hydraulic Laboratory Report No. Hyd-339, June 1, 1955.

47) Research studies on stilling basins, energy dissipators, and associated appurtenances, U.S. Bureau of Reclamation, Hydraulic Laboratory Report No. Hyd-339, June 1, 1955.

48) Boris A. Bakhmeteff and Arthur E. Matzke : The hydraulic jump in terms of dynamic similarity, Transactions, American Society of Civil Engineers, vol. 101, pp. 630~647, 1936.

参考図書

・物部長穂：水理学, 岩波書店, 1933.

・伊藤剛：水理学, アルス, 1937.

・沖巌：水力学, 岩波書店, 1942.

・本間仁：水理学, コロナ社, 1942.

・A.H. GIBSON : HYDRAULICS AND ITS APPRICATIONS Fifth Edition, CONSTABLE AND COMPANY, 1952,　First Published 1908.

・土木学会編：土木工学ハンドブック, 技報動, 1954.

・米本卓介・岩崎敏夫：水理学例題演習, コロナ社, 1955.

・新井義輔：発電水力概説, 共立出版, 1955.

・永井荘七朗：水理学, コロナ社, 1957.

・VEN TE CHOW, OPEN-CHANNEL HYDRAULICS, McGRAW-HILL, 1959.

・水野一郎・後藤寧朗共訳：開水路の水理学(訳)(S.M.WOODWARD and C.H.POSEY : Hydraulics of Steady Flow in Open Channels, John Wiley & Sons, Inc.), 丸善, 1959.

・M.L. ALBERSTSON, J.R. BARTON and D.B. SIMONS : FLUID MECHANICS for Engineers, PRENTICE-HALL, 1960.

・佐藤清一郎：水理学, 森北出版, 1960.

・椿東一郎・荒木正夫：水理学演習上巻, 森北出版株式会社, 1961.

・椿東一郎・荒木正夫：水理学演習下巻, 森北出版株式会社, 1961.

・本間仁・物部長穂：物部水理学, 岩波書店, 1962.

・粟津清蔵　木村喜代治：演習水理学, オーム社, 1963.

・土木学会編：土木工学ハンドブック, 技報動, 1964.

・E.F. BRATER & H.W. KING : HANDBOOK OF HYDRAULICS for the solution of Hydraulic Engineering Problem, Sixth Edition, McGRAW-HILL, 1966.

・岩佐義郎：水理学, 朝倉書店, 朝倉書店, 1967.

・小川元：水理学, 共立出版株式会社, 1968.

・Davis & Sorensen : Handbook of Applied Hydraulics, Third edition, McGraw-Hill, 1969.

・電気学会出版事業委員会：発変電工学(改訂版), 電気学会, 1971.

・丹波健蔵：水理学詳説, 理工図書株式会社, 1971.

・椿東一郎・荒木正夫：水理学演習上巻, 森北出版株式会社, 1961.

・椿東一郎・荒木正夫：水理学演習下巻, 森北出版, 1961.

・J. Pickford : Analysis of Surge, Macmillan,1969.

・松梨順三郎：水理学, 朝倉書店, 1975.

・J.K. VENNARD & R.L. STREET, Elementary Fluid Mechanics, SI VERSION, John Wiley & Sons, 1976.

・R.W. Jeppson : ANALYSIS OF FLOW IN PIPE NETWORKS, BUTTETWORTH, 1976.

・吉川秀夫：水理学, 技報堂出版, 1976.

・伊藤実・吉川貞治：水理学, 彰国社, 1977.

・森田健造：水理学の基礎と演習, 現代工学社, 1978.

・M.H. Chaudhry : APPLIED HAYDRAULIC TRANSIENTS, VAN NOSTRAND REINHOLD COMPANY, 1979.

・R.K. Linsley and J. B. Franzini : WATER-RESOURCES ENGINEERING THERD EDITION, MaGRAW-HILL, 1979.

・本間仁・米本卓介・米谷秀三：水理学入門, 森北出版株式会社, 1979.

・SI 単位活用事典編集委員会編著：SI 単位活用事典, 日本規格協会, 1979.

・粟津清蔵：大学課程水理学, オーム社, 1980.

・岩佐義郎：水理学, 市ヶ谷出版, 1980.

・S. LELIAVSKY : WEIRS, CHAPMAN AND HALL, 1981.

・大西外明：最新水理学Ⅰ, 森北出版, 1981.

・大西外明：最新水理学Ⅱ, 森北出版, 1981.

・今本博健・板倉忠興・高木不折：水理学の基礎, 技報堂, 1982.

・日野幹雄：明解水理学, 丸善, 1983.

・本間仁：標準水理学, 丸善, 1984.

・EDITED BY I. J. Karassik, W.C. Krutzsch, W.H Fraser, and J.P. Messina : PUMP HANBOOK SECOND EDITION, McGRAW-HILL, 1986.

・伊藤秀夫：水理学, 明現社, 1986.

・原田幸夫：流体機械, 朝倉書店, 1986.

・Armondo Lencastre : Handbook of Hydraulic Engineering, Ellis Horwood, 1987.

・鮏川登：水理学, コロナ社, 1987.

・豊倉富太郎・喜多智慧夫：渦巻きポンプ, 実教出版株式会社, 1986.

・岩佐義郎・金丸昭治：水理学Ｉ，朝倉書店，1987.

・岩佐義郎・金丸昭治：水理学Ⅱ，朝倉書店，1987.

・星田善治・濱野啓造：水理学の基礎, 東海大学出版会, 1988.

・日本電気計測工業会：流量計の正しい使い方, 日本工業出版株式会社, 1988.

・J.P.TULLIS : HYDRAULICS OF PIPELIES , JHON WILEY & SONS, 1989.

・玉井信行：水理学 1, 培風館, 1989.

・玉井信行：水理学 2, 培風館, 1989.

・須賀堯三編：水理模型実験, 山海堂, 1990.

・岩崎敏夫：応用水理学, 技報堂, 1991.

・岡本芳美：開水路の水理学解説, 鹿島出版会, 1991.

・E. B. Wylie and V.L. Steeter and L. Suo : Fluid Transients in Systems, PRENTICE HALL, 1993.

・V. J. Zipparro, editor in chief : DAVIS' HANDBOOK OF APPLIED HYDRAULICS, McGRAW-HILL,1993.

・I.E. Idelchik : HANDBOOK of HYDRAULIC RESISTANS 3rd Edition, CRC Press, 1994.

・F. Senturk : HYDRAULICS OF DAMS AND RSERVOIRS, Water Resources Pulications,1994.

・彌津家久：水理学・流体力学, 朝倉書店, 1995.

・E.F. BRATER & H.W. KING : HANDBOOK OF HYDRAULICS for the solution of Hydraulic Engineering Problem, Seventh Edition, McGRAW-HILL, 1996.

・林泰造：基礎水理学, 鹿島出版会, 1996.

・水村正和：水工水理学, 共立出版, 1997.

・玉井信行：大学土木水理学, オーム, 1997.

・D.L. Vischer & W.H. Hager : Dam Hydraulics, JOHN WILEY & SONS, 1998.

・岩佐義郎：水理学入門, 実務出版, 1998.

・L.W. Mays, Editor in chief : HYDRAULIC DESIGIN HANDBOOK, McRraw-Hill, 1999.

・池田俊介：詳述水理学, 技報堂, 1999.

・H. Chanson : The Hydraulics of Open Channel Flow, Arnold, 1999.

・電気学会出版事業委員会：発電・変電[改訂版], 電気学会, 2000.

・彌津家久・富永晃宏：水理学, 朝倉書店, 2000.

・S.C. JAIN : OPEN-CHANNEL FLOW, JOHN WILEY & SONS, 2001.

・電気学会電気規格調査会：JEC-4001 水車およびポンプ水車, 電気書院, 2006.

・大津岩夫・安田陽一編：水理学, 理工図書, 2007.

・島田正志：水理学 流れ学の基礎と応用, 東京大学出版会, 2008.

・国立天文台編：理科年表(平成 27 年), 丸善出版, 2017.

付録

1 次元

水理学で扱う水理量、すなわち「基本量」は、「質量」、「長さ」、「時間」の3つである。物理学の基本量としては、この他に「電流」、「熱力学温度」、「物質量」、「光度」がある。

例えば、長さは「メートル」や「ヤード」というような「単位」で表される。しかし、長さの単位を抽象化した文字 L で示すと、面積は L^2 で表される。すなわち、ある物理量の単位は、互いに独立な「基本単位」を抽象化した文字（質量は M、時間は T）を用いて $M^aL^bT^c$ というように基本単位を示す文字の冪（べき）の積の形で表される。この表示の仕方を物理量の「次元」とよび、また、「L」、「M」、「T」などを基本の次元とよぶ。

いま、速度 v は Δt時間中の移動量Δlであるから、v = Δl/Δtで、Δlの次元は[L]、Δtの次元は[T]であるから、速度 v の次元は[V] = [L/T] = $[LT^{-1}]$となる。

加速度 a は Δt時間中の速度の増加量ΔV であるから、a = ΔV/Δtである。 ΔVの次元は$[LT^{-1}]$、Δtの次元[T]であるから、加速度の次元は[a] = $[LT^{-1}]$/ [T] = $[LT^{-2}]$となる。

力 F は、Newton の法則により質量×加速度である。質量は基本単位で次元は[M]で、加速度の次元は$[LT^{-2}]$であるから、力の次元は[F]=[M]×$[LT^{-2}]$= $[MLT^{-2}]$になる。

密度は記号 ρ で表され、密度=質量÷体積である。体積の次元は、長さの基本次元[L]の三乗すなわち$[L^3]$であるから、密度の次元[ρ] = [M]/ $[L^3]$ = $[ML^{-3}]$ となる。

以上のようにして、全ての水理量の次元は基本単位の次元 M、L、T で表すことができる。付表 4-1（付録 20 頁）に代表的物理量の次元を掲げる。

次に、物理量 A、B、C の間に下の関係があるものとする。

① A + B = C

② A×B = C

①の場合、 A、B、C それぞれ次元が皆同じであることを意味している。②の場合、A、B、C が皆同じ次元を持つことはなく、左辺と右辺の次元は同じにならなければならないことを意味している。このことを「次元の同次性」とよぶ。

また、②の場合、物理量 C の次元が零になってしまうことがある。例えば、Froude 数は、$F_r = V/\sqrt{gD} = Vg^{-1/2}d^{-1/2}$ である。速度 V の次元は $[LT^{-1}]$、重力の加速度 g の次元は $[LT^{-2}]$、水理学的水深 D の次元は $[L]$ であるから、Froude 数の次元は $[Fr] = [LT^{-1}][LT^{-2}]^{-1/2}[L]^{-1/2} = [L^{1-1/2-1/2}T^{-1+1}] = [L^0T^0]$ となって、単なる数になる。こうなる C を「無次元量」、あるいは「無次元」とよぶ。

2　SI 単位と単位換算

2.1　SI 単位

物理量の数値を求めるためには、基本量の単位を決めなければならない。すなわち、長さの単位として「メートル」(m)、質量の単位として「キログラム」(kg)、時間の単位として「秒」(s)などである。これまでいろいろの「単位系」が用いられてきたが、最近では国際的に統一された「国際単位系」(Systéme International d'Unit)、すなわち「SI 単位」が多く用いられるようになってきた。

SI 単位は、先に述べた基本次元に対応する基本単位とその「補助単位」、ならびに基本単位及び補助単位を組み立てて作った「組立単位」の 2 つに分けられる。組立単位は、一般の組立単位と固有の名称を持つ組立単位に分けられる。また、SI 単位に含まれない単位であるが、事実上重要であるので併用してもよい単位、特殊な分野においてだけ併用してもよい単位がある。その他、SI 単位の 10 の整数倍を構成するための「SI 接頭語」が決められている。付表 4-2(付録 20 ～ 22 頁)の①~⑦参照。

2.2　SI 単位換算

単位として、SI 単位を地球上の人皆使用してくれれば何ら問題はないが、それぞれの立場で未だに伝統に従って各々の単位を用いており、相手が用いた単位を自分の単位に換算、または逆をしなければならないことがしばしば起こってくる。このことを「単位換算」とよぶ。付表 4-3（付録 23 頁）の①~④参照。

なお、「ヤード・ポンド系」は、長さの単位に「ヤード」、質量の単位に「ポンド」、時間の単位に「秒」、温度の単位に「華氏度」を用いる単位系で、「英（国）単位系」ともよばれる。

3 水の性質

水理学でしばしば対象となる水の性質は、以下の項目である。左列の文字は一般に用いられている記号である。

ρ： 密度

γ： 単位体積重量

μ： 粘性係数

ν： 動粘性係数

σ： 表面エネルギー（表面張力）

p_v： 蒸気圧

K： 体積弾性係数

これらの水の性質は、概略以下のとおりである。

① ρ： 密度…… 「密度」は、物体の単位体積当たりの重量である。SI単位は、キログラム毎立方米(kg/m^3)である。水の密度は4℃のとき1000 kg/m^3、20℃のとき998.2 kg/m^3と、温度によって変化する。通常の水理学の計算では、水の密度は1000 kg/m^3としてよい。

② γ： 単位体積重量…… 「単位体積重量」は、単位体積中の物体にかかる重力である。単位体積重量と密度の間には、$\gamma = \rho g$の基本的関係がある。したがって、4℃のときの単位体積重量は、$\gamma = \rho g = 1000\ kg/m^3 \times 9.81\ m/s^2 = 9810\ mkgs^{-2} / m^3 = 9810\ N/m^3 = 9.8\ kN/m^3$となる。すなわち、単位体積重量の単位は、SI単位ではN/m^3である。通常の水理学の計算では、$10000\ N/m^3 = 10\ kN/m^3$としてよい。

③ μ： 粘性係数…… 「粘性」は、流体の中における「相対的な動き」に対し「抵抗」を生じさせる流体の性質である。密度や単位体積重量は静的状態の下で示され得る性質であるのに対し、粘性は動的状態の下でしか示され得ない性質であり、そのため粘性のことを英語では特に「dynamic viscosity」(「動的粘性」)とよぶ。そして、流体の粘性の度合いを示す係数を「coefficient of dynamic viscosity」(「動的粘性係数」)とよぶ。しかし、日本語ではただ単に「粘性」とよばれ、後者を水理学では「粘性係数」とよんでいる。また、分野によっては粘性係数のことを「粘度」とよんでいる。

粘性は、流体を構成する分子間の粘着力に起因する。したがって、温度の上昇と共に弱まるから、同様に粘性係数も温度の上昇と共に小さくなる。すなわち、粘性の問題を考えるときは必ず温度を考慮しなければならない。

粘性係数の SI 単位は、パスカル秒(Pa･s)である。水の粘性係数は、20 ℃で 1.002 mPa･s である。通常の水理計算では、粘性係数は 1 mPa･s と考えればよい。

④ ν： 動粘性係数…… 粘性係数を密度で徐した値、すなわち $\nu=\mu/\rho$ を、英語では「coefficient of kinematic viscosity」とよぶ。日本語に直訳すれば「運動学的粘性係数」となるが、これを水理学の分野では「動粘性係数」とよぶ。しかし、分野によっては「動粘度」とよぶ。また、「運動粘性係数」とよばれることもある。

動粘性係数の SI 単位は、平方米毎秒(m^2/s)である。水の動粘性係数は、20 ℃で 1.004 $\mu m^2/s$ である。通常の水理計算では、動粘性係数は 1 $\mu m^2/s$ と考えればよい。

⑤ σ： 表面エネルギー（表面張力）…… 「表面エネルギー」は、誤って「表面張力」として知られている。表面エネルギーは、「凝集力」と「付着力」によって生じる。凝集力は水の分子同士が引っ張り合う力である。付着力は、水の分子と他の物体の分子が引っ張り合う力である。

水の塊、すなわち「水体」の内部では水の分子は周囲の水分子全部から全方向に引っ張られるから、引力の釣合状態が発生している。しかし、水体表面の水分子は、上半分には水分子が存在しないから、下半分にある水分子のみに引っ張られる。その結果、水面に直角な水体内部に向かう力、すなわち表面エネルギーが発生する。

表面エネルギーの次元は、MT^{-2} であるが、これに L^2 を乗じて L^2 で除すれば、$MT^{-2} = ML^2T^{-2}/L^2$ となる。これは、単位面積当たりのエネルギーであるのに、通常単位当たりの力 $MT^{-2} = MLT^{-2}/L$ として表現されている。すなわち、SI 単位では、表面エネルギーの単位は、N/m である。この慣行的な単位の表し方が表面張力という言葉を生んだ一因である。

⑥ p_v: 蒸気圧…… 水の分子は、水表面から大気中に飛び出ていくけれども、大気ガスになった水分子はまた水表面に戻ってくる。飛び出ていく数が戻ってくる数を超えている間は水の「蒸発」が起こる。飛び出ていく数と戻ってくる

数が同じになると、すなわち「平衡状態」が発生すると、空気が「飽和」したという。このときの水蒸気による大気の圧力の「分圧」、すなわち「蒸気圧」を「飽和蒸気圧」とよぶ。

蒸気圧の次元は、$ML^{-1}T^{-2}$ (= MLT^{-2}/L^2) で、その SI 単位はパスカル (Pa) である。

⑦ K：体積弾性係数……　水は圧力がかかると体積が減少する。すなわち、水は圧縮され、これを水は「圧縮性」があると表現する。水の圧縮性の度合いは、「体積弾性係数」をもって表される。

体積弾性係数 K の次元は、$ML^{-1}T^{-2}$ (= MLT^{-2}/L^2) で、その SI 単位はパスカル (Pa)、またはニュートン毎平方米 (N/m^2) である。

水の性質に関する諸数値は、付表 4-4（付録 24 頁）の付表で示す。

4 付表

付表 4-1 代表的物理量の諸元

	量	SI 単位	次元
幾何学的量	長さ	m	L
	面積	m^2	L^2
	体積	m^3	L^3
運動学的量	時間	s	T
	速度	m/s	LT^{-1}
	加速度	m/s^2	LT^{-2}
	流量	m^3/s	L^3T^{-1}
力学的量	質量	kg	M
	力	$N(kg \cdot m/s^2)$	MLT^{-2}
	圧力の強さ	$Pa(N/m^2)$	$ML^{-1}T^{-2}$
	剪断応力	$Pa(N/m^2)$	$ML^{-1}T^{-2}$
	運動量	kg•m/s	MLT^{-1}
	エネルギー，仕事	J(N•m)	ML^2T^{-2}
流体特性量	密度	kg/m^3	ML^{-3}
	単位体積重量	N/m^3	$ML^{-2}T^{-2}$
	粘性係数	$Pa \cdot s(N \cdot s/m^2)$	$ML^{-1}T^{-1}$
	動粘性係数	m^2/s	L^2T^{-1}
	表面エネルギー	N/m	MT^{-2}
	弾性係数	$Pa(N/m^2)$	$ML^{-1}T^{-2}$

付表 4-2　SI 単位（その 1）

① 基本単位

量	名称	記号
長　さ	メートル	m
質　量	キログラム	kg
時　間	秒	s
電　流	アンペア	A
熱力学温度	ケルビン	K
物質量	モル	mol
光　度	カンデラ	cd

② 補助単位

量	名称	記号
平面角	ラジアン	rad
立体角	ステラジアン	sr

③ 組立単位

量	名称	記号
面　積	平方メートル	m^2
体　積	立方メートル	m^3
速　さ	メートル毎秒	m/s
加 速 度	メートル毎秒毎秒	m/s^2
波　数	毎メートル	m^{-1}
密　度	キログラム毎立方メートル	kg/m^3
電流密度	アンペア毎平方メートル	A/m^2
磁界の強さ	アンペア毎メートル	A/m
(物質量の)濃度	モル毎立方メートル	mol/m^3
比 体 積	立方メートル毎キログラム	m^3/kg
輝　度	カンデラ毎平方メートル	cd/m^2

付表 4-2　SI 単位（その 2）

④ 固有の名称をもつ組立単位

量	名称	記号	基本単位若しくは補助単位による組立方又は他の組立単位による組立方
周 波 数	ヘ ル ツ	Hz	$1\ \mathrm{Hz}=1\ \mathrm{s}^{-1}$
力	ニュートン	N	$1\ \mathrm{N}=1\ \mathrm{kg\cdot m/s^2}$
圧力，応力	パスカル	Pa	$1\ \mathrm{Pa}=1\ \mathrm{N/m^2}$
エネルギー，仕事，熱量	ジュール	J	$1\ \mathrm{J}=1\ \mathrm{N\cdot m}$
仕事率，工率，動力，電力	ワット	W	$1\ \mathrm{W}=1\ \mathrm{J/s}$
電荷，電気量	クーロン	C	$1\ \mathrm{C}=1\ \mathrm{A\cdot s}$
電位，電位差，電圧，起電力	ボルト	V	$1\ \mathrm{V}=1\ \mathrm{J/C}$
静電容量，キャパシタンス	ファラド	F	$1\ \mathrm{F}=1\ \mathrm{C/V}$
電気抵抗	オーム	Ω	$1\ \Omega=1\ \mathrm{V/A}$
(電気の)コンダクタンス	ジーメンス	S	$1\ \mathrm{S}=1\ \Omega^{-1}$
磁　束	ウェーバ	Wb	$1\ \mathrm{Wb}=1\ \mathrm{V\cdot s}$
磁束密度，磁気誘導	テ ス ラ	T	$1\ \mathrm{T}=1\ \mathrm{Wb/m^2}$
インダクタンス	ヘンリー	H	$1\ \mathrm{H}=1\ \mathrm{Wb/A}$
セルシウス温度	セルシウス度又は度	℃	省略
光　束	ルーメン	lm	$1\ \mathrm{lm}=1\ \mathrm{cd\cdot sr}$
照　度	ルクス	lx	$1\ \mathrm{lx}=1\ \mathrm{lm/m^2}$
放 射 能	ベクレル	Bq	$1\ \mathrm{Bq}=1\ \mathrm{s}^{-1}$
吸収線量	グ レ イ	Gy	$1\ \mathrm{Gy}=1\ \mathrm{J/kg}$

⑤ SI 単位と併用してよい単位

量	単位の名称	単位記号	定　義
時　間	分	min	$1\ \mathrm{min}=60\ \mathrm{s}$
	時	h	$1\ \mathrm{h}=60\ \mathrm{min}$
	日	d	$1\ \mathrm{d}=24\ \mathrm{h}$
平面角	度	°	$1^\circ=(\pi/180)\,\mathrm{rad}$
	分	′	$1'=(1/60)^\circ$
	秒	″	$1''=(1/60)'$
体　積	リットル	l*	$1\ \mathrm{l}=1\ \mathrm{dm^3}$
質　量	トン	t	$1\ \mathrm{t}=10^3\ \mathrm{kg}$

* リットルの記号は，立体の l(エル)であるが，紛らわしいときには，ltr 又は litre と書いてもよい。

付表 4-2　SI 単位（その 3）

⑥ 特殊な分野に限り SI 単位と併用してよい単位

量	単位の名称	単位記号
エネルギー	電子ボルト	eV
原子質量	原子質量単位	u
長さ	天文単位 パーセク	AU pc
流体の圧力	バール	bar

⑦ 接 頭 語

単位に乗ぜられる倍数	名称	記号
10^{18}	エクサ	E
10^{15}	ペ　タ	P
10^{12}	テ　ラ	T
10^{9}	ギ　ガ	G
10^{6}	メ　ガ	M
10^{3}	キ　ロ	k
10^{2}	ヘクト	h
10	デ　カ	da
10^{-1}	デ　シ	d
10^{-2}	センチ	c
10^{-3}	ミ　リ	m
10^{-6}	マイクロ	μ
10^{-9}	ナ　ノ	n
10^{-12}	ピ　コ	p
10^{-15}	フェムト	f
10^{-18}	ア　ト	a

付表 4-3　長さ，面積，体積，流量に関する単位の換算表

① 長さの換算表

名前 ＼ 記号	m
metre(メータ)	1
centimetre(センチメータ)	100
inch(インチ)	39.37
foot(フート)	3.2808
yard(ヤード)	1.0936
mile(マイル)	6.21×10^{-4}
nautical mile(海里)	5.39×10^{-4}

② 面積の換算表

名前 ＼ 記号	m^2
square metre(平方メータ)	1
square inch(平方インチ)	1 550
square foot(平方フート)	10.76
square yard(平方ヤード)	1.196
acre(エーカ)	2.471×10^{-4}
hectare(ヘクタール)	10^{-4}
square mile(平方マイル)	3.861×10^{-7}

are：アール(a)＝100 m^2.　hectare：ヘクタール(ha)＝10

③ 体積の換算表

名前 ＼ 記号	m^3
cubic metre(立方メータ)	1
cubic inch(立方インチ)	61 023.4
U. S. gallon(米ガロン)	264.17
Imperial gallon(英ガロン)	220.08
cubic foot(立方フート)	35.31

④ 流量の換算表

名前 ＼ 記号	m^3/s
cubic metre per second(立方メータ毎秒)	1
U. S. gallon per second(米ガロン毎秒)	264.17
Imperial gallon per second(英ガロン毎秒)	220.08
acre foot per day(エーカ・フート毎日)	70.0
cubic foot per second(立方フート毎秒)	35.31

付表 4-4　水の性質に関する諸数値

温度 T (°C)	密度 ρ (kg/m³)	単位体積重量 γ (N/m³)	粘性係数 μ (Pa•s)	動粘性係数 $\nu=\mu/\rho$ (m²/s)	表面エネルギー(表面張力) σ (N/m)	水蒸気圧 P_v (Pa)	体積弾性係数(概略値) K (N/m²)
0	999.84	9808.43	1792×10^{-6}	1.792×10^{-6}	0.07562	610.66	1.98×10^{9}
5	999.96	9809.61	1520×10^{-6}	1.520×10^{-6}	0.07490	871.91	2.05×10^{9}
10	999.70	9807.06	1307×10^{-6}	1.307×10^{-6}	0.07420	1227.4	2.10×10^{9}
20	998.20	9792.34	1002×10^{-6}	1.004×10^{-6}	0.07275	2338.1	2.17×10^{9}
30	995.65	9767.33	797×10^{-6}	0.801×10^{-6}	0.07115	4224.9	2.25×10^{9}
40	992.22	9733.68	653×10^{-6}	0.658×10^{-6}	0.06955	7381.2	2.28×10^{9}
50	988.04	9692.67	548×10^{-6}	0.554×10^{-6}	0.06790	12345	2.29×10^{9}
60	983.20	9645.19	467×10^{-6}	0.475×10^{-6}	0.06617	19934	2.28×10^{9}
70	977.77	9591.92	404×10^{-6}	0.413×10^{-6}	0.06441	31179	2.25×10^{9}
80	971.80	9533.36	355×10^{-6}	0.365×10^{-6}	0.06260	47377	2.20×10^{9}
90	965.32	9469.79	315×10^{-6}	0.326×10^{-6}	0.06074	70121	2.14×10^{9}
100	958.30	9400.92	282×10^{-6}	0.295×10^{-6}	0.05884	101325	2.07×10^{9}

1)　ρ, μ, ν, σ, P_v は国立天文台編理科年表平成 3 年 1991 丸善より。
2)　$\gamma=\rho g$。ただし，$g=9.81$ m/s² とする。
3)　Kは，Vernard & Street: Elementary Fluid Mechanics SI Version Fifth Edition, John Wiley & Sons, Inc. より。
4)　1 気圧の下における水の密度は，3.98 °C において最大である。

付表 4-5　気温・気圧の高度分布

(m)	気温 (°C)	気圧 (hPa)	(m)	気温 (°C)	気圧 (hPa)
0	15.0	1013.3	2000	2.0	795.0
200	13.7	989.5	2200	0.7	775.4
400	12.4	966.1	2400	−0.6	756.3
600	11.1	943.2	2600	−1.9	737.5
800	9.8	920.8	2800	−3.2	719.1
1000	8.5	898.7	3000	−4.5	701.1
1200	7.2	877.2	3200	−5.8	683.4
1400	5.9	856.0	3400	−7.1	666.2
1600	4.6	835.2	3600	−8.4	649.2
1800	3.3	814.9	3800	−9.7	632.6

註 1：ICAO 標準大気より抜粋
　2：高度 11 km までの気温変化率：− 6.5 ℃/ km

付表 4-6　ギリシャ文字

ローマン体		イタリック体		英語	呼び方
大文字	小文字	大文字	小文字		
Α	α	A	α	alpha	アルファ
Β	β	B	β	beta	ベータ
Γ	γ	$\mathit{\Gamma}$	γ	gamma	ガンマ
Δ	δ	$\mathit{\Delta}$	δ	delta	デルタ
Ε	ε, ϵ	E	ε, ϵ	epsilon	エプシロン
Ζ	ζ	Z	ζ	zeta	ジータ
Η	η	H	η	eta	イータ
Θ	ϑ, θ	$\mathit{\Theta}$	θ, ϑ	theta	シータ テータ
Ι	ι	I	ι	iota	イオタ
Κ	κ	K	$\kappa, \varkappa$	kappa	カッパ
Λ	λ	$\mathit{\Lambda}$	λ	lambda	ラムダ
Μ	μ	M	μ	mu	ミュー
Ν	ν	N	ν	nu	ニュー
Ξ	ξ	$\mathit{\Xi}$	ξ	xi	クサイ
Ο	ο	O	o	omicron	オミクロン
Π	π, ϖ	$\mathit{\Pi}$	π	pi	パイ
Ρ	ρ	P	ρ	rho	ロー
Σ	σ	$\mathit{\Sigma}$	σ	sigma	シグマ
Τ	τ	T	τ	tau	タウ
Υ	υ	$\mathit{\Upsilon}$	υ	upsilon	ユプシロン
Φ	φ, ϕ	$\mathit{\Phi}$	φ, ϕ	phi	ファイ
Χ	χ	X	χ	chi	カイ
Ψ	ψ	$\mathit{\Psi}$	ψ	psi	プサイ
Ω	ω	$\mathit{\Omega}$	ω	omega	オメガ

備考）呼び方は，一般に慣用されていると思われるものによった

索引

第 1 編

第 2 編

付録

著者紹介

岡本芳美（をかもと・よしはる）

経歴
　1937年　仙台市に生まれる
　1959年　東京都立大学工学部土木工学科卒業
　　　　　建設省入省、建設技官
　　　　　関東地方建設局企画室
　　　　　利根川下流工事事務所波崎出張所、同事務所調査課調査係
　　　　　河川局治水課
　　　　　関東地方建設局企画室地方計画係長
　　　　　利根川下流工事事務所渡良瀬遊水池出張所長、同事務所調査課長
　　　　　建設大学校教官
　1969年　文部省転任、新潟大学助教授（工学部土木工学科）
　1991年　新潟大学教授
　2002年　文部省退官、岡本水文・河川研究所
学位
　工学博士（“山地河川流域に於ける降雨による洪水流出現象の研究”により東京都立大学より、1980年）
所属学会
　　　　　土木学会　フェロー会員
　　　　　水文水資源学会
　　　　　計測制御学会
代表著書
　単著『河川工学解説』、工学出版社、1968年
　　　『技術水文学』、日刊工業新聞社、1982年
　　　『開水路の水理学解説』、鹿島出版会、1995年
　　　『緑のダム・人工のダム』、亀田ブックサービス、1995年
　　　『河川管理のための流出計算法』、築地書館、2014 年
　共著『土木学会編　土木工学ハンドブック　第27編　河川』、技報堂、1964年
　　　『図解土木用語辞典』、土木用語辞典編集委員会、日刊工業新聞社、1969 年
　　　『水の総合辞典』、水の総合辞典編集委員会、丸善、2009年
代表論文
　“日本列島の山林地流域における降雨の流出現象に関する総合的研究”、土木学会論文報告集第280号、1978年12月
　“雨量観測線上における細密な雨量観測”、水利科学 No. 318 2011年4月号
　“カスリーン台風による（利根川の）大水の検証－新方法による計算結果に基づいて－Ⅰ・Ⅱ・Ⅲ”、水利科学 No. 330·331·332（2013年4～8月号）
岡本水文・河川研究所
　住所　　〒950-0904　新潟県新潟市中央区水島町 10-25-513
　電話　　025-250-7341
　FAX　　025-250-7342
　E-mail　okamotoy@beach.ocn.ne.jp
　URL　　http://www.okamoto-institute-of-hydrology-and-river-engineering.info

実用水理学ハンドブック

2016年 8月5日　初版発行

著者――――――岡本芳美
発行者――――――土井二郎
発行所――――――築地書館株式会社
東京都中央区築地 7-4-4-201　〒 104-0045
TEL 03-3542-3731　FAX 03-3541-5799
http://www.tsukiji-shokan.co.jp/
振替 00110-5-19057
印刷・製本―――シナノ出版印刷株式会社

 ISBN978-4-8067-1520-7

河川管理のための流出計算法

岡本芳美［著］

4,000 円 + 税

近年の異常気象や集中豪雨を経て国土の強靭化が叫ばれる中で、
どのような河川管理が必要なのか。
降雨の流出現象と流出過程、計算流域の地形から、
日本のすべての河川に対応可能な流出計算の手法を余すところなく解説。

《価格は 2016 年 7 月現在》